HANS BERNS (HRSG.)

Hartlegierungen und Hartverbundwerkstoffe

Hans Berns (Hrsg.)

Hartlegierungen und Hartverbundwerkstoffe

Gefüge, Eigenschaften, Bearbeitung, Anwendung

mit 209 Abbildungen

Springer

Herausgeber:

Prof. Dr.-Ing. HANS BERNS
Ruhr-Universität Bochum
Fakultät für Maschinenbau
Institut für Werkstoffe
Universitätsstraße 150
44780 Bochum

ISBN 978-3-642-51506-4   ISBN 978-3-642-51505-7 (eBook)
DOI 10.1007/978-3-642-51505-7

Die Deutsche Bibliothek – CIP-Einheitsaufnahme
Hartlegierungen und Hartverbundstoffe: Gefüge, Eigenschaften, Bearbeitung, Anwendungen / Hrsg.: Hans Berns. -
Berlin; Heidelberg; New York; Barcelona; Budapest; Hongkong; London; Mailand; Paris; Santa Clara; Singapur;
Tokio: Springer, 1998

Satz/Datenkonvertierung: MEDIO, Berlin
SPIN 10628957   62/3020 – Gedruckt auf säurefreiem Papier

Inhalt

A.3 Eigenschaften der Gefügebestandteile

A.4 Mikroeigenspannungen im Gefüge

B.1 Verschleißwiderstand

Vorwort

Dieses Buch wendet sich an Wissenschaftler und Ingenieure aus Hochschule und Industrie, die in der Verschleißforschung oder im Verschleißschutz tätig sind. Es betrifft eine Werkstoffgruppe, die zwischen Werkzeugstählen und Hartmetallen liegt und die vor allem gegen Verschleiß durch körnige mineralische Stoffe eingesetzt wird. Das Buch spannt einen Bogen von den Grundlagen des Gefüges und der Eigenschaften über die Herstellung und Verarbeitung bis hin zur Anwendung. So ist es auch für Werkstoffkundler und Fertigungstechniker ohne tribologische Ausrichtung von Interesse, da es sich zu grob mehrphasigen Legierungen und Verbundwerkstoffen äußert.

Das Buch wurde von Mitgliedern des Lehrstuhls Werkstofftechnik der Ruhr-Universität Bochum erarbeitet. Es beruht auf einer rund fünfzehnjährigen Forschungstätigkeit und vorangehender Praxiserfahrung des Herausgebers. Als Arbeitsgruppenleiter haben die Herren Priv.-Doz. Alfons Fischer (Warmverschleiß), Priv.-Doz. Werner Theisen (Bearbeiten) und Dr.-Ing. Christoph Broeckmann (Bruch) einen besonderen Beitrag zur Erschließung des Forschungsgebietes geleistet. Die Hauptlast der Versuchsdurchführung wurde in den letzten Jahren von den technischen Angestellten Klaus-Otto Bambauer, Claudia Brügge, Udo Föckeler, Lothar Gielen, Cornelia Hasenfratz, Norbert Kobylka und Corinna Rademacher getragen, denen auch eine umfangreiche Fotodokumentation zu verdanken ist. Zahlreiche Studierende haben im Rahmen von Studien- und Diplomarbeiten am Thema mitgewirkt. Allen Beteiligten danke ich für die hervorragende Arbeit.

Mein Dank gilt auch der Förderung durch die Deutsche Forschungsgemeinschaft, insbesondere im Rahmen des Sonderforschungsbereiches 316, sowie durch das Bundesministerium für Forschung und Technologie, die Europäische Union im Rahmen von BRITE-EURAM, die Volkswagenstiftung, das Land Nordrhein-Westfalen im Rahmen der Grundausstattung und durch die Industrie.

Bochum 1997   HANS BERNS

Autorenverzeichnis

Autorinnen / Autoren

PROF. DR.-ING. HANS BERNS,	Ruhr-Universität Bochum
DR.-ING. CHRISTOPH BROECKMANN,	Ruhr-Universität Bochum
PROF. DR.-ING. ALFONS FISCHER,	Universität Gesamthochschule Essen
DR.-ING. SINESIO FRANCO,	Universidade Federal de Uberlandiâ, Brasilien
DR.-ING. IRINA HUCKLENBROICH	VSG Energie- und Schmiedetechnik GmbH, Essen
DR.-ING. JÖRG KLEFF,	ZF Friedrichshafen AG, Friedrichshafen
DR.-ING. MARTIN LÜHRIG	Norddeutsche Metallberufsgenossenschaft, Bad Bevensen
DR.-ING. STEFAN MISKIEWICZ,	Dörrenberg Edelstahl GmbH, Engelskirchen
DR.-ING. NGUYEN VAN CHUONG,	Institut für Maschinenbau, Hanoi, Vietnam
DR.-ING. ANKE PYZALLA,	Hahn-Meitner-Institut, Berlin
DR.-ING. KLAUS SEGTROP,	TRW Motorkomponenten GmbH, Barsinghausen
DR.-ING. SABINE SIEBERT,	Vorwerk Elektrowerke GmbH & Co. KG, Wuppertal
PRIV.-DOZ. DR.-ING. WERNER THEISEN,	Maschinenfabrik Köppern, Hattingen

Redaktion

DIPL.-ING. RALF JUSE,	Ruhr-Universität Bochum
DIPL.-ING. STEFAN KOCH,	Ruhr-Universität Bochum
DIPL.-ING. OLIVER LÜSEBRINK,	Ruhr-Universität Bochum
DIPL.-ING. ROBERT PANDORF,	Ruhr-Universität Bochum
CAND.-ING. MARTIN SCHELLEWALD,	Ruhr-Universität Bochum

Zeichnungen

DIPL.-ING. CHRISTOPH ESCHER,	Ruhr-Universität Bochum
DIPL.-ING. ANDREAS PACKEISEN,	Ruhr-Universität Bochum

Einleitung

HANS BERNS

1
Definition und Charakterisierung

Unter Hartlegierungen und Hartverbundwerkstoffen werden metallische Werkstoffe auf Eisen-, Nickel- oder Kobaltbasis verstanden, die zum Verschleißschutz bis zu ≈ 50 Vol% an harten Teilchen wie Karbiden, Boriden und Nitriden enthalten. Hartlegierungen entstehen durch Erstarren einer Schmelze unter Ausscheidung von Hartphasen. Hartverbundwerkstoffe werden meist durch Heißkompaktieren von Mischungen aus Legierungs- und Hartstoffpulvern im festen Zustand hergestellt. Dabei kommt es zu diffusionsbedingten Reaktionen zwischen beiden Pulverarten, so daß die Hartstoffteilchen in Verbunden vereinfacht auch als Hartphasen bezeichnet werden. Legierung und Verbundwerkstoff können Mischformen bilden, wie z.B. beim Flüssigphasensintern oder beim thermischen Spritzen mit ungeschmolzenem Hartstoffanteil.

Für die genannten Basismetalle sprechen (a) ihr hoher Schmelzpunkt und die damit einhergehende Warmfestigkeit, (b) eine ausreichende Löslichkeit für hartphasenbildende Elemente in der Schmelze und (c) ihre Verarbeitbarkeit an Luft. Im Vergleich ist z.B. Aluminium weniger warmfest, Titan zu sauerstoffaffin und Molybdän durch die Verdampfung seines Oxides benachteiligt. Trotzdem ist die Herstellung harter Werkstoffe auch aus diesen oder anderen Basismetallen möglich oder bekannt. Sie sind jedoch speziellen Anwendungen vorbehalten und werden hier nicht behandelt. Eine wesentliche Rolle spielt das Verhältnis von Bauteilkosten zur Standzeit, wo in vielen Anwendungsbereichen die Werkstoffe auf Eisenbasis unschlagbar sind. Dazu trägt auch die Möglichkeit einer Festigkeitssteigerung durch martensitisches Härten bei.

Metallkarbide, -boride und -nitride sind aus folgenden Gründen besonders als Hartphasen geeignet: (a) Der hohen Löslichkeit der Komponenten in der Schmelze steht eine geringe im festen Zustand gegenüber, so daß die Erstarrung zu einem guten Ausbringen an Hartphasen führt. (b) Mit wachsendem Anteil an kovalenter Bindung steigt die Härte dieser Hartphasen auf ein Mehrfaches der metallischen Matrix, so daß sie angreifenden Verschleißpartikeln einen wirksamen Widerstand entgegensetzen. (c) Der metallische Bindungsanteil verleiht diesen spröden Hartphasen jedoch eine höhere Zähigkeit als angreifenden Verschleißpartikeln oxidischer Mineralien. Dadurch wird der Bruch im Kontakt für das Mineral wahrscheinlicher als für die Hartphase. (d) Zwischen Karbiden, Boriden und der umgebenden Metallmatrix besteht eine gute Bindung, die den Zusammenhalt dieser Gefügebestandteile erhöht. Oxide mit ähnlich hoher Härte lösen sich aufgrund schwächerer Bindung in der Grenzfläche bei Belastung eher von der Matrix ab. Wegen der geringen Sauerstofflöslichkeit in der Schmelze wäre ein höherer Oxidgehalt ohnehin nur als Hartverbund realisierbar. Das gleiche gilt für Nitride, die jedoch im Verbund eine gute Bindung aufweisen.

2
Bedeutung und Umfeld

Durch die Einlagerung von Hartphasen mit keramischen Eigenschaften in eine Matrix mit metallischen Eigenschaften entstehen Werkstoffe mit einer guten Kombination von Verschleißwiderstand und Bruchsicherheit. Über Menge, Art, Größe, Form und Verteilung der Gefügebestandteile lassen sich die Bauteileigenschaften von metallisch zäh bis keramisch hart in weiten Grenzen variieren und dem Anwendungsfall anpassen. Damit eröffnet sich für diese Werkstoffgruppe ein breites Anwendungsfeld im Verschleißschutz. Die Bedeutung dieses Gebietes wird am volkswirtschaftlichen Verlust durch Verschleiß deutlich, der in Deutschland auf mehrere Milliarden DM jährlich geschätzt wird. Die Effizienz der hartphasenhaltigen Werkstoffe kann durch das Auftragen einer Schicht auf ein preiswertes und bruchsicheres Substrat noch gesteigert werden. Durch erhöhte Betriebstemperatur und korrosive Einflüsse wird die Beanspruchung komplexer und die Anforderungen an den Werkstoff steigen. Die größte Bedeutung haben Hartlegierungen mit 15 bis 45 Vol% an Hartphasen erlangt. Nach unten schließen sich mit fließendem Übergang die Werkzeugstähle an und oberhalb von $\approx$ 50 Vol% an Hartphasen beginnt das Gebiet der Sinterhartmetalle und Cermets. Deren pulvermetallurgische (PM) Herstellung einerseits und das Aufkommen von PM-Werkzeugstählen andererseits hat auch in dem dazwischenliegenden Gebiet zu PM-Hartverbundwerkstoffen für spezielle Anwendungen geführt.

Als Beispiele für Hartlegierungen seien auf Eisenbasis im unteren Bereich des Hartphasengehaltes einige ledeburitische Chrom- und Schnellarbeitsstähle genannt und im oberen Bereich der Hartguß und die weißen martensitischen Gußeisensorten. Auf Nickelbasis findet das Legierungssystem NiCrSiB breite Anwendung und bei den Kobalthartlegierungen ist das System CoCrWC verbreitet. Hartverbundwerkstoffe werden als partikelverstärkte Metallmatrix-Composite (PMMC) oder auch als Teilchenverbundwerkstoffe bzw. Stückverbunde bezeichnet.

3
Ziel und Weg

Es ist das Ziel dieses Buches, den Zusammenhang zwischen Gefüge und Eigenschaften von Hartlegierungen und -verbundwerkstoffen aufzuzeigen und Folgerungen für die Anwendung abzuleiten. Neben marktgängigen Legierungen werden neue hartphasenhaltige Werkstoffe vorgestellt, die auf bestimmte Beanspruchungen bzw. Eigenschaftskombinationen hin entwickelt wurden. In Teil A wird gezeigt, wie das Gefüge bei der Herstellung entsteht, welche Gefügearten und -bestandteile vorkommen und welche Eigenschaften der Bestandteile bekannt sind. Es folgt eine Betrachtung der zwischen den Bestandteilen Hartphase und Metallmatrix entstehenden Mikroeigenspannungen.

Der Teil B befaßt sich mit den Eigenschaften der Werkstoffe in Abhängigkeit von Gefüge und Temperatur. Bei der Vielzahl von Werkstoffen werden die Zusammenhänge exemplarisch anhand von Beispielen erläutert und die für die Anwendung besonders wichtigen Gebrauchseigenschaften ausführlicher behandelt. Eine umfassende Erörterung der Fertigungseigenschaften würde bei der Vielzahl von Herstellverfahren den Rahmen sprengen. Sie finden zum Teil in Abschn. A.1.1 und in Teil D Erwähnung. Wegen steigender Bedeutung maßgenauer Fertigung wird der Einfluß einer Bearbeitung auf die Randschicht in Teil C eingehender untersucht. Der abschließende Teil D verfolgt den Zweck, anhand von Beispielen den Nutzen der mikroskopischen Sichtweise für die Entwicklung und Anwendung dieser Werkstoffe aufzuzeigen.

Als Grundlage dieses Buches dienen sechzehn Doktorarbeiten und zwei Habilitationsschriften, die auf diesem Gebiet seit 1984 am Lehrstuhl Werkstofftechnik der Ruhr-Universität Bochum fertiggestellt wurden, [1] bis [18], ergänzt durch das darin ausgewertete Schrifttum. Die Vielfalt der dabei verfolgten Ziele und Lösungswege führte zu einer breiten Palette von Werkstoffen, die deutlich über die z.Zt. marktgängigen hinausgeht.

4

Werkstoffbezeichnung

Die Kurzbezeichnung der betrachteten Werkstoffe soll über die chemische Zusammensetzung informieren. Dazu bestehen für Stähle und Nichteisenmetalle unterschiedliche Regelwerke. Die legierten Gußeisensorten lehnen sich z.T. an die für Stähle übliche Bezeichnungsweise an. Auftragschweißlegierungen haben u.a. eine eigene Kurzbezeichnung und für Hartverbundwerkstoffe sind keine Normbezeichnungen bekannt.

Diese Uneinheitlichkeit erfordert die Einführung einer für alle in diesem Buch verwendeten Werkstoffe geltende Kurzbezeichnung. Hartlegierungen werden in Anlehnung an die Normbezeichnung der NE-Metalle durch das Basismetall und nachfolgend durch die Hauptlegierungselemente mit Angabe des Gehaltes in Gewichtsprozent gekennzeichnet, z.B. CoCr29W5C1.2. Der Stahl X210Cr12 heißt entsprechend FeCr12C2.1. Die meisten Legierungen liegen als Gußstück oder Schweißgut vor. Soweit erforderlich, weisen nachgestellte Buchstaben auf die Herstellung durch G = Gießen, S = Schweißen, P = Pulvermetallurgie, U = Warmumformen hin. Die Hartverbundwerkstoffe bestehen aus einer Metallmatrix mit eingelagerten harten Pulverteilchen. Die Matrix wird analog zu den Hartlegierungen gekennzeichnet, gefolgt vom Volumengehalt und Typ der harten Teilchen, z.B. FeNi2Cr1MoVC0.6 + 15CrB$_2$. Dies bedeutet Gesenkstahlmatrix mit 15 Vol% an Chromdiboridteilchen. Die geringeren Anteile von Molybdän und Vanadin in der Matrix sind ohne Angabe ihres Gehaltes aufgeführt. Die Tabellen 1 und 2 geben einen Überblick über einige Werkstoffe.

Im Buch bezieht sich die Angabe % in der Regel auf Gewichtsprozent. Volumen- bzw. Atomprozent werden als Vol% bzw. At% ausgewiesen.

Tabelle 1 Zusammenstellung einiger Hartlegierungen und -verbundwerkstoffe auf Eisenbasis einschließlich hartphasenarmer Vergleichswerkstoffe

Stähle (als Matrixwerkstoff oder Hartlegierung)

FeMnCrC0.1	schweißbarer Baustahl
FeCr1MnVC0.5	Federstahl 50 CrV 4
FeNi2Cr1MoVC0.6[a]	Gesenkstahl 56 NiCrMoV 7
FeCr5Mo1VC0.4[a]	Warmarbeitsstahl X 40 CrMoV 5 1
FeCr12V1Mo1C1.6	Kaltarbeitsstahl X 155 CrVMo 12 1
FeCr12C2.1	Kaltarbeitsstahl X 210 Cr 12
FeCr12V2MoC2.2-P	Kaltarbeitsstahl X 220 CrVMo 12 2
FeCr12V4MoC2.2-P	Kaltarbeitsstahl X 225 CrVMo 12 4
FeW6Mo5Cr5V3C1.3-P[a]	Schnellarbeitsstahl HS 6-5-3 (ASP 23)
FeW6Mo5Cr5V3Co9C1.3-P	Schnellarbeitsstahl HS 6-5-3-9 (ASP 30)
FeCr11	nichtrostender ferritischer Stahl X 2 Cr 11
FeCr15Mo1[a]	nichtrostender ferritischer Stahl
FeCr15Nb6Mo1[a]	nichtrostender ferritischer Stahl
FeCr17Ni13Mo2[a]	nichtr. austenitischer Stahl X 2 CrNiMo 17 13 2
FeCr15Nb6Mo2TiC1.5	nichtrostender Kaltarbeitsstahl
FeCr25V6MoC2.2-P	nichtrostender Kaltarbeitsstahl

Weiße Gußeisen

FeMnSiC3.4	perlitisch mit M$_3$C (Hartguß)
FeNi4Cr2C3.3	martensitisch mit M$_3$C (Ni Hard 1)
FeNi4Cr2C2.6	martensitisch mit M$_3$C (Ni Hard 2)
FeCr9Ni6Si2C3	martensitisch mit M$_7$C$_3$ (Ni Hard 4)
FeCr20Mo4Si3C3.2	martensitisch mit M$_7$C$_3$ + M$_2$C/M$_6$C
FeCr14Mo5WVC4.2	martensitisch mit M$_7$C$_3$ + M$_6$C
FeCr13Nb9MoTiC2.3	martensitisch mit NbC + M$_7$C$_3$

Schweißgut

FeCr5Nb5NiMoVC1.2	martensitisch mit NbC, rißfrei
FeCr20Nb7C5	martensitisch mit NbC, M$_7$C$_3$ (A 43)
FeCr20Nb7Mo7C5	martensitisch mit NbC, M$_7$C$_3$ (A 45)
FeCr5Nb1C1B3	martensitisch mit M$_2$B

Hartverbundwerkstoffe

FeNi2Cr1MoVC0.6 + CrB$_2$	härtbare Gesenkstahlmatrix
FeCr15Mo1 + CrN	härtbare nichtrostende Stahlmatrix
FeW6Mo5Cr5V3C1.3 + WC/W$_2$C	härtbare Schnellarbeisstahlmatrix
FeCr17Ni13Mo2 + NbC, TiC	austenitische nichtrostende Stahlmatrix

[a] Auch als Pulver für Hartverbundwerkstoffe.

Tabelle 2 Zusammenstellung einiger Hartlegierungen und -verbundwerkstoffe auf Kobalt- und Nickelbasis einschließlich hartphasenarmer Vergleichswerkstoffe

Kobaltlegierungen

CoCr29W5C1.2	Co-Cr-W Metallmatrix mit M_7C_3 (Stellit 6)
CoCr27Mo6Ni3C	Cr-Cr-Mo Metallmatrix (Stellit 21)
CoCr25Ni9Mo5	Co-Cr-Ni-Mo Metallmatrix
CoCr20Mo20FeNiSiB2.5	Co-Cr-Mo Metallmatrix mit M_3B_2
CoCr22Fe24Mo20B3.3C0.7	Co-Cr-Fe Metallmatrix mit M_3B_2

Nickellegierungen

NiCr20Al2Si3	ausscheidungshärtbare Superlegierung
NiCr20Al2.5Ti1.5	ausscheidungshärtbare Superlegierung (Nimonic 80 A)
NiCr7Si4B2	Ni-Cr-Si-Metallmatrix mit M_3B
NiCr18Si4B3C	Ni-Cr-Si Metallmatrix mit MB, M_3B
NiCr18Mo18Si4Nb3B4C	Ni-Cr-Si Metallmatrix mit M_3B_2
NiCr20Nb5Al3Si3C0.5	Ni-Cr-Si Metallmatrix mit MC, ausscheidungshärtbar
NiCr20Nb10Al3Si3C1	Ni-Cr-Si Metallmatrix mit MC, ausscheidungshärtbar
NiCr20Nb20Al3Si3C2	Ni-Cr-Si Metallmatrix mit MC, ausscheidungshärtbar
NiCr20Nb10Al3Si3MoC1	Ni-Cr-Si Metallmatrix mit MC, ausscheidungshärtbar

Nickelverbundwerkstoff

NiCr20Al4Si3 + WC/W_2C	ausscheidungshärtbare Metallmatrix mit Wolframschmelzkarbid

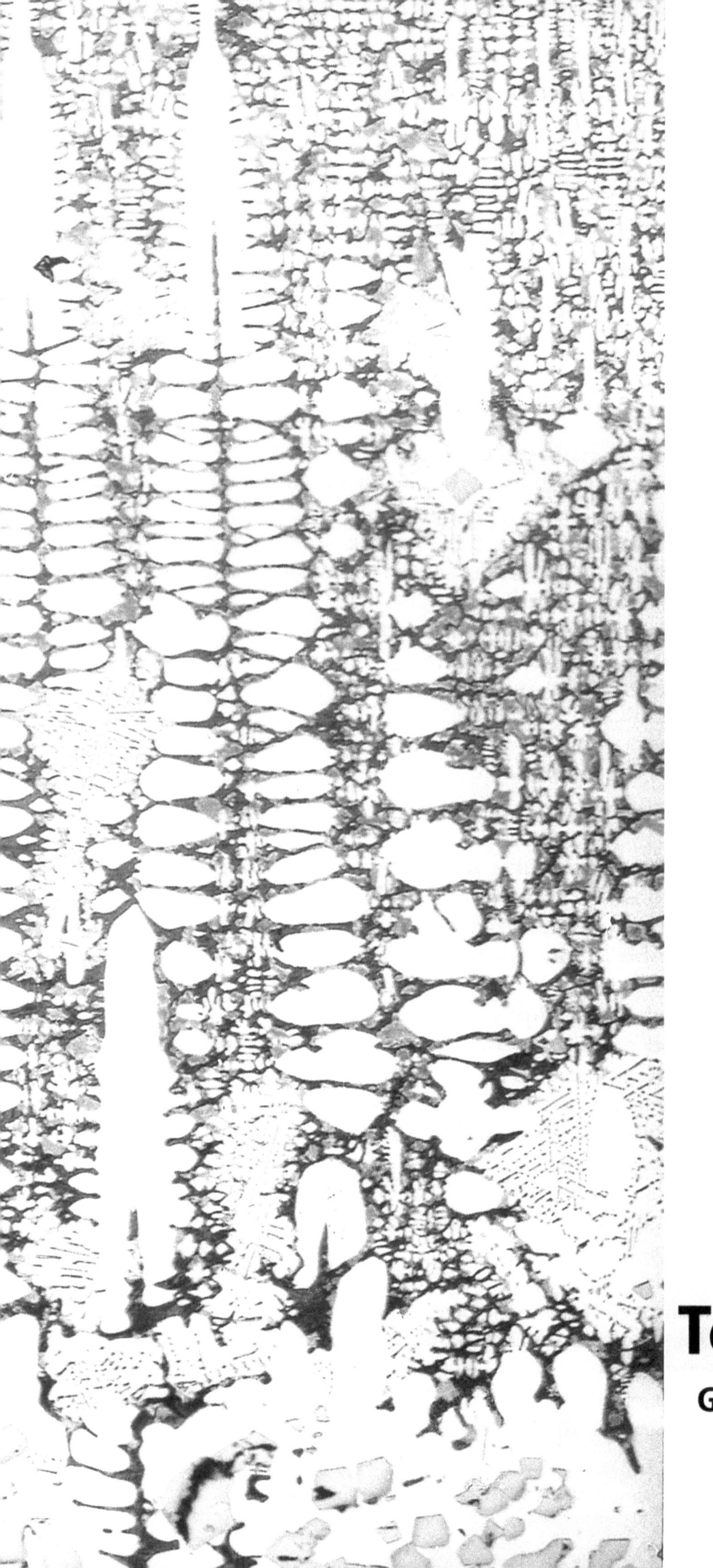

Teil A

Gefüge

Entstehung des Gefüges bei der Fertigung

HANS BERNS

Das Gefüge metallischer Werkstoffe besteht aus Phasen mit Fehlordnungen. Hartlegierungen und Hartverbundwerkstoffe enthalten Hartphasen, die in eine Metallphase eingebettet sind. Neben der chemischen Zusammensetzung bestimmt der Fertigungsablauf, welche Art, Menge, Größe, Form und Verteilung dieser Gefügebestandteile sich einstellt. Die Konzentration an Fehlordnungen in der Metallmatrix (gelöste Legierungsatome, Versetzungen, Korngrenzen, feine Ausscheidungen) und die Ausbildung von Seigerungen und Anisotropien hängt ebenfalls vom Fertigungsgang ab. Er nimmt also entscheidenden Einfluß auf das Gefüge und damit auf die Verarbeitungs- und Gebrauchseigenschaften dieser Werkstoffe.

A.1.1
Fertigungsstufen

Für die Fertigung von Vollteilen oder Schichten aus Hartlegierungen und Hartverbundwerkstoffen steht eine verwirrende Fülle von Verfahren zur Verfügung. Wir unterscheiden mehrere Fertigungstufen (Bild A.1.1). Als Ausgangsstufe für die Formgebung kommt entweder eine Schmelze oder ein Feststoff infrage. Die Schmelze ist in der Regel homogen, kann aber bei übereutektischer Zusammensetzung hochschmelzende primäre Hartphasen enthalten. Beim Feststoff handelt es sich um ein Pulver oder ein Pulvergemenge, beim thermischen Spritzen z.T. auch um Draht oder Fülldraht. Pulvergemenge werden durch Mischen oder Mahlen hergestellt, z.T. gegen Entmischen konditioniert und mit Gleit- oder Spritzmitteln vermengt. Für die Vorformgebung bieten sich drei Wege an: Erstarren, Kompaktieren, Umformen. Durch Gießen und Erstarren einer Schmelze entsteht in der Form ein Gußstück. Das Versprühen einer Schmelze führt zum Aufbau einer Schicht oder eines Vollteiles aus Tröpfchen, die an der Substratoberfläche erstarren.

Im Gegensatz zu diesem Sprühkompaktieren geht das Kompaktieren von einem Pulver oder Pulvergemenge aus, dessen Körner durch Druck, Verformung und Temperatur in unterschiedlicher Kombination zusammengefügt werden. Dem Heißkompaktieren geht häufig eine Kaltformgebung voraus. Wegen mangelnder Sinteraktivität vieler Pulver ist beim Schutzgas- und Vakuumsintern ein

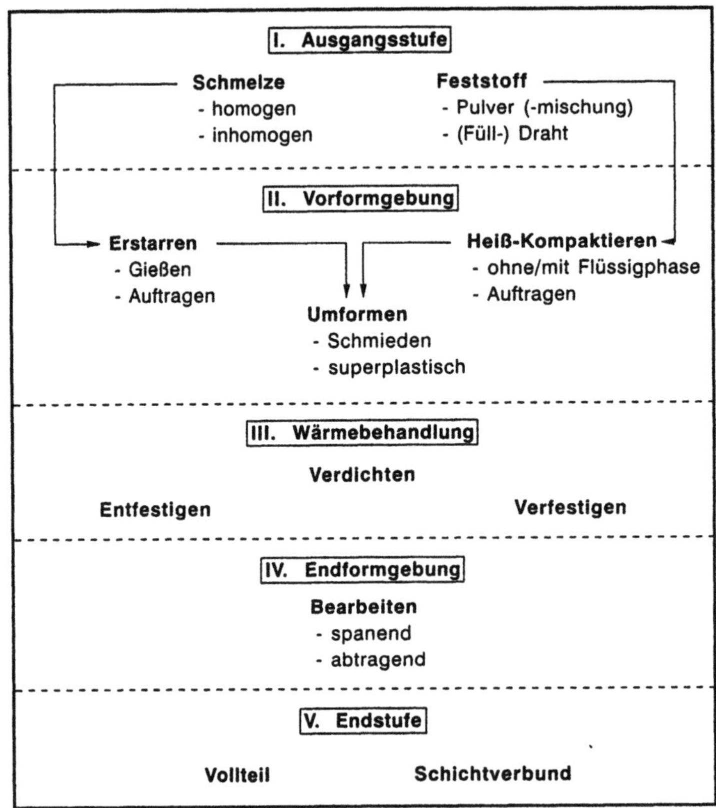

Bild A.1.1 Fertigungsstufen bei der Herstellung von Hartlegierungen und -verbundwerkstoffen

Flüssigphasenanteil erforderlich, um auf ausreichende Dichte zu kommen. Vorgesinterte Formteile mit abgeschlossenem Porenvolumen lassen sich in einem Druckofen oder einem Warmpreßwerkzeug weiter verdichten. In evakuierten Blechkapseln werden Pulver in einem Druckofen ohne Flüssigphase zu Halbzeugen und Vorformen mit voller Dichte kompaktiert. Dieses Verfahren ist als heißisostatisches Pressen (HIP) bekannt.

Niedrigschmelzende Eutektika senken die zulässige Temperatur der Warmumformung, die damit nicht die der mischkristallverfestigten warmfesten Matrix entsprechende Höhe erreichen kann. Mit der Menge und Größe der Hartphasen wird die Umformung durch deren Bruch und Ablösung begrenzt. Soll der Schmiedeausschuß durch Heißbruch eine vertretbare Grenze nicht überschreiten, so sollten Schmiedeblöcke mit netzförmig erstarrtem Eutektikum nicht mehr als $\approx$ 15 Vol% Hartphasen enthalten. Bei PM-Werkstoffen mit einer Dispersion feiner Hartphasen ist Schmiedeware mit doppel-

tem Gehalt bekannt. Die hohe Konzentration an Grenzflächen läßt in einem
bestimmten Bereich der Umformtemperatur und -geschwindigkeit eine super-
plastische Umformung dieser feinkörnigen Werkstoffe bei hohem Umform-
grad zu. Nach diesem Verfahren sind schon PM-Legierungen mit 40 Vol% Hartphasen umgeformt worden. Insgesamt ist die Umformung aber problembe-
haftet, so daß vielfach Guß- und Sinterteile sowie beschichtete Bauteile bevorzugt werden.

Die Wärmebehandlung dient zum Verfestigen oder Entfestigen der Metallmatrix. Der Schwerpunkt liegt bei der Eisenmatrix. Enthält sie Kohlenstoff
und/oder Stickstoff, so ist ein Verfestigen durch martensitisches Härten
möglich und ein Entfestigen durch Weichglühen. Werkstoffe auf Eisen-, Nickel-
und Cobaltbasis zehren von der Verfestigung durch Substitutionsmischkri-
stalle, die auch bei hoher Temperatur wirksam bleibt. Eine weitere Möglichkeit
zur Verfestigung bietet des Ausscheidungshärten. Genutzt werden vor allem
das Sekundärhärten durch Ausscheiden von Sonderkarbiden und -nitriden
beim Anlassen des Martensits und das Ausscheiden von γ'-Ni$_3$ (Al,Ti) aus einer
austenitischen Matrix auf Eisen- oder Nickelbasis. Diese Ausscheidungen
bleiben bis zur Temperatur ihrer Überalterung wirksam. Durch Glühen lassen
sich Eigenspannungen abbauen oder die Haftung zwischen Schicht und Substrat verbessern. Schroffe Temperaturänderungen sind bei der Wärmebehandlung zu vermeiden, um der Rißbildung durch innere Spannungen vorzu-
beugen.

Da die Bearbeitung von Hartwerkstoffen teuer ist, kommt man in vielen
Anwendungsbereichen mit der in Stufe II von Bild A.1.1 erreichten Maßge-
nauigkeit aus oder beschränkt die Bearbeitung auf kleine Paßflächen. Die
großflächige Bearbeitung gewinnt jedoch an Bedeutung. Beispiele sind Mahl-
und Brikettierwalzen, Ventilsitze, Kneter und Extruder. Zur Kostensenkung
bietet sich eine Erhöhung der Abtraggeschwindigkeit an, solange die bearbeitete Oberfläche nicht geschädigt wird. In der Endstufe der Fertigung liegen
schließlich gebrauchsfertige Bauteile und Werkzeuge vor, entweder als Vollteil
oder beschichtet. Ein beschichtetes Teil gilt als Schichtverbund. Die Schicht
selbst kann wiederum aus einem Teilchenverbund (harte Teilchen in der
Metallmatrix) bestehen. Dieser Verbundwerkstoff für Schicht- oder Vollteil
wird als Hartverbundwerkstoff bezeichnet. Für die Wiederaufarbeitung abge-
nutzter Teile bestehen eigene Fertigungswege, auf die hier nicht eingegangen
wird.

Die Fertigungsstufen werden von einem Bauteil nicht immer geradlinig
durchlaufen. So wird z.B. durch thermisches Spritzen ein Pulver, das vorher
durch Versprühen einer Schmelze erstarrte, wieder zu Tröpfchen aufgeschmolzen, die dann zu einer Schicht erstarren, die z.B. noch geglüht, aber nicht bearbeitet wird. Es ist hier nicht das Ziel, die vielfältigen Fertigungsgänge in ihrer
Gesamtheit darzustellen. Vielmehr sollen im folgenden anhand von Beispielen
die Zusammenhänge von Fertigung und Gefüge für Hartlegierungen und Hartverbunde getrennt aufgezeigt werden.

A.1.2
Fertigung und Gefüge von Hartlegierungen

Hartlegierungen sind so zusammengesetzt, daß sich beim Erstarren primäre und/oder eutektische Hartphasen aus der Schmelze ausscheiden. Wegen der rascheren Diffusion im flüssigen Zustand wachsen sie zu größeren Teilchen heran als die bei weiterer Abkühlung aus dem festen Zustand ausgeschiedenen sekundären Hartphasen. Mögliche Erstarrungsgefüge sind anhand von Zustandsdiagrammen in Bild A.1.2 schematisch dargestellt. Im binären System beginnt die Erstarrung einer untereutektischen Schmelze mit der Bildung von primärer Metallmatrix (PMM), die in Form von Dendriten in die Schmelze wächst. Durch die Erstarrung der eutektischen Restschmelze werden die Metallzellen mit einem netz- bzw. schalenförmigen Eutektikum (E) aus Metallmatrix (EMM) und eutektischen Hartphasen (EHP) umgeben. Die Erstarrung einer Schmelze mit eutektischer Zusammensetzung führt zu einem durchgehend eutektischen Gefüge aus EMM und EHP. Aus einer übereutektischen Schmelze scheiden sich zuerst primäre Hartphasen (PHP) aus. Wegen der höheren Temperatur wachsen sie auf größere Abmessung heran als in dem zum Schluß erstarrenden Eutektikum.

Bei Mehrstoffsystemen läßt sich der Erstarrungsablauf oft nicht so eindeutig aus dem Gefüge ablesen. Bei dem in Bild A.1.2b gezeigten Beispiel treten zwei Eutektika auf, von denen das zum Schluß erstarrende feinstreifiger ausfällt. Auch können primäre Metalldendriten neben Hartphasen mit primärer Morphologie auftreten.

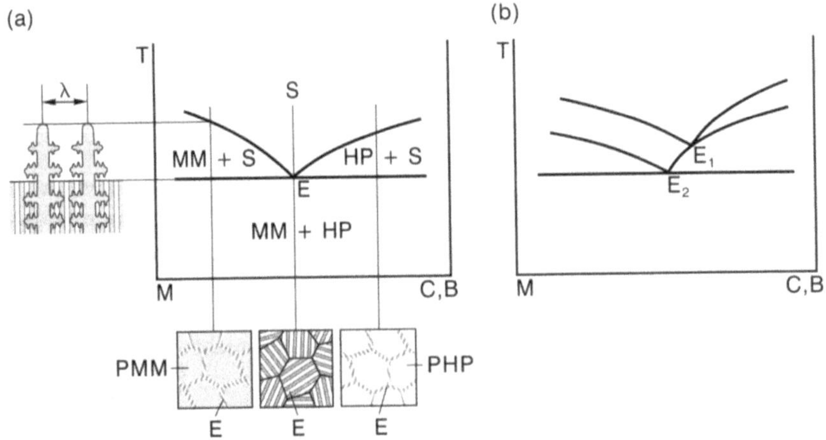

Bild A.1.2 Schematische Darstellung der Erstarrung und des Gefüges von Hartlegierungen **(a)** Erstarrung mit einem Eutektikum E, **(b)** Erstarrung mit zwei Eutektika E_1, E_2. T Temperatur, S Schmelze, λ Dendritenabstand, M Metallanteil, MM Metallmatrix bzw. HP Hartphase (primär P oder eutektisch E ausgeschieden: PMM, EMM bzw. PHP, EHP)

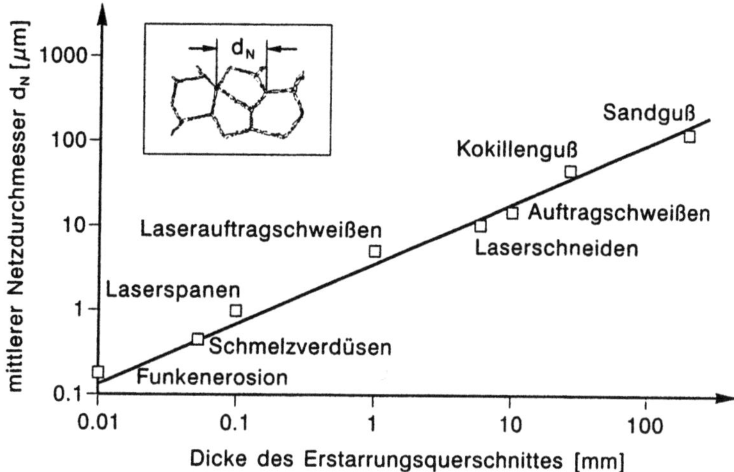

Bild A.1.3 Der gemessene Durchmesser d_N der eutektischen Netzmaschen in untereutektischen Hartlegierungen kennzeichnet die Größe der Gefügebestandteile in Abhängigkeit von der Erstarrungsgeschwindigkeit im Herstellverfahren. Er entspricht dem Dendritenabstand in Bild A.1.2.

Das Wachstum der Gefügebestandteile hängt nicht nur vom Temperaturbereich ihrer Entstehung ab, sondern auch von der Verweildauer darin. Mit zunehmender Abkühlgeschwindigkeit kommt es zu einer Abnahme der Dendritenabstände und damit zu einer Feinung des Gefüges (Bild A.1.3). Entsprechend verringern sich z.B. der Netzdurchmesser und die Größe der Hartphasen. Ausschlaggebend ist die lokale Abkühlgeschwindigkeit in der Erstarrungsfront. In einem dickwandigen Gußstück geht sie vom Rand zum Kern deutlich zurück, so daß sich das Gefüge in dieser Richtung vergröbert. Die Abkühlgeschwindigkeit hängt von Erstarrungsquerschnitt und Wärmeabfuhr und damit von dem gewählten Fertigungsverfahren ab. Das Grundmuster der dendritischen Erstarrung bleibt jedoch bei der Abkühlgeschwindigkeit gebräuchlicher Fertigungsverfahren erhalten. Eine amorphe Erstarrung wird in der Regel nicht erzielt.

In der Feinung des Gefüges kommt die mit rascherer Abkühlung einhergehende Kürzung der Diffusionswege zum Ausdruck. Gleichzeitig tritt eine Abweichung von dem im Zustandsdiagramm dargestellten Gleichgewicht auf. Die Schmelze wird unterkühlt, die Keimzahl erhöht und der Konzentrationsausgleich in der festen Phase behindert. Letzteres bewirkt eine Kristall- oder Mikroseigerung. Dies kann dazu führen, daß z.B. primär in die Schmelze wachsende Metalldendriten oder Hartphasen quer zur Wachstumsrichtung einen Konzentrationsgradienten aufweisen. Außer in diesen Zonenmischkristallen ergeben sich Konzentrationsunterschiede auch zwischen primären und eutektischen Gefügebestandteilen, die nicht dem Zustandsdiagramm entsprechen. In Gußstücken entsteht aus der Mikro- eine Makroseigerung, in dem aus der Erstarrungsfront angereicherte Restschmelze durch Konvektion in den noch flüssigen

Kern gespült wird. Gleichzeitig werden Dendritenarme abgelöst, die im Kern gemeinsam mit primär gebildeten Hartphasen als Kristallisationskeime dienen. Dadurch kann die vom Rand ausgehende und entgegen dem Wärmestrom wachsende Stengelkristallisation im Kern von einer regellosen globularen Kristallisation abgelöst werden. Das Randgefüge ist dann anisotrop, das Kerngefüge quasiisotrop.

Mit dem Anstieg von Abkühlgeschwindigkeit und Legierungsgehalt verlieren die Metalldendriten allmählich ihre Seitenarme und werden zu Zellen. Die zergliederte Tannenbaumstruktur geht über in eine Stabform. Je nach Gitterstruktur wachsen primäre Hartphasen zu kompakten oder gestreckten Teilchen heran. Die eutektischen Hartphasen sind häufig lamellar ausgebildet und durch Metallamellen voneinander getrennt (Bild A.1.4). Diese Legierungen besitzen tatsächlich eine durchgehende Metallmatrix mit eingelagerten Hartphasen. Es besteht aber gerade bei hohem Hartphasengehalt die Gefahr, daß die eutektischen Hartphasen von den primären ausgehen und sich in einem durchgehenden Hartphasengerüst miteinander verbinden. In diesem Falle gelten die eutektischen Metallanteile streng genommen nicht mehr als Metallmatrix sondern als Einlagerung in eine Hartphasenmatrix. Damit geht eine Verschiebung der Eigenschaften von „metallbetont" zu „keramikähnlich" einher.

Zusammengefaßt kann festgestellt werden, daß die Menge und der Kristalltyp von Gefügebestandteilen in Hartlegierungen vorwiegend durch die chemische Zusammensetzung der Schmelze bestimmt werden. Ihre Form und Verteilung beruhen darüber hinaus auf der Konstitution der Legierung und der verfahresbedingten Art der Wärmeabfuhr. Die Größe der Gefügebestandteile wird ganz wesentlich durch die verfahrensbedingte Erstarrungsgeschwindigkeit bestimmt. Dies wird technisch genutzt, um die Größe der Gefügebestandteile

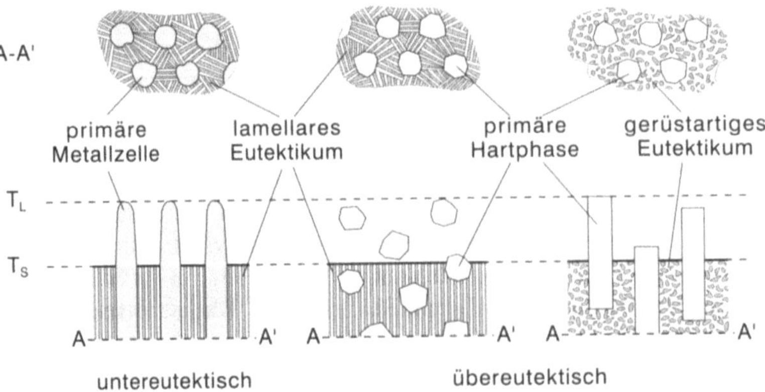

Bild A.1.4 Schematische Darstellung der Entstehung unter- und übereutektischer Gefüge T_L, T_s Liquidus-, Solidustemperatur

dem Anwendungsfall anzupassen. Beim Gießen in eine vorgeheizte Keramikform läßt sich ein gröberes Gefüge erreichen als beim Gießen gegen Kokille. Umgekehrt entsteht eine sehr feine Erstarrungsstruktur, wenn die Schmelze versprüht wird, wie das beim Sprühkompaktieren, thermischen Spritzen oder bei der Pulverherstellung durch Verdüsen (Atomisieren) in Schutzgas oder Wasser geschieht. Das Heißkompaktieren zur anschließenden Formgebung des Pulvers wirkt aber als Hochglühung und führt zum Einformen und Wachsen der Hartphasen. Trotzdem bleibt das Gefüge vergleichsweise fein und zwar umso mehr als der Druck erhöht und die Temperatur gesenkt wird. Eine solche PM-Hartlegierung ist frei von Makroseigerung und isotrop. Diese Vorteile versucht man auch durch thixotropes Gießen zu erreichen. Dabei wird ein im flüssig/festen Phasengebiet teilerstarrtes oder -geschmolzenes Gemenge in eine Form gepreßt. Der hohe Gehalt an Eigenkeimen und der reduzierte Schmelzenanteil bewirken eine feinkörnige, seigerungsarme Erstarrung. Die Anwendung dieses Verfahrens wird jedoch durch die vergleichsweise hohe Solidustemperatur von Hartlegierungen erschwert.

A.1.3
Fertigung und Gefüge von Hartverbundwerkstoffen

Im Gegensatz zur Hartlegierung entstehen die harten Teilchen im Hartverbund nicht aus einer Schmelze, sondern werden im festen Zustand in eine Metallmatrix eingebracht. Die Matrix bildet sich aus dem flüssigen oder dem festen, pulverförmigen Zustand. Während die Hartphasen in einer Hartlegierung gleichgewichtsnah aus der Schmelze ausgeschieden werden, sind die Ausgangsstoffe des Verbundes – harte Teilchen und Metallschmelze bzw. Metallpulver – bei der Verbundbildungstemperatur meist deutlich vom thermodynamischen Gleichgewicht entfernt. Die vom System angestrebte Annäherung an das Gleichgewicht kann zu unerwünschter Auflösung und/oder Umwandlung von Hartphasen führen. Sie ist diffusionsbedingt und damit von Temperatur und Dauer der Verbundbildung abhängig. Die Kunst der Herstellung von Hartverbundwerkstoffen liegt nun darin, durch Auswahl der Ausgangsstoffe und Steuerung der Formgebung gerade soviel Diffusion zuzulassen, daß eine gute Bindung zwischen den harten Teilchen und der Matrix entsteht, ohne daß die Hartphasen nennenswert verändert werden. Dazu muß die Dauer der Verbundbildung bei flüssiger Matrix erheblich kürzer gehalten werden als bei fester Matrix.

Das Vermischen von Hartstoffpulver mit einer Schmelze kurz vor dem Gießen erfordert grobe Teilchen, um deren Aufschmelzen zu vermeiden. Sie können dabei aber durch thermische Spannungen zerlegt und dennoch aufgelöst werden. Stücke aus harten Teilchen mit einem geringen Anteil an metallischem Binder, wie z.B. zerkleinerter Hartmetallschrott, sind zäher und erlauben die Herstellung eines gegossenen Teilchenverbundwerkstoffes. Beim Auftragschweißen ist das Schmelzbad in der Regel erheblich kleiner als beim Gießen, so daß die kontinuierliche Zugabe von Hartstoffpulver möglich wird. Das thermische Spritzen arbeitet mit noch höherer Erstarrungsgeschwindigkeit, doch stört – wie auch beim Auftragschweißen – die hohe Temperatur der Wärmequelle. Beim Flammspritzen eines Pulvergemenges mit einem Brenner läßt sich das Aufschmelzen auf das niedrigerschmelzende Matrixpulver beschränken und ein Hartverbundwerkstoff als Schichtverbund auftragen. In einem Plasmabrenner neigt auch das Hartstoffpulver zum Aufschmelzen und zur Reaktion mit der Matrix. Durch Verwendung von zwei Plasmabrennern werden zwar beide Pulveranteile getrennt und gezielt erwärmt, doch kann der Verlustanteil an nicht eingebundenen Hartstoffteilchen ansteigen. Auch beim Sprühkompaktieren besteht die Möglichkeit, dem Sprühstrahl aus Metalltröpfchen Hartstoffpulver zuzusetzen.

Die Bildung der Matrix aus dem flüssigen Zustand ist auch auf galvanischem Wege möglich. Gibt man dem wässrigen Elektrolyt Hartstoffteilchen zu, so werden sie von der Abscheidungsfront überwachsen. Der entstehende Verbundwerkstoff verfügt jedoch wegen der niedrigen Bildungstemperatur und fehlenden Diffusion nicht über die gute Bindung zwischen harten Teilchen und Metallmatrix, die den Hartverbunden zu eigen ist. Er wird daher hier nicht weiter behandelt.

Die Einbindung fester Hartstoffteilchen in eine flüssige Matrix erlaubt die Herstellung eines Dispersionsgefüges. Voraussetzung ist eine entsprechende Vereinzelung der Teilchen vor der Zugabe und die Verhinderung ihrer Koagulation danach. Die Größe der harten Teilchen muß so auf den Erstarrungsquerschnitt abgestimmt werden, daß ihr vollständiges Aufschmelzen unterbleibt. Bei der Verwendung eines Matrixpulvers ist dagegen ein bestimmtes Durchmesser- und Volumenverhältnis der Hartstoff- und Matrixpulver die Voraussetzung für ein zähes Dispersionsgefüge. Mögliche Gefüge sind in Bild A.1.5 schematisch wiedergegeben. Sie sind aus Mischungen von kugelförmigen oder kompakten Pul-

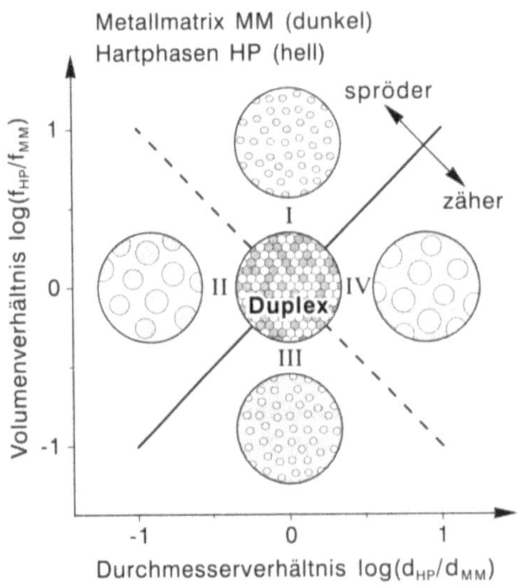

Bild A.1.5 Schematische Darstellung des Gefüges von Hartverbundwerkstoffen, heißkompaktiert aus Gemischen kugeliger MM- und HP-Pulver mit einem mittleren Durchmesser d und einem Volumenanteil f;
I, II = Dispersion von MM in HP = sprödes Netzgefüge;
III, IV = Dispersion von HP in MM = zähes Dispersionsgefüge

verteilchen mit einem mittleren Durchmesser d und einem Volumengehalt f durch heißisostatisches Pressen entstanden. Die eingetragenen Begrenzungslinien der Felder I bis IV wurden anhand von ≈ 50 verschiedenen Pulvermischungen experimentell näherungsweise bestimmt. In Bildmitte ist nach dem Hipen mit einem Duplexgefüge zu rechnen, in dem sich Korngrenzen zwischen MM-Pulverkörnern, zwischen HP-Pulverkörnern und zwischen MM- und HP-Pulverkörnern gebildet haben. Ein solches Gefüge ist räumlich von Ketten zusammenhängender HP-Körner durchdrungen. Dadurch wird die Rißausbreitung bei mechanischer oder tribologischer Beanspruchung erleichtert, d.h. die Bruchzähigkeit gesenkt.

Außerhalb dieses Duplex-Bereiches sind die Felder I und II durch eine Dispersion von MM Pulverkörnern in einem spröden Grundgerüst aus zusammengewachsenen HP-Pulverkörnern gekennzeichnet. An der ausgezogenen Linie findet eine Art Spiegelung des Gefüges statt: HP-Pulverkörner sind in den Feldern III und IV in einer zusammenhängenden zähen MM dispergiert. Diesem Gefüge ist der Vorzug zu geben, da keine HP/HP-Korngrenzen auftreten. Fällt das Verhältnis von Abstand s zu Durchmesser d der dispergierten Teilchen auf s/d<<1, so wird die zusammenhängende Grundmasse zum dreidimensionalen Netz. Darauf weist die gestrichelte Linie hin. Das spröde HP-Netz in Feld II entspricht dem HP-Netz in untereutektischen Hartlegierungen (Bild A.1.2). Beide werden im folgenden als Netzgefüge bezeichnet. Das zähe MM-Netz in Feld IV gilt dagegen als Grundmasse für die HP-Dispersion. Die Gefüge werden also nach der HP-Verteilung in Netz- oder Dispersionsgefüge eingeteilt. Geht man z.B. von einem Hartverbundwerkstoff mit 20 Vol% HP aus, so ist $f_{HP}/f_{MM} = 1/4$ und der Logarithmus -0.6. Auf dieser Horizontalen entsteht links im Bild ein sprödes Netzgefüge aus Hartphasen (Feld II) und nach rechts ein Dispersionsgefüge aus Hartphasen in einer Metallmatrix (Felder III–IV). Die Bruchzähigkeit steigt von „keramikähnlich" auf „metallbetont" an (vergl. Abschn. A.1.2).

Die mittlere Korngröße der Pulver hängt von der Art der Herstellung ab. Der für Hartverbundwerkstoffe interessante Bereich liegt meist zwischen 10 und 200 µm. Feinkörnigere Pulver sind schwer zu handhaben, grobkörnigere in der Anwendung kaum gefragt. Einige Hartstoffe werden im Lichtbogen erschmolzen und nach dem Erstarren auf < 100 µm zerkleinert. Wegen steigender Mahlkosten wird < 10 µm selten erreicht. Andere entstehen durch Fällung feinstkörniger Metallverbindungen aus wässriger Lösung und thermische Umsetzung mit dem Metalloid. Durch Agglomerieren erreichen sie eine Korngröße von > 10 µm. Nitride lassen sich z.B. durch Nitrieren von Metallfolie und anschließendes Zerkleinern auf < 100 µm darstellen. Für die Gewinnung eines Matrixpulvers aus einem reinen Metall bieten sich zahlreiche Verfahren an. Für Hartverbunde ist jedoch in der Regel ein legiertes Metallpulver erforderlich, das sich durch mechanisches oder Schmelzlegieren erzeugen läßt. Die mechanische Vermengung durch Mahlen muß soweit getrieben werden, daß sich beim Heißkompaktieren eine gleichmäßige Verteilung der Legierungselemente im Matrixpulver durch Diffusion einstellen kann. Einfacher ist das Verdüsen einer legierten Schmelze zu Pulver. Seine mittlere Korngröße liegt in der Größenordnung von z.B. 150 μm. Das Verdüsen feinkörniger Legierungspulver ist aufwendiger und wie das Absieben oder Mahlen teurer. Das steht der pulvermetallurgischen Herstellung eines feinkörnigen Dispersionsgefüges aus einer losen Pulverschüttung entgegen. Abhilfe bietet das Mahlen der Pulvermischung mit dem Ziel, zerkleinerte Hartstoffteilchen in hochverformte Matrixpulverteilchen einzubetten. Dieses mechanische Anreichern der Matrix mit Hartphasen führt meist zu einer sehr feinen Dispersion von harten Teilchen im Mikro- bis Nanometerbereich. Je höher der Legierungsgehalt des Matrixpulvers vor dem Mahlen, umso höher ist seine Härte und damit der Widerstand gegen das mechanische Legieren.

Zusammengefaßt läßt sich folgern, daß Menge, Größe, Form und Kristalltyp der Hartphasen im Verbund durch das Hartstoffpulver vorgegeben sind. Ihre Verteilung hängt vom Fertigungsverfahren ab. Dabei ist von Bedeutung, ob die festen harten Teilchen in eine zur Matrix erstarrenden Schmelze eingebracht oder durch Heißkompaktieren mit Matrixpulver verbunden werden.

A.1.4

Auswirkung der Fertigung

Das Umformen kommt nur bei Hartlegierungen und -verbunden mit vergleichsweise wenigen und feinen Hartphasen ins Spiel. In den übrigen kann es nicht zur Änderung der Hartphasenverteilung, nicht zur Feinkornrekristallisation der Matrix und auch nicht zur Beseitigung von Poren genutzt werden. Das Gefüge der nichtumformbaren Werkstoffe bildet sich beim Urformen. Es besteht aus Hartphasen und der Metallmatrix. Zu den Hartphasen zählen die primären und eutektischen in Hartlegierungen und die zugemischten in Hartverbunden. Die Metallmatrix kann feine sekundäre Ausscheidungen enthalten, deren Menge und Verteilung sich durch Wärmebehandlung beeinflussen läßt. Sie werden daher als Teil der Matrix betrachtet, auch wenn es sich um Karbide, Boride oder Nitride handelt.

Das Urformen beeinflußt unmittelbar die Größe und Verteilung der Hartphasen. Die Auswirkung einiger Fertigungsverfahren wird in Bild A.1.6 am Beispiel von Werkstoffen mit 20 Vol% Hartphasen näherungsweise dargestellt. Die Erstarrung der untereutektischen Schmelze führt zu einem Netz aus Eutektikum, das die primären Metallzellen umgibt. Netz- und Hartphasengröße nehmen mit der Abkühldauer zu (thermisches Spritzen (a), Auftragschweißen (b), Gießen (c)). Ein Netzgefüge bildet sich aber auch bei pulvermetallurgischer Fertigung, wenn feine Hartphasen verlangt werden, verdüstes Legierungspulver aber nicht in gleicher Feinheit zur Verfügung steht (d). Die feinen harten Teilchen umgeben dann im Pulvergemenge die gröberen Körner des Matrixpulvers und werden beim Heißkompaktieren in dieser netzförmigen Verteilung arretiert (Bild A.1.5II). Dagegen kann ein Dispersionsgefüge entstehen, wenn das Matrixpulver beim thermischen Spritzen eines Hartverbundes schmilzt (h). Die Korngröße des Hartstoffpulvers muß jedoch so groß sein, daß die Teilchen höchstens

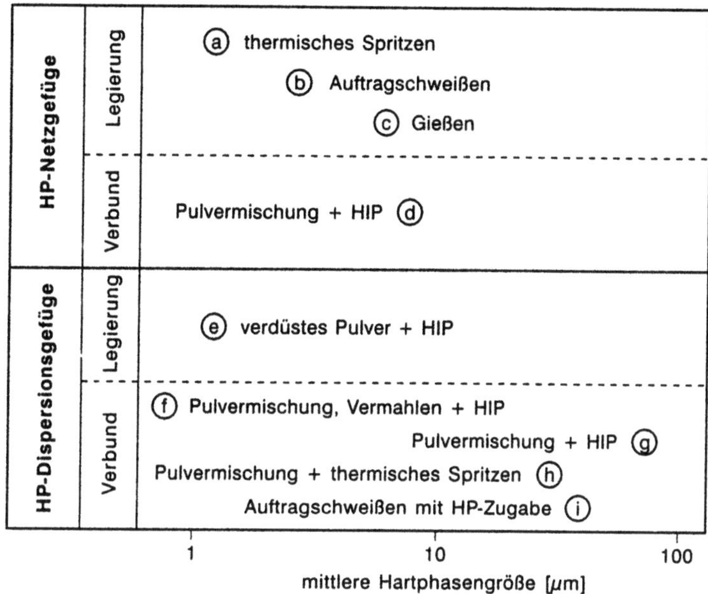

Bild A.1.6 Auftreten spröder Netz- und duktiler Dispersionsgefüge bei der Herstellung von Hartlegierungen und -verbundwerkstoffen mit ≈ 20 Vol% HP. Die Kreise (a) bis (i) beziehen sich auf die Abszisse (s. Text)

an- aber nicht aufschmelzen. Das gilt auch für die Zugabe beim Auftragschweißen (i) eines Hartverbundes, das noch gröbere Hartstoffteilchen erfordert. Eine grobe Dispersion entsteht aus einem Pulvergemenge mit großem Verhältnis der Korndurchmesser (g, Bild A.1.5IV). Eine feine Dispersion ist entweder durch mechanisches Legieren zu erreichen (f) oder aus einer PM-Legierung, da das äußerst feine Netzgefüge des Legierungspulvers beim Heißkompaktieren zu einer Dispersion koaguliert (e).

Die Auswirkung dieser fertigungsbedingten Gefügeausbildung auf die Eigenschaften ist Gegenstand des Teiles B. Um die Bedeutung des Gefüges zu unterstreichen, seien einige vorgezogene Hinweise auf die Eigenschaften erlaubt. Bei furchendem Verschleiß muß die Hartphase härter als das angreifende Abrasiv und möglichst so groß wie die Furchenbreite sein. Zu feine Hartphasen werden mit dem Span ausgehoben (Bild A.1.7). Ihr Widerstand gegen das Furchen ist daher geringer, es sei denn, sie treten in hohem Gehalt, d.h. geringem Abstand auf, so daß dem furchenden Abrasivkorn das Eindringen in die weichere Matrix erschwert wird. Netzgefüge erlauben ein stärkeres Furchen der ungeschützten primären Metallzelle. Bei Verschleiß durch Oberflächenzerrüttung sind feine Hartphasen gefragt, um z.B. Grübchenbildung durch Hartphasenbruch hinauszuzögern.

Auch der Bruchwiderstand wird ganz wesentlich durch die Größe und Verteilung der Hartphasen beeinflußt. Grobe Hartphasen senken die Biegefestigkeit,

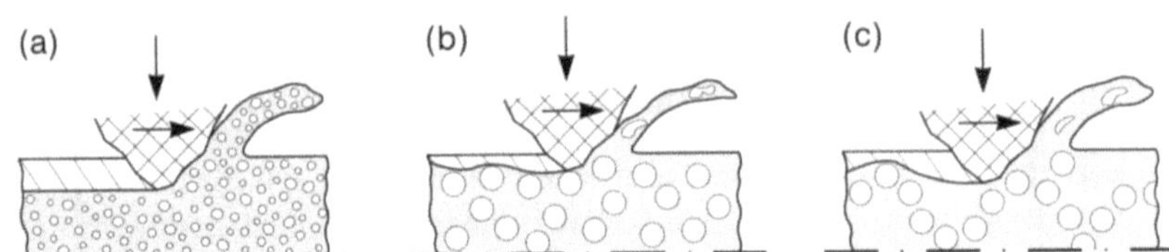

Bild A.1.7 Schematische Darstellung des Verschleißes (schraffiert) beim Furchen durch ein Abrasivkorn (doppelt schraffiert), **(a)** HP (hell) zu klein, **(b)** HP wirksam groß, **(c)** wie (b), jedoch HP ungünstig (netzförmig) verteilt

weil sie schon bei niedrigerer Belastung brechen oder ablösen. Dagegen bewirkt eine Dispersion grober Hartphasen eine höhere Bruchzähigkeit als eine feine Dispersion gleichen Volumengehaltes, weil in der Spannungskonzentration vor der Spitze weniger Teilchen brechen oder ablösen und die Rißablenkung zunimmt (Bild A.1.8). Der Übergang von einem Dispersions- zu einem Netzgefüge senkt die Biegefestigkeit, kann aber durch Rißablenkung die Bruchzähigkeit erhöhen.

Die chemischen Eigenschaften hängen vorwiegend von der chemischen Zusammensetzung der Gefügebestandteile ab. Die Größe und Verteilung der Hartphasen kann über Veränderungen im Mikroeigenspannungszustand Einfluß nehmen. Das trifft auch für physikalische Eigenschaften, wie z.B. die Wärmeausdehnung oder Wärmeleitfähigkeit, zu.

Zum Gefüge zählen auch Gefügefehler wie Poren und Einschlüsse. In sich abgeschlossene Kugelporen entstehen z.B. beim Gießen durch Einfrieren von

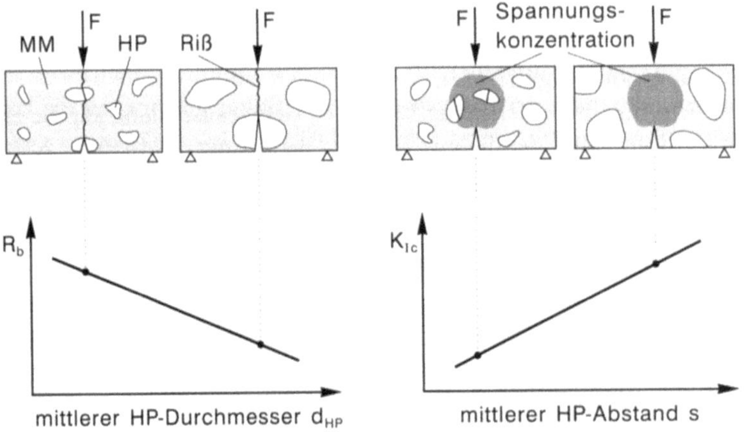

Bild A.1.8 Schematische Darstellung der Bruchfestigkeit R_b und der Bruchzähigkeit K_{Ic} im Biegeversuch als Funktion von Größe und Abstand der Hartphasen HP bei konstantem HP-Gehalt

Gasblasen und in PM-Werkstoffen durch unvollständiges Sintern. Sie beeinträchtigen die Eigenschaften weniger als zusammenhängende Hohlräume, die bei Gußstücken als Mikrolunker und bei PM-Teilen als Schlauchporen bekannt sind. Beim Gießen werden sie durch Speisung und gelenkte Erstarrung minimiert und beim Heißkompaktieren durch Vakuum zur Vermeidung von unlöslichen Gasanteilen in den Poren (Vakuumofen) und durch Druck (Druckofen mit evakuierten Kapseln oder Preßwerkzeug). Eine Verdichtung durch Umformen ist nur bei den umformbaren Werkstoffen möglich. In thermisch gespritzten Schichten kann die Porosität durch Wärmenachbehandlung (Einschmelzen) abgebaut werden.

Grobe oxidische Einschlüsse entstehen gelegentlich durch mitgerissene Schlacke oder Ablösungen aus der feuerfesten Auskleidung des Schmelzofens bzw. der Gießform. Beim Verdüsen führen erstarrte Schlacketröpfchen zu Einschlüssen, die der Korngröße des Legierungspulvers entsprechen. Ihre Größe übersteigt daher die der Hartphasen im Legierungspulver um mehr als eine Größenordnung, so daß sie z.B. bei der Rißeinleitung unter schwingender Beanspruchung dominant sind. Werden Oxide und Sulfide dagegen aus der Schmelze ausgeschieden, so wachsen sie auf eine den Hartphasen vergleichbare Größe. Da sie ähnliche keramische Eigenschaften besitzen wie die Hartphasen, ihr Volumengehalt aber um rund zwei Größenordnungen niedriger liegt, bleibt ihr Einfluß auf die Eigenschaften dann meist verdeckt. In der Pulvermetallurgie kann eine Oxidhaut auf der Oberfläche der Pulverkörner nach dem Heißkompaktieren als Anhäufung von Oxidteilchen entlang der Pulverkorngrenzen vorliegen. Durch diese netzförmige Verteilung leidet die Zähigkeit.

Gefügebestandteile und -arten

WERNER THEISEN

Der Widerstand von Hartlegierungen und -verbundwerkstoffen gegen Furchungsverschleiß hängt, in der Betrachtung tribologischer Systeme, von den Eigenschaften der beteiligten Körper, vom Zwischenstoff, von den Umgebungsbedingungen und dem Beanspruchungskollektiv ab. Bei furchender Beanspruchung sind die Wechselwirkungen zwischen den abrasiven Teilchen und den Gefügebestandteilen im Werkstoff von besonderer Bedeutung. Ausschlaggebend sind Form, Größe und Anordnung sowie die Eigenschaften der Gefügebausteine, wobei die Eigenschaftskennwerte der Gefügebestandteile und des furchenden Minerals häufig ins Verhältnis gesetzt werden. Eine wesentliche Rolle spielt beispielsweise die Härte, die darüber Auskunft gibt, welche Phasen bei der Verschleißbeanspruchung oder beim Zerspanungsvorgang gefurcht bzw. geschnitten werden können. Eine Übersicht der Mikrohärte von Hartphasen, metallischen Matrizes, Mineralen und Schneidstoffen ist in Bild A.2.1, s. S. 28) gegeben.

Hartphasen

Die Hartphasen in Hartlegierungen und Hartverbundwerkstoffen stellen die Verschleißbeständigkeit dieser Legierungen vor allem gegen Furchungsverschleiß sicher, weil sie das Furchen der Metallmatrix durch abrasive Teilchen erschweren.

Hartphasen werden im allgemeinen entsprechend ihrer Zusammensetzung mit der chemischen Strukturformel Y_aX_b bezeichnet. Sie lassen sich anhand des überwiegenden Bindungscharakters ihrer Atome in kovalente, ionische und metallische Hartphasen einteilen [A.2.1]. Bild A.2.1 und Tabelle B.4.1 geben eine Übersicht über die in der Verschleißschutztechnologie bedeutenden Hartphasen mit ihren wesentlichen Eigenschaften. Alle mechanischen, physikalischen und chemischen Eigenschaften der Hartphasen lassen sich durch die Art der Bindung der Atome untereinander erklären. Typisch sind eine hohe Härte, ein hoher E-Modul und hoher Schmelzpunkt sowie ein geringer thermischer Ausdehnungskoeffizient und eine niedrige elektrische Leitfähigkeit bei guter chemischer und thermischer Stabilität.

In der Gruppe der *kovalenten Hartphasen* haben neben dem ausschließlich aus Kohlenstoffatomen bestehenden Diamanten vor allem die Verbindungen

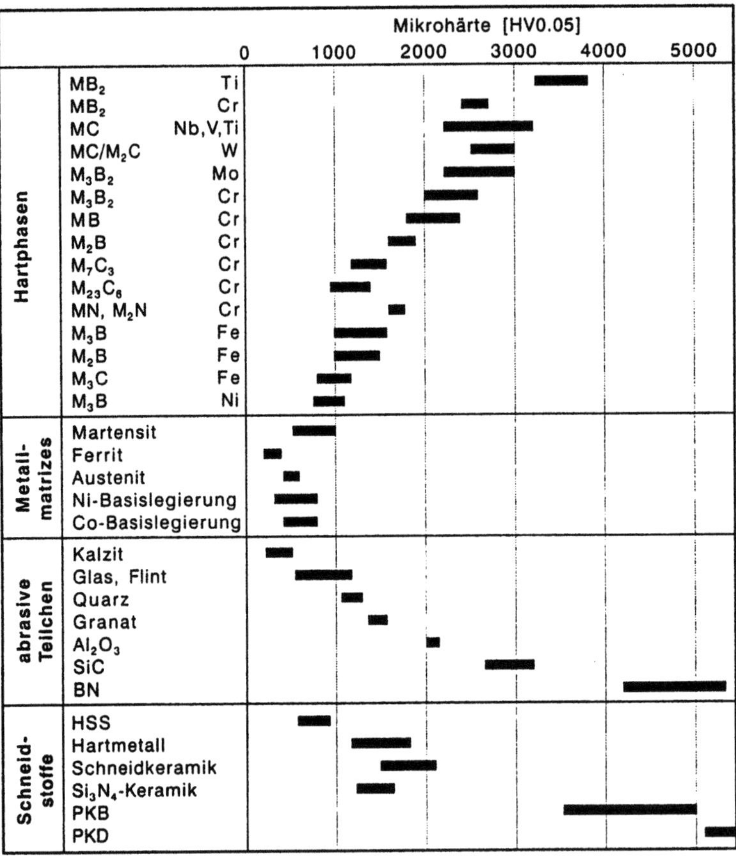

Bild A.2.1 Streubereiche der Mikrohärte HV0.05 von Hartphasen und Metallmatrizes sowie Mineralen und Schneidstoffen bei Raumtemperatur [18]

von Bor mit Kohlenstoff und Stickstoff Bedeutung erlangt. Infolge der Valenzelektronenkonfiguration sind die Atome durch paarweise Benutzung von Elektronen auf der äußeren Schale fest aneinander gebunden. Dadurch werden Härten von 10 000 HV für Diamant, 5000 HV für kubisches BN und ca. 4000 HV für B$_4$C erreicht. Aufgrund der exponierten Härte finden diese Phasen in neuerer Zeit häufig als Schneidstoffe Anwendung, wo sie im Verbund mit einem metallischen oder keramischen Binder, speziell beim Bearbeiten harter Werkstoffe, höchste Standzeiten erreichen.

Aus der Gruppe der *ionischen Hartstoffe* mit heteropolarer Bindung sind vor allem Oxide Al$_2$O$_3$ und ZrO$_2$ von Bedeutung. Sie zeichnen sich durch hohe thermische Stabilität aus, sind aber wegen der elektrostatischen Bindungskräfte nicht plastisch verformbar. Ihr Haupteinsatzbereich sind ebenfalls die Schneidstoffe, bei denen das fehlende plastische Verformungsvermögen die Anwendungen jedoch eingeschränkt. Als Verbundkomponente in Hartverbundwerkstoffen zeigen beide, kovalente wie ionische Hartstoffe in der Regel eine schlechte Haftung zur metallischen Matrix. Grund dafür ist die hohe thermische Stabilität der Oxide sowie die geringe Löslichkeit der metallischen Matrix für Sauerstoff, die die haftungsfördernden Diffusionsreaktionen zwischen Hartphase und Metallmatrix unterbinden. Dadurch entstehen scharfe Grenzen, die wegen des unterschiedlichen Bindungstypes und der Gitterstruktur inkohärent sind.

Anders dagegen stellen sich die *metallischen Hartphasen* im Verbund dar. Als Metall-Metalloidverbindung sind die Hartphasen-Atome über ein Elektronengas auch metallisch gebunden, so daß teilkohärente bzw. kohärente Grenzflächen zur metallischen Matrix auftreten, wodurch die Einbindung in die metallische Matrix deutlich besser ist [A.2.1]. Metallische Hartphasen sind die Boride, Karbide und Nitride der Übergangsmetalle (Gruppe III–VIII des Periodensystems), die allgemein nach ihrer chemischen Struktur mit M_aX_b bezeichnet werden. Bezüglich der Härte nehmen sie eine Mittelstellung zwischen den kovalenten Hartstoffen und den Metallmatrizes ein. Von den ionischen und kovalenten Hartphasen unterscheiden sie sich vor allem durch ihr Verformungsvermögen. Wegen der metallischen Bindungsanteile können Atomebenen, unterstützt durch hydrostatische Druckspannung, verschoben werden. Die plastische Verformung ist insbesondere bei erhöhter Temperatur möglich, wo die Hartphasen bei abnehmenden Bindungskräften zunehmend metallischer werden.

In der Regel sind die Hartphasen Einlagerungsphasen, bei denen das Metalloidatom in die Gitterstruktur des Metalles auf Oktaeder- oder Tetraederplätzen eingelagert wird [A.2.2]. Die Raumordnung reicht von einfachen Gittern, wie das kfz-Gitter des Niob-Monokarbides (Bild A.2.2a) bis hin zu komplexen Ordnungen mit kubisch flächenzentrierter Überstruktur, wie sie beim Chromkarbid des Typs $M_{23}C_6$ beobachtet wird (Bild A.2.2b).

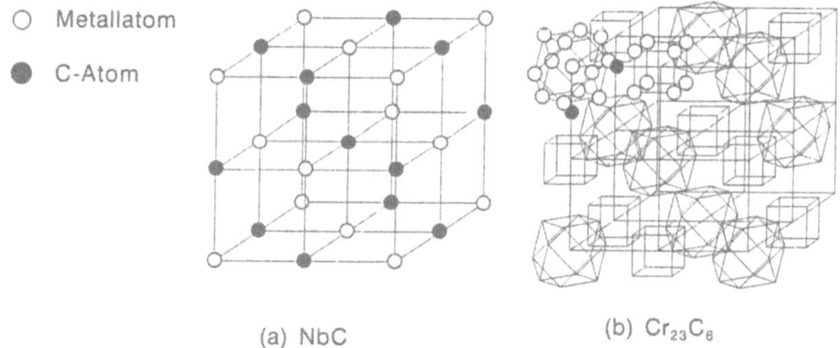

Bild A.2.2 Kristallstrukturen von Einlagerungs-Hartphasen [A.2.2], (a) NbC (kfz), (b) $Cr_{23}C_6$ (kfz)

Neben der Gitterstruktur sind die beteiligten Metalle und Metalloide sowie deren Anteil eigenschaftsbestimmend. Am Beispiel der Mikrohärte kann dieser Zusammenhang in Bild A.2.3 verdeutlicht werden. Die Monokarbide der Elemente Titan, Niob und Wolfram nehmen in ihrer Härte entsprechend der Valenzelektronenkonzentration von Gruppe IV (Ti), über Gruppe V (Nb) zu Gruppe VI (W) hin ab. In Misch-Hartphasen, wie sie bei den Hartlegierungen aus der Schmelze erstarren, stellt sich der Metallteil als Mischkristall unterschiedlicher Metallatome entsprechend der Legierungszusammensetzung dar. Während das reine Chromkarbid eine Mikrohärte von ca. 2200 HV aufweist, sinkt die Härte mit zunehmendem Gehalt an Metallatomen der Fe-, Ni- oder Co-Basis deutlich ab. Abnehmende Härte ist auch die Folge eines geringer werdenden Metalloidanteiles. Mit sinkendem Verhältnis von b/a fällt die Härte, da der Anteil an kovalenten Bindungsmöglichkeiten abnimmt und die metallische Bindung in den Vordergrund tritt. Auch die Metalloidart, ob es sich um Kohlenstoff, Bor oder Stickstoff handelt, nimmt über die Bindungsstruktur Einfluß auf die Eigenschaften. Anhand der Härte läßt sich zeigen, daß der kovalente Bindungsanteil von der Zahl der freien Elektronen auf den äußeren Schalen von Metall und Metalloid abhängt. In Erfüllung der Oktett-Regel ist die Kombination von Metallen aus der vierten Nebengruppe mit dem Kohlenstoff aus der vierten Hauptgruppe optimal. Der Vergleich der Monostrukturen zeigt höchste Härte für das Monokarbid des Titans (Nebengruppe IV) im Vergleich zum TiB und TiN.

Die tatsächlichen Bindungsverhältnisse mit den entsprechenden Aufenthaltsorten der Elektronen sind sehr komplex und nicht endgültig geklärt. Man geht jedoch davon aus, daß Atombindungen mit Elektronen vorliegen, die zwischen zwei Aufenthaltsorten pendeln (Halbbindungen). Bei den Karbiden und Nitriden scheint die Metall-Metalloidbindung (M-X) die wesentliche zu sein, da der

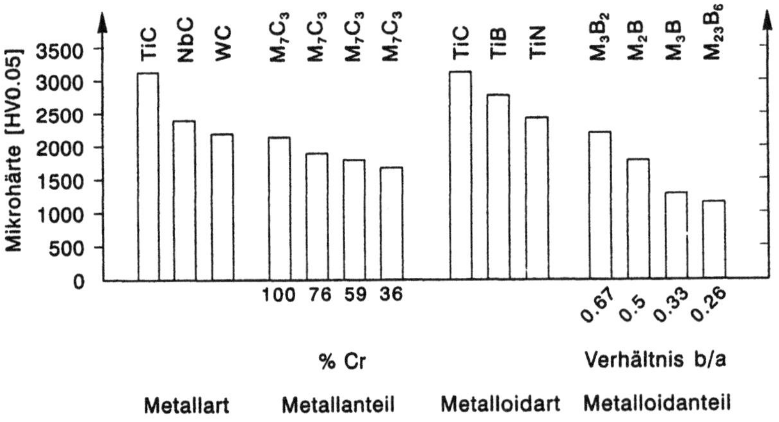

Bild A.2.3 Einfluß des Metalls und des Metalloides auf die Mikrohärte von metallischen Hartphasen

Abstand der Metallatome durch den Einbau von Kohlenstoff und Stickstoff größer wird. Bei den Boriden dagegen wird die Bindung zwischen den Boratomen als eigenschaftsbestimmend angesehen. Mit zunehmendem Borgehalt der Hartphasen entstehen mit steigendem b/a-Verhältnis zunächst feste Boratomketten (MB) bis hin zu räumlichen Netzen (MB_{12}) [A.2.2, A.2.3]. Der Zusammenhang zwischen Bindungsverhältnissen und Eigenschaften von Hartphasen wie Härte, Dichte sowie elektrische und thermische Leitfähigkeit kann an reinen Hartstoffen (Metall- und Metalloidanteil bestehen jeweils nur aus einem Element) bestätigt werden. In Hartlegierungen, bei denen die Hartphasen aus der Schmelze erstarren, sind die Verhältnisse jedoch meist sehr viel komplexer. Bei Anwesenheit zweier Metalloidelemente (z.B. C + N) können substitutionelle Mischkristalle aber auch isomorphe Phasengemische bzw. sich durchdringende Karbid-, Borid- oder Nitridgitter entstehen, die z.T. härter als die reinen Phasen sein können. Hinzu kommt, daß in Schmelzlegierungen mit bis zu 10 verschiedenen Metallelementen auch im Metallanteil der Hartphase verschiedene Metallatome je nach Zusammensetzung der Legierung und Löslichkeit in der Hartphase gefunden werden. Zur Vereinfachung der chemischen Strukturformel werden derartige Phasen nach ihrem überwiegenden Metall- bzw. Metalloidelement bezeichnet. So erhält beispielsweise eine Phase des Typs $(Nb_{65}Cr_{30}Ni_5)_3$ $(C_{47}B_{53})_2$ die vereinfachende Bezeichnung M_3B_2.

Für die Form der Hartphasen in Hartlegierungen sind die Kristallstruktur sowie die Keimbildungs- und Wachstumsbedingungen ausschlaggebend. So entstehen Niobkarbide bei entsprechenden Gehalten von Niob und Kohlenstoff in der Legierung als kubische oder oktaedrische Teilchen, wenn die Zahl der Kristallisationskeime groß ist (Bild A.2.4a,c). Dies ist bei homogener Keimbildung durch starke Unterkühlung bzw. hohe Abkühlgeschwindigkeit (z.B. beim Auftragschweißen) oder, wie in Bild A.2.4d dargestellt, durch heterogene Keimbildung an vorher erstarrten Phasen (hier TiC) gegeben. Ohne die Zugabe von Titan erstarrt die gleiche Phase aufgrund ihrer kubisch flächenzentrierten Struktur als Oktaeder mit eingefallenen Flächen, die an vierblättrige Blüten erinnern (Bild A.2.4b,e).

Ein Temperaturgradient in der erstarrenden Schmelze sowie größere C-Achsen der Atomgitter (hexagonal, tetragonal) lassen die Hartphasen in bevorzugte Richtungen wachsen, so daß nadelige Strukturen entstehen.

In den Hartverbundwerkstoffen ist die Hartphasenform durch die Herstellungsbedingungen des Hartstoffpulvers gegeben. Schmelz-Hartstoffe müssen auf die gewünschte Korngröße gebrochen werden und sind deshalb meist scharfkantig, während Agglomerate eher rundliche Formen anstreben.

Technische Bedeutung für Hartlegierungen und Hartverbundwerkstoffe haben die Karbide und Boride der Elemente Titan, Vanadin, Niob, Chrom, Wolfram und Eisen erlangt, die in den Nebengruppen IV bis VIII des Periodensystems zu finden sind. In Fe-Basislegierungen sind in erster Linie Karbide dieser Elemente zu nennen. Nicht zuletzt aus Preisgründen sind es überwiegend Eisen- und Chromkarbide sowie deren Mischformen, die in verschleißbeständigen Fe-

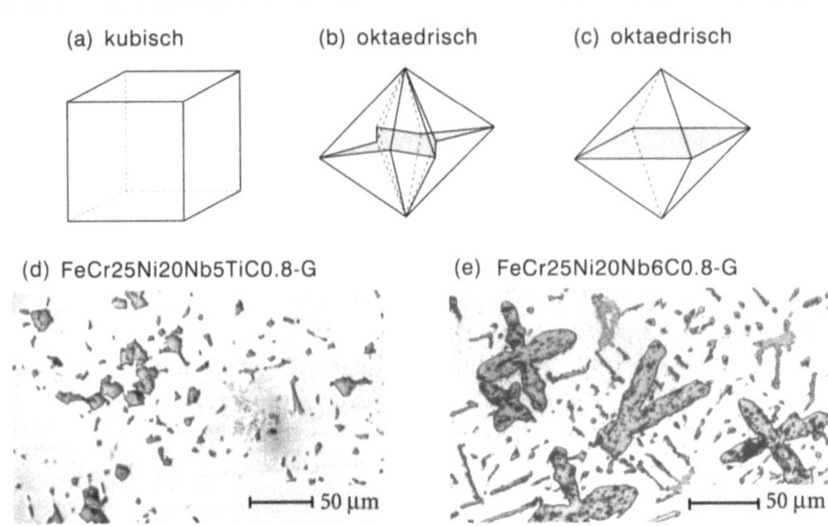

Bild A.2.4 Morphologie von primär aus der Schmelze ausgeschiedenen Niobkarbiden des Typs MC in einer hitzebeständigen austenitischen Gußlegierung

Basislegierungen breite Anwendung finden. Neben den Auftragschweißlegierungen aus dem System Fe-Cr-C mit Chromgehalten bis zu 30 % und Kohlenstoffgehalten bis zu 5 % sind vor allem die weißen Gußeisen bedeutend [A.2.4]. Diese meist gegen furchenden Mineralverschleiß eingesetzten Legierungsgruppen nutzen den Kohlenstoff als Metalloid zur Bildung harter Karbide des Typs M_7C_3, M_3C, $M_{23}C_6$ und als härtesteigerndes Element in der Metallmatrix.

Bei höheren Gebrauchstemperaturen und/oder zusätzlicher korrosiver Beanspruchung kommen Legierungen der Systeme Ni-Cr-Si-B und Co-Cr-W-C zur Anwendung. Da sich Nickel gar nicht und Cobalt kaum an der Karbidbildung beteiligt, ist Chrom auch hier der wichtigste Hartphasenbildner. Während in Co-Basislegierungen den Fe-Basislegierungen vergleichbare Karbidtypen vorkommen, wird auf Ni-Basis in der Hauptsache Bor als Metalloid zur Hartphasenbildung benutzt. Neben Chromboriden (MB, M_2B, M_3B_2) sind in technischen Legierungen auch Nickelboride vom Typ M_3B bedeutend. Neuere Entwicklungen verwenden zum Teil aus Kostengründen, vor allem aber zur Eigenschaftsverbesserung Hartphasen anderer Elemente. Karbide, Boride und Nitride der Elemente Vanadin, Niob, Molybdän und Wolfram werden zunehmend wichtiger, zumal ihre Härte meist deutlich oberhalb der Härte der Chromkarbide und Chromboride liegt und dadurch gleichzeitig Chrom in ausreichenden Gehalten zum Schutz der Metallmatrix vor korrosivem Angriff belassen werden kann. Den größten Spielraum zur Konzeption solcher Werkstoffe bieten dabei die Hartverbundwerkstoffe, bei denen Hartphasen der o.g. Elemente (TiB_2, WC, NbC, VC, NbN) in neueren Werkstoffen zum Zuge kommen. Sie finden

Anwendung in besonderen werkstofftechnischen Fragestellungen und sind oft maßgeschneiderte Problemlösungen (s. Kap. D.3 und D.8).

A.2.2
Metallmatrizes

Hartlegierungen und -verbundwerkstoffe basieren auf den Elementen Eisen, Nickel oder Kobalt, die als Hauptmetall Mischkristalle bilden, deren mechanische und chemische Eigenschaften eine herausragende Stellung einnehmen. Sie stellen die metallische Matrix dar, die sowohl Träger und Stütze der Hartphasen als auch, insbesondere bei hohem Hartphasengehalt, Bindephase ist. Die Beanspruchung der Hartlegierungen und Hartverbundwerkstoffe im praktischen Einsatz stellt an die Matrix besondere Anforderungen bezüglich Festigkeit, Warmfestigkeit, Zähigkeit, Verschleißwiderstand und u.U. auch chemischer Beständigkeit. Die Legierungsentwicklung versucht den Anforderungen gerecht zu werden, indem die entsprechenden metallkundlichen Maßnahmen in sinnvoller Weise kombiniert werden. Die Maßnahmen sind für die Basiselemente Eisen, Nickel und Kobalt zum Teil sehr verschieden und werden deshalb im Folgenden getrennt behandelt.

A.2.2.1
Fe-Basis Metallmatrizes

Die Eigenschaften der Fe-Basis Metallmatrizes beruhen im wesentlichen auf den Mechanismen, die auch bei der Wärmebehandlung von Stahl genutzt werden. Neben der Mischkristall- und Ausscheidungshärtung ist hier vor allem die martensitische Umwandlung zu nennen, bei der die Mischkristall- und Versetzungshärtung kombiniert werden. Die Mischkristallhärtung von Eisenmatrizes basiert wie beim Stahl auf dem substitionellen Einbau der Elemente Chrom, Molybdän, Mangan, Nickel und Vanadin sowie dem interstitiellen Einbau von Kohlenstoff, wobei die Härtung durch Kohlenstoff die effektivste ist. Aufgrund des Löslichkeitssprunges vom γ- zum α-Fe können diese Matrizes bei entsprechendem Kohlenstoffgehalt und rascher Abkühlung martensitisch gehärtet werden. Anschließend ist es möglich, durch eine gezielte Anlaßbehandlung bei Anwesenheit der Elemente Chrom, Molybdän, Vanadin, Wolfram oder Niob Anlaßkarbide zu bilden, die bei Anlaßtemperaturen um 500 °C ein Sekundärhärtemaximum bewirken. Zur Vereinfachung der nachfolgenden Betrachtungsweise werden die feineren Ausscheidungen, die aus dem festen Mischkristall erfolgen, als Bestandteil der Metallmatrix angesehen und nicht den aus der Schmelze ausgeschiedenen gröberen Hartphasen zugerechnet.

Im allgemeinen ergeben sich sowohl für die Metallmatrizes in Hartlegierungen als auch für die Metallpulver in Hartverbundwerkstoffen Zusammensetzungen, die härtbaren Stählen wie z.B. 50 CrV 4, X 40 CrMoV 5 1, 56 NiCrMoV 7 oder 100 Cr 6 ähnlich sind (s. Tabelle 1). Diese Kombination von Legierungselementen erlaubt, die Metallmatrizes durch entsprechende Wärmebehandlung (Glühen, Härten, Anlassen) in weiten Grenzen an die Beanspruchung anzupassen. Auf diese Weise läßt sich die Mikrohärte zwischen 250 und 850 HV0.05 einstellen. In einigen Fällen ist es notwendig, daß die Matrix bereits nach der Abkühlung aus der Urformhitze hart wird (z.B. lufthärtende Auftragschweißung). Dies ist besonders für Schichtverbunde von Bedeutung, da der Unterschied im thermischen Ausdehnungskoeffizienten zwischen Schicht und Grundwerkstoff mit steigendem Hartphasengehalt zunimmt, so daß die Schicht bei einer Wärmebehandlung zum Reißen neigt (s. Kap. D.9).

Infolge hoher Härte- bzw. Schmelztemperatur ist die Martensitumwandlung bei einem C-Gehalt oberhalb 0.5 % häufig unvollständig, so daß Restaustenit zurückbleibt. Restaustenitgehalte bis zu 30 Vol% sind unter Umständen günstig, da sie kaum zum Härteverlust führen und eine gewisse Verformungsreserve bieten, was besonders mit steigendem Hartphasengehalt die Rißsicherheit verbessert. Darüber hinaus ist die spannungsinduzierte Umwandlung des Restaustenits in oberflächennahen Bereichen wegen der höheren Härte des Martensits an der Oberfläche als positiv anzusehen. Der Effekt hat sich in einigen Anwendungsfällen (z.B. Walzen und Rollen) bewährt.

In neuesten Entwicklungen am Lehrstuhl Werkstofftechnik kommt anstelle des Kohlenstoffes der im Periodensystem benachbarte Stickstoff als wichtiges, härtesteigerndes Matrixelement zur Anwendung. Das N-Atom ist ähnlich dem C-Atom im γ-Eisen löslich, während die Löslichkeit in α-Eisen gering ist. Aus diesem Grund ist Stickstoff in gleicher Weise zur Martensithärtung geeignet. Da die Löslichkeit für N in der Schmelze im Unterschied zu Kohlenstoff sehr gering ist, können die zur Martensitbildung nötigen N-Gehalte lediglich durch Druck- bzw. Pulvermetallurgie realisiert werden. Zusätzlich bietet sich die Erhöhung der N-Löslichkeit im Fe-Mischkristall durch Zugabe löslichkeitssteigernder Legierungselemente wie Cr, Mn und Mo an. Bei entsprechend schneller Abkühlung aus dem Austenitgebiet wandeln auch N-haltige Fe-Metallmatrizes martensitisch um. Die nachfolgende Anlaßbehandlung bewirkt in stickstofflegierten Varianten die Ausscheidung von Nitriden ähnlich der Karbidausscheidung in C-Stählen. Da Nitride im allgemeinen feiner verteilt und zugleich thermisch stabiler sind als die entsprechenden Karbide, ergeben sich Vorteile bezüglich der Festigkeit bei Raumtemperatur sowie bei erhöhter Temperatur. Aufgrund anderer Korrosionsmechanismen in N-haltigen nichtrostenden Metallmatrizes ist deren Korrosionswiderstand viel höher als bei C-haltigen Matrizes, was N-haltige Metallmatrizes gegen Verschleiß bei gleichzeitigem chemischen Angriff (z.B. Kunststoff-Extruder) qualifiziert.

Da die Stickstofflöslichkeit in der Schmelze stets kleiner als im festen Zustand ist, bietet sich das pulvermetallurgische Urformen an. Dafür werden im Labormaßstab zwei verschiedene Verfahren herangezogen (Bild A.2.5). Zum einen werden nahezu C- und N- freie nichtrostende Stahlpulver im Gasstrom (NH_3-H_2-Gemisch), ähnlich dem Gasnitrieren, bei Temperaturen von 590 °C aufgestickt. Durch die Legierungszusammensetzung des Ausgangspulvers und Mischen von aufgestickten und stickstofffreien Pulvern lassen sich mit Hilfe des

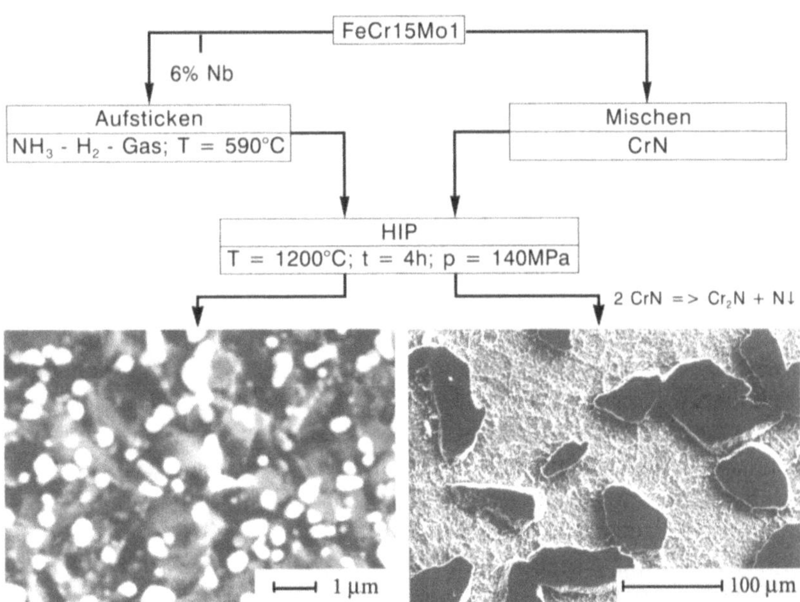

Bild A.2.5 Hartverbundwerkstoffe mit nitridischen Hartphasen in einer N-haltigen martensitischen Metallmatrix aus pulvermetallurgischer Herstellung (HIP), **(a)** Stahlpulver aufgestickt (Hartlegierung), **(b)** Mischung aus N-freiem Stahlpulver und CrN (Hartverbundwerkstoff)

heißisostatischen Pressens nichtrostende Hartlegierungen herstellen. Hartverbundwerkstoffe werden durch das Mischen von stickstofffreiem Metallpulver mit CrN-Hartstoffpulver und anschließendem heißisostatischen Pressen (HIP) erzielt. Während der HIP-Behandlung diffundiert Stickstoff aus den Hartstoffen in die Metallmatrix, wo er in oben beschriebener Weise zur martensitischen Härtung benötigt wird. Aufgrund guter Ergebnisse in Verschleiß und Naß-Korrosionsuntersuchungen stellen diese Werkstoffe eine günstige Alternative zu C-haltigen Hartverbundwerkstoffen dar.

Bei Anwendungstemperaturen oberhalb 600 °C bietet ein kubisch flächenzentriertes Grundgitter Vorteile. Die niedrige Stapelfehlerenergie des Austenits behindert den Ablauf der Entfestigungsvorgänge und verschiebt auf diese Weise die Rekristallisation zu höheren Temperaturen. Hitzbeständige Gußlegierungen mit bis zu 0.4 % C, 25 % Cr und 20 % Ni nutzen diesen Effekt wobei der Gehalt an harten Phasen im Eutektikum γ-Fe/M_7C_3 mit ca. 8 Vol % wegen des Kriechwiderstandes dieser Werkstoffe gering gehalten wird (s. Kap. D.2).

Da die austenitische Metallmatrix gegenüber den harten Phasen einen deutlich geringeren Widerstand gegen Abrasion (s.a. Bild A.3.4) mitbringt, werden häufig Legierungen eingesetzt die deutlich höhere Hartphasengehalte (z.B. als Auftragschweißlegierungen) aufweisen.

Ni-Basis Metallmatrizes

Im Unterschied zum Eisen ist Nickel über den gesamten Temperaturbereich kubisch flächenzentriert, so daß Umwandlungen mit Löslichkeitssprüngen nicht ausgenutzt werden können. Die geringe Stapelfehlerenergie zusammen mit dem niedrigen Diffusionskoeffizienten bieten gegenüber dem krz-Eisen den Vorteil höherer Rekristallisationstemperatur, die dementsprechend Anwendungen auch oberhalb 600 °C zuläßt.

Reines Nickel ist aufgrund seiner geringen Härte von nur 90 HV0.05 als Metallmatrix ungeeignet und muß mittels Mischkristall- und Ausscheidungshärtung verfestigt werden. Da Nickel insbesondere mit Chrom im Mischkristall über eine ausgezeichnete chemische Beständigkeit verfügt, ist es als Basiselement für naß- und hochtemperaturkorrosionsbeständige Legierungen von Interesse. Die Mischkristallverfestigung ist abhängig von der Konzentration an Fremdatomen, dem Atomradienverhältnis vom Wirts- zum Legierungsatom sowie der Elektronenkonfigurationen. Da die Löslichkeit des Nickels für die Metalloide Kohlenstoff, Bor und Stickstoff im Bereich von wenigen hundertstel Prozent liegt, sind diese Elemente zur Mischkristallhärtung ungeeignet. Deshalb sind in der Hauptsache substitionell eingelagerte Elemente wie Chrom, Silizium, Molybdän und Kobalt interessant. Die Anwendung der Ni-Basislegierungen bei erhöhter Temperatur macht eine Betrachtung der Härtesteigerung durch diese Elemente in Abhängigkeit von der Temperatur notwendig. Bild A.2.6 zeigt die mittels Mikro-Warmhärtemessung ermittelte relative Mischkristallhärtung $(H_{MK} - H_{Ni})/H_{Ni}$ für Nickelmischkristalle der obengenannten Elemente. Zwar nimmt die Mischkristallhärtung in allen Fällen mit der Konzentration an Fremdatomen zu, es erge-

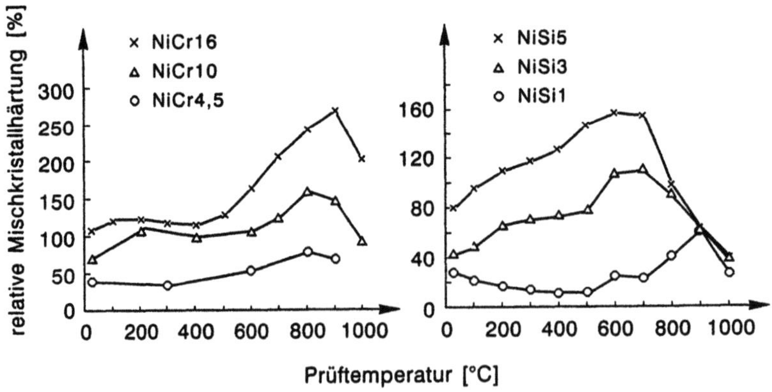

Bild A.2.6 Relative Mischkristallhärtung $(H_{MK}-H_{Ni})/H_{Ni}$ durch Cr und Si in Ni-Matrizes aufgetragen über der Prüftemperatur. H_{MK} und H_{Ni} bezeichnen die Warmhärte des Mischkristalls bzw. des Reinnickels in HV0.05

ben sich jedoch grundsätzliche Unterschiede bezüglich des Verlaufes über der Temperatur. Während Silizium unterhalb 600 °C effektiv ist, zeigt Chrom seine Wirksamkeit besonders bei Temperaturen oberhalb 600 °C. Aus diesem Grund sind hochwarmfeste Legierungen auf Ni-Basis in der Regel mit Chrom legiert. So werden als Basis für gehipte und thermisch gespritzte Hartverbundwerkstoffe häufig Metallpulver mit 20 % Chrom eingesetzt. Besonders wirksam ist auch die Kombination von Chrom und Silizium, wie sie bei den Legierungen des Systems Ni-Cr-Si-B ausgenutzt wird. In der Metallmatrix finden sich bis zu 8 % Cr und 4.5 % Si, die die Härte bei Raumtemperatur auf bis zu 450 HV0.05 anheben.

Die Ausscheidungshärtung wird seit langem in hochwarmfesten Nickelsuper-legierungen zur Festigkeitssteigerung insbesondere bei erhöhter Temperatur genutzt. Bei Siliziumgehalten < 0.7 % sind dazu Aluminium und Titan in Gehal-ten von einigen Gewichtsprozent gebräuchlich. Durch Lösungsglühen um 1100 °C und nachfolgende Auslagerung bei 750 °C bilden sich kohärente Ausscheidungen des Typs Ni_3 (Al,Ti). Sie sind besonders wirksam, wenn sie in einer Größe von 0.1 μm (6-16 h Auslagerung) vorliegen und verlieren ihre Wirksamkeit durch Über-alterung. Die Ausscheidungshärtung von Metallmatrizes in Hartlegierungen und -verbundwerkstoffen ist großtechnisch bisher nicht genutzt, hat sich jedoch in eigenen Untersuchungen als positiv erwiesen. Metallmatrizes mit 20 % Cr und bis zu 4 % Si sowie 3 % Al erlauben durch entsprechende Wärmebehandlung eine beliebige Kombination von Mischkristall- und Ausscheidungshärtung, wodurch die Härte auf 460 HV0.05 gesteigert wird. Diese Matrizes empfehlen sich beson-ders für die Kombination mit Karbiden, da Bor das zur Ausscheidungshärtung wichtige Aluminium abbindet und τ-Boride vom Typ $M_{23}B_6$ bildet.

Die Wirkungsweisen der wesentlichen Legierungselemente in Fe-, Ni- und Co-Basismatrizes sind anhand der erzielbaren Härte in Bild A.2.7 zusammengefaßt.

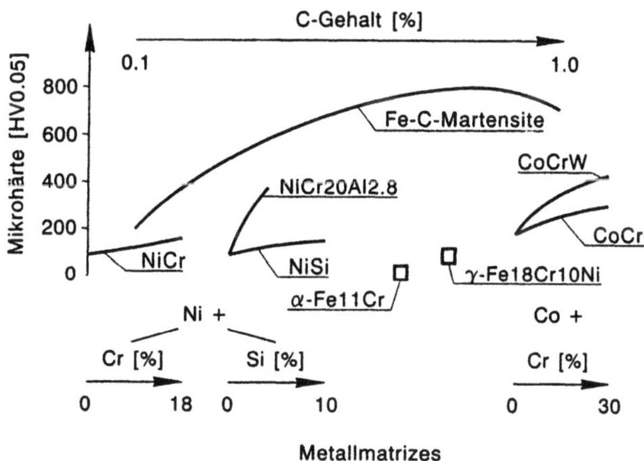

Bild A.2.7 Einfluß der wesentlichen Legierungselemente auf die Mikrohärte von Fe-, Ni- und Co-Basis-legierungen bei Raumtemperatur

A.2.2
Co-Basis Metallmatrizes

Anwendungstemperaturen oberhalb 700 °C erfordern häufig die noch warmfesteren Co-Basismatrizes. Die Warmfestigkeit des Elementes Kobalt ist auf die sehr geringe Stapelfehlerenergie zurückzuführen. Dadurch wird einerseits ein hohes Maß an Verfestigung erreicht und andererseits der Erholungs- und Rekristallisationsbeginn zu höherer Temperatur verschoben, so daß Entfestigungsprozesse in ihrem Ablauf effektiv behindert werden. Auf diese Weise sind Verfestigungsprozesse auch noch bei hoher Temperatur wirksam. Da das hexagonale ε-Kobalt ohne Legierungszusätze bereits eine Härte von 240 HV0.05 aufweist, eignet es sich im Gegensatz zu Eisen und Nickel auch als reines Matrixelement ohne weitere Zusätze. So wird reines Kobalt gerne als Metallmatrix in Diamantwerkzeugen für die Steinbearbeitung eingesetzt.

Kobalt zeigt ähnlich dem Eisen eine reversible allotrope Phasentransformation beim Erwärmen und Abkühlen. Wie beim Eisen ist bei hoher Temperatur die kubisch flächenzentrierte Phase stabil (α-Co), die beim Abkühlen bei etwa 420 °C in die hexagonal dichte Phase (ε-Co) umwandelt. Die diffusionslose Scherung gilt als martensitische Umwandlung, deren M_f-Temperatur häufig unterhalb Raumtemperatur liegt, so daß ähnlich der Fe-Umwandlung Restaustenit vorliegt (α-Co). Die duktilere α-Phase ist bei Verschleißbeanspruchung häufig gewünscht, weil sie metastabil ist und spannungsinduziert umwandeln kann. Die Umwandlungstemperaturen (M_s, A_s), verschieben sich durch die Zugabe von Legierungselementen, so daß in technischen Legierungen zwischen reiner α- und reiner ε-Phase alle Phasengemische möglich sind.

In der Regel werden substitutionell eingelagerte Elemente zur Mischkristallhärtung benutzt, von denen Chrom, Molybdän und Wolfram, die hexagonale Phase stabilisieren. Im Gegensatz dazu begünstigen die Elemente Eisen, Nickel und Mangan die kubische Phase und erhöhen die Stapelfehlerenergie [A.2.5]. Da technische Co-Basislegierungen bis zu 30 % Chrom, bis zu 15 % Wolfram und bis zu 8 % Molybdän enthalten, sind deren Metallmatrizes meist Phasengemische aus α- und ε-Kobalt. Molybdän und Wolfram wirken sich positiv auf die Warmfestigkeit aus, da ihre Atomradien sehr viel größer sind als die des Co-Atomes. Auf diese Weise behindern sie die Bewegung von Versetzungen, so daß eine Erholung erst bei wesentlich höherer Temperatur ablaufen kann.

Hartlegierungen und -verbundwerkstoffe auf Co-Basis entstammen hauptsächlich dem System Co-Cr-W-C. In diesen Legierungen, die mit dem Handelsnamen Stellit bezeichnet werden, stellt sich die Metallmatrix als Co-Cr-W-Mischkristall dar, der aufgrund der mit der Temperatur abnehmenden Löslichkeit für WC auch ausgeschiedenes WC enthalten kann. Metallmatrizes technischer Legierungen kommen dadurch auf eine Mikrohärte bis zu 450 HV0.05. In reibbeanspruchten Oberflächen können derartige Metallmatrizes durch Kaltverfestigung und Umwandlung der metastabilen α-Phase eine Härte von 650 HV0.05 erreichen, ein Härteniveau, das sonst den martensitischen

Fe-Matrizes vorbehalten ist. Neben der Mischkristallhärtung spielt auch die Ausscheidungshärtung durch intermetallische Phasen eine Rolle. Sowohl in α- als auch in ε-Co-Legierungen mit Wolfram und Molybdän in entsprechenden Gehalten können nach dem Lösungsglühen durch 70stündiges Auslagern bei 850 °C intermetallische Phasen des Typs Co_3 (W,Mo) ausgeschieden werden [A.2.6]. Diese Metallmatrizes eignen sich selbst für die Anwendung bis 1000 °C, da der mit der Überalterung einhergehende Festigkeitsverlust gering ist.

A.2.3
Hartlegierungen

A.2.3.1
Schmelzmetallurgische Hartlegierungen

Hartlegierungen, bei denen die harten Phasen aus der Schmelze entstehen (Gießen oder Auftragschweißen), können anhand des idealisierten Zweistoffsystems in Bild A.1.2 mit den Komponenten Metall (M) und Metalloid (C, B) betrachtet werden. Fe-, Ni- und Co-Basislegierungen sind dadurch gekennzeichnet, daß sie im Konzentrationsbereich zwischen dem metallischen Mischkristall und den primären Hartphasen Eutektika aufweisen. Bei untereutektischer Zusammensetzung erstarrt ausgehend vom schmelzflüssigen Zustand der metallische Mischkristall (PMM) primär in Form von Dendriten oder Metallzellen. Dabei nimmt die Konzentration an Kohlenstoff bzw. Bor in der Restschmelze stetig zu. Wenn sie die eutektische Konzentration erreicht, wandelt sie in einer eutektischen Reaktion in den Mischkristall und die entsprechende Hartphase M_aX_b (EHP) um. Auf diese Weise entsteht ein *untereutektisches* Gefüge, wie es in den Systemen Fe-Cr-C, Co-Cr-W-C und Ni-Cr-Si-B häufig vorliegt. Bild A.2.8a,b,c gibt aus jedem der genannten Systeme ein Gefügebeispiel wieder, bei dem die zuerst erstarrten Metallzellen netzförmig von Eutektikum umgeben sind. Die eutektische Hartphase ist im Falle des Eisen- und Kobaltsystems ein Cr-Mischkarbid vom Typ M_7C_3 und auf Nickelbasis ein Ni-Borid vom Typ M_3B. Die Beispiele zeigen, daß unabhängig vom Hartphasentyp gleiche Gefügeanordnungen erzeugt werden können.

Bei *übereutektischer* Zusammensetzung beginnt die Erstarrung mit der Bildung von primären Hartphasen (PHP) aus der Schmelze (Bild A.1.2). Im Sinne der Keimbildungstheorie wird deren Bildung durch Fremdkeime (nicht aufgeschmolzene Phasen, Verunreinigungen, Formwände) erleichtert, indem bereits Grenzflächenenergie zur Verfügung gestellt wird. Durch Abnahme der Konzentration an Kohlenstoff bzw. Bor während der Erstarrung der primären Hartphasen erstarrt die Restschmelze eutektisch, so daß im Ergebnis primäre Hartphasen in eine eutektische Grundmasse eingebettet sind (Bild A.2.8d,e,f).

Bei mehr als einem hartphasenbildenden Metall- oder Metalloidelement wird die Erstarrungsreihenfolge komplexer und damit die Interpretation der Gefüge schwieriger. Die Erstarrung beginnt mit der Phase, deren Bildungsre-

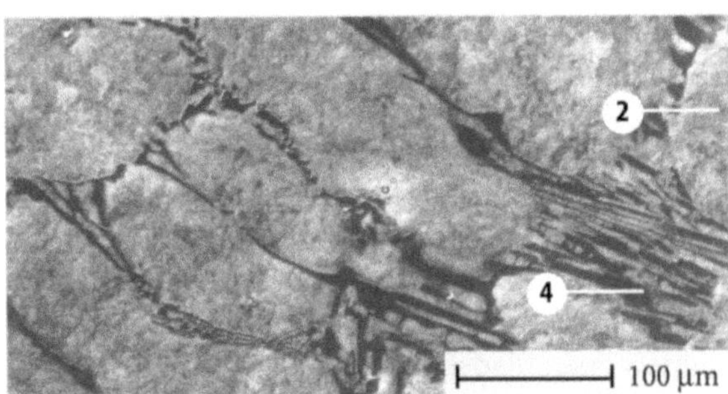

a FeCr12C2.1-G

2 Fe-Cr-C-Metallmatrix
4 M_7C_3-eutektisch

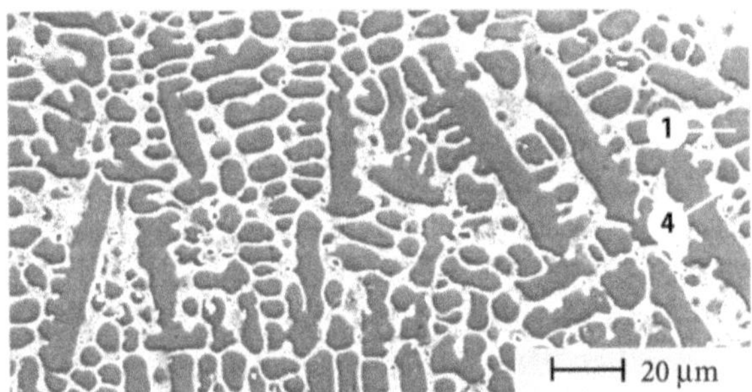

b CoCr29W5C1.2-S

1 Co-Cr-W-Metallmatrix
4 M_7C_3-eutektisch

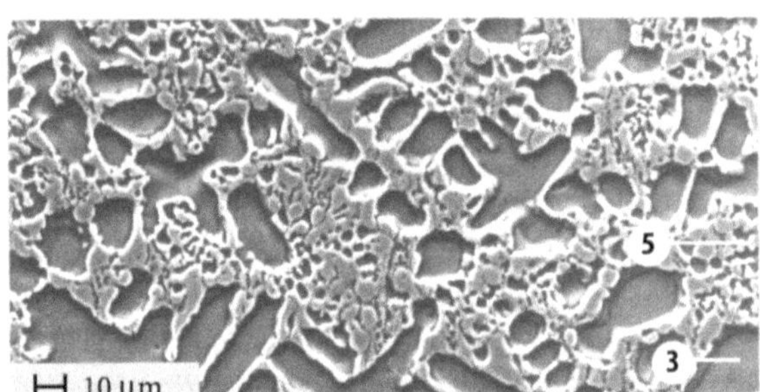

c NiCr7SiB2.4-S

3 Ni-Cr-Si-Metallmatrix
5 M_3B-eutektisch

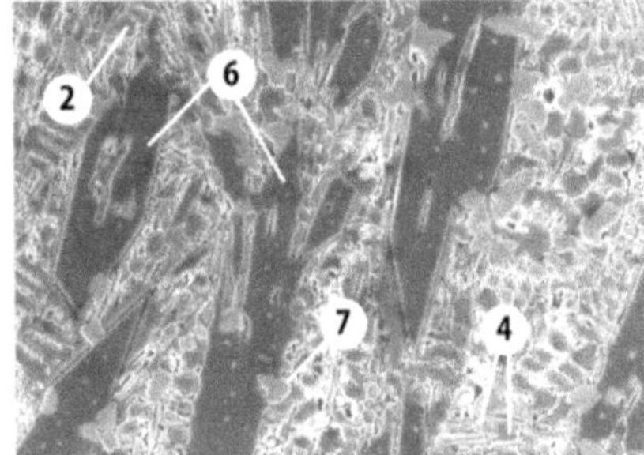

d FeCr25Nb7C5.-S

2 Fe-Cr-C-Metallmatrix
4 M_7C_3-eutektisch
6 M_7C_3-primär
7 MC-primär

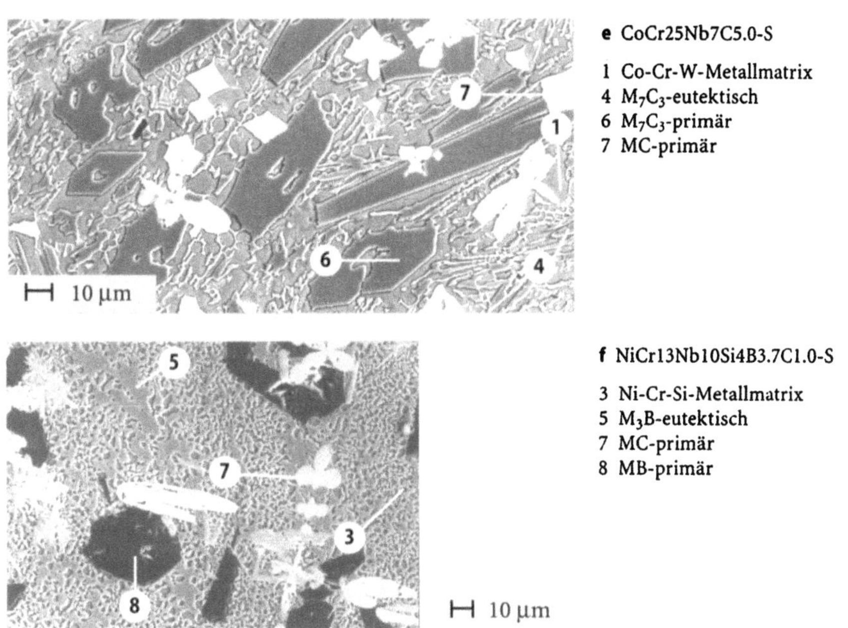

Bild A.2.8 Schmelzmetallurgisch hergestellte über- und untereutektische Hartlegierungen auf Fe-, Co- und Ni-Basis

aktion die geringste Standardbildungsarbeit erfordert. Auf diese Weise können auch bei Anwesenheit von nur einem Metalloid verschiedene primäre Hartphasen nacheinander erstarren. Solche Beispiele stellen die Fe-, und Co-Basislegierungen mit Cr und Nb als Hartphasenbildner in Bild A.2.8b,d dar. Aus der Schmelze erstarren zunächst Niob-Monokarbide (MC) und anschließend als weitere primäre Hartphase das Cr-Fe bzw. Cr-Co-Karbid vom Typ M_7C_3. Die zuerst erstarrte Hartphase kann dabei als Keimstelle für die Ausscheidung nachfolgender Phasen dienen. Auf diese Weise kann die Verteilung der Phasen im Gefüge beeinflußt werden. Die Ausscheidung feindispersiv verteilter, hochschmelzender Hartphasen (z.B. TiC, NbC) ermöglicht es, nachfolgend erstarrende Phasen durch Ankristallisation ebenfalls dispers zu verteilen. Ein Gefüge mit zwei metallischen Hartphasenbildnern und zwei Metalloiden ist in Bild A.2.8f gegeben. Durch Zugabe von Nb und C im Verhältnis ca. 10:1 in das Legierungssystem Ni-Cr-Si-B scheiden sich aus der Schmelze zunächst primäre Niobkarbide (MC) und daran anschließend Monoboride des Chroms (MB) aus. Die Restschmelze kristallisiert in einer eutektischen Reaktion zu Ni_3B und Ni-Cr-Si-Metallmatrix.

In vielen Anwendungsfällen (Siebe, Rutschen, Baggerzähne, Mühlen) wird von Hartlegierungen in erster Linie ein hoher Verschleißwiderstand gefordert. Dann empfehlen sich kostengünstige Fe-Basis-Legierungen, die als Gußteile

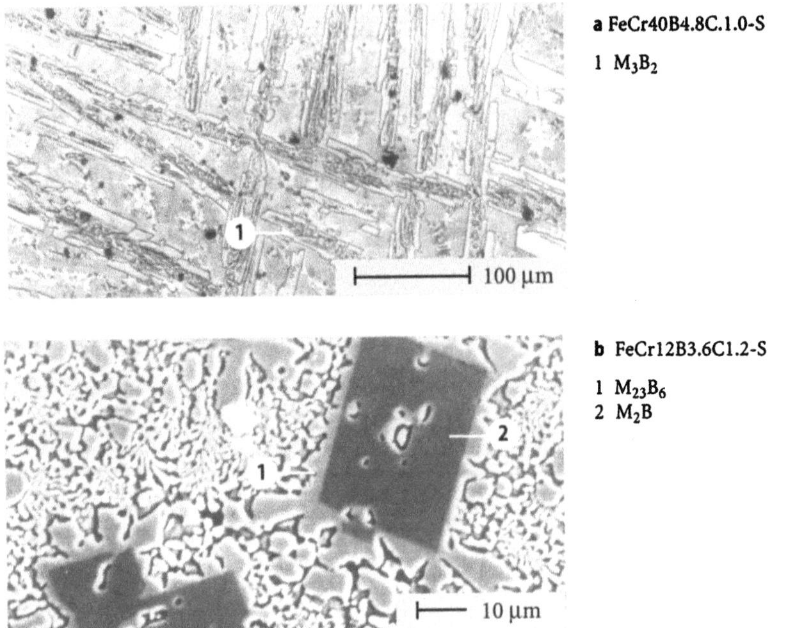

Bild A.2.9 Gefüge von Auftragschweißlegierungen aus dem System Fe-Cr-C-B, gekennzeichnet sind die primären Bereiche

oder Auftragschweißlegierungen eingesetzt werden. Auftragschweißlegierungen des Systems Fe-Cr-C oder Fe-Cr-Nb-C können durch die Zugabe von B als zweites Metalloid kostengünstig verbessert werden. In hochchromhaltigen Legierungen erstarren entweder M_7C_3-Karbide neben Boriden vom Typ M_3B oder auch M_3B_2-Boride, die den M_7C_3-Karbiden bezüglich der Härte deutlich überlegen sind (Bild A.2.9a). Bei geringem Cr-Gehalt (< 15 %) ist die primäre Hartphase ein Fe-Borid vom Typ M_2B, an die bei entsprechend hohem B-Gehalt das $M_{23}B_6$ -Borid ankristallisieren kann (Bild A.2.9b).

Für Gußteile wird bevorzugt weißes Gußeisen verwendet. In dieser Legierungsgruppe aus dem System Fe-Cr-Mo-C sind die Hartphasen bei geringem Cr-Gehalt vom Typ M_3C, während bei höherem Cr-Gehalt härtere Cr-Fe-Karbide vom Typ M_7C_3 erstarren. Die Metallmatrix kann durch entsprechende Legierungszusammensetzung und Wärmebehandlung perlitisch, bainitisch, martensitisch oder austentisch eingestellt, und somit auf die Beanspruchung hin optimiert werden. Bild A.2.10 zeigt mit einem hochchromhaltigen Chrom-Molybdän-Gußeisen und einer Ni-legierten Variante zwei typische Vertreter dieser Legierungsgruppen.

Bei Kenntnis der Erstarrungsreihenfolgen ist es in den drei Basissystemen möglich sowohl Hartphasen zu erzeugen als auch bestimmte Elemente zur Einstellung gewünschter Matrixeigenschaften zurückzulassen (s. Kap. D.8). So läßt

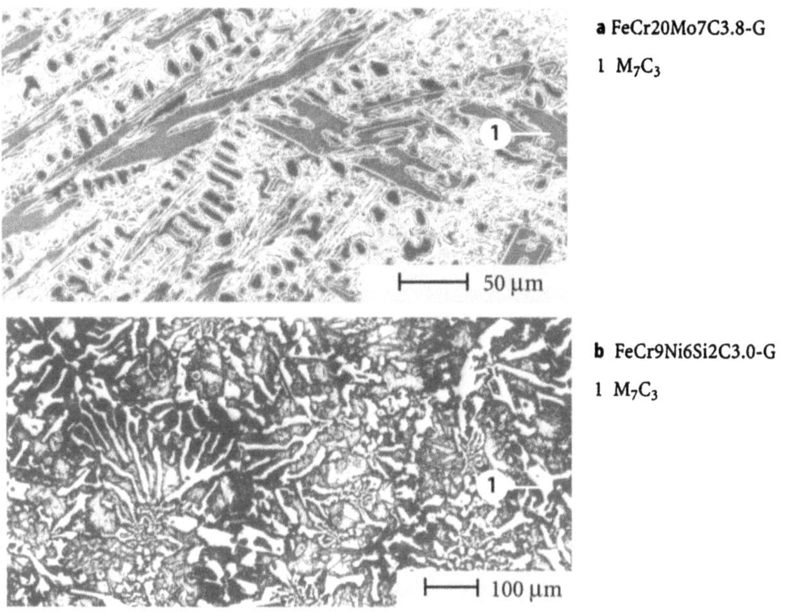

Bild A.2.10 Gefüge weißer Gußeisen, **(a)** CrMo-Gußeisen, **(b)** CrNiSi-Gußeisen

sich auf Fe-Basis eine korrosionsbeständige Hartlegierung erzeugen, indem nicht Cr-Karbid sondern NbC gebildet wird, wodurch die Metallmatrix mit einem Cr-Gehalt > 12 % korrosionsbeständig wird (Bild A.2.11a).

Ein ähnlicher Weg kann auch auf Ni-Basis beschritten werden, indem Chrom im System Ni-Cr-Si-B als Hartphasenbildner durch Molybdän oder Niob ersetzt wird. Die handelsübliche Legierung NiCr17Si4B2.9 kann durch Zulegieren von 20 % Molybdän und 6 % Nb so verändert werden, daß anstelle von Monoboriden des Chroms Niobkarbide (MC) und Molybdänboride (M_3B_2) primär ausgeschieden werden (Bild A.2.11b). Auf diese Weise ist es möglich Hartphasen zu produzieren die dem CrB vergleichbare Eigenschaften aufweisen (Bild A.2.1) und gleichzeitig Cr für die Ni-Matrix zurückzulassen, wodurch das Korrosionsverhalten (Naß- und Hochtemperatur) entscheidend verbessert wird.

Ebenso wie bei den primären Hartphasen sind auch mehrere Eutektika möglich, wie vereinfacht anhand des Zweistoffsystems in Bild A.1.2b dargestellt. In Projektionsdiagrammen von Mehrstoffsystemen (Draufsicht auf Liquidusfelder) werden eutektische Punkte zu Rinnen im Temperaturkonzentrationsraum. Bei der Abkühlung werden die Rinnen in Richtung fallender Temperatur durchlaufen, so daß verschiedene Zweistoffeutektika nacheinander erstarren. Als letzte Phase können auch ternäre Eutektika (Schnittpunkt der Rinnen) auftreten, deren Schmelzpunkt z.T. deutlich unterhalb der der binären Eutektika liegt. Dies kann für ein Sintern mit flüssiger Phase oder eine Umformung im teilflüssigen

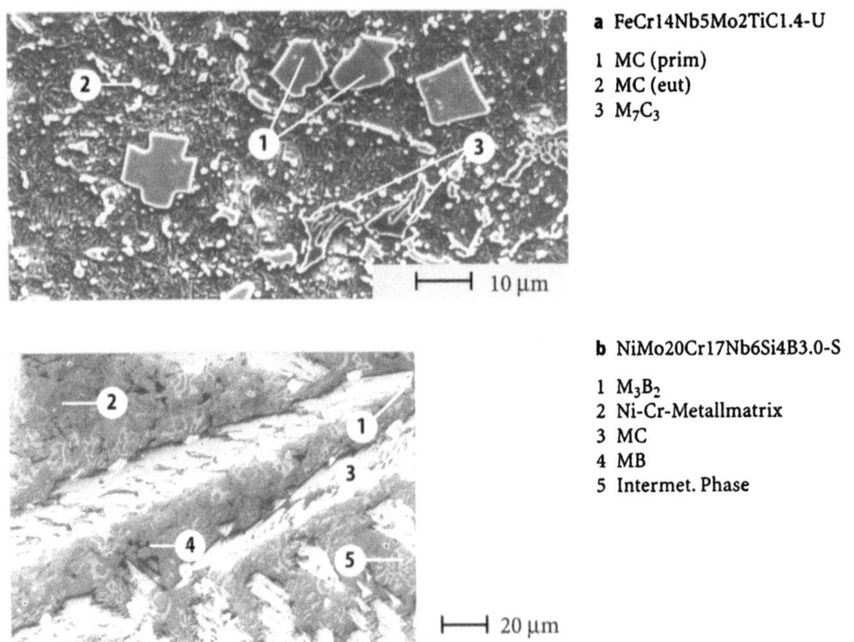

Bild A.2.11 Austausch Cr-haltiger Hartphasen zugunsten des Korrosionswiderstandes

Bereich, vor allem aber auch für Bearbeitungsverfahren mit gezieltem Aufschmelzen (EDM, Laser), von Vorteil sein.

Die Ausbildung des Eutektikums hängt von der Kristallstruktur und der Keimbildung der beteiligten Phasen sowie von der Erstarrungsgeschwindigkeit ab. Je kürzer die Verweilzeit im Gebiet „flüssig-fest" ist, um so feiner sind die Eutektika. Anhand einer untereutektischen Fe-Basislegierung (FeCr12C2.1) kann gezeigt werden, wie die Größe des Netzdurchmessers mit der Abkühlgeschwindigkeit entsprechend Bild A.1.3 abnimmt (Bild A.2.12).

Bezüglich der Morphologie der Eutektika können zwei grundsätzlich verschiedene Erscheinungsformen unterschieden werden. Für eine zusammenhängende Metallmatrix mit zumeist lamellaren Hartphasen wird der Begriff lamellares Eutektikum (E_L) verwendet. Dagegen werden Eutektika mit durchgängiger Hartphase und eingeschlossener Metallmatrix gerüstartige Eutektika (E_G) genannt (s. a. Bild A.1.4). In Bild A.2.13 sind verschiedene Eutektika auf Fe-, Ni- und Co-Basis exemplarisch dargestellt. Das Eutektikum mit Hartphasen des Typs M_3X ist zumeist gerüstartig, wie den Bildern A.2.13b,d zu entnehmen ist. Das Erscheinungsbild der lamellaren Eutektika ist vom Typ der Hartphase abhängig. Während das M_7C_3-Eutektikum in Bild A.2.13a meist parallel angeordnete Hartphasenlamellen enthält, ist das $M_{23}B_6$-Eutektikum eher fächerförmig angeordnet (Bild A.2.13c). Von den Karbiden der Elemente Vanadin, Niob,

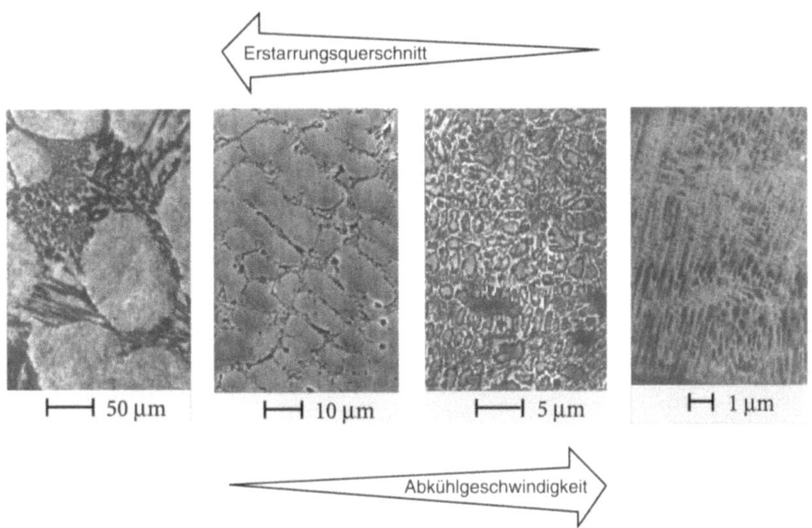

Bild A.2.12 Erstarrungsgefüge der untereutektischen Fe-Basislegierung FeCr12C2.1 bei unterschiedlicher Dicke des Erstarrungsquerschnittes

Molybdän und Wolfram werden im Eutektikum das MC stäbchenförmig (Bild A.2.13e) und das M_6C feder- oder fischgrätartig (Bild A.2.13f) ausgebildet.

Bei der Herstellung schmelzmetallurgischer Hartlegierungen, muß beachtet werden, daß das gezielte Einstellen der Zusammensetzung einer Legierung auch vom Erschmelzungsverfahren abhängt. Beim Gießen stimmen Soll- und Ist-Zusammensetzung gut überein, da die Schmelzmetallurgie die Aufnahme und Abgabe von Elementen weitgehend verhindert. Beim Auftragschweißen dagegen gehen Elemente durch Oxidation als Abbrand verloren. Darüber hinaus wird die Zusammensetzung des Auftragwerkstoffes durch Vermischung mit dem verflüssigten Grundmaterial verändert (Aufmischung). Die Konsequenz ist ein mit der Anzahl der Lagen zunehmender Legierungsgehalt mit entsprechendem Gefüge, das in der ersten Lage untereutektisch erstarrt und erst in der dritten Lage einen der Zusammensetzung des Zusatzwerkstoffes entsprechenden Hartphasengehalt aufweist (Bild A.2.14).

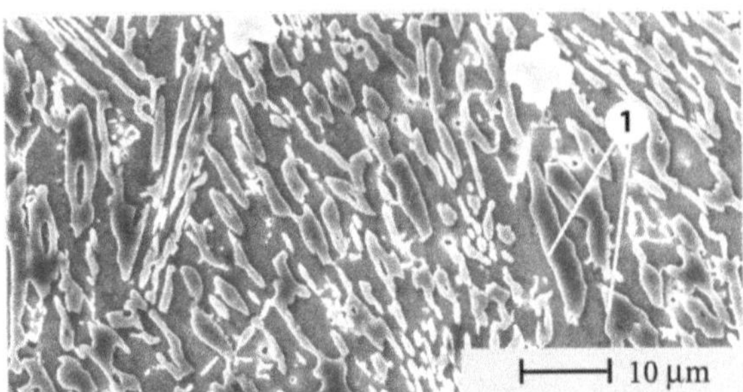

a FeCr30C4.5-S
1 M_7C_3 (Lamelle)

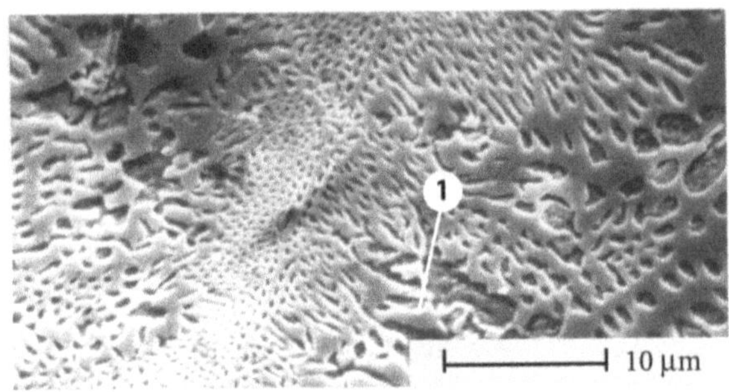

b FeCr30C2.1B1.8-S
1 M_3C (Gerüst)

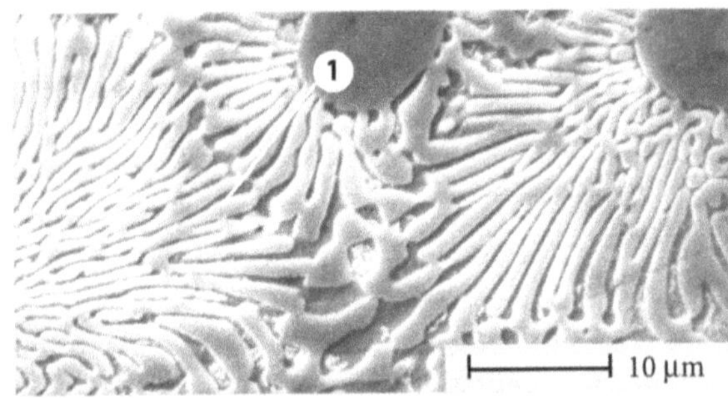

c FeC0.9B4.1-S
1 $M_{23}B_6$ (Lamelle)

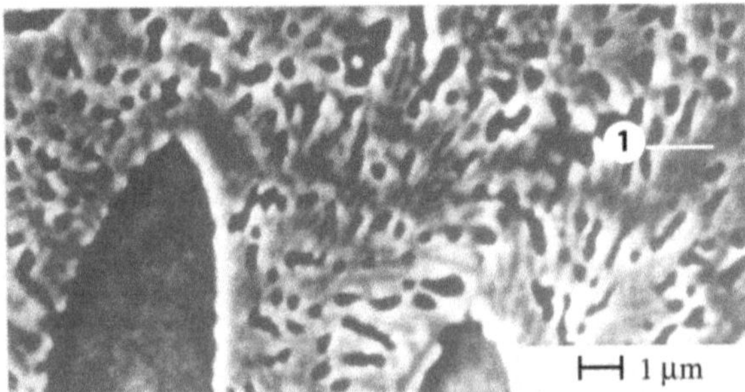

d NiCr13Nb10Si4B3.7C1-S
1 M_3B (Gerüst)

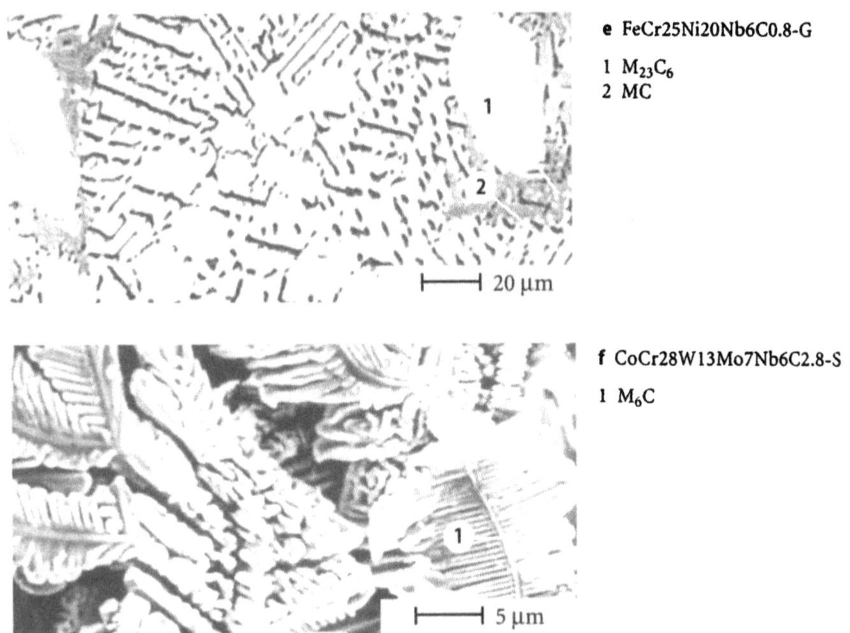

Bild A.2.13 Beispiele typischer Eutektika in Fe-, Ni- und Co-Basislegierungen

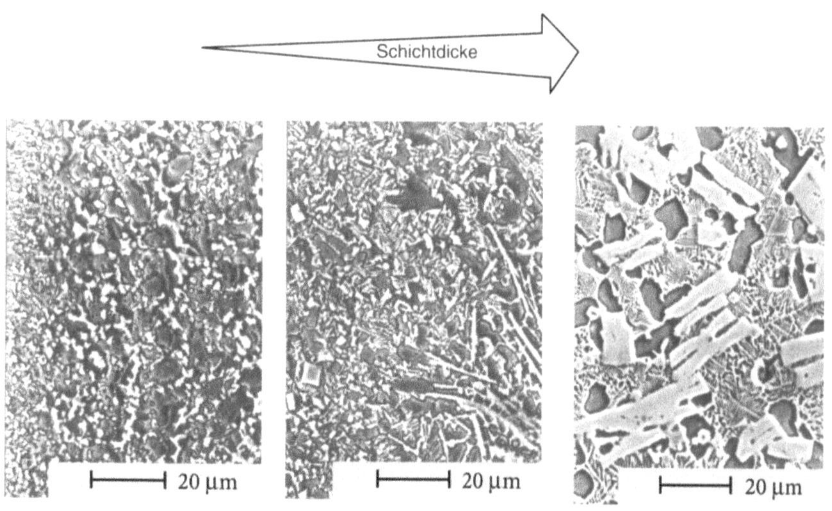

Bild A.2.14 Gefüge der dreilagig auftraggeschweißten Ni-Basislegierung NiMo15Cr15Si5B2.9 über der Schichtdicke

A.2.3.2

Pulvermetallurgische Hartlegierungen (PM-Hartlegierungen)

Die PM-Hartlegierungen unterscheiden sich von den Guß- und Schweißlegierungen vor allem dadurch, daß die Schmelze in kleine Tröpfchen zerteilt wird und damit die Erstarrungsvolumina deutlich geringer sind, was in einer Gefügefeinung zum Ausdruck kommt. An die Schmelzverdüsung und Vorformgebung schließt sich das Heißkompaktieren an, für das eine hohe Temperatur und ggf. ein hoher Preßdruck über eine ausreichend lange Zeit benötigt werden. Durch diese Behandlung nähert sich der im Pulverkorn eingefrorene Ungleichgewichtszustand dem Gleichgewichtszustand an. Entsprechend der gängigen Sintermodelle [A.2.7] können die Werkstoffe besonders unter Zuhilfenahme von Druck bis an die theoretische Dichte verdichtet werden, weil die plastische Verformung Diffusionswege verkürzt und die Diffusionsgeschwindigkeit erhöht. Durch die bei Temperaturen oberhalb $0.7 \cdot T_m$ ablaufenden Diffusionsprozesse kommt es zum Konzentrationsausgleich zwischen den Pulverteilchen, zum Einformen von Poren und zur Koagulation von Phasen bzw. zum Wachsen durch Ostwald-Reifung. Die so entstehenden Gefüge sind gekennzeichnet durch eine gleichmäßige Verteilung von harten Phasen, deren Größe im entscheidenden Maße von der Kompaktiertemperatur und -zeit abhängt.

Am Beispiel einer untereutektischen Co-Cr-W-C-Legierung sind in Bild A.2.15 die Gefüge einer Schmelzlegierung (Auftragschweißen) und einer PM-Hartlegierung dargestellt. Die Schmelzlegierung weist das typische zusam-

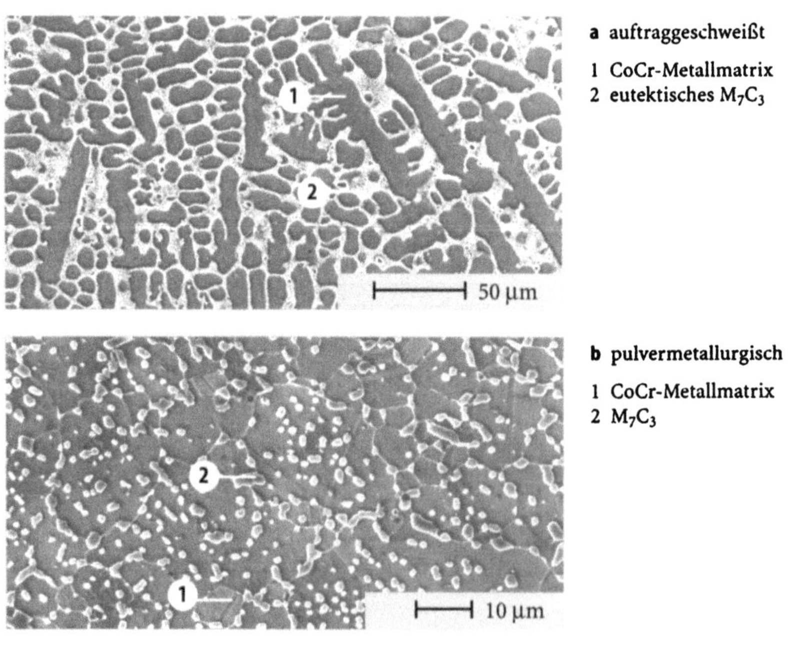

Bild A.2.15 Gefüge der untereutektischen Co-Basislegierung CoCr29W5C1.2

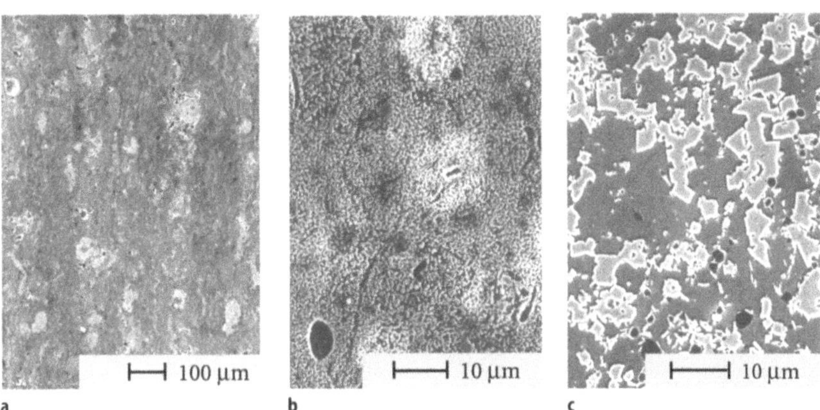

Bild A.2.16 Gefüge einer Plasmaspritzschicht nach Glühbehandlung bei verschiedenen Temperaturen (NiCr14Mo17Fe10Nb5B3C0.5). **a)** unbehandelt, **b)** 950 °C/4h, **c)** 1150 °C/4 h

menhängende M_7C_3-Eutektikum auf, während das pulvermetallurgisch hergestellte Gefüge durch dispers verteilte kugelige Karbide des gleichen Typs gekennzeichnet ist. Diese Verteilung und die Homogenität derartiger Gefüge bietet bei bestimmten Beanspruchungen Vorteile. Deshalb haben die PM-Legierungen zunehmend an Bedeutung gewonnen. Hier sind in erster Linie die gehipten Vollteile aber auch aufgehipte, sprühkompaktierte und thermisch gespritzte Schichten zu nennen. Die beim Spritzen auftretenden Poren und Inhomogenitäten im Spritzgefüge können durch eine abschließende Sinterbehandlung (Glühen, Hipen) beseitigt werden. Bei dieser Behandlung wachsen die Hartphasen bei hoher Temperatur und langer Glühzeit durch Ostwaldreifung, wie am Beispiel einer Ni-Basishartlegierung durch 4stündiges Glühen bei hoher Temperatur gezeigt werden kann (Bild A.2.16).

Im Gegensatz zu den Auftragschweißungen haben die Beschichtungen mit PM-Hartlegierungen den Vorteil, daß sie ohne Aufschmelzungen des Grundwerkstoffes auskommen und somit auch keine Aufmischung erfahren.

A.2.4
Hartverbundwerkstoffe

Im Unterschied zu den Hartlegierungen werden bei den Hartverbundwerkstoffen Hartstoffpartikel im festen Zustand zugegeben und entstehen nicht in situ aus einer Schmelze (s. Abschn. A.1.3). Zunehmende Bedeutung erfahren Werkstoffe bei denen legiertes Metallpulver mit Hartstoffpulver gemischt und anschließend pulvermetallurgisch weiterverarbeitet wird. Auf diese Weise lassen sich Gefügebausteine nahezu beliebig kombinieren und anordnen.

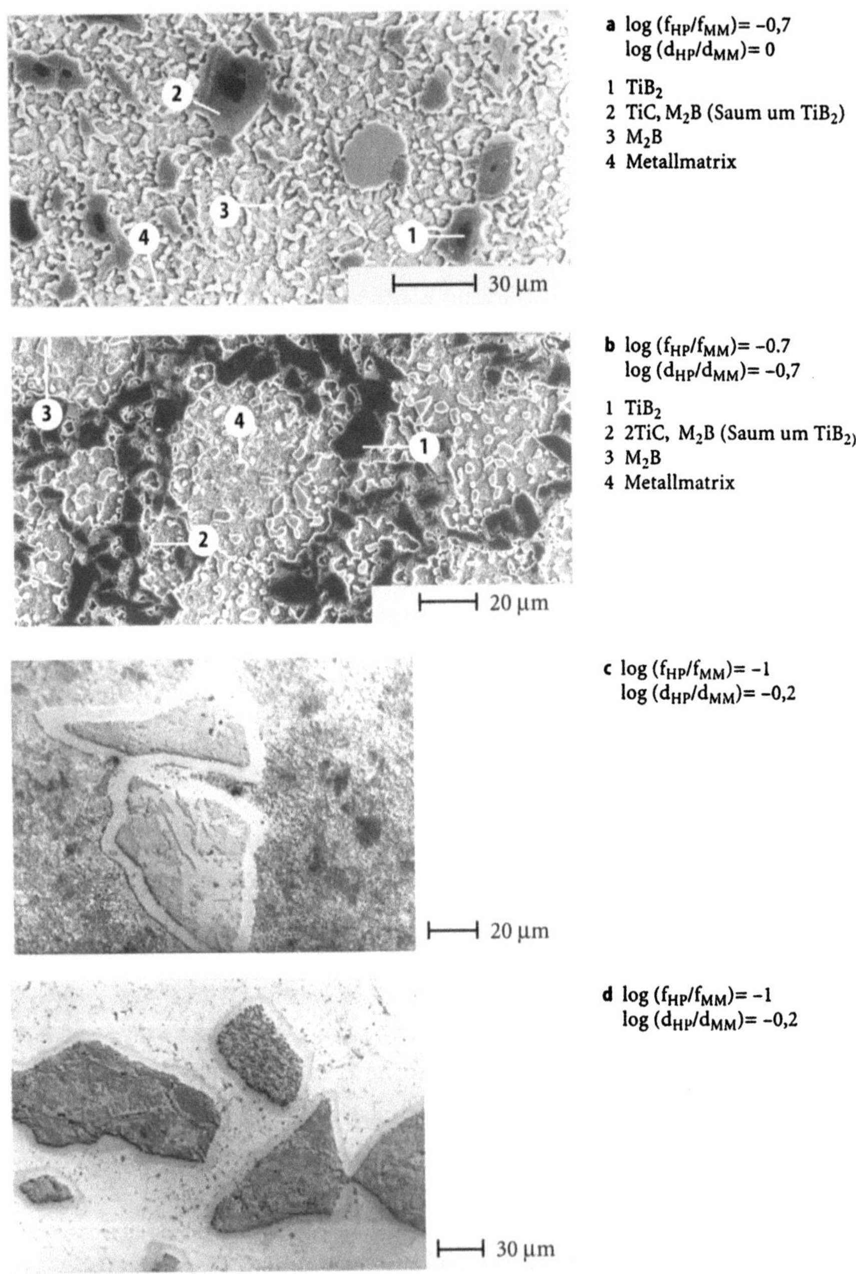

Bild A.2.17 Hartverbundwerkstoffe hergestellt durch HIP-Technik, **(a)** + **(b)** FeNi2CrMoVC0.6 + TiB$_2$, **(c)** FeCr5Mo1VC0.4 + WSC, **(d)** NiCr20Al2Si3 + WSC

Über das Korngrößenverhältnis und den Volumenanteil von Hartstoff- und Matrixpulver kann die Verteilung der Gefügebestandteile gemäß Bild A.1.5 beeinflußt werden. Die Bilder A.2.17a,b zeigen die Gefüge eines Hartverbundwerkstoffes bestehend aus Hartphasen vom Typ TiB_2 in einer Stahlmatrix (FeNi2Cr1MoVC0.6), wobei die Ausgangskorngröße beider Pulver variiert wurde. Bei gleichem Volumenanteil an harter Phase (15 Vol%) ergibt sich eine Dispersion von Hartphasen wenn Hartphasen- und Metallpulver gleich groß sind (Bild A.2.17a) und ein Hartphasennetz, wenn das Hartphasenpulver mit 12 µm deutlich kleiner als das Matrixpulver mit 55 µm gewählt wird (Bild A.2.17b). Im zweiten Fall wird der Logarithmus des Durchmesserverhälnisses (log d_{HP}/d_{MM}) negativ, so daß sich das Gefüge entsprechend Bild A.1.5 vom Quadranten III (Dispersion von Hartphasen) in den Quadranten II (Hartphasennetz = Dispersion von Metallmatrix) verschiebt.

Ausgezeichnete Verschleißeigenschaften bei Raumtemperatur und erhöhter Temperatur bringen Wolframschmelzkarbide (Eutektikum aus WC/W_2C) sowohl in einer warmfesten Stahlmatrix (Bild A.2.17c) als auch in einer ausscheidungshärtbaren Ni-Matrix (Bild A.2.17d).

Die Eigenschaften der Hartverbundwerkstoffe hängen auch von der Ausbildung der Grenzfläche zwischen Hartphase und metallischer Matrix ab. Hier zeigen sich Vorteile der metallischen Hartphasen indem über freie Elektronen metallische Bindungen zur Metallmatrix aufgebaut werden können. Darüber hinaus wirken sich Diffusionsvorgänge zwischen Hartphase und Metallmatrix positiv auf die Einbettung der Hartphasen aus. Aufgrund ihrer Herstellung sind in der Regel sowohl Hartstoff als auch Metallpulver weit von ihrem thermodynamischen Gleichgewicht entfernt. Durch Zufuhr von thermischer Energie beim Sinter- bzw. HIP-Prozeß tendieren derartige Gemische dazu, ihren Zustand zu ändern, indem die freie Energie G_0 (Gibb'sche Energie) erniedrigt wird. Dies geschieht in erster Linie durch Diffusion der Metalloidatome, die bei den gängigen Kompaktiertemperaturen um 1100 °C sehr gut ablaufen kann. Es kommt zur Phasentransformation in Form von Diffusionssäumen um die Hartphasen (Bild A.2.17c,d) und zu Ausscheidungen in der metallischen Matrix (s. M_2B in Bild A.2.17a,b und Abschn. D.3.3). Die Umlösung der Hartstoffe kann technisch interessant sein, weil der Volumenanteil der Hartphasen im Gefüge deutlich über dem im Pulvergemisch liegen kann.

Der Effekt der Umlösung läßt sich, wie in Kap. A.2.1 erwähnt, ausnutzen, um die Metallmatrix mit Elementen aufzulegieren. Dies wird bereits für Kohlenstoff, vor allem aber für den schmelzmetallurgisch schwieriger zu handhabenden Stickstoff genutzt. Bild A.2.5b zeigt ein Gefüge, bei dem sich während der HIP-Behandlung CrN-Hartstoffpulver teilweise umgelöst hat und Stickstoff aus der Hartphase in die Metallmatrix diffundiert ist, wo er zur martensitischen Härtung benötigt wird. Es bildet sich ein Hartverbundwerkstoff. Im Unterschied dazu ist in Bild A.2.5a eine PM-Hartlegierung dargestellt, bei der im Ausgangspulver beim Nitrieren Nb-, Fe- und Cr-Nitride gebildet werden, die sich bei der HIP-Behandlung durch Umlösen gleichmäßig verteilen. Nach einer Haltezeit von 4 Stunden erreichen sie eine Größe von ca. 1 μm und sind in einer N-haltigen martensitisch gehärteten nichtrostenden Metallmatrix dispers verteilt.

Hartstoffe können auch direkt in die Schmelze (z.B. beim Gießen, Schweißen oder Laserdispergieren) eingebracht werden. Problematisch ist bei dieser Vorgehensweise das Auf- und Anschmelzen der Hartphasen, wodurch die Schmelze in unerwünschter Weise auflegiert wird. Darüber hinaus muß beachtet werden, daß Dichte-Differenzen zwischen Hartphase und Metallmatrix zum Aufschwimmen bzw. Absinken der Hartphasen im Schmelzbad führen können. Da die Herstellungsparameter zur Einhaltung der Rahmenbedingungen sehr exakt eingehalten werden müssen, gibt es bisher nur vereinzelte Anwendungen für diese Hartverbundwerkstoffe [A.2.8].

Sehr viel verbreiteter dagegen sind Hartstoffe, die in eine teilflüssige Metallmatrix eingebracht werden. Dazu zählt in erster Linie das thermische Spritzen von Pulvergemischen mittels Flamme, Lichtbogen- oder Plasmastrahl. Die Fortschritte in der Spritztechnik erlauben es, aus einer Spritzpistole Metall- und Hartstoffpulver zu verspritzen, deren Anteile sich über Pulverförderer beliebig einstellen lassen. Hartphasen werden lediglich angeschmolzen und beim Auftreffen auf das Substrat in die wiedererstarrten Schmelztropfen der Metallpulver eingebettet. Eine metallische Beschichtung der Hartstoffpulver ist dabei für die Einbindung förderlich.

Auf diese Weise lassen sich Schichten herstellen, bei denen der Hartphasengehalt über der Schichtdicke verändert werden kann. Bild A.2.18 zeigt ein solches Beispiel, bei dem Cr_3C_2-Hartstoffpulver zusammen mit einer untereutektischen Ni-Cr-Si-B-Legierung durch atmosphärisches Plasmaspritzen auf einen Grundwerkstoff aufgebracht wurde. Diese Vorgehensweise bietet den Vorteil, daß auch die Eigenschaften der Schicht, wie Wärmeausdehnung, Bruchzähigkeit und Verschleißwiderstand über der Schichtdicke gezielt eingestellt werden können und der Eigenschaftssprung an der Grenze Substrat – Schicht gemildert wird.

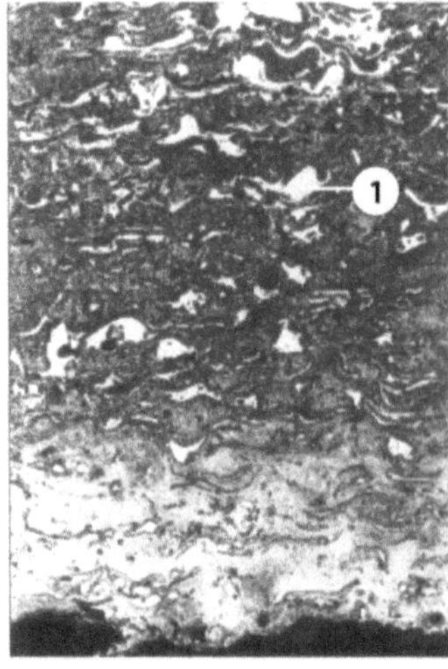

Bild A.2.18 Gefüge eines durch Plasmaspritzen hergestellten Hartverbundwerkstoffes mit gradiertem Aufbau (NiCr8Si3. 5B1.6C0.3 + Cr_3C_2)

Eigenschaften der Gefügebestandteile

JÖRG KLEFF, SINESIO FRANCO, MARTIN LÜHRIG

Im vorigen Kapitel wurde gezeigt, daß das Gefüge von Hartlegierungen und -verbundwerkstoffen aus einer Metallmatrix (MM) mit eingelagerten Hartphasen (HP) besteht. Die Eigenschaften dieser beiden Grundbestandteile sind bewußt gegensätzlich gewählt, da ihnen in der Anwendung des Werkstoffs unterschiedliche Aufgaben zugedacht sind: Verschleißwiderstand W^{-1} durch harte aber spröde Teilchen und ein Mindestmaß an Zähigkeit durch die stützende Metallmatrix. Härte H, Ritzwiderstand A_V^{-1} und Bruchzähigkeit K_{Ic} der Gefügebestandteile gehören daher zum Fundament der tribologischen und mechanischen Belastbarkeit von Verschleißteilen.

Die Prüfung dieser Eigenschaften sollte möglichst in situ, d.h. an einzelnen HP und der dazwischenliegenden MM vorgenommen werden, da es sich um Mischphasen handelt, die dazu noch in sich geseigert sind. Zu diesem Zweck wurden Prüfgeräte zur Mikroindentation und zum Mikroritzen für Prüftemperaturen bis 1000 °C aufgebaut. Sie erlauben die Ermittlung von Kennwerten einzelner Phasen des Gefüges. Der Schwerpunkt der Untersuchung liegt bei den HP, da über die MM bereits mehr bekannt ist.

Zwei weitere Eigenschaften der Gefügebestandteile sind besonders für das Verhalten unter mechanischer Belastung von Bedeutung: Steifigkeit und Wärmeausdehnung. Die höhere Steifigkeit der HP gegenüber der MM führt unter einer äußeren Last zu einer inhomogenen Spannungsverteilung im Gefüge. Die geringere Wärmeausdehnung der HP bewirkt ein Aufschrumpfen der MM, d.h. im Gefüge entstehen beim Abkühlen von Fertigungs- oder Wärmebehandlungstemperatur Mikroeigenspannungen, die sich den Lastspannungen überlagern und auch das tribologische und chemische Verhalten des Werkstoffs beeinflussen können. Die in situ-Messung des Elastizitätsmoduls E und des Wärmeausdehnungskoeffizienten α bereitet Schwierigkeiten. Es werden daher auch Kennwerte aus dem Schrifttum vorgestellt, die vorwiegend an reinen Hartphasen und gebräuchlichen Metallegierungen gemessen wurden.

Prüfverfahren und Kennwerte

Die Bestimmung der in situ-Eigenschaften einzelner Gefügebestandteile einer Hartlegierung kann grundsätzlich durch zwei Methoden erfolgen. Bei der ersten

Methode wird eine direkte Prüfung der beteiligten Phasen mittels Mikrosonden, wie Mikroindentation oder Mikroritzen, durchgeführt. So können temperaturabhängige Kennwerte geseigerter Mischphasen ermittelt werden. Oft begrenzen Größe, Form und Anordnung dieser Phasen im Gefüge den Einsatz solcher Mikrosonden. Die zweite Methode ist die integrale Untersuchung des Verbundwerkstoffes durch dilatometrische oder mechanische Prüfungen, wobei mit Hilfe von analytischen Verfahren auf die Eigenschaften der einzelnen Gefügebestandteile geschlossen wird. Über den Ansatz der allgemeinen Mischungsregel kann bei bekanntem Volumengehalt der beteiligten Phasen der integrale Meßwert differentiell auf die einzelnen Phasenkennwerte übertragen werden. Dieses setzt häufig die Kenntnis der Eigenschaften einer beteiligten Phase, z.B. die der Metallmatrix, voraus. Mehrere unterschiedliche Hartphasen erschweren diese analytischen Verfahren oder machen eine Übertragung auf die Eigenschaften einzelner Phasen unmöglich.

A.3.1.1

Mikroindentation

Abhängig von der Härte kann Mikroindentation an Hartphasen bei geringer Last etwa ab einer Größe von 15 μm durchgeführt werden. In einer speziell entwickelten Anlage ist die Mikroindentation von Gefügebestandteilen nach dem Vickers-Verfahren im Temperaturbereich von 20 bis 1000 °C möglich [8]. Hierbei wird die Prüfkraft über die weggesteuerte Eindringtiefe des Indenters mittels eines Piezotranslators vorgegeben, wobei Einzelschritte von 10 nm möglich sind. Die Beheizung von Probe und Indenter erfolgt indirekt über Strahlungswärme. Das gesamte Prüfgerät befindet sich in einer Vakuumkammer und alle Positioniermöglichkeiten erfolgen durch Befehle von außerhalb über einen Personalcomputer. Dieses rechnergestützte Positionieren ermöglicht die Auswahl von geeigneten Prüforten in einzelnen Gefügebestandteilen unter dem Mikroskop, wobei diese Prüforte mit einer Genauigkeit von 2 μm unter dem Indenter automatisch angefahren werden.

Bei der Indentation wird der Kraft-Eindringtiefen-Verlauf erfaßt und rechnerunterstützt ausgewertet (Bild A.3.1), so daß neben der Ermittlung der Härte über den Bildschirm weitere Kennwerte wie die elastische, plastische und spezifische Verformungsarbeit bei der Indentation W_e, W_p, w_H sowie der Elastizitätsmodul aus dem Verlauf der Entlastungskurve bestimmt werden können. Ebenso kann die Härte unter Last angegeben werden [A.3.1]. Die Variation der Prüflast im Bereich von 0.1 bis 2.0 N macht Bruchzähigkeitsmessungen an Hartphasen durch Indentation unter Bildung von Palmqvist- oder Diagonalen- bzw. Mittelrissen möglich [15, 9].

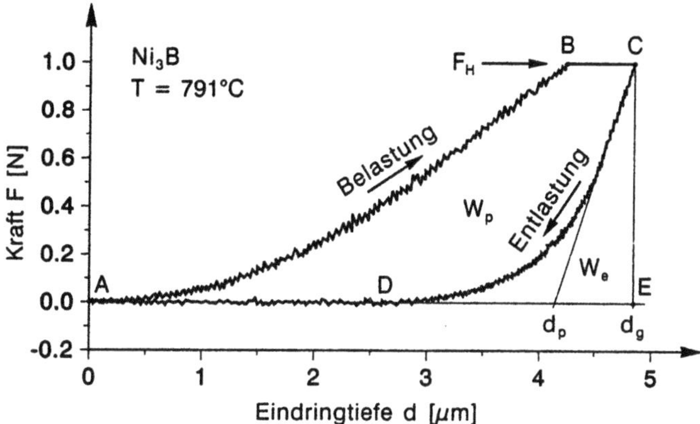

Bild A.3.1 Kraft F in Abhängigkeit von der Eindringtiefe d während der Härteprüfung am Beispiel der Hartphase Ni_3B bei erhöhter Temperatur T (F_H Prüflast; d_p plastische $+ d_e$ elastische $= d_x$ gesamte Eindringtiefe; W_p, W_e plastische, elastische Verformungsarbeit; Eckpunkte des Indentationsvorgangs ABCDE)

A.3.1.2

Mikroritzen

Die Eigenschaften einzelner Gefügebestandteile bei einem furchenden Angriff durch abrasive Teilchen können durch Mikroritzen bestimmt werden. Hierbei dringt der Indenter in die Werkstoffoberfläche ein und bei gleichzeitiger Relativbewegung zwischen Probe und Indenter werden feine Ritze erzeugt, deren Furchenbreite wesentlich schmaler als die Phasengröße ist. Dieser definierte Angriff ermöglicht eine exakte Beschreibung der Interaktion zwischen dem furchenden Indenter und den Gefügebestandteilen sowie die Bestimmung von verschleißspezifischen Kennwerten für die beteiligten Phasen.

In einem neu entwickelten Prüfgerät ist dieses Mikroritzen im Temperaturbereich von 20 bis 1000 °C möglich [9, A.3.2], wobei die zwei unterschiedlichen Belastungsfälle a) konstante Normalkraft (0.1–1 N) und b) konstante Eindringtiefe (1–5 µm) gewählt werden können. Eine weitere Variation der Versuchsparameter ist durch unterschiedliche Indenter (Diamant oder kubisches Bornitrid) und deren Geometrie (keilförmige Spitze oder Kugel) bzw. Angriffswinkel möglich. Der Aufbau dieses Prüfgerätes ähnelt sehr dem der Mikrowarmindentation, wobei die Probe mit einer konstanten Geschwindigkeit im Bereich von 2 bis 150 µm/s bewegt wird. Die rechnerunterstützte Steuerung der Anlage und die Erfassung der wirkenden Normal- und Tangentialkräfte F_n, F_t sowie die Kenntnis der phasenabhängigen Furchenbreite ermöglichen die Aufnahme von Kennwerten für einzelne Gefügebestandteile, wie den Ritzkoeffizient $\mu_s = F_t/F_n$ und die spezifische Ritzenergie $e_s = F_t/A_V$ mit der Dimension N/mm² bzw. Nmm/mm³ oder J/mm³. Der Furchenquerschnitt A_V mal der Ritzlänge ergibt

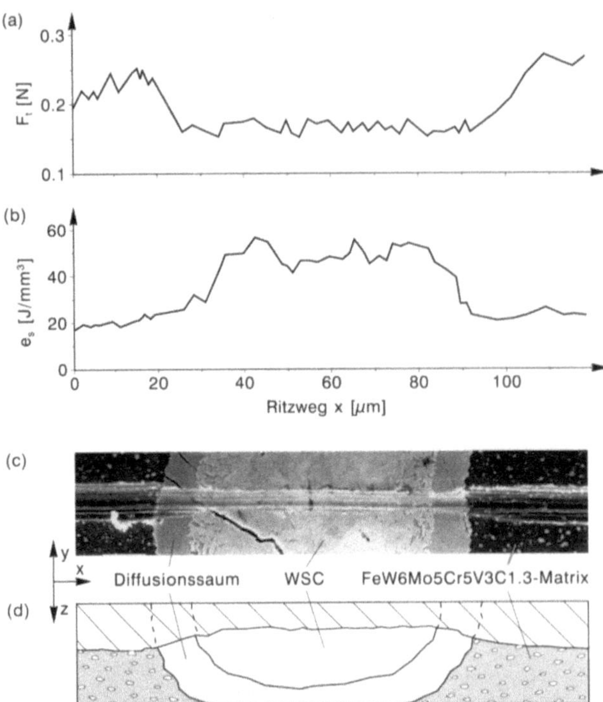

Bild A.3.2 Ritzen einer hartphasenhaltigen Legierung unter konstanter Last F_n: **(a)** Verlauf der Tangentialkraft F_t und **(b)** der spezifischen Ritzenergie e_S, **(c)** Änderung der Ritzbreite w in Abhängigkeit von den Gefügebestandteilen und **(d)** schematische Anordnung der geritzten Gefügebestandteile. Furchung durch CBN-Indenter mit Angriffswinkel $\alpha = 90°$, Flankenwinkel $2\Theta = 115°$, Normalkraft $F_n = 0.3$ N und Ritzgeschwindigkeit v = 2 µm/s

einen Verschleißbetrag. A_V^{-1} kann als Verschleißwiderstand gelten (Bild A.3.2). Neben diesen temperaturabhängigen Kennwerten geben die wirkenden Mikromechanismen bei der Abrasion (Mikrospanen, Mikropflügen und Mikrobrechen) Auskunft über das Verhalten der jeweiligen Gefügebestandteile beim Furchungsverschleiß. Hieraus folgt ein weiterer Kennwert, der das relative Verhältnis von Mikrospanen zu Mikropflügen f_{ab} für den Bereich der metallischen Grundmasse angibt (s. a. Bild A.3.12). Mikrospanen bedeutet Abtrag, Mikropflügen Verdrängung des Furchenvolumens ohne Abtrag. Daher läßt ein niedriger f_{ab}-Wert einen geringeren Verschleißbetrag erwarten.

A.3.2
Eigenschaften bei Raumtemperatur

Allgemeine Kriterien für einen bei Raumtemperatur gegen abrasiven Verschleiß beständigen Werkstoff, z.B. bei einem Angriff durch ein mineralisches Teilchen, sind eine hohe Härte bei ausreichender Zähigkeit. Hierbei wirkt sich ein Werkstoffgefüge, in dem harte Phasen in eine zähere Metallmatrix eingebettet sind, günstig auf eine Verschleißminderung aus. Die Eigenschaften der Hartphasen (Härte, Sprödigkeit, Größe, Verteilung) und der Grundmasse (Härte, Fließgrenze, Verfestigungsfähigkeit, Zähigkeit) bestimmen den Verschleißwiderstand. So sollten die Hartphasen härter als das angreifende abrasive Teilchen sein, aber trotzdem eine ausreichende Bruchzähigkeit besitzen, um nicht durch Mikrobrechen zerstört zu werden und somit die verschleißhemmende Wirkung zu verlieren. Weiterhin muß ein ausreichendes Verhältnis von Hartphasendurchmesser zu Furchenbreite vorliegen ($\geq$1). Zu kleine Hartphasen werden zusammen mit dem Span ausgehoben, wodurch keine Verschleißminderung erzielt wird (Bild A.1.7). Im Gegensatz dazu führen zu große harte Teilchen und auch ein hoher Hartphasenanteil zu einer Versprödung, so daß der Verschleißwiderstand infolge großer Materialausbrüche wieder sinkt. Die metallische Grundmasse stützt die Hartphasen bei einer Verschleißbeanspruchung und bindet sie in das Gefüge ein. Daher sind Eigenschaften wie hohe Härte und hohe Fließgrenze gefordert. Wird die Fließgrenze bei mechanischer Belastung überschritten, wirkt sich eine zusätzliche Verfestigung der Metallmatrix durch die plastische Verformung günstig auf den Verschleißwiderstand des Verbundwerkstoffes aus. Bei einer zu geringen Zähigkeit der Metallmatrix infolge hoher Härte können sich Anrisse in den Hartphasen in die Grundmasse ausbreiten, wodurch es zu Ausbrüchen und Ablösung an den Grenzflächen kommt. Durch die ausgebrochenen Hartphasen wird der Verschleiß erhöht, da sie als zusätzliche Verschleißpartikel abrasiv wirken.

A.3.2.1

Metallmatrix

Bild A.2.1 zeigt die Mikrohärte einzelner Gefügebestandteile sowie einiger Abrasive bei Raumtemperatur. Abhängig von der Kristallstruktur und den wirkenden Verfestigungsmechanismen wird für Metallmatrizes auf Eisen-, Nickel- und Kobaltbasis eine Härte zwischen 200 und 1000 HV0.05 erreicht. Während eine Mischkristallhärtung des Eisens durch substituierte Legierungselemente wie Chrom oder Nickel die Härte nur begrenzt steigert, bewirkt eine martensitische Härtung durch die interstitiellen Elemente Kohlenstoff oder Stickstoff eine erhebliche Härtesteigerung. Eine nachträgliche Anlaßbehandlung senkt die Härte und erhöht die Zähigkeit des spröden Martensits. Mit abnehmender Stapelfehlerenergie (SFE) nimmt die Verfestigungsfähigkeit bei plastischer Verformung zu, was bei verschleißbeständigen Werkstoffen durch den Einsatz von Legierungen oder Verbundwerkstoffen auf Nickel- oder Kobaltbasis ausgenutzt wird. Eine Ausscheidungshärtung durch feine Teilchen, wie intermetallische Phasen in Superlegierungen oder Sekundärkarbide in legierten Stählen, erhöht ebenso die Härte bei Raumtemperatur, wobei dieser Mechanismus aber gerade bei erhöhter Temperatur wesentlich wirkungsvoller ist. Eine ausführliche Beschreibung dieser unterschiedlichen Verfestigungsmechanismen auf die Här-

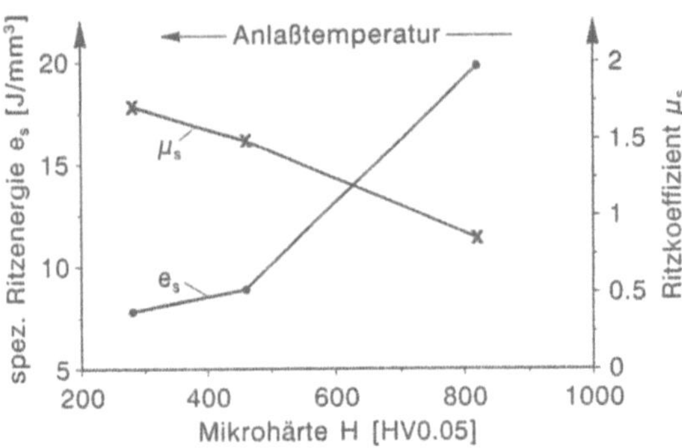

Bild A.3.3 Einfluß der Matrixhärte auf das Ritzverhalten des Stahles FeCr1MnVC0.5
(Prüfbedingungen wie Bild A.3.2)

te und die Verschleißeigenschaften der metallischen Grundmasse wird in
[8, 9, 15] gegeben, wo einzelne Mechanismen und deren Überlagerung an verschiedenen Modellegierungen untersucht wurden.

Die Eigenschaften der Metallmatrizes im Mikroritzversuch sind in erster
Linie abhängig von der Mikrohärte. Mit zunehmender Mikrohärte sinken beim
Ritzen unter konstanter Last die Furchenbreite und die zur Furchenbildung nötige Tangentialkraft, welches aber zu einem niedrigen Ritzkoeffizienten μ_s und zu
einer hohen spezifischen Ritzenergie e_s führt (Bild A.3.3). In Bild A.3.4 ist die
spezifische Ritzenergie für verschiedene Metallmatrizes auf Eisen-, Nickel- und
Kobaltbasis und für verschiedene Hartphasen in Abhängigkeit von der

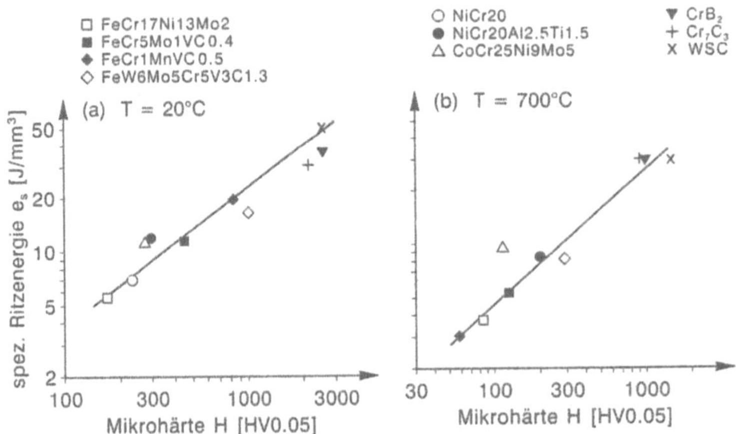

Bild A.3.4 Spezifische Ritzenergie e_s in Abhängigkeit von der Mikrohärte H und den Gefügebestandteilen: **(a)** bei 20 °C und **(b)** bei 700 °C (Prüfbedingungen wie Bild A.3.2)

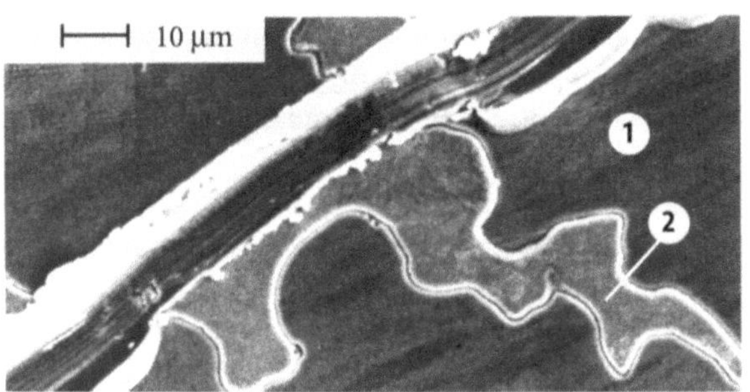

Bild A.3.5 Ritzspur in der Legierung CoCr27Mo6Ni3C bei Raumtemperatur: Metallmatrix: f_{ab} = 0.9, d.h. Mikrospanen und 10% Mikropflügen, eutektisches M_6C-Karbid: reines Mikrospanen (Prüfbedingungen wie Bild A.3.2)

Mikrohärte doppelt logarithmisch aufgetragen. Bei Raumtemperatur steigt die spezifische Ritzenergie linear mit der Mikrohärte an (Bild A.3.4a), wobei in der ausscheidungsgehärteten Ni-Superlegierung NiCr20Al2.5Ti1.5 und in der mischkristallverfestigten Kobalt-Basislegierung CoCr25Ni9Mo5 im Vergleich zu ihrer Mikrohärte ein deutlich höherer Energiebedarf zur Furchenbildung benötigt wird. Hier wirkt sich die starke Verfestigungsfähigkeit dieser Legierungen infolge der geringen Stapelfehlerenergie verschleißmindernd aus. Die höchste Ritzenergie wird in gehärteten martensitischen Gefügen aufgrund ihrer hohen Mikrohärte gemessen. Daher eignen sich bei Raumtemperatur gerade die härtbaren Eisen-Basislegierungen als abrasionsbeständige Matrix.

Die wirkenden Mikromechanismen der Abrasion werden von der Verformungsfähigkeit der Metallmatrix bestimmt, die wiederum von der Kristallstruktur abhängig ist. So weisen kubischflächenzentrierte Metalle wegen ihrer großen Zahl aktiver Gleitsysteme neben dem guten Verfestigungsvermögen auch eine hohe Verformungsfähigkeit auf, wodurch der Materialabtrag durch Spanbildung gesenkt wird. Durch plastische Verformung wird das Material aus dem Furcheninnern zu den Furchenrändern verdrängt und dort aufgeworfen (Mikropflügen). Hierbei wird ein f_{ab}-Wert kleiner als 1 festgestellt, der die prozentualen Anteile von Mikrospanen und Mikropflügen angibt (Bild A.3.5).

A.3.2.2
Hartphasen

Typische Hartphasen in Hartlegierungen oder Hartverbundwerkstoffen sind Karbide, Nitride oder Boride. Abhängig vom Hartphasentyp (Bindungsart) und den jeweiligen kovalenten und metallischen Anteilen der vorliegenden Mischbindung wird eine Mikrohärte zwischen 700 HV0.05 (M_3B) und 3800 HV0.05 (MB_2) erzielt (Bild A.2.1). Je nachdem welches Metalloid vorliegt, ändert sich die Bindungsart bei einem Übergangselement wie Chrom. So neigen Chromkarbide zur kovalenten, Chromnitride zur metallischen und Chromoxide zur ionischen

Bindung. Genauso kann sich bei ein und demselben Metalloid wie Bor der Bindungscharakter ändern. In der Reihenfolge MB_2, MB, M_3B_2, M_2B, M_3B und $M_{23}B_6$ nehmen die metallischen Bindungsanteile auf Kosten der kovalenten zu und damit die Mikrohärte ab.

Da die keramischen Hartphasen häufig nicht als reine Phasen (z.B. Cr_7C_3) in Hartlegierungen vorkommen, sondern weitere metallische Anteile aus Legierungselementen lösen (M_7C_3), ändert sich auch deren Mikrohärte. Die Härte dieses Karbids nimmt mit zunehmenden Eisen- oder Kobaltanteilen ab, was auf eine Verschiebung von kovalenten zu metallischen Bindungsanteilen beruhen kann, zumal sich die Atomradien dieser drei Metalle kaum unterscheiden.

Tabelle A.3.1 zeigt die aus Mikroindentationsversuchen ermittelten Kennwerte des Elastizitätsmoduls und der Verformungsarbeit. Der E-Modul kann bei der

Tabelle A.3.1 Physikalische Eigenschaften von Metallmatrix, Hartphasen, Abrasiv und Schneidstoffen in Abhängigkeit von der Temperatur aus Kraft / Eindringtiefe-Diagrammen der Indentation

Werkstoff	Temp. [°C]	H [HV0.05]	$E/(1-v^2)$ [GPa]	W_p [µJ]	W_c [µJ]	W_p/W_e	w_H [J/ mm³]
NiCr10	20	135	237	1.83	0.17	10.80	2.00
	394	88	-	2.10	0.16	13.10	1.70
	753	63	-	2.55	0.17	15.00	1.10
Ni_2B	20	1158	158	0.47	0.50	0.95	13.10
	421	374	133	0.99	0.47	2.10	4.31
	791	150	104	2.39	0.46	5.24	1.39
Ni_3B	20	1187	135	0.35	0.51	0.69	11.80
	421	759	123	0.60	0.58	1.03	7.50
	791	306	102	1.99	0.44	4.52	2.20
M_3C	20	1179	329	0.35	0.19	1.92	14.70
M_7C_3	20	1683	367	0.46	0.18	2.87	20.60
WSC	20	2562	659	0.25	0.14	1.74	26.50
SiC	20	3200	385	0.11	0.31	0.35	41.80
	390	2510	289	0.27	0.37	0.73	26.50
	815	1631	207	0.36	0.40	0.90	17.10
PCBN4	20	2637	428	0.05	0.17	0.33	-
	400	1575	307	0.11	0.18	0.59	-
	800	884	179	0.24	0.21	1.15	-
	1.000	835	165	0.23	0.21	1.09	-
PCBN2	20	2226	414	0.06	0.19	0.34	-
	400	1446	291	0.44	0.41	1.06	-
	600	1076	245	0.67	0.55	1.22	-
	800	716	189	1.12	0.39	2.83	-
	1.000	595	166	1.13	0.34	3.31	-

H Härte, E Elastizitätsmodul, W_p, W_e, w_H plastische, elastische und spezifische Verformungsarbeit, v Querkontraktionszahl, WSC Wolframschmelzkarbid, PCBN Schneidstoff aus polykristallinem kubischen Bornitrid

Indentation aus der Neigung F_H/d_e zu Beginn der Entlastung (Bild A.3.1) abgeschätzt werden. Elastische Verformungen sind reversibel und werden im wesentlichen von den vorliegenden atomaren Bindungskräften bestimmt. Die kovalenten Bindungsanteile der Karbide erhöhen den Elastizitätsmodul während Nickelboride mit ausschließlich metallischer Bindung einen geringeren E-Modul als eine NiCr-Metallmatrix besitzen. Der Grund hierfür sind die größeren Gitterparameter der Nickelboride. Das Wolframschmelzkarbid (WSC), welches aus einem feinen eutektischen Phasengemisch von WC und W_2C besteht, weist einen sehr hohen E-Modul auf.

Die Gesamtarbeit W (Fläche ABCE) bei der Indentation setzt sich aus einem plastischen Anteil W_p der Fläche ABCD in Bild A.3.1 und einem elastischen Anteil W_e zusammen. Bei der spezifischen Verformungsarbeit w_H wird die Gesamtarbeit W auf das verdrängte Volumen V bezogen, welches aus der maximalen Eindringtiefe des Indenters unter Last bestimmt werden kann. Die plastische Verformungsarbeit ist bei der Indentation der weicheren Metallmatrix wesentlich höher als in härteren Gefügebestandteilen und abrasiven Teilchen, wogegen sich für die spezifische Verformungsarbeit ein umgekehrtes Verhalten ergibt (Tabelle A.3.1). Bild A.3.6 zeigt in doppelt logarithmischer Darstellung die Beziehung zwischen dem Verhältnis der Verformungsarbeiten W_p/W_e und der Mikrohärte der Gefügebestandteile. Hier wird in etwa eine lineare Abhängigkeit für alle gemessenen Metallmatrizes und Hartphasen mit sehr unterschiedlicher Härte deutlich. Auch die untersuchten Schneidstoffe auf Basis von kubischem Bornitrid fügen sich in diese Beziehung ein.

Ähnlich wie die Mikrohärte liegt auch die spezifische Ritzenergie von Hartphasen wesentlich höher als die der Metallmatrizes. In Bild A.3.4a befinden sich die Werte vom Chromkarbid und -diborid unterhalb der Geraden, die den linearen Zusammenhang zwischen Ritzenergie und Mikrohärte beschreibt. Bei Raumtemperatur kommt es in den spröden Hartphasen zum Mikrobrechen, wodurch ein Versagen durch Hartphasenbruch eintritt und daher weniger Energie zur Fur-

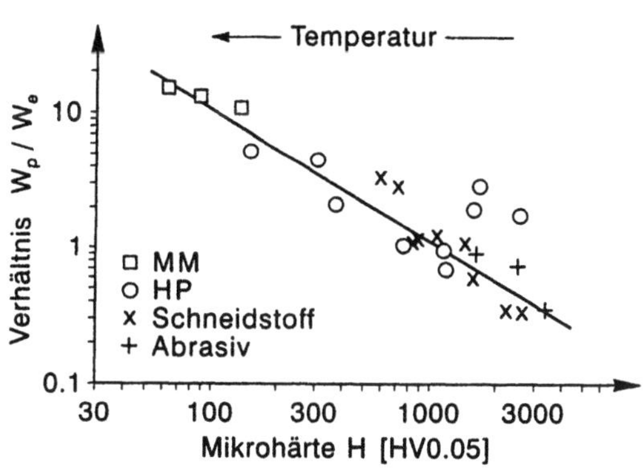

Bild A.3.6 Verhältnis der plastischen zur elastischen Verformungsarbeit (W_p / W_e) bei der Indentation von Metallmatrizes MM, Hartphasen HP und Schneidstoffen PCBN in Abhängigkeit von ihrer temperaturabhängigen Mikrohärte

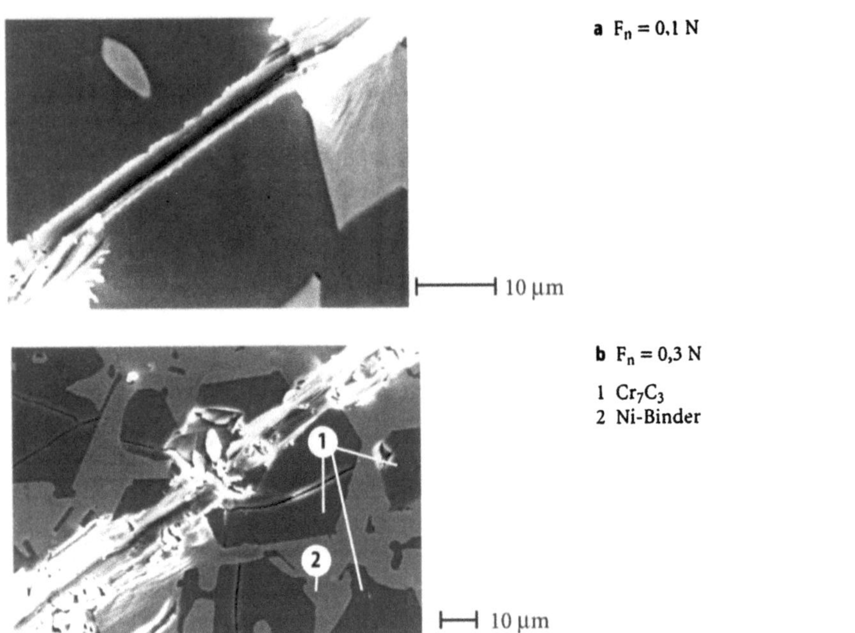

Bild A.3.7 (a) Karbidplastizität und **(b)** Mikrobrechen von reinen Cr_7C_3-Karbiden, eingebettet in einen Nickelbinder, bei Raumtemperatur (Prüfbedingungen wie Bild A.3.2)

chenbildung aufgewendet werden muß. Mikrobrechen tritt auf, wenn oberhalb einer kritischen Flächenpressung Risse entstehen, die sich unterhalb der Werkstoffoberfläche ausbreiten und somit zum Ausbrechen von Hartstoffpartikeln führen (Bild A.3.7b). Auch nicht direkt gefurchte Hartphasen, die aber im Bereich der plastischen Zone um den furchenden Indenter liegen, werden durch Rißbildung geschädigt. Beim Ritzen mit einer geringeren Last unterbleibt die Rißbildung und es dominiert Mikrospanen (Bild A.3.7a). Trotz der hohen Härte ist eine plastische Verformung möglich, wobei diese Hartphasenplastizität durch den hohen hydrostatischen Druckspannungszustand begünstigt wird, der zur Aktivierung zusätzlicher Gleitsysteme führt und die Rißbildung unterdrückt.

In duktileren Hartphasen tritt auch bei größerer Last kein Mikrobrechen auf (Bild A.3.5). Somit bestimmen Verformungsfähigkeit und Bruchzähigkeit der Hartphasen die wirkenden Mikromechanismen beim abrasiven Verschleiß. Bild A.3.8 zeigt die mittels Mikroindentation bestimmte Bruchzähigkeit von unterschiedlichen Hartphasen verglichen mit den Werten für Metallmatrizes und abrasive Teilchen. Die Bruchzähigkeit sinkt mit zunehmender Härte und auch die Abrasive liegen in diesem Trend. Nur das Wolframschmelzkarbid besitzt trotz ähnlicher Härte eine höhere Bruchzähigkeit als die spröderen reinen Hartstoffe NbC und CrB_2, was sich bei abrasivem Verschleiß positiv auswirkt. Je feiner das Eutektikum von WC und W_2C im WSC ausgebildet ist, umso größer sind Härte und Bruchzähigkeit dieser Hartphase.

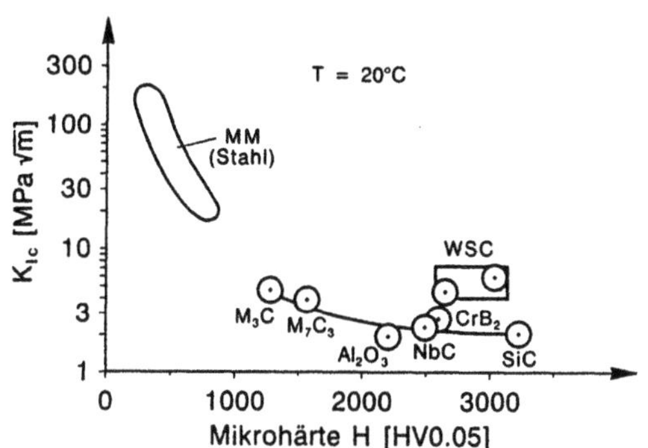

Bild A.3.8 Bruchzähigkeit K_{Ic} von Hartphasen und abrasiven Teilchen ermittelt durch Mikroindentation bei Raumtemperatur

Die Tabelle B.4.1 enthält wichtige physikalische Eigenschaften der Basismetalle Eisen, Nickel und Kobalt sowie der Gefügezustände Ferrit und Austenit aus der Literatur. Ebenso sind diese Eigenschaften für zahlreiche Hartphasen angegeben.

A.3.3
Eigenschaften bei erhöhter Temperatur

Die im vorherigen Kapitel beschriebenen Anforderungen an Hartphasen und metallische Grundmasse bei Raumtemperatur gelten auch bei erhöhter Temperatur. Mit zunehmender Umgebungstemperatur nimmt die Härte aller Gefügebestandteile sowie der abrasiven Teilchen ab und deren Verformungsfähigkeit zu. Ebenso sinkt die Verfestigungsfähigkeit der Metalle; diffusionsbedingte Entfestigungsprozesse der Erholung und Rekristallisation setzen bei einer Temperatur von 0.3 mal Schmelztemperatur T_m ein und bestimmen bei höherer Temperatur ($T > 1/2\,T_m$) das Matrixverhalten. Hierdurch können sich bei tribologischer Beanspruchung die wirkenden Verschleißmechanismen innerhalb des tribologischen Systems ändern. Daher ist die Kenntnis der temperaturabhängigen Eigenschaften für die Entwicklung und Auswahl von Hartlegierungen und -verbundwerkstoffen bei erhöhter Betriebstemperatur eine notwendige Voraussetzung.

A.3.3.1
Metallmatrix

Der niedriglegierte, auf 830 HV0.05 gehärtete Stahl FeCr1MnVC0.5 erweicht mit steigender Prüftemperatur durch Anlaßeffekte und weist bei 600 °C nur noch eine Warmhärte von 90 HV0.05 auf. Bei dem höher legierten Warmarbeitsstahl FeCr5Mo1VC0.4 und dem Schnellarbeitsstahl FeW6Mo5Cr5V3C1.3 wird der Steilabfall der Warmhärte durch Sekundärhärten auf über 600 °C verschoben (Bild A.3.9). Im Gegensatz zu diesen kubischraumzentrierten (krz) Legierungen zeigen die kubischflächenzentrierten (kfz) aufgrund ihrer dichteren Atompackung und erschwerter Diffusion bis 900 °C keinen Steilabfall. Ihre Warmhär-

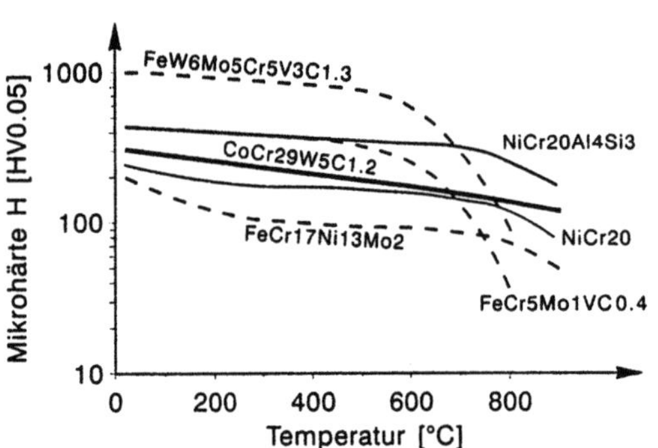

Bild A.3.9 Mikrowarmhärte einiger Metallmatrizes auf Eisen-, Nickel- und Kobaltbasis

te steigt vom austenitischen Stahl FeCr17Ni13Mo2 über die mit Chrom mischkristallverfestigte Nickellegierung NiCr20 zu der durch γ'-Ni₃Al ausscheidungsgehärteten Legierung NiCr20Al4Si3, die zusätzlich durch Silizium mischkristallverfestigt ist. Die mischkristallgehärtete Matrix der Kobaltlegierung CoCr29 W5C1.2 ist bei Raumtemperatur hexagonal dicht gepackt (hd) und nimmt bei höherer Temperatur eine kfz Struktur an. Sie ist daher bei Raumtemperatur härter als NiCr20. Ihre höhere Warmhärte bei 900 °C beruht auf ihrer gegenüber NiCr20 geringeren Stapelfehlerenergie.

Eine ähnliche Abstufung von Fe-, Ni- und Co-Basislegierungen ergibt sich für die spezifische Ritzenergie in Abhängigkeit von der Temperatur (Bild A.3.10). Daraus zeichnet sich für Hochtemperatur (Bild A.3.4b) ein ähnlicher Zusammenhang zwischen Härte und Ritzenergie ab wie bei Raumtemperatur (Bild A.3.4a). Jedoch nähert sich bei 700 °C der Wert der Ni-Legierung NiCr20Al2.5Ti1.5 der linearen Anordnung der übrigen Werkstoffe an, während die Co-Legierung aufgrund von Stapelfehlerbildung dem Ritzen bei gegebener Härte noch einen überdurchschnittlichen Widerstand entgegensetzt.

Bei erhöhter Temperatur steigt mit der abnehmenden Härte die Verformungsfähigkeit der Metallmatrix, was zu einem höheren Anteil an Mikropflügen führt.

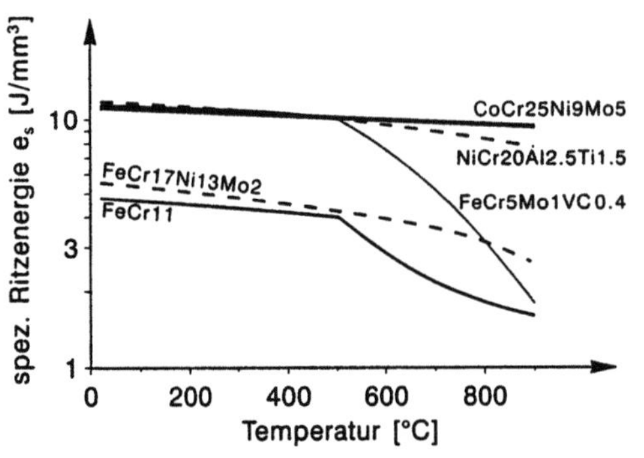

Bild A.3.10 Spezifische Ritzenergie e_s einiger Metallmatrizes auf Eisen-, Nickel- und Kobaltbasis in Abhängigkeit von der Temperatur (Prüfbedingungen wie Bild A.3.2)

Darüber hinaus ist das Mikropflügen von den Gleitbedingungen des vorliegenden Kristallgitters und der kristallographischen Kornorientierung abhängig. Beispielsweise werden in der kubischflächenzentrierten Legierung FeCr17Ni13Mo2 (Bild A.3.11) und in der CoCr-Metallmatrix der Legierung CoCr27Mo6Ni3C (Bild A.3.5) schon bei Raumtemperatur deutliche plastische Randaufwerfungen sichtbar, deren Größe bei erhöhter Temperatur weiter zunimmt. Die plastische Verformung wird in Bild A.3.11 durch eine Gleitlinienstruktur an der Werkstoffoberfläche sichtbar, die der Kristallorientierung folgt. Die geringe Korngröße im Furcheninnern deutet auf eine Rekristallisation zwischen 700 °C und 900 °C hin, da die Probe für einen weiteren Ritzversuch auf 900 °C aufgeheizt wurde.

Der temperaturabhängige Verlauf der relativen Anteile von Mikrospanen zu Mikropflügen f_{ab} (Bild A.3.12) bestätigt die Zunahme von Mikropflügen bei erhöhter Temperatur. Da der gewählte Angriffswinkel von 90° das Mikrospanen fördert, werden relativ hohe f_{ab}-Werte gemessen. Im kubischflächenzentrierten Kristallgitter (FeCr17Ni13Mo2) tritt aufgrund einer höheren Anzahl aktiver Gleitsysteme ein größerer Anteil von Mikropflügen auf als im kubischraumzentrierten Gitter (FeCr11). Durch eine Mischkristallverfestigung von Nickel (Ni) durch Chrom (NiCr20) oder Silizium (NiSi4.5) wird die Versetzungsbewegung eingeschränkt, wodurch das Mikrospanen begünstigt wird, so daß der f_{ab}-Wert zunimmt. Ebenso wirkt eine Ausscheidungshärtung auf die Legierung NiCr20Al2.5Ti1.5. Die Kobalt-Basislegierung CoCr27Mo6Ni3C zeigt neben der

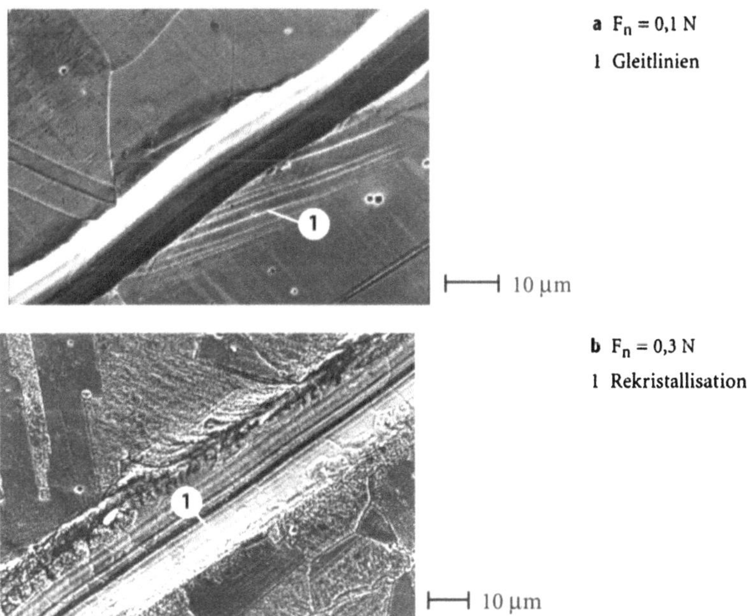

Bild A.3.11 Furchung der austenitischen Metallmatrix FeCr17Ni13Mo2: **(a)** bei 20 °C und **(b)** bei 700 °C (Prüfbedingungen wie Bild A.3.2)

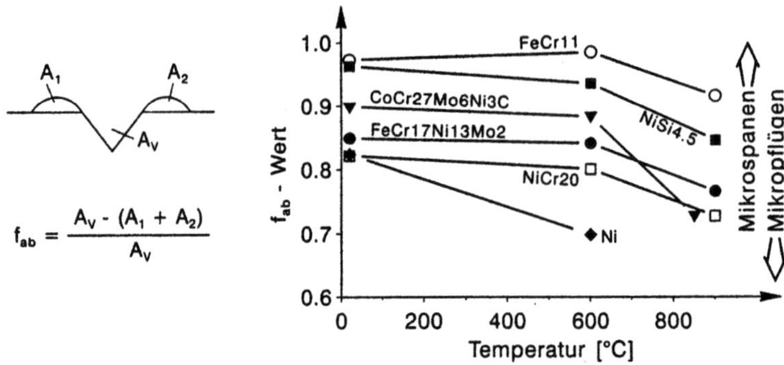

Bild A.3.12 Temperaturabhängigkeit des relativen Anteiles f_{ab} von Mikrospanen zu Mikropflügen in Eisen-, Nickel- und Kobalt-Basismetallmatrizes (Prüfbedingungen wie Bild A.3.2)

hohen Verfestigungsfähigkeit auch gute Verformungseigenschaften im Hochtemperaturbereich. Dies wird durch große Anteile von Mikropflügen bestätigt.

A.3.3.2

Hartphasen

Die hohe Raumtemperaturhärte der untersuchten Karbide und Boride nimmt mit zunehmender Temperatur abhängig vom Hartphasentyp ab (Bild A.3.13). In den quasi-keramischen Hartphasen sind die Ursachen für die Entfestigung in dem untersuchten Temperaturbereich ein Nachlassen der Bindungskräfte und eine Änderung der jeweiligen kovalenten und metallischen Bindungsanteile. Nur in sehr zähen Hartphasen (z.B. Ni_3B) kann es zu einer versetzungsbedingten Entfestigung kommen. Bild A.3.13 zeigt, daß die Staffelung der Hartphasen mit ansteigender Härte bei Raumtemperatur ($M_3C \rightarrow M_7C_3 \rightarrow Cr_7C_3 \rightarrow NbC \rightarrow CrB_2 \rightarrow WSC$) auch bei erhöhter Temperatur erhalten bleibt. Die weicheren Karbide M_3C, M_7C_3 und Cr_7C_3

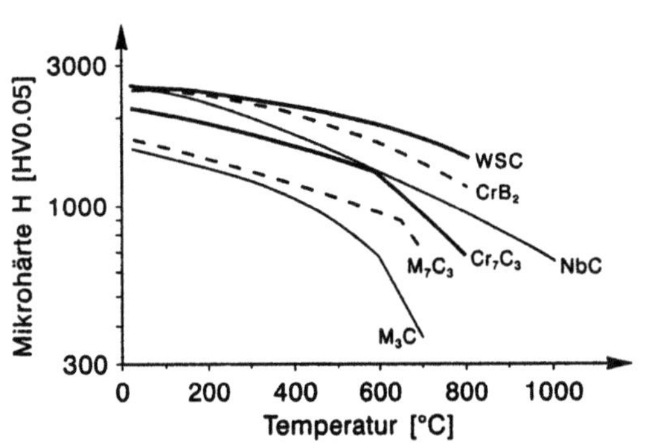

Bild A.3.13 Temperaturabhängigkeit der Mikrohärte vom Hartphasentyp

entfestigen unterhalb von 600 °C weniger als oberhalb. Dieses wird durch einen Knickpunkt in der jeweiligen Warmhärtekurve deutlich. Die härteren Karbide besitzen im Gegensatz dazu eine nahezu konstante Härteabnahme bis 900 °C.

Mit steigender Prüftemperatur ändert sich die elastische Verformungsarbeit W_e bei der Indentation nur wenig, weil sowohl der Elastizitätsmodul wegen der nachlassenden Bindungskräfte als auch die Flächenpressung abnehmen (Tabelle A.3.1). Gleichzeitig nimmt die plastische Verformungsarbeit W_p zu, wobei diese Zunahme bei den Hartphasen und Schneidstoffen deutlicher als bei den Metallmatrizes ausfällt. Demzufolge steigt das Verhältnis W_p/W_e, doch bleibt die Abhängigkeit von der Mikrohärte erhalten (Bild A.3.6).

Bild A.3.14 zeigt den Verlauf der spezifischen Ritzenergie einiger Hartphasen über der Temperatur. Während die Ritzenergie der Metallmatrizes in erster Linie abhängig von der Härte und dem Verfestigungsvermögen ist, werden die Ergebnisse der Hartphasen durch mögliches Mikrobrechen wesentlich beeinflußt. In dem Borid CrB_2 kommt es bei den gewählten Ritzparametern bis 800 °C nur vereinzelt zu Ausbrüchen, hauptsächlich an den Phasengrenzen, und daher wird hier eine hohe Ritzenergie gemessen. Im Gegensatz dazu zeigen das NbC-Karbid eine starke Rißbildung und das Cr_7C_3-Karbid ein ausgeprägtes Mikrobrechen (Bild A.3.7b), wodurch sich die zur Furchung benötigte Ritzenergie trotz vergleichbarer Härte mit dem CrB_2-Borid verringert. Das Wolframschmelzkarbid (WSC) mit einem sehr guten Verhältnis von Härte zu Bruchzähigkeit zeigt bei allen Temperaturen eine hohe spezifische Ritzenergie. Hier kommt es aufgrund der feinen eutektischen Gefügestruktur aus WC und W_2C fast ausschließlich zu Mikrospanen. Bei erhöhter Temperatur ändert sich auch in spröderen Karbiden das Mikrobrechen in reines Mikrospanen und es werden entsprechend der Warmhärte hohe Ritzenergien gemessen. Diese Zusammenhänge von Mikrohärte und spezifischer Ritzenergie spiegeln sich in Bild A.3.4 wieder. Während einige Hartphasen aufgrund ihrer hohen Sprödigkeit bei Raumtemperatur in logarithmischer Darstellung mit der spez. Ritzenergie unterhalb des linearen Zusammenhangs von Ritzenergie und Härte liegen, ordnen sie sich bei 700 °C auf der Linie mit den Metallmatrizes an.

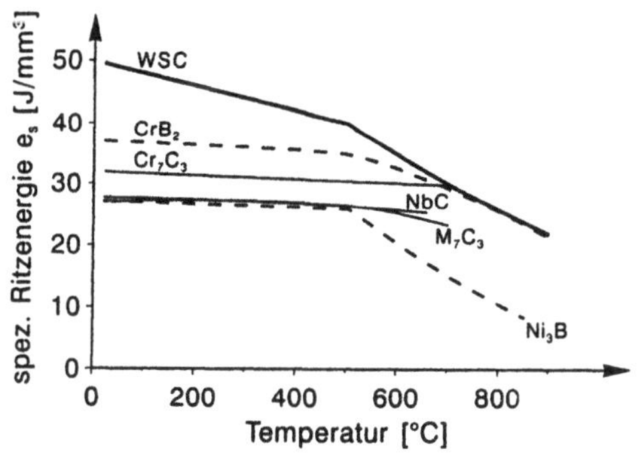

Bild A.3.14 Temperaturabhängigkeit der spezifischen Ritzenergie e_S vom Hartphasentyp (Prüfbedingungen wie Bild A.3.2)

A.3.4

Folgerungen für die Anwendung

Im folgenden werden einige Praxisbeispiele vorgestellt, bei denen die Wechselwirkung zwischen Metallmatrix und Hartphasen in Hartlegierungen in Bezug auf Verschleiß durch abrasive Teilchen und mechanische sowie physikalische Eigenschaften (Bruchzähigkeit, Elastizitätsmodul, Wärmeausdehnung) diskutiert werden sollen.

A.3.4.1

Wechselwirkung von Hartlegierungen und abrasiven Teilchen

Eine Voraussetzung für die verschleißmindernde Wirkung von Hartphasen in Hartlegierungen oder Hartverbundwerkstoffen ist eine ausreichende Größe, wobei die effektive Mindestgröße der Hartphasen größer oder mindestens gleich der Matrixfurchenbreite sein sollte, die ein abrasives Teilchen bei Furchungsverschleiß dort hinterläßt.

Raumtemperatur
In einem tribologischen System mit dem Grundkörper aus einer Hartlegierung, in der Hartphasen vom Typ M_7C_3 (1600 HV0.05) in eine metallische Grundmasse aus angelassenem Martensit (700 HV0.05) eingebettet sind, und abrasiven Flintteilchen (1200 HV0.05) als Gegenkörper befindet sich der Widerstand gegen Furchungsverschleiß in der Hochlage (s. Abschn. B.1.1.1). Entsprechend den Bildern A.2.1 und A.3.15 ist die Härte der Hartphasen größer als die Härte von Flint,

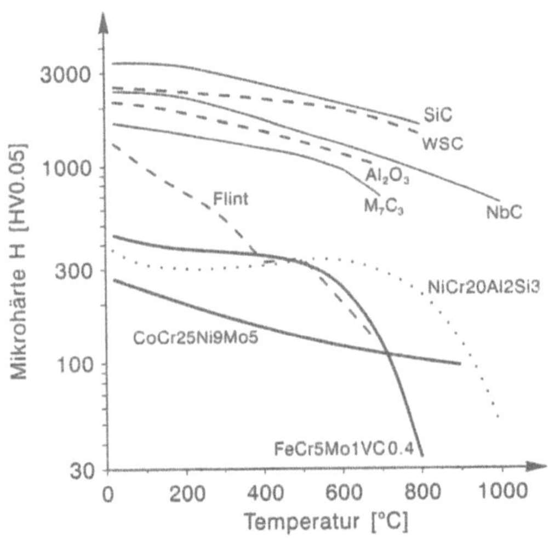

Bild A.3.15 Vergleich der Warmhärte von Metallmatrizes, Hartphasen und abrasiven Teilchen

wonach das Abrasiv zwar die gehärtete und ausreichend zähe Metallmatrix furcht, aber nicht die deutlich härteren Hartphasen.

Enthält der Gegenkörper härtere abrasive Teilchen, wie Korund (2100 HV0.05), reicht die Härte von M_7C_3-Karbiden als Hartphase nicht mehr aus. Hier erweist sich das Karbid NbC (2400 HV0.05) als günstig, um den Widerstand gegen Furchungsverschleiß in der Hochlage zu halten. Da die Härte auch abhängig von der kristallographischen Orientierung ist, können einzelne NbC-Karbide von Korundteilchen gefurcht werden. Hierdurch würde aber nur ein geringer Materialabtrag entstehen, so daß der Verschleißwiderstand weiterhin in der Hochlage bleibt.

Erhöhte Temperatur

Bei erhöhter Temperatur erweicht Flint sehr stark, so daß die Härte bei 700 °C nur 120 HV0.05 beträgt (Bild A.3.15). Eine warmfeste, sekundärgehärtete Martensitmatrix ist bei dieser Temperatur etwa gleich hart, daher kann Flint die Matrix zwar noch teilweise furchen, wodurch der Verschleißwiderstand sich im Übergang zwischen Hoch- und Tieflage befindet. Eine Zugabe von weicheren Hartphasen (wie M_7C_3) erhöht aber den Verschleißwiderstand in Richtung Hochlage. Eine metallische Grundmasse aus einer warmfesten, ausscheidungsgehärteten Ni-Legierung ist bei 700 °C härter (280 HV0.05) als Flint und wird durch dieses Abrasiv kaum gefurcht, so daß der Widerstand gegen Furchungsverschleiß in der Hochlage liegt.

Der härtere Korund besitzt bei dieser Temperatur eine Härte von 990 HV0.05. Die abrasiven Teilchen würden einen Grundkörper bestehend aus einer karbidhaltigen Eisen-Basis-Hartlegierung vom Typ FeCr14Mo5WVC4.2-G mit M_7C_3-Karbiden sowohl im Bereich der metallischen Grundmasse (120 HV0.05) als auch im Bereich der groben Karbide (700 HV0.05) furchen. Die Härte der Karbide liegt also niedriger als die Abrasivhärte, wodurch sich der Verschleißwiderstand in der Tieflage befindet. Eine verschleißmindernde Wirkung kann in diesem tribologischen System durch eine andere Werkstoffauswahl erzielt werden. Eine Hartlegierung mit härteren NbC-Karbiden (1070 HV0.05) in einer mischkristallverfestigten (Cr, Si) und ausscheidungsgehärteten (Ni_3Al) Ni-Metallmatrix (280 HV0.05) wird durch Korund nur geringfügig gefurcht, so daß eine Hochlage des Verschleißwiderstandes vorliegt.

A.3.4.2

Wechselwirkung zwischen Metallmatrix und Hartphasen

Bei der Herstellung von Hartlegierungen und Hartverbundwerkstoffen wird auf schmelz- bzw. pulvermetallurgischem Weg ein Gefüge aus groben, harten Phasen in einer verfestigten und ausreichend zähen metallischen Grundmasse hergestellt. Die Interaktion dieser Gefügebestandteile bei mechanischer oder tribologischer Beanspruchung wird durch die Eigenschaften der beteiligten Phasen bestimmt.

Härtevergleich

Die metallische Grundmasse übernimmt die Aufgabe, die harten Gefügebestandteile in das Gefüge einzubinden und diese bei Belastung ausreichend zu stützen. Hierfür ist eine hohe Härte bei guter Zähigkeit erforderlich. Eine gehärtete und angelassene martensitische Grundmasse sorgt bei Raumtemperatur für eine gute Stützwirkung, die aber bei erhöhter Temperatur erheblich nachläßt. Bei einer Beanspruchungstemperatur von 800 °C besitzt das Wolframschmelzkarbid (1470 HV0.05) eine hohe Warmhärte. Als metallische Grundmasse ist eine warmfeste, sekundärgehärtete Stahlmatrix (FeCr5Mo1VC0.4 mit 35 HV0.05) nicht geeignet. Eine weitaus bessere Stützwirkung wird hier von der stark mischkristallverfestigten Co-Metallmatrix CoCr25Ni9Mo5 (98 HV0.05) erreicht, zumal die zusätzliche Verfestigungsfähigkeit auch bei hoher Temperatur die Warmhärte bei einem abrasiven Angriff weiter steigert.

Bruchzähigkeit

Bei Raumtemperatur ist die Bruchzähigkeit der meisten metallischen Matrizes in der Regel so hoch, daß Rißbildung kaum eine Rolle spielt. Dagegen zeigen keramische abrasive Teilchen, wie Korund oder Siliziumkarbid, nur eine sehr geringe Bruchzähigkeit (Bild A.3.8). Die Werte der Hartphasen liegen abhängig von ihrer Mikrohärte meistens geringfügig höher, so daß der Bruch der abrasiven Teilchen vor dem Brechen der Hartphasen auftritt. Hierbei entstehen zwar kleinere aber auch sehr scharfkantige Abrasivfragmente.

Neben der Verteilung der Hartphasen in der Metallmatrix, die die Zähigkeit des Verbundes beeinflußt, sind die Zähigkeitseigenschaften der Hartphasen selbst entscheidend für den Furchungsverschleiß durch Mikrobrechen. In der Regel sinkt die Bruchzähigkeit mit steigender Härte ($M_3C \rightarrow M_7C_3 \rightarrow CrB_2 \rightarrow NbC$). Nur das Wolframschmelzkarbid zeigt aufgrund seiner Gefügestruktur (vgl. Abschn. A.3.3.2) bei Raumtemperatur eine hohe Härte (2500–3000 HV0.05) und eine vergleichsweise hohe Bruchzähigkeit (5–7 MPa·m$^{1/2}$), was eine günstige Kombination darstellt (s. Bild B.1.13). Diese Kombination führt bei einem abrasiven Angriff zu einem hohen Verschleißwiderstand, was sich beim Ritzen durch hohe spezifische Ritzenergien ausdrückt (Bild A.3.14).

Elastizitätsmodul

Die beiden Gefügebestandteile Hartphase und Metallmatrix bewirken bei einer mechanischen Beanspruchung des Verbundwerkstoffes eine inhomogene Spannungs- und Dehnungsverteilung (s. Kap. B.2). Während die Hartphasen bis zu einer hohen Beanspruchung den Spannungsanteil des Verbundes übernehmen und nur elastisch verformt werden, übernimmt die duktilere Metallmatrix den Dehnungsanteil durch höhere plastische Verformung infolge geringer Fließgrenze.

Einen extremen Unterschied im elastischen Verhalten zeigt ein Verbundwerkstoff aus Wolframkarbiden WC mit einem hohen E-Modul von fast 700 GPa in einer Eisen-Basismetallmatrix mit einem E-Modul von 210 GPa

(Tabelle B.4.1). Durch harte Gefügebestandteile kommt es, beschrieben durch die Mischungsregel, zu einer Erhöhung von E-Modul und Festigkeit, was allerdings mit einer Verringerung der Bruchzähigkeit abhängig von Hartphasengröße und -verteilung einhergeht. Dieser Verstärkungseffekt tritt allerdings nur dann ein, wenn die Hartphasen nicht durch frühen Bruch versagen.

Wärmeausdehnung

Durch die unterschiedlichen thermischen Ausdehnungskoeffizienten von Metallmatrix und Hartphasen (Tabelle B.4.1) liegen nach der Fertigung und Wärmebehandlung Mikroeigenspannungen im Verbund vor (s. Kap. A.4). Hartphasen besitzen in der Regel einen geringeren Ausdehnungskoeffizienten als Metallmatrizes, wodurch es beim umwandlungsfreien Abkühlen zu Mikrodruckeigenspannungen in den Hartphasen und Mikrozugeigenspannungen in der umgebenden Metallmatrix kommt. Dieses wirkt sich bei überlagerter mechanischer Zugbeanspruchung günstig aus, weil die Lastspannung der Hartphasen herabgesetzt wird. Die Höhe der Mikroeigenspannungen wird im wesentlichen durch die Differenz der thermischen Ausdehnungskoeffizienten bestimmt. So läßt ein Verbund aus Wolframkarbid WC (α = 3.8 · 10^{-6} /°C) in einer Ni-Metallmatrix (α = 13.9 · 10^{-6} /°C) nach der Abkühlung durch inhomogene Schrumpfung hohe Mikroeigenspannungen erwarten, während ein Verbundwerkstoff aus CrB_2-Boriden (α = 11.1 · 10^{-6} /°C) in einer Co-Metallmatrix (α = 12.5 · 10^{-6}/°C) wesentlich homogener schrumpft, was nur geringe Mikroeigenspannungen verursacht. Neben den thermischen Ausdehnungskoeffizienten der beteiligten Gefügebestandteile bestimmen die Fließgrenze der Metallmatrix sowie Form, Größe, Verteilung und Volumenanteil der Hartphasen die Höhe der Mikroeigenspannungen. Außerdem können sie sich durch umwandlungsbedingte Volumenänderung völlig verschieben. So wächst z.B. das Matrixvolumen bei martensitischer Umwandlung unterhalb M_S-Temperatur, während die Hartphasen weiter schrumpfen (s. Kap. A.4).

Mikroeigenspannungen im Gefüge

ANKE PYZALLA

Bei der Abkühlung von Hartlegierungen und -verbundwerkstoffen entstehen Mikroeigenspannungen aufgrund der unterschiedlichen physikalischen und mechanischen Eigenschaften der Hartphasen und der Metallmatrix sowie durch Phasenumwandlung. Die Wirkung von Eigenspannungen wird meist negativ eingeschätzt, da eine Überlagerung gleichgerichteter Eigen- und Lastspannungen zu frühzeitigem Bauteilversagen führen kann. Im Gegensatz hierzu haben Untersuchungen der Auswirkungen herstellungsbedingter thermischer Mikroeigenspannungen in Hartmetallen gezeigt, daß das Zusammenwirken von Last- und Eigenspannungen zur Erhöhung der Festigkeit und Zähigkeit mehrphasiger Werkstoffe beitragen kann [A.4.1, A.4.2]. Ziel dieses Kapitels ist es daher, zunächst den rein thermisch bedingten Mikroeigenspannungszustand in Hartverbunden in Abhängigkeit von den Eigenschaften der Metallmatrix und der Hartphasen sowie von den charakteristischen Gefügeparametern zu beschreiben. Es folgt eine Abschätzung des Einflusses von Phasenumwandlungen.

Klassifizierung und Entstehung von Eigenspannungen

Definition und Klassifizierung der Eigenspannungen

Unter Eigenspannungen versteht man Spannungen in einem Bauteil, auf das keine äußeren mechanischen Beanspruchungen einwirken, und das einem räumlich homogenen und zeitlich konstanten Temperaturfeld unterliegt. Unabhängig von ihrer Entstehungsursache wird nach [A.4.3] zwischen Eigenspannungen I., II. und III. Art unterschieden (Bild A.4.1):

- *Eigenspannungen I. Art* (σ_I^{ES}) sind über größere Werkstoffbereiche (mehrere Körner) nahezu homogen. Die mit Eigenspannungen I. Art verbundenen inneren Kräfte sind bezüglich jeder Schnittfläche durch den ganzen Körper im Gleichgewicht.
- *Eigenspannungen II. Art* (σ_{II}^{ES}) sind über kleine Werkstoffbereiche (ein Korn oder Kornbereiche) nahezu homogen, sie können als Schwankungsbreite um

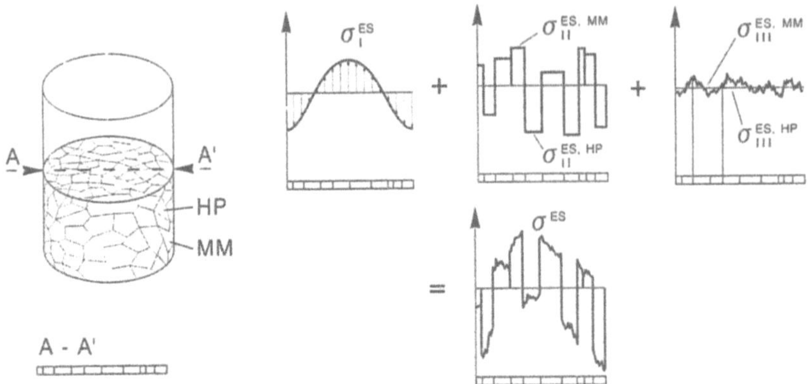

Bild A.4.1 Überlagerung von Eigenspannungen I., II. und III. Art in mehrphasigen Gefügen (*HP* Hartphase, *MM* Metallmatrix) zur Gesamteigenspannung σ^{ES}

die Eigenspannungen I. Art im Bereich einzelner Körner interpretiert werden. Die mit Eigenspannungen II. Art verbundenen inneren Kräfte und Momente sind über hinreichend viele Körner im Gleichgewicht.

 • *Eigenspannungen III. Art* ($\sigma_{\text{III}}^{\text{ES}}$) sind über kleinste Werkstoffbereiche (mehrere Atomabstände) inhomogen. Sie sind die Abweichungen der örtlichen Summe der Eigenspannungen von der Summe der Eigenspannungen I. und II. Art.

Eigenspannungen I. Art werden auch als Makroeigenspannungen, Eigenspannungen II. und III. Art zusammenfassend als Mikroeigenspannungen bezeichnet. Diese Klassifikation sagt nur etwas über die Reichweite der Eigenspannungsfelder, nichts aber über die Höhe der auftretenden Eigenspannungen aus.

Entstehung von Eigenspannungen

Eigenspannungen I. Art entstehen bei einer Wärmebehandlung z. B. als Folge von Temperaturgradienten oder Phasenumwandlungen. In mehrphasigen Werkstoffen sind die Eigenspannungen I. Art phasenunabhängig, da ihr Mittelwert definitionsgemäß über große Bereiche eines Bauteiles konstant ist (Bild A.4.1).

Eigenspannungen II. Art treten in Hartverbunden beim Abkühlen als Folge der unterschiedlichen thermischen Ausdehnungskoeffizienten von Metallmatrix und Hartphasen auf (Bild A.4.2). In den Hartphasen sind die *phasenspezifischen Eigenspannungen II. Art* ($\sigma_{\text{II}}^{\text{ES, HP}}$) im allgemeinen Mikrodruckeigenspannungen, da die Hartphasen einen geringeren thermischen Ausdehnungskoeffizienten als die Metallmatrix besitzen. In der Metallmatrix herrschen aus Gleichgewichtsgründen Mikrozugeigenspannungen ($\sigma_{\text{II}}^{\text{ES, MM}}$). Durch eine mit Volu-

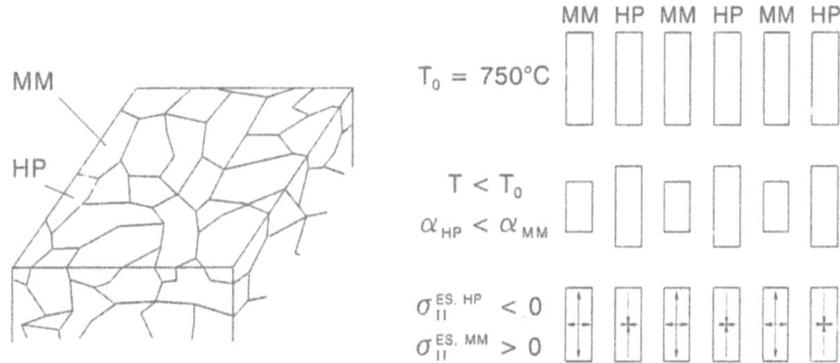

Bild A.4.2 Entstehung von Mikrospannungen aufgrund der Differenz der thermischen Ausdehnungskoeffizienten α^{HP} und α^{MM}

menänderung verbundene Phasenumwandlung können diese rein thermischen Mikroeigenspannungen erheblich verändert werden.

Eigenspannungen III. Art sind in mehrphasigen Werkstoffen, ebenso wie die Eigenspannungen II. Art, phasenabhängig. Sie resultieren z.B. aus der Bildung von Subkornstrukturen oder aus Versetzungswechselwirkungen.

Zusammmenfassend können die phasenspezifischen Mikroeigenspannungen ($\sigma_{II}^{ES,\,MM}$, $\sigma_{II}^{ES,\,HP}$, $\sigma_{III}^{ES,\,MM}$, $\sigma_{III}^{ES,\,HP}$) als Ausdruck für die gegenseitige Verspannung der Phasen interpretiert werden [A.4.4]. Im folgenden wird σ^{MM} als Abkürzung für $\sigma_{II}^{ES,\,MM}$ und $\sigma_{III}^{ES,\,MM}$ sowie σ^{HP} als Abkürzung für $\sigma_{II}^{ES,\,HP}$ und $\sigma_{III}^{ES,\,HP}$ verwendet.

A.4.2
Verfahren zur Mikroeigenspannungsanalyse

A.4.2.1
Berechnungsverfahren

Basierend auf versetzungstheoretischen Abschätzungen wird als Voraussetzung für die Gültigkeit einer kontinuumsmechanischen Beschreibung des Mikroeigenspannungszustandes eine Mindestgröße der Hartphasen von etwa 1 μm angegeben [A.4.5]. Die Mikroeigenspannungen in Stückverbunden mit groben Hartphasen können daher durch analytische und numerische Verfahren der Kontinuumsmechanik berechnet werden [12].

Analytische Berechnungen
Zur analytischen Berechnung von Mikroeigenspannungsverteilungen müssen Lösungen des Differentialgleichungssystems ermittelt werden, das sich aus den Grundgleichungen der Kontinuumsmechanik (Materialgesetz, Kinematik) ergibt. Durch Anpassung an die Rand- und Übergangsbedingungen der Gefüge-

modelle erhält man explizite Darstellungen der Zusammenhänge zwischen den
Faktoren, die den thermischen Mikroeigenspannungszustand bestimmen.

Numerische Berechnungen

Die Methode der finiten Elemente (FEM) ist das derzeit am besten etablierte
Näherungsverfahren zur Lösung kontinuumsmechanischer Problemstellungen.
Sie ermöglicht die Berücksichtigung nichtlinearer Spannungs-Dehnungs-Beziehungen, sowie die Berücksichtigung der Temperaturabhängigkeit der Werkstoffeigenschaften und der thermischen Spannungsrelaxation. Neben der Verwendung komplexerer Materialgesetze können bei der Mikroeigenspannungsberechnung mit FEM unregelmäßig geformte Hartphasen modelliert und reale
Gefüge simuliert werden. Die Ortsauflösung der Mikroeigenspannungsverteilung ist jedoch von der Diskretisierung abhängig.

A.4.2
Experimentelle Verfahren

Der Eigenspannungszustand ist keine elementare Werkstoffeigenschaft, wie z.B.
die Härte oder die Bruchzähigkeit. Eigenspannungen können daher nie direkt
gemessen werden. Die Bestimmung der Eigenspannungen muß über die Messung der Änderungen anderer physikalischer Größen erfolgen. Die bisher meist
verwendeten Verfahren zur Eigenspannungsanalyse sind mechanische, magnetische und akustische Verfahren sowie Beugungsverfahren. Um den Mikroeigenspannungszustand experimentell möglichst vollständig zu erfassen, sind
hier Analyseverfahren erforderlich, die eine Trennung zwischen Mikro- und
Makroeigenspannungen ermöglichen und innerhalb der einzelnen Phasen alle
Komponenten des Spannungstensors mit möglichst hoher Ortsauflösung und
Genauigkeit ermitteln lassen. Von den genannten Verfahren können daher nur
die Beugungsverfahren zur Mikroeigenspannungsanalyse verwendet werden.
Akustische Verfahren zur Mikroeigenspannungsanalyse sind in Entwicklung
[A.4.6].

Beugungsverfahren

Grundlage der Anwendung der Röntgen- und der Neutronenbeugung zur
Mikroeigenspannungsanalyse ist die Bestimmung der elastischen Dehnung
des Kristallgitters. Aus den gemessenen Gitterdehnungen kann anhand der
Elastizitätstheorie auf die vorliegenden Spannungen geschlossen werden.
Dabei können aufgrund der auf einige mm^2 bzw. mm^3 begrenzten Ortsauflösung der Verfahren nur Mittelwerte der Eigenspannungen bestimmt werden.
Zur röntgen-ographischen Mikroeigenspannungsanalyse wird meist das
$sin^2\psi$-Verfahren verwendet [A.4.6]. Aufgrund der nur wenige μm betragenden
Eindringtiefe der Röntgenstrahlung können hiermit ausschließlich oberflächennahe Bereiche untersucht werden, in denen ein ebener Spannungszustand vorliegt. Der dreidimensionale Mikroeigenspannungszustand im Inne-

ren von Stückverbunden kann unter Verwendung von Neutronenstrahlen untersucht werden.

Torsionspendelversuche

Durch die Messung des logarithmischen Dekrementes in Torsionspendelversuchen kann die innere Reibung in Stückverbunden bestimmt werden. Sie beschreibt die mikrostrukturell bedingte Dissipation mechanischer Energie. In plastisch verformten Metallen ist die innere Reibung amplitudenabhängig. Hieraus wurde mittels einer Interpretation der Meßergebnisse im Rahmen der Granato-Lücke-Theorie [A.4.7] auf Wechselwirkungen zwischen Punktdefekten und Versetzungen und auf den Beginn mikroplastischer Verformungen als Folge einer Aktivierung von Versetzungsquellen geschlossen [12].

Sonstige Verfahren

Zu einer Mikroverschiebungsanalyse mit hoher Ortsauflösung an der Probenoberfläche und damit für einen Vergleich mit den Ergebnissen der Berechnungen, bieten sich die optischen Feldmeßmethoden an. Hiervon wurde bisher das Mikro-Moiré-Verfahren [A.4.8] eingesetzt, wobei sich jedoch Probleme aus der Probenvorbereitung und der auf ca. 400 °C begrenzten Maximaltemperatur in der verwendeten Versuchseinrichtung ergaben.

Mit Hilfe kalorimetrischer Untersuchungen wurde die Temperatur bestimmt, bei der sich die Versetzungen von den Punktdefekten lösen und die dazu erforderliche Aktivierungsenergie ermittelt.

Eine weitere Methode zur Untersuchung des inelastischen Materialverhaltens aufgrund der Mikroeigenspannungen ist die Messung des Ultraschallabsorptionskoeffizienten [A.4.9]. Er beschreibt die Schwächung des Ultraschallsignals aufgrund von Wechselwirkungen zwischen Ultraschallwelle und Gitterbaufehlern.

A.4.3

Einfluß des Gefüges auf die thermischen Mikroeigenspannungen

Hartlegierungen und -verbundwerkstoffe kühlen nach dem Gießen, Schweißen, Spritzen, Sintern, Lösungsglühen, Warmauslagern u.s.w. mehr oder weniger rasch ab. Dabei kommt es auch bei langsamer Abkühlung zu Mikroeigenspannungen zwischen den Hartphasen und der Metallmatrix. Diese rein thermischen Mikroeigenspannungen sind unvermeidbar und bei allen Hartwerkstoffen auf Eisen-, Nickel-, und Kobaltbasis anzutreffen. Die Überlagerung von Mikroeigenspannungen durch Phasenumwandlungen, wie z.B. bei der Martensitbildung oder beim Anlassen wird in Abschn. A.4.4 diskutiert.

A.4.3.1

Modellwerkstoffe

Die Versuchswerkstoffe sollen umwandlungsfrei abkühlbar sein. Um gezielt unterschiedliche Gefüge einstellen zu können, wurde die Fertigung von Hartverbundwerkstoffen gewählt. Die Ergebnisse sind aber sinngemäß auch auf erstarrte oder umgeformte umwandlungsfreie Legierungen übertragbar.

Die Modellwerkstoffe wurden durch Mischen von Pulver des austenitischen Stahles FeCr17Ni13Mo2 mit NbC- bzw. TiC-Pulver und abschließendes heiß-isostatisches Pressen (HIP) hergestellt. Je nach Verhältnis der Pulverkorndurch-messer d und der Mengenanteile f ergab sich eine Dispersion der Hartphasen in der Metallmatrix und umgekehrt oder ein Duplexgefüge (s. Bild A.1.5). Die Pul-ver und HIP-Bedingungen sind so gewählt, daß zwischen dem umwandlungs-freien Stahl und den Hartphasen wenig Interdiffusion auftritt (s. Abschn. D.3.3).

Zur Untersuchung des Einflusses des Wärmeausdehnungskoeffizienten, der Steifigkeit der Phasen und der Fließgrenze der Metallmatrix wurden ergänzen-de Berechnungen und Experimente mit anderen Hartphasen-Metall-matrix-Kombinationen durchgeführt.

A.4.3.2
Prinzipieller Verlauf der Mikroeigenspannungen

Gefügemodelle
Um den Verlauf der Mikroeigenspannungen in Hartverbunden prinzipiell zu erläutern, wird eine reales Gefüge durch ein Gefügemodell abstrahiert. Zur Ermittlung der Mikroeigenspannungen im Inneren von Hartverbunden kann als Modell eine kugelförmige Hartphase in einer ebenfalls kugelförmig und unend-lich ausgedehnten Metallmatrix verwendet werden [A.4.10]. Da an der Ober-fläche eines Hartverbundes die Spannung senkrecht zur Oberfläche verschwin-den muß, liegt in diesem Bereich ein annähernd ebener Spannungszustand vor. Hier kann das Gefüge durch das mechanische Modell einer kreisscheibenförmi-gen Hartphase in einer kreisscheibenförmigen Metallmatrix angenähert wer-den. Geometriebedingt verlaufen die Hauptspannungen in diesen Modellen in radialer Richtung und in Umfangsrichtung.

Elastisches Materialverhalten
In den vorgestellten Gefügemodellen herrscht innerhalb der Hartphasen ein hydrostatischer (3D-Modell) bzw. homogener (2D-Modell) Mikrodruckeigen-spannungszustand (Bild A.4.3). Die Radialspannung (σ_{rr}) muß an der Grenz-fläche zwischen Metallmatrix und Hartphase stetig verlaufen und ist daher auch in der Metallmatrix eine Mikrodruckeigenspannung. Sie verringert sich inner-halb der Metallmatrix kubisch (3D-Modell) bzw. quadratisch (2D-Modell) mit steigendem Abstand zur Hartphase und verschwindet am äußeren Rand des Modells. Im Gegensatz zum stetigen Verlauf der Radialspannung zeigt die Umfangsspannung ($\sigma_{\varphi\varphi}$) an der Grenzfläche einen sprunghaften Übergang aus dem Mikrodruckeigenspannungsbereich innerhalb der Hartphasen in den Mikrozugeigenspannungsbereich innerhalb der Metallmatrix. Wenn sich die beiden Phasen rein elastisch verhalten, befindet sich das Maximum der Umfangsspannung an ihrer Grenzfläche.

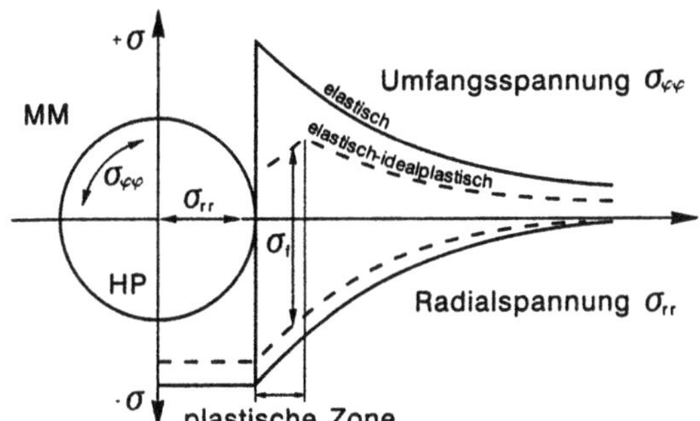

Bild A.4.3 Mikroeigenspannungs-verlauf: Schematische Darstellung bei elastischem bzw. elastisch-idealplastischem Materialverhalten (σ, Fließspannung)

Elastisch-Idealplastisches Materialverhalten

Aufgrund ihres Bindungscharakters mit hohen kovalenten oder ionischen Anteilen besitzen die Hartphasen eine derart hohe Fließgrenze, daß sie sich linear elastisch verhalten. Im Gegensatz dazu reagiert die Metallmatrix auf die thermisch induzierte Belastung elastisch-plastisch wenn die Mikroeigenspannungen die Fließgrenze (σ_f) überschreiten. In diesem Fall bildet sich eine plastische Zone um die Hartphase aus. In der plastischen Zone steigt die Umfangsspannung mit dem Abstand von der Hartphase an, bis sie ihr Maximum am äußeren Rand der plastischen Zone erreicht (Bild A.4.3).

Unterschiede der Mikroeigenspannungszustände an der Oberfläche und im Inneren von Hartverbundwerkstoffen.

Während im Inneren der Verbunde ein räumlicher Spannungszustand herrscht, liegt an der Oberfläche ein ebener Spannungszustand vor. Als Folge des Verschwindens der Spannungskomponente senkrecht zur Oberfläche sind im oberflächennahen Bereich die Mikroeigenspannungen geringer als im Inneren von Verbunden. Dieses kann sowohl anhand analytischer Berechnungen als auch experimentell gezeigt werden. Beispielsweise ergaben sich bei der röntgenographischen Bestimmung (Eindringtiefe der Röntgenstrahlung ca. 5 μm) der Mikroeigenspannungen an der Oberfläche des duplexartigen Modellwerkstoffes erheblich geringere Mikrodruckeigenspannungen in den Hartphasen (σ^{HP} = -160 ± 30 MPa), als anhand von winkeldispersiver Neutronenbeugung (σ^{HP} = -670 MPa ± 190 MPa) im Inneren des Verbundes ermittelt wurde. Die Annahme des ebenen Spannungszustandes an der Oberfläche von Hartverbundwerkstoffen ist nur bei geringem Hartphasengehalt und in einer Tiefe gerechtfertigt, die erheblich geringer als die Hartphasengröße ist. Das Problem sonst möglicherweise auftretender starker Spannungsgradienten senkrecht zur Oberfläche wurde u.a. von [A.4.11] detailliert untersucht.

Gefüge mit netzartiger Hartphasenverteilung

In Umkehrung der Verhältnisse des Gefügemodells für eine dispersionsartige Hartphasenverteilung erhält man ein Modell für ein Gefüge mit netzartiger

Hartphasenverteilung durch die Annahme, daß ein kreisförmiger bzw. kugelförmiger Matrixbereich von Hartphasen umschlossen wird. Aufgrund der Differenz der thermischen Ausdehnungskoeffizienten der Phasen sind die Radial- und Umfangsspannungen innerhalb der Matrix eines netzartigen Gefüges konstante, gleich große Zugspannungen. Hierdurch ergibt sich in der Nähe der Grenzfläche eine hohe Spannungsmehrachsigkeit in der Metallmatrix. Experimentelle Mikroeigenspannungsanalysen mit Neutronenstrahlen zeigen, daß die Mikrodruckeigenspannungen in den Hartphasen bei einer netzartigen Hartphasenverteilung höher (d^{HP} = 10 µm, f^{HP} = 40 %, σ^{HP} = -1010 MPa ± 200 MPa) sind als in Gefügen mit eher dispersions- oder duplexartiger Hartphasenverteilung (d^{HP} = 40 µm, f^{HP} = 40 %, σ^{HP} = -670 MPa ± 160 MPa).

A.4.3.3
Einfluß der Hartphasenform

Im Gegensatz zu der vorhergehenden Darstellung der homogenen Mikroeigenspannungsverteilung in Modellgefügen mit kreisscheibenförmigen Hartphasen können in realen Gefügen mit komplex geformten Hartphasen örtliche Spannungskonzentrationen auftreten. Da sich die Metallmatrix der Teilchenverbunde elastisch-plastisch verhält, entsteht in der Nähe der Hartphasenecken eine plastische Zone mit höheren plastischen Dehnungen als um vergleichbare runde Hartphasen. Die plastischen Dehnungen an den Hartphasenecken sind umso größer, je spitzer die Ecke ist und je stärker sich die Hartphase von der Kreisform unterscheidet (Bild A.4.4). Dabei steigt die Vergleichsspannung innerhalb der Matrix trotz Verfestigung nur gering an, da sie durch die Warmfließgrenze der Metallmatrix beschränkt ist. Im Gegensatz dazu erhöht sich die Vergleichsspannung innerhalb der elastisch reagierenden Hartphasen erheblich [12].

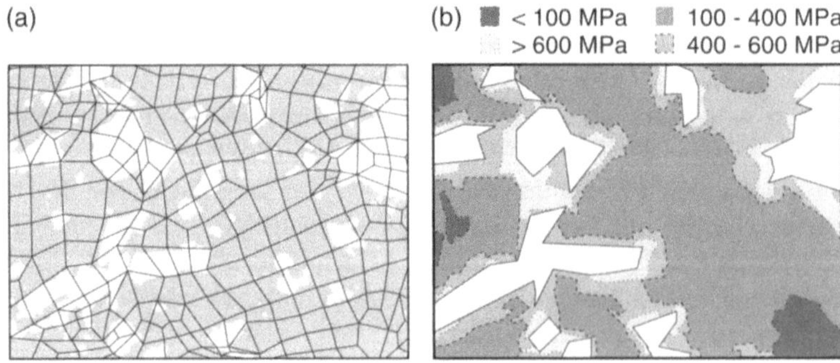

Bild A.4.4 (a) Diskretisierung des Gefüges der Legierung NiCr20AlTi + 20WC **(b)** Berechnete effektive Spannung nach dem Abkühlen von 750 °C auf 20 °C

A.4.3.4

Einfluß der Hartphasengröße und des Hartphasengehaltes

Der Mikroeigenspannungszustand in einem Hartverbundwerkstoff wird weder allein durch die absolute Größe der Hartphasen noch ausschließlich durch den Hartphasengehalt bestimmt. Als Parameter, der die Höhe der Mikroeigenspannungen in der Metallmatrix und den Hartphasen wesentlich beeinflußt ist statt-dessen der Quotient aus dem Durchmesser der Hartphasen und ihrem Abstand zueinander zu sehen. Unter der Voraussetzung, daß sich die Spannungsfelder um die einzelnen Hartphasen nicht überlagern, können die Mikroeigenspannungen in kugelförmigen Hartphasen bei elastischem Verhalten der Metallmatrix analy-tisch berechnet werden (Bild A.4.5). Dabei wird deutlich, daß die Mikroeigenspan-nungen in den Hartphasen mit steigendem Hartphasengehalt geringer werden.

Da mit steigendem Hartphasengehalt das Verhältnis von Hartphasengröße zum Hartphasenabstand zunimmt, können sich die Spannungsfelder um die einzel-nen Hartphasen überlagern. FEM-Simulationen des Mikroeigenspannungszu-standes in realen Gefügen zeigen in diesem Fall eine Erhöhung der Vergleichs-spannung und Dehnungskonzentration in Bereichen hoher Hartphasendichte (Bild A.4.4), während in Bereichen mit größeren Abständen zwischen den Hart-phasen sowohl die Vergleichsspannung als auch die plastische Vergleichsdeh-nung steile Gradienten in der Nähe der Grenzflächen beider Phasen besitzen.

Auch experimentell zeigen die Ergebnisse von Untersuchungen mit winkel-dispersiver Neutronenbeugung, daß mit steigendem Hartphasengehalt die Eigenspannung der Hartphasen in der Metallmatrix nachläßt (σ^{HP} = -670 MPa ± 160 MPa, f^{HP} = 40 %, d^{HP} = 40 μm im Gegensatz zu σ^{HP} = -1720 MPa ± 400 MPa, f^{HP} = 20 %, d^{HP} = 40 μm). Aus dem viel geringeren Unterschied der Mikrozugeigenspannungen in der Metallmatrix der Hartverbunde (σ^{MM} = 440 MPa ± 70 MPa, f^{HP} = 40 %, d^{HP} = 40 μm und σ^{MM} = 450 MPa ± 70 MPa, f^{HP} = 20 %, d^{HP} = 40 μm) kann zudem darauf geschlossen werden, daß in der Metallmatrix plastische Verformungen aufgetreten sind.

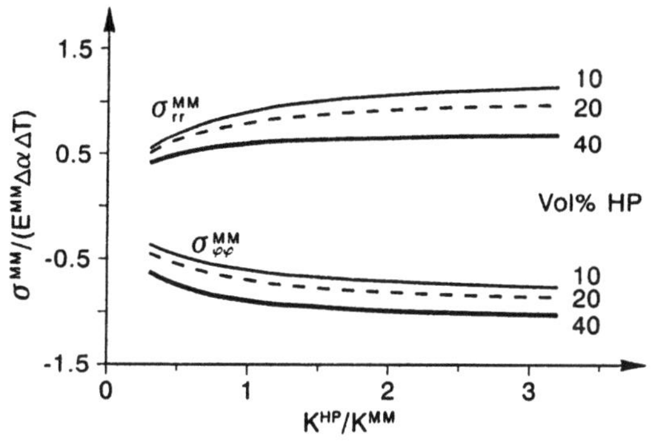

Bild A.4.5 Abhängigkeit der Mikroeigenspannungen in der Metallmatrix von Volumengehalt f^{HP} und physikalischen Eigen-schaften der kugelförmigen Hartphasen bei elastischem Ver-halten der Metallmatrix (*K* Kom-pressionsmodul)

A.4.3.5

Einfluß der physikalischen und mechanischen Eigenschaften der Gefüge-bestandteile

Elastisches Materialverhalten

Bei elastischem Verhalten hängt die Höhe der Mikroeigenspannungen im wesentlichen von der Differenz der thermischen Ausdehnungskoeffizienten von Hartphase und Metallmatrix ab. Das Verhältnis der Kompressionsmoduli K der Metallmatrix und der Hartphase besitzt nur geringen Einfluß auf die Höhe der Mikroeigenspannungen. Weil die Differenz der Wärmeausdehnungskoeffizienten von Metallmatrix und Hartphase als Faktor in die Spannungsberechnung eingeht, bestimmt sie bei elastischem Verhalten der Metallmatrix weitgehend die Höhe der auftretenden Abkühlspannungen (Bild A.4.5).

Elastisch-Plastisches Materialverhalten

Bei elastisch-plastischem Materialverhalten wird die Höhe der Abkühlspannungen innerhalb der Hartphase und der Metallmatrix durch die temperaturabhängige Fließgrenze der Metallmatrix begrenzt. Die Mikroeigenspannungen in Hartphasen und Metallmatrix sind daher umso höher, je höher die Warmfließgrenze der Metallmatrix und je größer die Differenz der Wärmeausdehnungskoeffizienten der Gefügebestandteile sind. Aufgrund der meist weniger als 1 % betragenden plastischen Dehnungen hat das Verfestigungsverhalten der Metallmatrix nur geringen Einfluß auf die Höhe der Mikroeigenspannungen.

Einfluß der thermischen Spannungsrelaxation

Bei erhöhten Temperaturen kann die Metallmatrix neben elastischem oder elastisch-plastischem auch ein zeitabhängiges Verhalten zeigen. FEM-Berechnungen auf der Basis von Materialdaten aus Spannungsrelaxationsversuchen sowie Mikroeigenspannungsanalysen mit Neutronenstrahlen, kalorimetrischen Messungen (Bild A.4.6) und Messungen der inneren Reibung zeigen, daß bei einer Abkühlung von 750 °C in Hartverbundwerkstoffen mit einer Metallmatrix aus austenitischem Stahl die thermischen Mikroeigenspannungen oberhalb von ca. 550 °C nahezu vollständig relaxieren. Erst unterhalb dieser Grenztemperatur beginnt der Aufbau der nach Abkühlung vorliegenden Mikroeigenspannung. Bei einer ferritischen Stahlmatrix liegt die Grenztemperatur aufgrund der geringeren Warmfließgrenze bei ca. 400 °C.

A.4.3.6

Einfluß chemischer Interaktionen

Neben den bisher beschriebenen Wechselwirkungen zwischen Metallmatrix und Hartphasen können auch chemische Wechselwirkungen den Mikroeigenspannungszustand beeinflussen, wenn z.B. freier Kohlenstoff aus den Hartphasen in die Metallmatrix diffundiert oder Diffusion der metallischen und nichtmetalli-

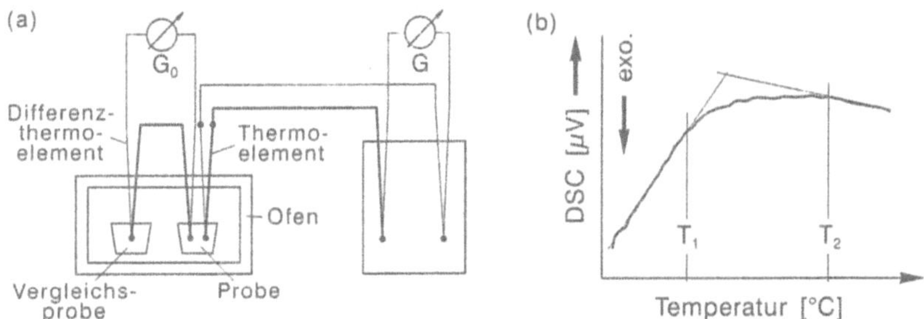

Bild A.4.6 Schematische Darstellung der Differentialkalorimetrie. (a) Funktionsweise: Anhand der Spannungsdifferenz der Thermoelemente von Referenzprobe und Hartverbundwerkstoff kann in mehreren Schritten die Temperaturdifferenz in Abhängigkeit von der Temperatur ermittelt werden (b) Auswertung: Die drei Bereiche ($T < T_1, T_1 < T < T_2, T > T_2$) weisen auf thermisch aktivierte Vorgänge hin. Aus den Meßdaten können Rückschlüsse auf den Zusammenhang zwischen Versetzungen und Mikroeigenspannungen gezogen werden

schen Anteile der Hartphasen entlang der Korngrenzen auftritt. Ist die Diffusion von Bestandteilen der Hartphasen in die Metallmatrix stärker als in umgekehrter Richtung, so können sich die Mikrodruckeigenspannungen in den Hartphasen deutlich verringern, bis hin zur Umkehrung des ursprünglichen Spannungszustandes, d.h. der Entstehung von Mikrodruckeigenspannungen in der Metallmatrix und Mikrozugeigenspannungen in den Hartphasen.

Eine Oxidation der Oberfläche von Hartverbunden kann zur Entstehung von Zugeigenspannungen in den Hartphasen führen [12].

A.4.3.7

Mikroeigenspannungen und Versetzungen

In den vorhergehenden Abschnitten wurde aus kontinuumsmechanischer Sicht die Reaktion der Metallmatrix auf die Entstehung thermischer Mikroeigenspannungen behandelt. Auf mikrostruktureller Ebene entspricht die dort beschriebene elastische Verformung einer elastischen Dehnung des Kristallgitters, während die plastische Verformung sich als Entstehung und Bewegung von Versetzungen darstellt. Dabei tritt die höchste plastische Verformung und damit die größte Versetzungsdichte am Übergang zur Hartphase auf (Bild A.4.7). Transmissionselektronenmikroskopische Messungen ergaben am Rand der NbC - Hartphasen in einem Modellwerkstoff mit $f^{HP} = 40\ \%$, $d^{HP} = 40\ \mu m$ eine Versetzungsdichte von $\approx 3 \cdot 10^{11}\ cm^{-2}$ gegenüber $4 \cdot 10^{10}\ cm^{-2}$ in ungestörten Bereichen der Metallmatrix. Die Versetzungsdichte und die Größe der plastisch verformten Bereiche nimmt mit steigendem Hartphasengehalt der Stückverbunde zu. Experimentell kann dies anhand der Messung der inneren Reibung in Torsionspendelversuchen und anhand einer Erhöhung des Ultraschallabsorptionskoeffizienten mit steigendem Hartphasengehalt nachgewiesen werden. Die Tor-

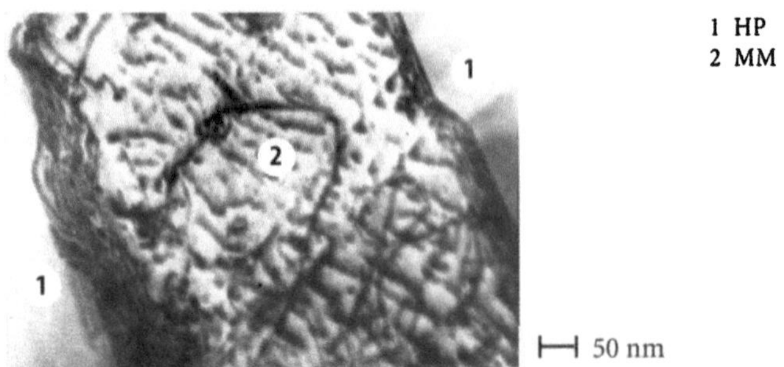

Bild A.4.7 Reaktion der Metallmatrix auf die Entstehung thermischer Mikroeigenspannungen: Die größte Versetzungsdichte ergibt sich am Rand der Hartphasen

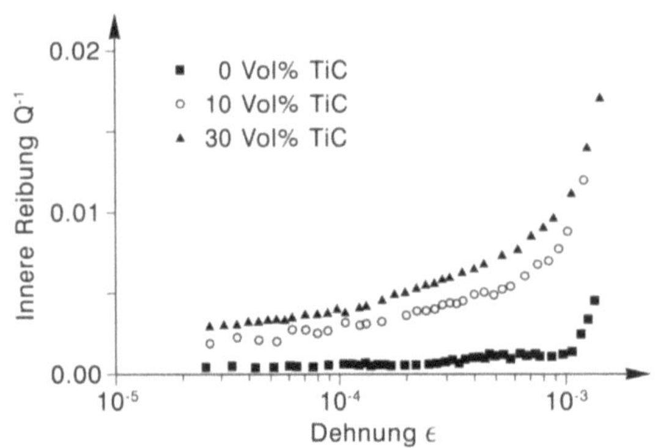

Bild A.4.8 Abhängigkeit der inneren Reibung in der Legierung FeCr17Ni13Mo2 (750 °C/4h/Wasser) vom TiC-Hartphasengehalt bei einer Temperatur von 600 °C

sionspendelversuche zeigen darüber hinaus, daß in den Hartverbundwerkstoffen die Aktivierung von Versetzungsquellen, d.h. mikroplastische Verformungen, bei erheblich geringeren äußeren Belastungen hervorgerufen werden als in einer reinen Metallmatrix (Bild A.4.8).

A.4.4

Auswirkungen einer Phasenumwandlung

In den bisherigen Abschnitten dieses Kapitels wurden Hartverbundwerkstoffe betrachtet, die im relevanten Temperaturbereich keine diffusionslose Phasenumwandlung erfahren. Dieses schließt alle technisch bedeutenden Hartphasenarten ein und umfaßt die Ni-Basislegierungen, die austenitischen und die ferritischen Stähle sowie viele Co-Basislegierungen als Matrixwerkstoffe.

In umwandelnden Fe-Basislegierungen tritt jedoch die martensitische Phasentransformation in dem, für die Mikroeigenspannungsentstehung relevanten Temperaturbereich auf, d.h. zwischen der Temperatur, bei der die Eigenspannungen nahezu vollständig relaxieren, und Raumtemperatur. Die martensitische

Umwandlung führt zu einer Volumenzunahme der metallischen Matrix. Die Volumenzunahme liegt im Bereich zwischen ca. 0.5 % bis 5 %, je nach Legierungs- und C- bzw. N-Gehalt (Bild B.4.1). Sie wirkt der thermisch bedingten Verringerung des Volumens entgegen, die je nach Gefügebestandteilen zwischen ca. 0.4 % und 2 % beträgt. Daher konkurrieren, hinsichtlich des Mikroeigenspannungszustandes bei Raumtemperatur, die thermisch bedingten und die umwandlungsbedingten Dehnungen. Bei einem Überwiegen der thermischen Dehnungen wird der Einfluß der umwandlungsbedingten Dehnungen nur zu einer Verringerung der Mikroeigenspannungen zwischen den Gefügebestandteilen, im Vergleich zu den bisherigen Betrachtungen umwandlungsfreier Stückverbunde, führen. Dagegen hat ein Überwiegen der umwandlungsbedingten Dehnungen zur Folge, daß bei Raumtemperatur Mikrodruckeigenspannungen in der Metallmatrix und Mikrozugeigenspannungen in den Hartphasen vorliegen. Ein derartiger Mikroeigenspannungszustand ist in Hinblick auf das Versagen des Stückverbundes ungünstig. Er tritt tendenziell dann auf, wenn der Unterschied der thermischen Ausdehnungskoeffizienten der Gefügebestandteile gering ist, z.B. in einem Stückverbund mit CrB_2-Hartphasen, oder wenn M_s hoch ist, bedingt durch den geringeren Wärmeausdehnungskoeffizienten des Martensits im Vergleich zum Wärmeausdehnungskoeffizienten des Austenit. Die Einstellung einer niedrigeren M_s-Temperatur bringt jedoch, wenn M_f unterhalb Raumtemperatur liegt, die Gefahr hoher Zugeigenspannungen im Restaustenit mit sich. Eine Verringerung der Mikroeigenspannungen infolge der martensitischen Umwandlung ist, auf Kosten der Härte der Metallmatrix, durch eine Anlaßbehandlung bei entsprechend hohen Temperaturen zu erwarten.

Insgesamt ist das Zusammenspiel der Einflußfaktoren auf den Mikroeigenspannungszustand in Stückverbunden mit einer umwandelnden Metallmatrix so komplex, daß im Einzelfall eine experimentelle Analyse des Eigenspannungszustandes erforderlich ist.

A.4.5

Zusammenfassung und Folgerungen

In Hartverbunden treten bei einer Abkühlung Mikroeigenspannungen aufgrund der unterschiedlichen physikalischen und chemischen Eigenschaften der Gefügebestandteile auf. In den Hartphasen herrscht im wesentlichen ein hydrostatischer Mikrodruckeigenspannungszustand. Berechnungen an Modellgefügen zeigen, daß in der Metallmatrix Mikrodruckeigenspannungen senkrecht zur Grenzfläche Metallmatrix-Hartphase und Mikrozugeigenspannungen in Umfangsrichtung auftreten. Dies wird durch experimentelle Untersuchungen bestätigt, die als Mittelwerte der Mikroeigenspannungen Mikrodruckeigenspannungen in den Hartphasen und Mikrozugeigenspannungen in der Metallmatrix aufzeigen. Die Höhe der Mikroeigenspannungen wird durch die Differenz der thermischen Ausdehnungskoeffizienten von Metallmatrix und Hartphase, von der Warmfließgrenze der Metallmatrix, der Hartphasenform, der Hartphasengröße, dem Hartphasenvolumengehalt und der Hartphasenverteilung bestimmt.

In Hinblick auf das Versagen von Stückverbunden ist zu erwarten, daß hohe Mikrodruckeigenspannungen in den Hartphasen einen Hartphasenbruch zu höheren Zuglastspannungen verschieben. Die damit untrennbar verbundenen höheren Eigenspannungen in der Metallmatrix führen aber dazu, daß das Mikrofließen der Metallmatrix bei geringeren Zuglastspannungen eintritt. Die für Hartverbunde abgeleiteten Zusammenhänge treffen sinngemäß auch für Hartlegierungen zu.

Die Autorin bedankt sich für die experimentelle Unterstützung bei Herrn Dr. C. Genzel und Herrn Prof. Dr. W. Reimers vom Hahn-Meitner-Institut Berlin GmbH, Herrn Dr. R. Kühnert, Institut für Mikromechanik, Chemnitz, Herrn M. Paul und Herrn Dr. G. Dobmann von der FhG IzfP Saarbrücken, Herrn Dr. V. Duz' und Herrn Prof. Dr. V. Gavriljuk vom Institut für Metallphysik, Kiev (Ukraine) sowie Herrn Dr. Yu. Ussov vom Institut für Experimentalphysik der Ruhr-Universität Bochum.

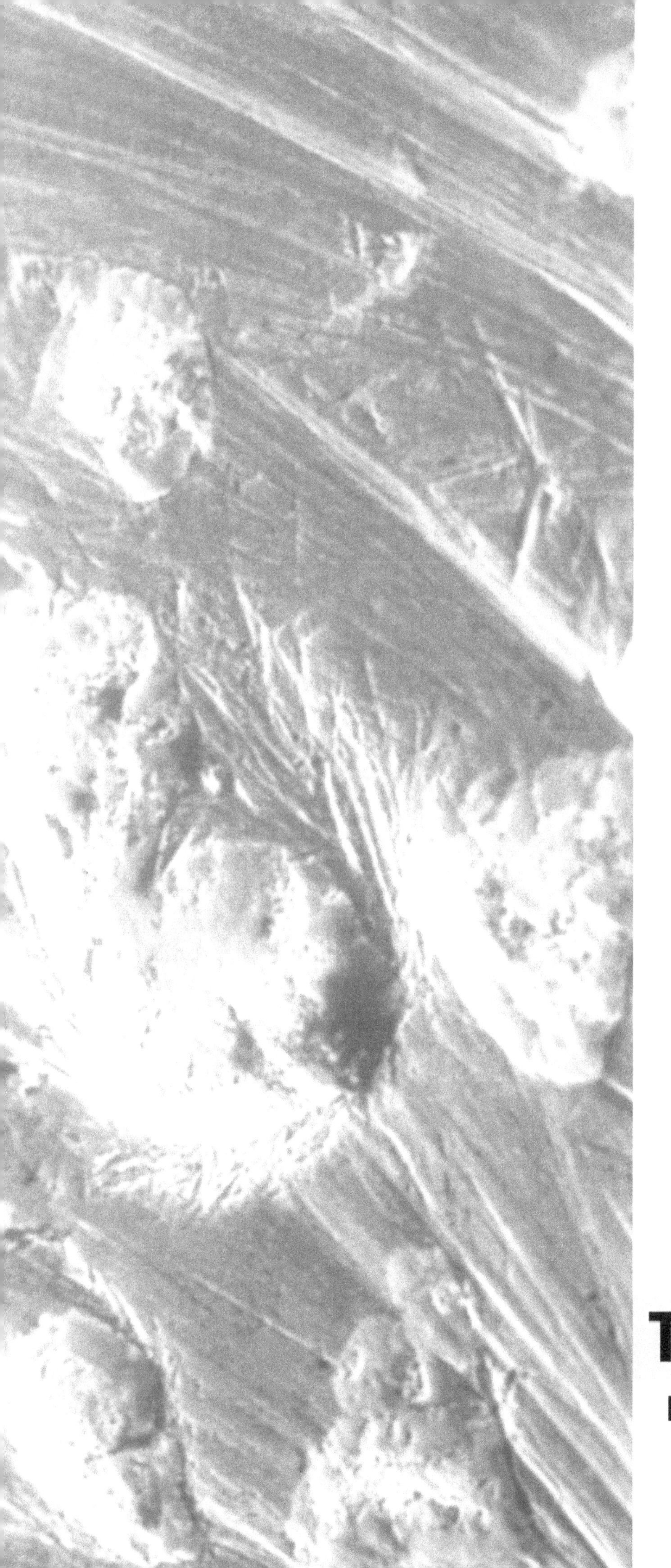

Teil B

Eigenschaften

Verschleißwiderstand

Der Grund für die Entwicklung der Hartlegierungen und später auch der Hartverbundwerkstoffe lag im Bedarf an verschleißbeständigeren Werkstoffen in der Gewinnung, Aufbereitung, Bewegung und Verarbeitung körniger mineralischer Güter. Der Verschleißwiderstand ist daher eine zentrale Eigenschaft dieser Werkstoffgruppe. Er hängt außer vom Werkstoffgefüge vom Verschleißsystem ab, das sich nach DIN 50320 aus den beteiligten Körpern, den umgebenden Medien, dem Beanspruchungskollektiv und der Temperatur ergibt. Daraus folgt, daß sich die vergleichende Untersuchung verschleißbeständiger Werkstoffe auf wenige, praxisrelevante Verschleißarten beschränken muß.

Im häufigsten Fall werden harte Körner gegen eine Werkstückoberfläche gedrückt und relativ zu ihr bewegt. In den Beispielen des Bildes B.1.1 steigt die Anpreßkraft mit der Schütthöhe (a), mit dem Zusammenhalt in der Schüttung (b) oder sie wird durch einen Gegenkörper ausgeübt (c). Die wirkende Gesamtkraft F läßt sich in einen Normalkraftanteil F_n senkrecht zur Werkstückoberfläche und in einen Tangentialkraftanteil F_t in der Oberfläche zerlegen. Sind die Körner in der Grenzschicht zum Werkstück fest eingespannt, so können sie Furchen erzeugen. Haben sie die Freiheit abzurollen, so werden sie eine Spur aus einzelnen Eindrücken hinterlassen (Bild B.1.2). Als Modellversuch zur Nachahmung des ersten Falles eignet sich der Furchungsverschleißversuch, bei dem eine Probe über Schleifpapier mit gebundenen abrasiven Körnern geführt wird (Bild B.1.3). Eine Mischung aus Furchen und Abrollen stellt sich dagegen beim Korngleitverschleißversuch ein, wo sich die Stirnfläche eines Ringes gegen eine

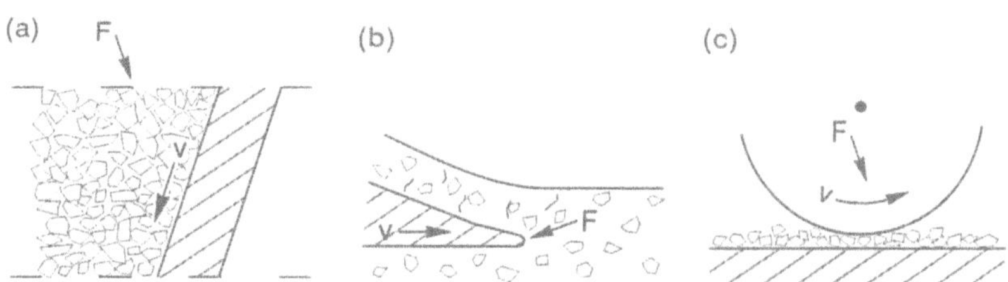

Bild B.1.1 Verschleißsysteme mit Abrasion, **(a)** Bunkerwand, **(b)** Baggerzahn, **(c)** Laufrad

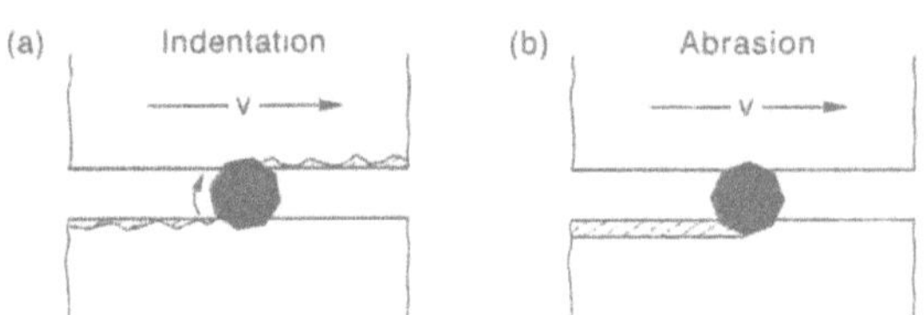

Bild B.1.2 Beanspruchung durch körnigen Zwischenstoff, **(a)** Eindrücke durch Abrollen loser Körner, **(b)** Furchen durch eingespannte Körner

Scheibe dreht und abrasive Körner eine Zwischenschicht bilden (Bild B.1.4). Durch das Abrollen wird der Verschleiß gemindert, so daß unter vergleichbaren Bedingungen die Verschleißrate W_{KG} deutlich unter W_F liegt. Es ist daher wichtig, über den integralen Verschleiß hinaus, die Einzelereignisse in der Werkstückoberfläche zu analysieren, um eine Vorstellung über die Mikromechanismen bei der Interaktion von abrasiven Körnern mit den Gefügebestandteilen zu gewinnen.

Im ersten Teil dieses Kapitels werden daher zunächst Einzelereignisse dokumentiert und zur Ableitung einfacher Regeln genutzt. Daran schließt sich die Darstellung des Furchungs- bzw. des Korngleitverschleißes bei Raumtemperatur an. Es folgt ein Ausblick auf andere Verschleißarten. Sie zeichnen sich durch eine höhere Geschwindigkeit der Abrasivteilchen aus. Wir unterscheiden die Erosion durch das Strömen partikelbeladener Gase oder Flüssigkeiten und den Strahl- und Stoßverschleiß durch das Auftreffen gröberer Teilchen. Der zweite Teil dieses Kapitels ist dem Einfluß der Temperatur gewidmet. Es geht um Warmverschleiß, wie er bei der Verarbeitung heißer Güter z.B. in der Hüttenindustrie auftritt. Dazu werden Ritzversuche und Korngleitverschleißversuche in inerter Umgebung bei Temperaturen bis zu 1000 °C ausgewertet. Durch die inerte Umgebung läßt sich ein Abtrag durch Oxidation unterdrücken. Der Einfluß eines chemischen Angriffs auf Hartlegierungen und -verbundwerkstoffe wird unter Naß- und Hochtemperaturkorrosion in Kap. B.3 diskutiert.

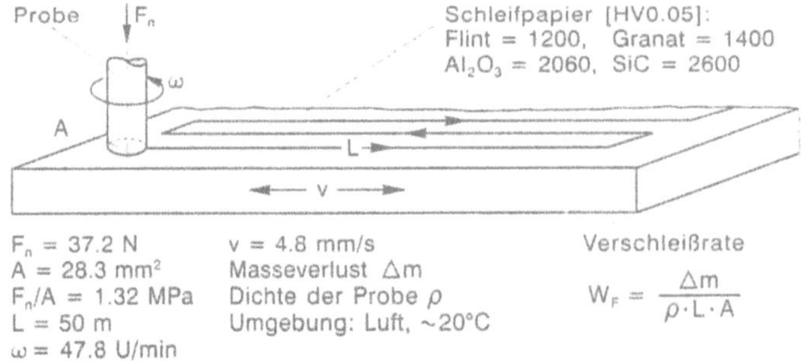

Bild B.1.3 Furchungsverschleißversuch

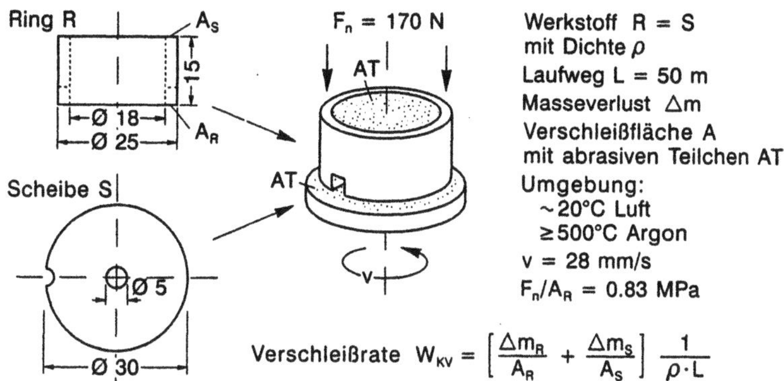

$$\text{Verschleißrate}\quad W_{KV} = \left[\frac{\Delta m_R}{A_R} + \frac{\Delta m_S}{A_S}\right] \frac{1}{\rho \cdot L}$$

Bild B.1.4 Korngleitverschleißversuch, soweit nicht anders angegeben AT = 80 µm Flint

Die Beschränkung auf definierte Verschleißsysteme ermöglicht die Untersuchung des Werkstoffeinflusses. Von Interesse ist die Wirkung der Hartphasen (HP) und die Stützwirkung der Metallmatrix (MM) bei Verschleiß durch ein Abrasiv (AB). Es gilt zu klären, welchen Einfluß Menge, Größe, Struktur und Verteilung der Phasen im Gefüge ausüben, das nach Kap. A.1 durch das Herstellverfahren bedingt ist und das in Kap. A.2 beschrieben wird. Dazu werden auch die in Kap. A.3 vorgestellten Eigenschaften der einzelnen Phasen herangezogen. Im Laufe der Jahre wurden rund 300 Hartlegierungen und -verbundwerkstoffe einer quantitativen Gefügeanalyse unterzogen und im Verschleißversuch geprüft. Das Verschleißverhalten dieser Fe-, Ni- und Co-Werkstoffe mit eingelagerten Karbiden, Boriden oder Nitriden wird im folgenden anhand von Einzelbeispielen oder übergreifend dargestellt.

B.1.1
Verschleiß bei Raumtemperatur
HANS BERNS

B.1.1.1
Furchungsverschleiß

Bei dem in Bild B.1.3 skizzierten Versuch lassen sich Art und Körnung des Abrasivs und die Normalkraft variieren. Die Mehrzahl der Versuche wurde mit Flint durchgeführt, dessen Härte in der Regel zwischen der der Matrix und der Hartphasen liegt (Bild A.2.1). Überwiegend kam 80er und 220er Siebkörnung zum Einsatz, deren mittlere Korngröße 180 bzw. 67 µm beträgt.

Die Messung des Masseverlustes Δm beginnt nach einem kurzen Einlaufvorgang. Wählt man dagegen eine polierte Probe und führt sie nur wenige Zentimeter über das Schleifpapier, so lassen sich anschließend im Rasterelektronenmikroskop Einzelfurchen betrachten.

Einzelfurchung

Die Auswertung einer Vielzahl einzelner Furchen in unterschiedlichen Werkstoffen führt zu folgenden Aussagen und Grundregeln:

(a) Eine Furche weist auf den Verschleißmechanismus der Abrasion hin. Häufig sind ihre Mikromechanismen zu erkennen, die nach [B.1.1] als Mikropflügen, Mikrospanen und Mikrobrechen bezeichnet werden (Bild B.1.5). Mikroermüden ist erst nach Mehrfachfurchung zu erwarten. Je kleiner örtlich der Furchenquerschnitt, umso geringer ist der Abtrag in der betreffenden Phase. Das gleiche gilt auch für einen steigenden Anteil an Mikropflügen gegenüber Mikrospanen ($f_{ab} \rightarrow 0$, s. Bild A.3.12). Durch Mikrobrechen wird ein Abtrag erzeugt, der über den örtlichen Furchenquerschnitt hinausgeht.

(b) Beim Mikrofurchen entfaltet eine Hartphase dann ihre volle Schutzwirkung, wenn sie härter als das angreifende Abrasiv ist und nicht von ihm gefurcht werden kann (Bild B.1.6). Für die Mikrohärte H in HV wird als Faustformel $H_{HP} = 1.2 \cdot H_{AB}$ vorgeschlagen.

(c) Mikrobrechen tritt bevorzugt an Hartphasen auf. Beim Kontakt zwischen einer Hartphase und einem Abrasivkorn kommt es daher auch auf die Bruchzähigkeit an. Ist $K_{IcHP} > K_{IcAB}$, so kann ein Abbrechen der Abrasivkornspitze erwartet werden, bevor die Hartphase ausbricht. Von Hartphasen mit hoher Härte und Zähigkeit wie z.B. eutektisches Wolframschmelzkarbid WC/W_2C (s. Bild A.2.17c,d) geht deshalb eine besonders große Schutzwirkung aus (vgl. Bild A.3.8 und B.1.13).

(d) Hartphasen, die viel kleiner sind als der Furchungsquerschnitt in der Matrix, werden mit dem Span abgeführt und üben nicht die optimale Schutzwirkung aus (Bild A.1.7a) . Um sie zu erreichen, sollte die Hartphase den Furchenquerschnitt überdecken und eine querliegende Barriere bilden (Bild B.1.6). Da der mittlere Furchenquerschnitt von Systemgrößen abhängt, gibt es keine allgemeingültige Mindestgröße für die Hartphasen. Bezüglich ihrer Maximalgröße ist Zurückhaltung angebracht, da mit der HP-Größe eine Zunahme von Mikrobrechen zu beobachten ist.

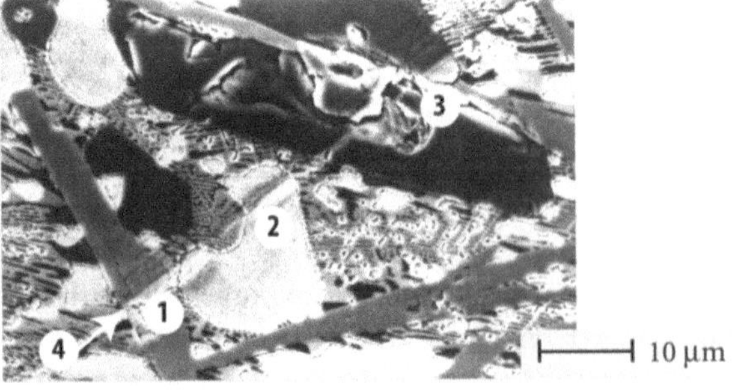

Bild B.1.5 Mikromechanismen der Abrasion bei Einzelfurchung einer Hartlegierung

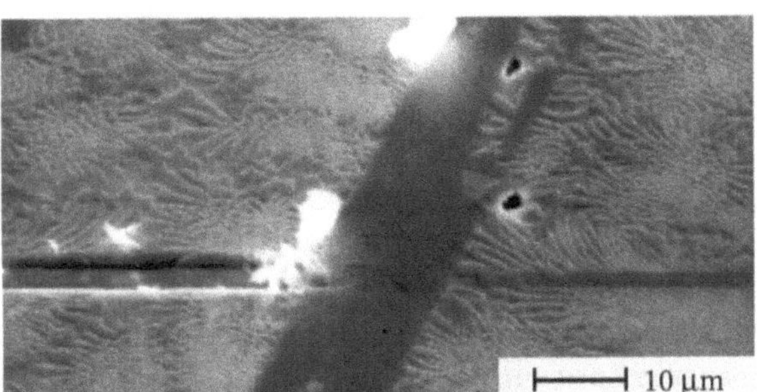

Bild B.1.6 Ritzspur nach Einzelfurchung, M$_2$B wird vom weicheren Granat nicht geritzt

(e) Nachdem das furchende Abrasivkorn durch eine HP-Barriere aus dem Eingriff gehoben wurde, taucht es mit weiterer Relativbewegung allmählich wieder in die weichere Matrix ein. Eine homogene Dispersion von wirksamen, d.h. ausreichend großen und harten Hartphasen führt zu einer geringeren Matrixweglänge als eine netzförmige Anordnung, die der weicheren Matrix weniger Schutz bietet und daher bei gleichem HP-Volumengehalt mehr Abtrag zuläßt (Bild A.1.7c).

(f) Bei gegebener Größe und Verteilung wirksamer Hartphasen verkürzt ihr steigender Volumengehalt die Matrixweglänge und senkt den Abtrag durch Mikrospanen. Bei Überschreiten eines optimalen HP-Gehaltes nimmt aber der Verschleiß durch Mikrobrechen wieder zu (Bild B.1.5).

(g) Die Matrix ist in der Regel weicher als das Abrasiv und wird von ihm gefurcht. Der Furchenquerschnitt und damit der Abtrag gehen mit zunehmender Matrixhärte zurück, der f_{ab}-Wert steigt jedoch. An Schrägschliffen durch einzelne Furchen ist eine verformte und kaltverfestigte Zone nachzuweisen. In gehärteter Fe-Basis wird z.T. eine verformungsinduzierte Umwandlung von Restaustenit zu Martensit beobachtet. Nach Vielfachfurchen ist daher von einer verfestigten Randschicht auszugehen, deren Verschleißwiderstand maßgeblich ist [B.1.2].

(h) Der mit abnehmender Matrixhärte (wie auch mit steigender Temperatur) wachsende Furchenquerschnitt verlangt nach gröberen Hartphasen (siehe d). Sie brechen jedoch umso leichter, je geringer die Fließgrenze der Matrix. Deren Stützwirkung läßt nach.

(i) Die in Abschn. A.3.1.2 beschriebenen Ritzversuche weisen darauf hin, daß das seitliche Auftreffen eines härteren Indenters auf die Hartphase in Ritzrichtung umso eher zu Mikrobrechen führt als durch eine weiche Matrix die Auftrefffläche vergrößert ist. Es kommt zu einem schlagartigen Anstieg von F_t, der vermutlich mit einem höheren hydrostatischen Spannungszustand verbunden ist als er sich beim weiteren Furchen der Hartphase einstellt, wo $F_t < F_n$. Eine niedrige, sprich negative hydrostatische Spannung ist die Voraussetzung für duktiles Verhalten spröder Stoffe (Bild A.3.7).

Integraler Verschleiß

Nach einem unter abgestimmter Drehung der Probe zurückgelegten Verschleißweg von L = 50 m hat sich ein Masseverlust eingestellt, der zur Berechnung der dimensionslosen Verschleißrate W_F bzw. des Verschleißwiderstandes W_F^{-1} dient. Aus diesem nach vielfacher Furchung ermittelten Verschleißkennwert lassen sich folgende Erkenntnisse ableiten:

(a) Mit abnehmender Abrasivkorngröße wird die Last F auf eine größere Zahl von Partikeln verteilt. Die auf ein Korn wirkende Normalkraft F_n geht zurück, die Furchen in der Matrix werden schmaler. Dadurch erreichen die Hartphasen ihre wirksame Größe (s. Einzelfurchung d) und sind weniger anfällig gegen Mikrobrechen. Beides wirkt sich in einer Zunahme des Verschleißwiderstandes aus (Bild B.1.7).

(b) Die Bedeutung der Abrasivhärte H_{AB} geht aus Bild B.1.8 hervor. Es zeigt den Verschleißwiderstand von auftraggeschweißten Fe-Basis-Hartlegierungen über der Werkstoffhärte H_W. Sie steigt mit der Matrixhärte H_{MM} und dem Volumenanteil an Hartphasen. Unter ihnen befinden sich Karbide und Boride mit einer Härte H_{HP} zwischen 1400 und 2000 HV, d.h. zwischen Granat und Korund. Der Verschleißwiderstand gegen Al_2O_3 und SiC bleibt trotz steigender Werkstoffhärte in der Tieflage weil $H_{AB} > H_{HP} > H_{MM}$. Gegen SiC nimmt das Mikrobrechen mit H_W zu. Gegenüber Flint und Granat schnellt W_F^{-1} um ein bis zwei Größenordnungen in die Hochlage, weil $H_{HP} > H_{AB} > H_{MM}$. Für einige übereutektische Legierungen höchster Härte gilt sogar $H_{HP} > H_W > H_{AB}$.

(c) Nach Bild B.1.9 beginnt der Steilanstieg von W_F^{-1} bei einem bestimmten Verhältnis von H_W zu H_{AB}. Mißt man den Verschleißwiderstand unterschiedlich harter Werkstoffe gegen Abrasive unterschiedlicher Härte, so beginnt der Anstieg von W_F^{-1} in Richtung Hochlage bei einem Mindestverhältnis $(H_W/H_{AB})_m$, das von der Werkstoffgruppe abhängt (Bild B.1.9a). Aufgrund ihrer hohen Duktilität kommt es in der Randschicht von Vergütungsstählen

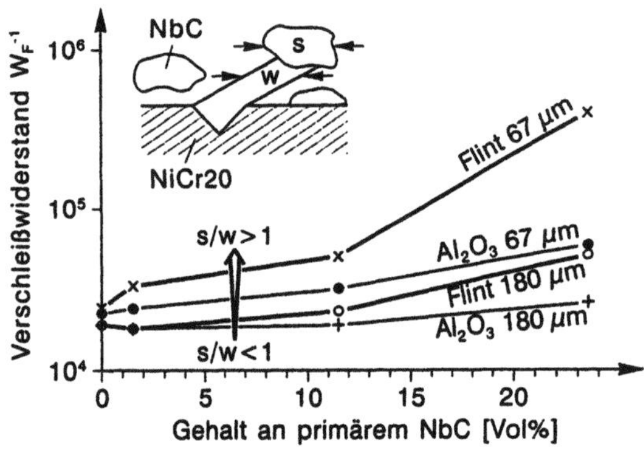

Bild B.1.7 Widerstand gegen Furchungsverschleiß W_F^{-1} in Abhängigkeit vom Gehalt an primären NbC-Karbiden in einer NiCr-Matrix. Die Härte steigt in der Reihenfolge Matrix-Flint-Al_2O_3-NbC. Bei groben abrasiven Teilchen ist das Verhältnis von NbC-Größe s zur Furchenbreite in der Matrix w zu gering und das NbC kaum wirksam

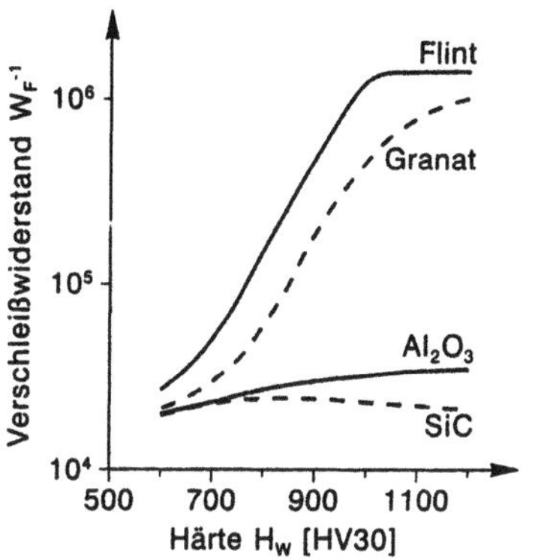

Bild B.1.8 Widerstand gegen Furchungsverschleiß W_F^{-1} in Abhängigkeit von der Werkstoffhärte. Übergang von der Tief- zur Hochlage für Werkstoffe mit Hartphasen, die härter als Flint und Granat, aber weicher als Al$_2$O$_3$ und SiC sind

ohne grobe Hartphasen zu verstärktem Mikropflügen ($f_{ab}\downarrow$) und zur Kaltverfestigung, so daß der Anstieg von W_F^{-1} bereits bei $(H_W/H_{AB})_m \approx 0.4$ beginnt. In naheutektischen weißen Gußeisen steigt $(H_W/H_{AB})_m$ bis auf 0.7. Darin kommt die versprödende Wirkung eutektischer Hartphasen zum Ausdruck, die Mikrospanen ($f_{ab}\uparrow$) und Mikrobrechen auslösen. Die eutektischen HP sind unterhalb vom Mindestverhältnis kleiner als die Furchenbreite und damit wenig wirksam. Für pulvermetallurgisch hergestellte Hartverbundwerkstoffe mit ausreichend groben harten und daher wirksamen Hartphasen stellt sich dagegen $(H_W/H_{AB})_m < 0.4$ ein (Bild B.1.9b). Es liegt bei einer gehärteten und bei 200 °C angelassenen Stahlmatrix > 0.7 und fällt durch Einbetten von Chromboriden auf 0.3. Die Erhöhung der Duktilität durch den Wechsel zu einer

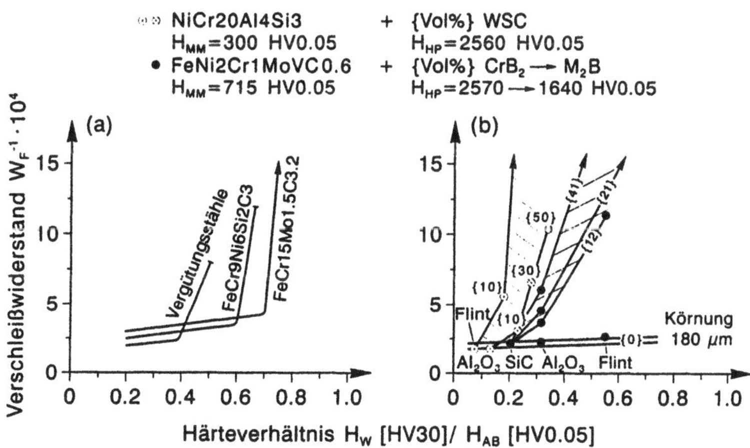

Bild B.1.9 Beginn des Übergangs von der Tief- zur Hochlage des Verschleißwiderstandes W_F^{-1} in Abhängigkeit vom Verhältnis aus Werkstoff- und Abrasivhärte H_W/H_{AB}, **(a)** Vergütungsstähle und naheutektische Gußeisen, **(b)** Hartverbundwerkstoffe auf Nickelbasis mit Wolframschmelzkarbiden (WSC, 70 μm) und auf Eisenbasis mit Chromboriden (60 bis 70 μm)

zäheren Nickelbasis mit zäheren Wolframschmelzkarbiden (WSC, Bild A.3.9) senkt das Mindestverhältnis auf 0.2. Darin spiegelt sich eine Abnahme des Mikrobrechens, d.h. der Übergang von spröder zu duktiler Abrasion.

(d) Nach der Mischungsregel läßt sich aus der Mikrohärte H_i, einer Phase i und ihrem Volumenanteil f_i eine Mischhärte $\overline{H} = \Sigma\, H_i \cdot f_i$ ableiten. Geht man von der Matrixhärte H_{MMF} in der gefurchten Oberfläche aus, so ergibt sich nach [B.1.3] für martensitische weiße Gußeisen ein Anstieg von W_F^{-1} über $\overline{H}$ (Bild B.1.10). Da der Effekt einer Restaustenitumwandlung (s. (h)) in H_{MMF} eingeht, ist die Streuung überwiegend auf Größe, Form und Verteilung der Hartphasen zurückzuführen.

(e) Der Hartphaseneinfluß geht auch aus Bild B.1.11 hervor, dem eine Großzahl untersuchter Werkstoffe zugrunde liegt. Die primär ausgeschiedenen HP der Hartlegierungen und die eingebetteten HP der PM-HIP-Hartverbundwerkstoffe erfüllen das Kriterium $H_{HP} \geq 1.2\ H_{AB}$, die eutektischen HP nur zum Teil. Die eingebetteten und die Mehrzahl der primären HP sind größer als die Furchenbreite im vorliegenden System und daher besonders wirksam. Die eutektischen HP sind in der Regel zu klein und bewirken durch ihre netz- bzw. gerüstartige Anordnung (Bilder A.1.4, A.2.13) eine Verschiebung zu spröder Abrasion. Bezogen auf einen gegebenen HP-Gehalt schneiden die Erstarrungsgefüge der Guß- und Auftragschweißlegierungen beim Verschleißwiderstand schlechter ab als die PM-Dispersiongefüge der Hartverbundwerkstoffe mit groben Hartphasen (s.a. Bild A.1.6g), die unter Beachtung von Bild A.1.5 als „zähe" Dispersion hergestellt wurden. Die Karbiddispersion im geschmiedeten Stabstahl nimmt eine entsprechend günstige Position ein. Innerhalb der einzelnen Felder von Bild B.1.11 schwankt der Verschleißwiderstand durch Unterschiede in der Matrixhärte und bei den Erstarrungsgefügen auch durch die HP-Morphologie und den Gehalt an Restaustenit.

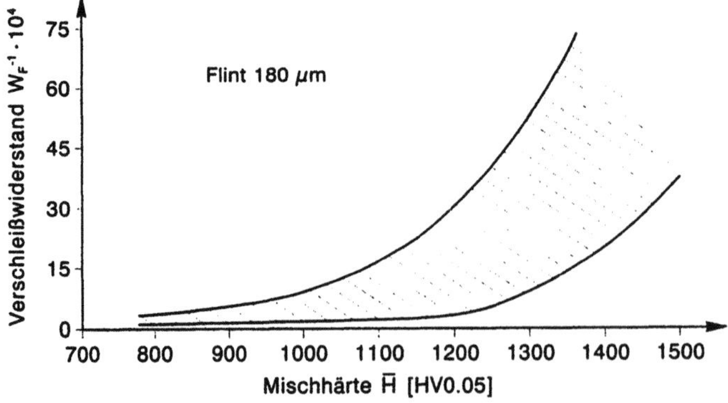

Bild B.1.10 Widerstand gegen Furchungsverschleiß W_F^{-1} in Abhängigkeit von der Mischhärte $\overline{H} = \Sigma H_i \cdot f_i$ der verschlissenen Oberfläche (H_i, f_i Härte, Menge der Phasen i), [B 1.3]

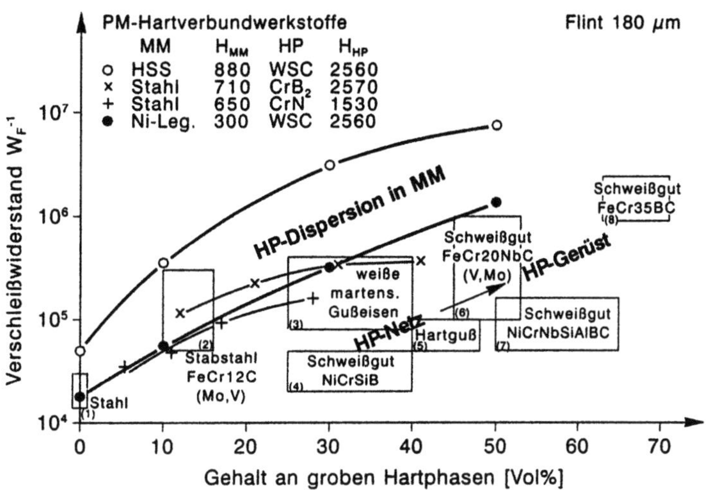

Bild B.1.11 Widerstand gegen Furchungsverschleiß W_F^{-1} durch Flint in Abhängigkeit vom Hartphasengehalt, unter- bis übereutektische Hartlegierungen mit netz- bis gerüstartiger Verteilung der Hartphasen im Vergleich zu Hartverbundwerkstoffen mit einer Dispersion grober Hartphasen (60 bis 70 µm)

(f) Für eine Dispersion von wirksamen Hartphasen (grobe Wolframschmelzkarbide WSC) in einer duktilen Nickelbasis bzw. einer harten Matrix aus Schnellarbeitsstahl steigt der Verschleißwiderstand W_F^{-1} mit dem HP-Gehalt und der Matrixhärte, u.z. gegen Flint deutlicher als gegen Al_2O_3 (Bild B.1.12). Durch Zugabe von 50 Vol% HP ergibt sich z.B. für die Nickelbasis die niedrigste Steigerung (Faktor 5) gegen Al_2O_3 180 µm und die höchste (Fak-

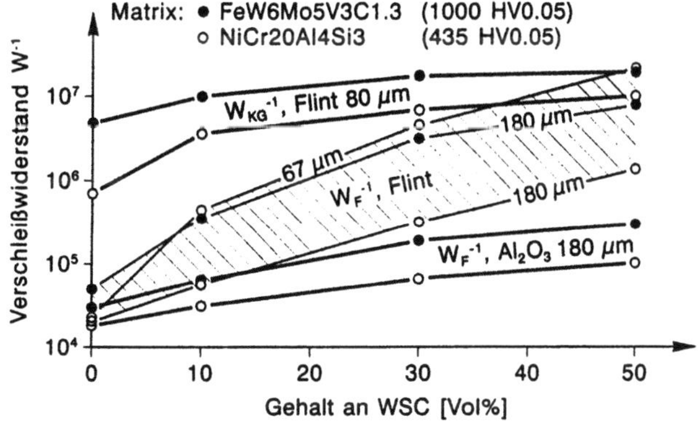

Bild B.1.12 Widerstand gegen Furchungsverschleiß W_F^{-1} und Korngleitverschleiß W_{KG}^{-1} in Abhängigkeit vom Gehalt an Wolframschmelzkarbid (WSC, 70 µm) der Hartverbundwerkstoffe mit einer Matrix aus Schnellarbeitsstahl oder Nickellegierung

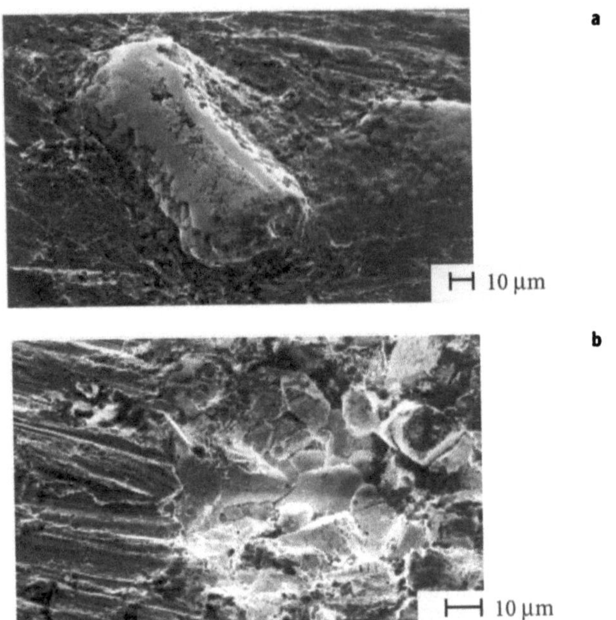

Bild B.1.13 Einfluß der Bruchzähigkeit von Hartphasen in Hartverbundwerkstoffen auf den Widerstand gegen Furchungsverschleiß W_F^{-1} durch 180 μm Flint, **(a)** zähes Wolframschmelzkarbidteilchen in NiCr20-Matrix hält stand, $W_F^{-1} = 3.1 \cdot 10^4$, **(b)** sprödes agglomeriertes WC-Teilchen in NiCr20-Matrix bricht aus, $W_F^{-1} = 2 \cdot 10^4$

tor 1000) gegen Flint 67 μm (s.a. (a)). Ersetzt man die WSC durch sprödere WC-Teilchen, so fällt der Verschleißwiderstand, weil es zum Ausbrechen der Hartphasen kommt (Bild B.1.13). Nach Bild A.3.8 liegt die Bruchzähigkeit von WSC über der anderer Hartphasen und Abrasive. Sie bleibt für WC unmeßbar niedrig, weil herstellbedingte Poren zum vorzeitigen Zerbrechen der groben agglomerierten Teilchen führten.

(g) Die Matrix wird durch das Furchen plastisch verformt und verfestigt, so daß ihre Härte steigt (Bild B.1.14a). Das Verhältnis der Metallmatrixhärte nach dem Furchen zur Werkstoffhärte davor H_{MMF}/H_W ist für einen ferritischen Stahl mit ≈ 1.5 am geringsten und für Manganhartstahl sowie austenitisch gehärteten Kaltarbeitsstahl mit ≈ 3 am höchsten. Die erreichte Matrixhärte in der Verschleißfläche H_{MMF} beruht auf Verfestigung und Umwandlung. Zur Beurteilung der Verfestigung ist in Bild B.1.14b der Verfestigungsexponent n aus der Fließkurve über der Formänderung φ aufgetragen. Es zeigt sich, daß n nicht konstant sondern eine Funktion von φ ist. Der niedrige n-Wert des krz ferritischen Stahles FeCr17 paßt zum geringen Härteverhältnis von FeCr11. Die Ausgangsversetzungsdichte und Stapelfehlerenergie der krz Stähle liegen über denen der kfz Werkstoffe. Erstere verfestigen daher weniger als letztere, bei denen n mit der Versetzungsdichte auf einen Sättigungs-

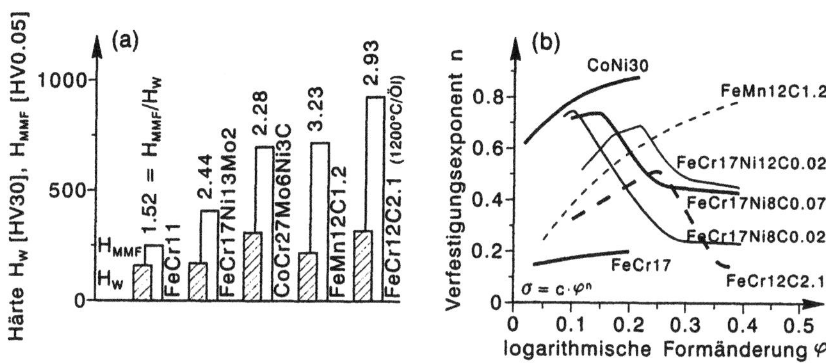

Bild B.1.14 Verfestigung der Oberfläche durch Furchungsverschleiß nach Bild B.1.3, 180 µm Flint, **(a)** Verhältnis von Matrixhärte nach, zur Werkstoffhärte vor dem Furchen H_{MMF}/H_W, **(b)** Verfestigungsexponent n in Abhängigkeit von der Formänderung

wert ansteigt (s. FeMn12C1.2 und CoNi30). Diese beiden kfz Werkstoffe verfestigen durch die Aufspaltung von Versetzung in besonderem Maße, was auch durch die Nähe der FeMn-Legierungen zu hexagonalem ε-Martensit und der Co-Legierungen zu hexagonalem Co zum Ausdruck kommt.

Die Stähle mit instabilem Austenitgefüge FeCr17Ni8C0.02 und FeCr12C2.1 zeigen zunächst einen Anstieg von n wie bei den vorgenannten kfz Werkstoffen. Mit zunehmender Umwandlung zu krz Martensit sinkt n auf das niedrigere Niveau der krz Stähle ab [B.1.4]. Die damit verbundene Härtesteigerung fällt wegen des viel höheren Gehaltes an gelöstem Kohlenstoff für den Stahl FeCr12C2.1 deutlich höher aus. Bei den stabileren austenitischen Stählen FeCr17Ni8C0.07 und FeCr17Ni12C0.02 pendelt sich n auf ungefähr die doppelte Höhe der ferritischen Stähle ein.

In der verschlissenen Oberfläche liegt die Formänderung um rund eine Größenordnung über der des Bildes B.1.14b, so daß der in Teilbild a wirkende Verfestigungsexponent nicht bekannt ist. Er wird auch vom Mehrachsigkeitsgrad des Spannungszustandes beeinflußt und sinkt durch eine Temperaturerhöhung, die sich mit steigender Formänderungsgeschwindigkeit einstellt. Die Untersuchung verdeutlicht, daß der Verschleiß in einer durch den Verschleiß aufgehärteten Randschicht stattfindet.

(h) In martensitischen weißen Gußeisen und ledeburitischen Stählen treten in der Regel größere Mengen an kohlenstoffreichem Restaustenit RA auf. Abhängig von seinem Legierungsgehalt und der Furchungsverformung wandelt ein Teil zu hartem Martensit um. Dabei bilden sich in der verschlissenen Randschicht Druckeigenspannungen aus, die der Versprödung durch den nichtangelassenen Verformungsmartensit entgegenwirken. Eine Restaustenitumwandlung durch Tiefkühlen bringt diesen Vorteil nicht und führt zu mehr Mikrobrechen. Der Verschleißwiderstand steigt mit dem Gehalt an

Tabelle B.1.1 Verschleißwiderstand von Schmiedestahl FeCr12C2.1 gegen Flint 180 μm in Abhängigkeit von der Wärmebehandlung

Härtetemperatur [°C]	950	1100	1100
Abkühlen auf [°C]	20	-196	20
Anlaßtemperatur [°C]	220	200	200
Härte[a] vor [HV30]	770	770	770
nach [HV0,025]	1200	1250	1050
Restaustenitgehalt[a] [Vol%]			
vor	7	28	76
nach	0	16	49
umgewandelt	7	12	27
Verschleißwiderstand $W_F^{-1} \cdot 10^4$	4,5	6,9	22

a Vor und nach Furchungsverschleiß.

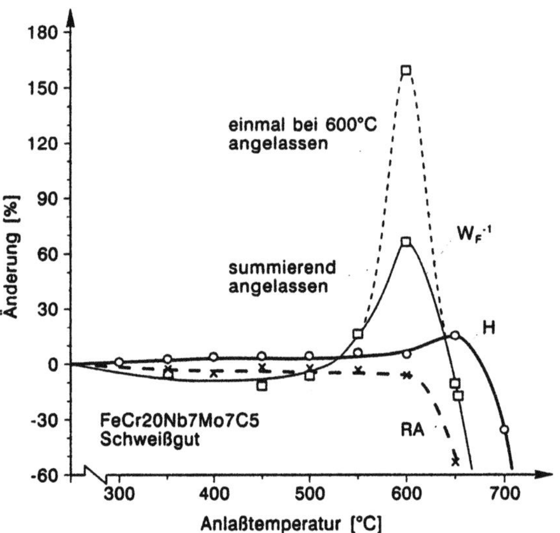

Bild B.1.15 Einfluß des Anlassens auf die Eigenschaften einer übereutektischen Hartlegierung für die Auftragschweißung, NbC- und M_7C_3-Karbide in einer Matrix aus Restaustenit und Martensit. Bei 600 °C wird der Restaustenit RA durch Ausscheidung von Karbid soweit destabilisiert, daß in der Verschleißfläche die größte Menge zu Martensit umwandelt und der Verschleißwiderstand W_F^{-1} ein Maximum erreicht. Die Werkstoffhärte H_W bleibt unverändert

umgewandeltem Restaustenit (Tabelle B.1.1). Durch Anlassen kann die Stabilität des Restaustenits so beeinflußt werden, daß ein möglichst großer Teil umwandelt (Bild B.1.15).

B.1.1.2

Korngleitverschleiß

Der in Bild B.1.4 dargestellte Versuch erlaubt eine Variation der Normalkraft wie auch der Art und Körnung des Abrasivs. Überwiegend wurde mit Flint gearbeitet, dessen mittlere Körngröße von 80 µm nur knapp halb so groß ist wie beim Furchungsverschleißversuch. Vorversuche ergaben, daß eine gegenüber dem Furchungsverschleißversuch geringere Flächenpressung den Eintrag von Abrasivteilchen in die Kontaktfläche verbessert. Nach einem Laufweg von wenigen Zentimetern lassen sich die Spuren einzelner Kontakte in der Probenoberfläche beobachten. Nach einem Laufweg von 50 Meter wird die Verschleißrate W_{KG} bzw. der Verschleißwiderstand W_{KG}^{-1} aus dem Masseverlust von Ring und Scheibe errechnet.

Einzelkontakt

In der polierten Oberfläche einer gehärteten FeCr-Legierung mit $\approx$ 15 Vol% an eutektischen Karbiden werden nach einer Umdrehung, die Spuren der Flintteilchen erkennbar. Bild B.1.16a deutet darauf hin, daß die Bahn eines Flintteilchens durch Eindrücke und Furchen in der Metallmatrix markiert wird. Die härteren M_7C_3-Karbide bleiben unversehrt. Zum Teil stecken abgebrochene Flintspitzen in den Eindrücken (Bild B.1.16b). Es finden sich Bereiche, in denen mehr Abrasion oder mehr Indentation vorliegt (Bild B.1.16c, d). Durch diese Spuren von Einzelkontakten wird die schematische Darstellung in Bild B.1.2 gestützt.

Integraler Verschleiß

Das Abrasiv fließt aus einem Reservoir in der hohlen Antriebsstange durch die Schlitze im Ring von innen nach außen und wird dabei zum Teil in die Kontaktfläche eingetragen. Dort verweilt es, vermutlich über einen längeren Weg als im überdeckungsfrei gefahrenen Furchungsverschleißversuch gegenüber dem die Flächenpressung um 37 % niedriger gewählt wurde. Die Ergebnisse des Korngleitverschleißversuches führen zu folgenden Erkenntnissen.

(a) Der Verschleißwiderstand steigt mit der Werkstoffhärte zunächst steil an und flacht oberhalb von $H_W \approx$ 300 HV30 deutlich ab. Die Abrasivteilchen werden in eine weiche Probenoberfläche gedrückt und soweit arretiert, daß sie den Gegenkörper furchen. Dabei entstehen so große Aufwerfungen und Späne, daß es zu Adhäsionsbrücken zwischen Ring und Scheibe kommen kann. Abrasion und Adhäsion bewirken einen niedrigen Verschleißwiderstand. Mit zunehmender Härte werden die Furchen kleiner und die Adhäsion entfällt. Auch läßt die Arretierung der Abrasivteilchen nach und sie beginnen vermehrt abzurollen (Bild B.1.17). Durch diesen Übergang von Abrasion zu Indentation steigt der Verschleißwiderstand.

(b) Eine zunehmende Härte des Abrasivs führt von Flint über Al_2O_3 und SiC zu einer Abnahme des Verschleißwiderstandes (Bild B.1.18). Granat fällt aus dem Rahmen, weil diese Abrasivteilchen in der Kontaktfläche stärker zermahlen werden als die übrigen Sorten. Die verringerte Korngröße erhöht den Verschleißwiderstand (vgl. Bild B.1.7).

(c) In Bild B.1.19 treten deutliche Unterschiede im Widerstand gegen Korngleit- und Furchungsverschleiß hervor. Bei Matrixwerkstoffen ohne oder mit

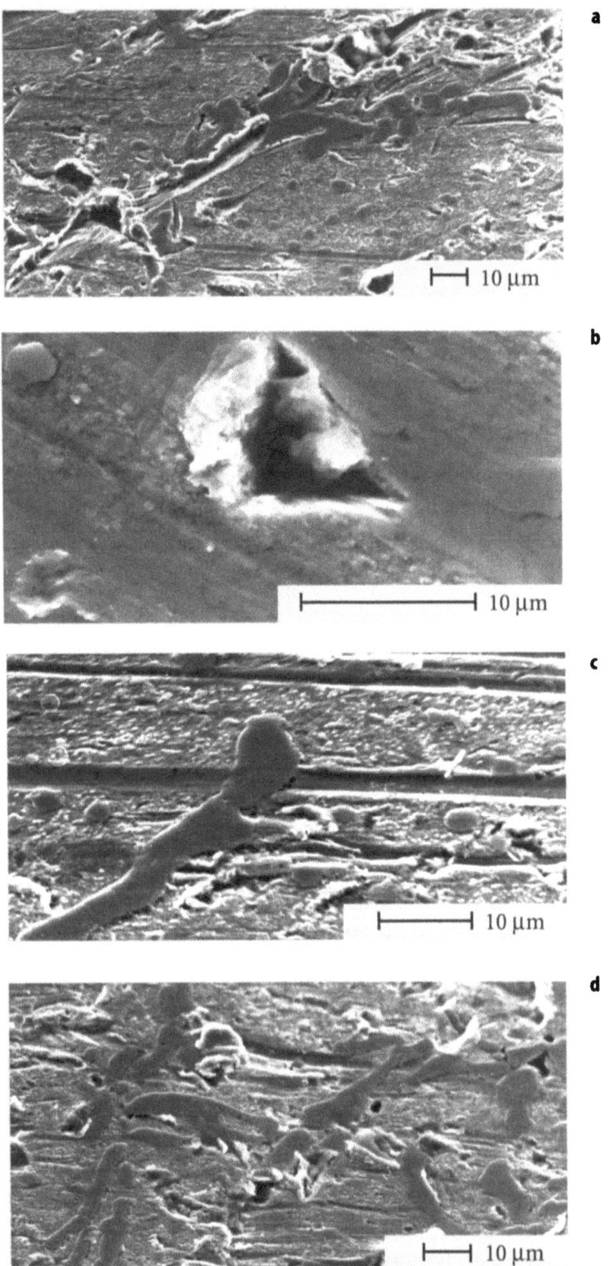

Bild B.1.16 Erscheinungsformen der Abrasion und Indentation durch Korngleitverschleiß nach Bild B.1.4 mit ≈ 1 cm Laufweg. **(a)** Eindrücke und Furchen, **(b)** Eindruck mit abgebrochenem Flintteilchen, **(c)** und **(d)** Bereiche mit überwiegend Abrasion bzw. Indentation (FeCr12C2.1, 700HV, poliert)

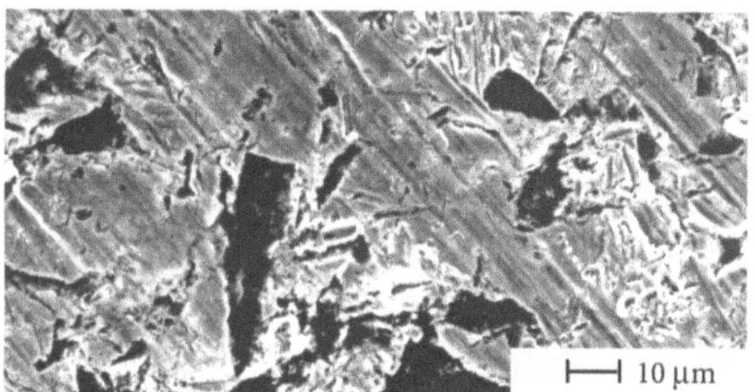

Bild B.1.17 Erscheinungsformen von Abrasion und Indentation an CoCr27Mo6Ni3C, wie Bild B.1.16 jedoch nach 50 m Laufweg

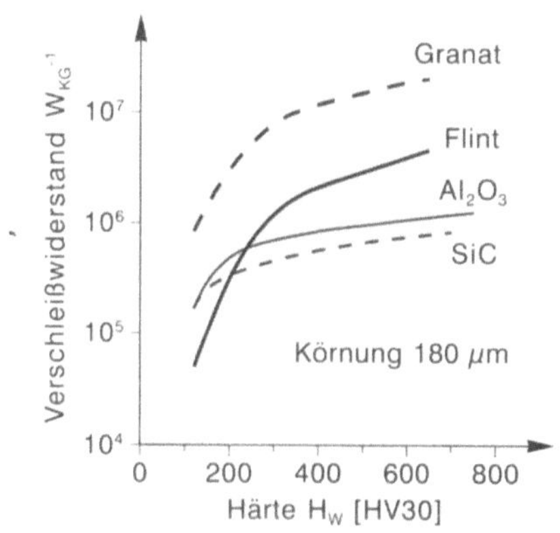

Bild B.1.18 Widerstand gegen Korngleitverschleiß W_{KG}^{-1} in Abhängigkeit von der Werkstoffhärte H_W für unterschiedliche abrasive Teilchen, Übergang von der Tief- zur Hochlage (vergl. Bild B.1.8)

geringem Gehalt an Hartstoffen ($< 10\,\text{Vol}\,\%$) nimmt W_{KG}^{-1} progressiv mit der Erhöhung der Werkstoffhärte H_W zu. Es gilt $W_{KG}^{-1} \sim (W_F^{-1})^6$. Die Ursache liegt in einem Übergang von Adhäsion und Abrasion zu Indentation. Für Hartlegierungen und -verbundwerkstoffe mit hohem HP-Gehalt ergibt sich dagegen ein degressiver Zusammenhang, $W_{KG}^{-1} \sim (W_F^{-1})^{0.3}$. Dieser sprunghafte und drastische Rückgang der Steigung bzw. des Exponenten auf ein Zwanzigstel hängt mit dem Zermahlen der Abrasivkörner zwischen den Hartphasen in Ring und Scheibe zusammen. Die Metallmatrix verschleißt, die Hartphasen stehen hervor, beginnen zu tragen und werden dabei geläppt (Bild B.1.20a). Im überdeckungsfreien Fuchungsverschleißversuch kommen diese Effekte dagegen nicht zum Tragen (Bild B.1.20b). Das zeigt sich auch in Bild B.1.12, wo für Flint oberhalb von 10 Vol% an Hartphasen W_{KG}^{-1} wesentlicher flacher ansteigt als W_F^{-1}.

Die beiden unterschiedlich geneigten Geraden in Bild B.1.19 und die Linie $W_{KG}^{-1} = W_F^{-1}$ bilden ein Dreieck, dessen Fläche die mildere Beanspruchung

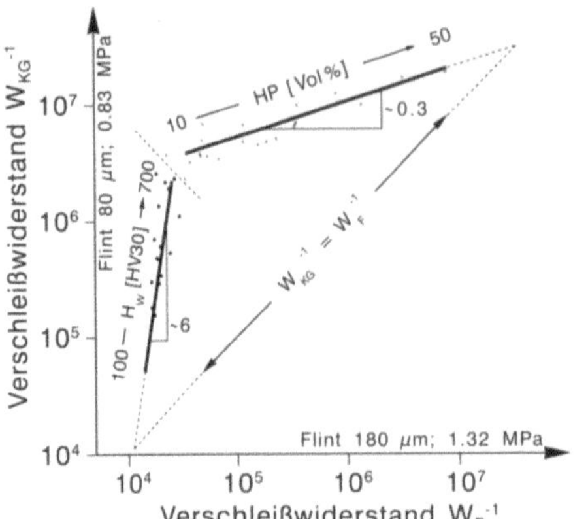

Bild B.1.19 Zusammenhang zwischen dem Widerstand gegen Furchungs- und dem gegen Korngleitverschleiß zahlreicher Hartlegierungen und Hartverbundwerkstoffe in Abhängigkeit von der Werkstoffhärte H_W und dem Gehalt an groben Hartphasen HP

im Korngleitverschleißversuch kennzeichnet. Neben der geringeren Flächenpressung und Ausgangskorngröße des Flints ist dafür vor allem der Mahleffekt verantwortlich.

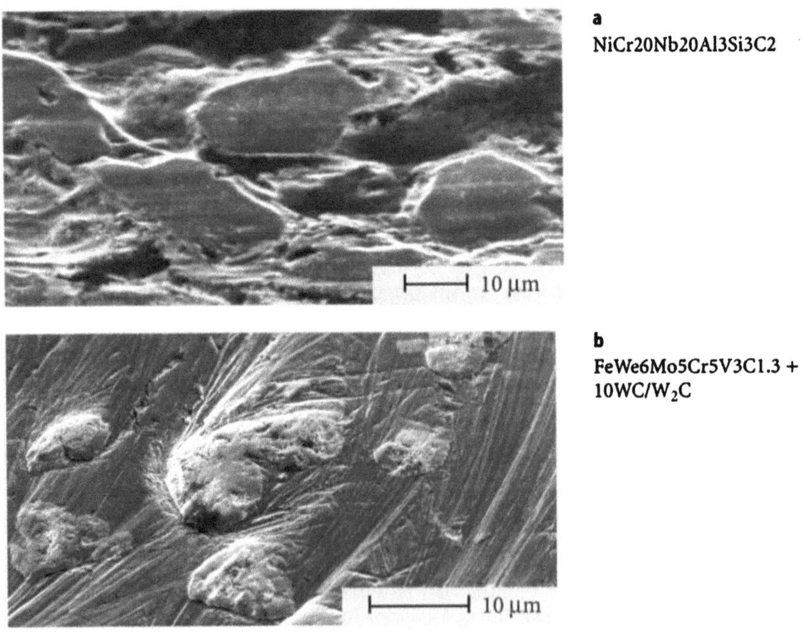

a
NiCr20Nb20Al3Si3C2

b
FeWe6Mo5Cr5V3C1.3 +
10WC/W$_2$C

Bild B.1.20 Hartphasen in der Verschleißfläche, **(a)** geläppte Karbide nach Korngleitverschleiß durch Flint 80 µm, **(b)** Verschleiß der Matrix um die Karbide nach Furchungsverschleiß durch Flint 67 µm

B.1.1.3
Andere Verschleißarten

In den beiden bisher besprochenen Verschleißarten ist die Geschwindigkeit der abrasiven Teilchen gering. Mit zunehmender Geschwindigkeit gewinnt die Masse der einzelnen Teilchen umso mehr an Bedeutung, je stärker ihre Bewegungsrichtung zur Oberfläche geneigt ist. Dazu werden drei Beispiele vorgestellt.

Erosionsverschleiß wird durch hohe Strömungsgeschwindigkeit staubbeladener Gase und trüber Flüssigkeiten hervorgerufen, die feine Partikel enthalten. Sie erzeugen bei laminarer Strömung äußerst schmale Furchen. In Turbulenzen können die Partikel auch in einem steileren Winkel auf die Oberfläche prallen. Durch die feinen, meist deutlich < 1 mm großen Partikel kommt es zu einem selektiven Angriff durch Abrasion und Oberflächenzerrüttung auf die schwächeren Gefügebestandteile.

Strahlverschleiß entsteht typischerweise durch millimeter- bis zentimetergroße Teilchen, die in einem Freistrahl unter einem Winkel auf die Werkstoffoberfläche treffen. Sie lösen Abrasion und mit zunehmendem Auftreffwinkel auch Oberflächenzerrüttung aus. Die Teilchen sind in der Regel zu groß, um eine selektive Schädigung von Gefügebestandteilen hervorzurufen.

Stoßverschleiß wird durch gröbere dezimetergroße Brocken ausgelöst, die mit hoher Fall- oder Abwurfgeschwindigkeit auf der Werkstoffoberfläche aufschlagen. Die Prallzerkleinerung ist ein typischer Bereich für diese Verschleißart. So werden z.B. vorgebrochene Gesteinsbrocken mit einer Größe von ≤ 300 mm in einer Prallmühle von rotierenden Schlagleisten erfaßt, gegen eine Prallplatte geschleudert und so zu Gleisbettschotter zerkleinert. Der energiereiche Stoß soll im Gestein zur Ausbreitung von Rissen führen, ohne jedoch im einzelnen Kontakt die Prallflächen nennenswert zu schädigen. Durch wiederholtes Auftreffen kommt es zur Oberflächenzerrüttung. Teile der zerplatzenden Gesteinsbrocken bewegen sich aber auch quer zur Stoßrichtung und rufen in den Prallflächen Abrasion hervor.

Gleit- und Wälzverschleiß treffen wir in Maschinenelementen auch ohne abrasive Zwischenstoffe an. Die Verschleißarten liegen daher am Rande des Anwendungsgebietes für Hartlegierungen und -verbundwerkstoffe. Allerdings kann in Gleitpaarungen die Adhäsionsneigung durch Hartphasen herabgesetzt werden. Im Wälzkontakt wirken Hartphasen dem Verschleiß durch eingeschleppte Schmutzpartikel entgegen.

B.1.1.4
Werkstoff und Herstellung

Aus dem kurzen Überblick über einige Verschleißarten und aus der Kenntnis der Hauptanwendungsgebiete für Hartlegierungen und -verbundwerkstoffe tritt die Abrasion als wichtigster Verschleißmechanismus hervor, gefolgt von der Oberflächenzerrüttung.

Abrasion

Die Abrasion wird im Furchungsverschleißversuch nachgestellt und systemseitig durch den mittleren Furchenquerschnitt charakterisiert. Werkstoffseitig ergeben sich daraus folgende Anforderungen an das Gefüge: Um ihre volle Schutzwirkung ausüben zu können, sollten die Hartphasen mindestens so groß sein wie der Furchenquerschnitt. Ihre Härte und Bruchzähigkeit sollte die des angreifenden Abrasivs übertreffen. Der Übergang von netz- oder gerüstartiger HPVerteilung zu einer Dispersion erhöht den Verschleißwiderstand durch die Verschiebung von spröder zu duktiler Abrasion. Das gleiche gilt für eine Senkung des Längen-/Dickenverhältnisses der HP auf nahe eins. Teilchen, die diese Forderungen erfüllen, werden als wirksame Hartphasen bezeichnet.

Die Matrixhärte muß so hoch gewählt werden, daß der Verschleißwiderstand in die Hochlage übergeht. In Anwesenheit wirksamer HP reicht dazu eine geringere Härte als bei zu kleinen, zu schlanken, zu weichen, d.h. wirkarmen HP (Bild B.1.9). Die niedrigere Matrixhärte erhöht die Duktilität und erlaubt einen hohen Gehalt an wirksamen HP ohne Verlust durch spröde Abrasion. Letztere führt dagegen in Werkstoffen mit wirkarmen HP und hoher Matrixhärte oberhalb eines bestimmten Matrixgehaltes zum Rückgang des Verschleißwiderstandes (Bild B.1.8 SiC).

Gießen und Auftragschweißen gehören zu den kostengünstigen Herstellverfahren für Hartlegierungen. Bei einer Furchenbreite von z.B. 10 μm sind die eutektischen Karbide den wirkarmen zuzurechnen. Die wirksamen primären sind in den verbreiteten FeCrC-Legierungen der weißen Gußeisen und Auftragungen ohne die eutektischen nicht zu haben. Dagegen führt die Ausscheidung hochschmelzender primärer MC-Karbide der Elemente V, Nb und Ti zu einer Entartung des Eutektikums und zu einer Dispersion von kompakten HP in einer eutektikumsarmen Matrix. Diese Entwicklung wurde für gegossenen Fe- und Ni-Hartlegierungen realisiert und für eine Fe-Basis-Hartauftragung erprobt (Bild B.1.21). Die beste, aber auch teuerste Herstellung einer Dispersion grober Hartphasen in einer MM gelingt unter Beachtung von Bild A.1.5 für ein Bauteil

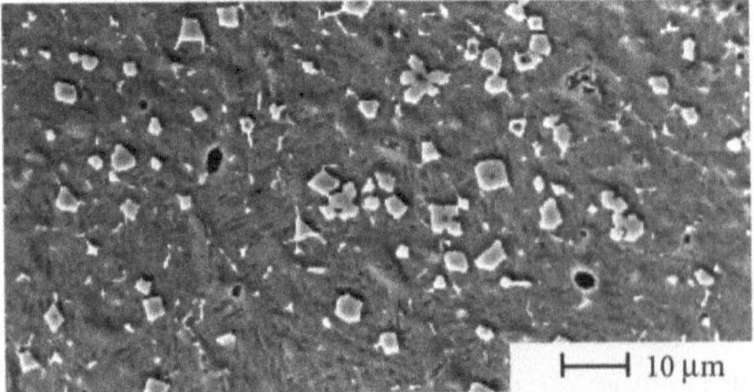

Bild B.1.21 In der Legierung FeCr5Nb5NiMoVC1.2 wird durch rasches Abkühlen nach dem Auftragschweißen und Entartung der Erstarrung eine Dispersion von NbC-Karbiden in einer gehärteten Matrix erzeugt, ohne daß Risse auftreten

durch PM-HIP (Bild A.1.6 g). Zur Beschichtung eignen sich auch die Verfahren (h) und (i). Geht die Furchenbreite auf z.B. 1 µm zurück, wie z.B. bei der Erosion, so bewähren sich eutektische und übereutektische Hartlegierungen mit feinlamellarem oder gerüstartigem Eutektikum (Bilder A.1.4 und A.2.13). Durch die schmalen HP-Abstände werden die Matrixbereiche geschützt und damit der selektive Angriff reduziert. Mit zunehmender Freiheit der abrasiven Teilchen sich abzurollen geht die Abrasion in Indentation über und der Verschleißwiderstand steigt. Im Korngleitverschleißversuch fällt diese Steigerung mit zunehmendem HP-Gehalt geringer aus als im Furchungsverschleißversuch (Bild B.1.19). Auch ist beim Korngleitverschleiß die Unterscheidung von wirksamen und wirkarmen HP nicht so eindeutig. Das mag an der Zermahlung der Abrasivteilchen liegen, die in betrieblichen Systemen weniger ausgeprägt sein kann. Es empfiehlt sich daher, das Werkstoffgefüge der Abrasion entsprechend auszuwählen.

Oberflächenzerrüttung

Im reibungsarmen Hertz'schen Kontakt tritt die höchste Schubspannung unterhalb der Kontaktfläche auf. Um dort mikroplastische Verformungen und damit die Ermüdung zu erschweren, werden Wälzlager mit hoher Martensithärte und einem geringen Gehalt an feinen Karbiden (< 1 µm) erzeugt. Einzelne, unter der Oberfläche liegende grobe HP, wie z.B. oxidische Einschlüsse versagen jedoch mit zunehmender Zahl an Überrollungen und führen zu grübchenartigen Ausbrüchen. Das trifft auch für den Rad-/Schienekontakt zu, wo sich feinstlamellare Perlitgefüge bewähren. Eine Übertragung auf den zyklischen Stoß legt nahe, grobe Hartphasen zu vermeiden, um der Oberflächenzerrüttung entgegenzuwirken. So werden naheutektische Gußeisen mit feinlamellarer Struktur verwendet, deren Metallmatrix martensitisch gehärtet ist. Die durchgehenden MM-Lamellen verleihen dem Werkstoff eine Bruchzähigkeit, die über der des Gesteins liegt. Durch Legieren mit Chrom erreichen die Hartphasen eine höhere Härte. So bieten sie Widerstand gegen Abrasion durch die quer zur Stoßrichtung abgeführten Partikel. Bei Kugelmühlen kann sich die Stoßbeanspruchung z.B. dadurch verschärfen, daß die Mahlelemente auch ohne dazwischenliegende Mineralteilchen aufeinander prallen. Die Bruchgefahr steigt.

Eine gute Haltbarkeit gegen prallende und stoßende Beanspruchung wird auch durch PM-HIP-Werkstoffe erreicht, die aus verdüstem Pulver einer legierten kohlenstoffreichen Schmelze kompaktiert werden (Bild A.1.6e). Die dichte Dispersion von µm-großen runden Karbiden in einer gehärteten Matrix setzt sowohl der Oberflächenzerrüttung wie auch der Abrasion Widerstand entgegen, allerdings zu höheren Herstellkosten als bei Gußstücken.

Eine Gefügefeinung kann nach Bild A.1.3 durch eine Erhöhung der Erstarrungsgeschwindigkeit erzielt werden, die durch Beschichtungsverfahren wie z.B. Auftragschweißen und thermisches Spritzen gegeben ist. Die gegen Oberflächenzerrüttung günstig wirkende Gefügefeinung kann aber nur in beschränktem Umfange genutzt werden, da schon naheutektische Gefüge zu Schweißrissen neigen. Während sie bei rein abrasiver Beanspruchung tolerierbar sind, muß bei Oberflächenzerrüttung mit Rißausbreitung gerechnet werden. Karbidärmere untereutektische Legierungen bleiben zwar rißfrei, sind aber aufgrund ihres netzförmigen Eutektikums anfällig für Oberflächenzerrüttung. Thermisch gespritzten Schichten mangelt es häufig an Haftfestigkeit, so daß es selbst nach einer Einschmelzbehandlung zum Abplatzen durch Prall- und Stoßbeanspruchung kommen kann.

Auswahl

Abrasion und Oberflächenzerrüttung verlangen nach unterschiedlichen Werkstoffen und Gefügen. Es ist daher nötig, aus der Verschleißart des Systems auf die Anteile der beiden Mechanismen zu schließen. Dazu werden Erfahrungen mit vergleichbaren Systemen und die Untersuchung der Verschleißfläche herangezogen. Die Auswahl des Werkstoffs muß Kosten und Herstellbarkeit berücksichtigen. Die Art der Herstellung beeinflußt unmittelbar das Gefüge. Es ist hier nicht möglich, auf einzelne Anwendungsfälle einzugehen, vielmehr vermittelt der Bericht anhand von Modellverschleißsystemen einen Eindruck von der komplizierten Wechselwirkung der abrasiven Teilchen mit den Gefügebestandteilen des Werkstoffs. Es wird deutlich, daß es sich beim Verschleißwiderstand um eine systemabhängige Werkstoffkenngröße handelt. Die Einflüsse des Systems und der darin wirkenden Verschleißmechanismen können den Verschleißwiderstand leicht um eine Größenordnung verschieben. Ähnliches trifft für den Gefügeeinfluß zu. Auch hier sind bei gleicher chemischer Zusammensetzung große Veränderungen im Verschleißwiderstand möglich, je nachdem, welche Gefügemorphologie durch die Art der Herstellung eingestellt wird. In die Auswahl des Werkstoffs muß daher die Auswahl des Herstellverfahrens eingehen. Über den Zusammenhang von Gefüge und Fertigung gibt Kap. A.1 einen Überblick.

B.1.2

Verschleiß bei erhöhter Temperatur
ALFONS FISCHER

Grundsätzlich gelten auch bei höheren Temperaturen die Erkenntnisse, die bereits in Abschn. B.1.1 dargestellt sind. Es ist nun aber zu beachten, daß alle Eigenschaften für jeden Gefügebestandteil unterschiedlich temperaturabhängig sind. Durch die z.T. hohen Temperaturen ist die Zeitabhängigkeit der Eigenschaften zu berücksichtigen. Dies ist am deutlichsten an der kritischen Verformung (Bild B.1.14) zu erkennen, oberhalb der Erholung und dynamische Rekristallisation eintreten, was zum Verlust der Verfestigungsfähigkeit bzw. zur Entfestigung führt. Die kritische Temperatur hängt dabei von der Verformungsgeschwindigkeit und dem Verformungsgrad ab.

Die bei höheren Temperaturen wirksamen Verfestigungsmechanismen sind Versetzungshärtung, Ausscheidungshärtung und Mischkristallhärtung. Da die Wechselwirkung von Versetzungen oder Gleitbändern nur etwa bis 200 °C und die von Zwillingen bis etwa 500 °C verfestigend wirken, sind für den Hochtemperaturbereich besonders Stapelfehler von Interesse. Diese behindern die Versetzungen beim Klettern und Quergleiten und verschieben damit die kritische Verformung zu höheren Temperaturen. Inwieweit sich dies im Zusammenhang mit den Hartphasen auf das Verschleißverhalten auswirkt, wird im folgenden – wie schon in Abschn. B.1.1 – anhand von Furchungs- und Korngleitverschleiß-Versuchen erläutert.

B.1.2.1
Einzelfurchung

Der Furchungsverschleiß wird mit Hilfe von Einzelritzversuchen nach Abschn. A.3.1.2 betrachtet. Der Eindringkörper bestand dabei aus kubischem Bornitrid (CBN), das im gesamten untersuchten Temperaturbereich härter als alle Gefügebestandteile ist.

Gefügebestandteile
Die rasterelektronenmikroskopische Auswertung der Einzelfurchen läßt sich wie folgt erläutern:

(a) Bei Einzelfurchung tritt Abrasion mit ihren Untermechanismen nicht nur abhängig vom Hartphasentyp, sondern auch von der Temperatur auf. Bei Raumtemperatur zeigen in weißen Gußeisen die primären Hartphasen vom Typ M_7C_3 ihre höhere Verschleißbeständigkeit durch die gegenüber der Grundmasse schmaleren Furchen. Im Bereich der Hartphasen überwiegt dabei der Untermechanismus Mikrospanen, während im Bereich der Grundmasse Mikrospanen und Mikropflügen auftreten. Bei 700 °C liegt dagegen im Bereich der primären Hartphasen überwiegend Mikrobrechen vor (Bild B.1.22).

(b) Abhängig von Gittertyp und Legierung weisen die Metallmatrizes unterschiedliche Anteile von Mikropflügen und Mikrospanen auf (Bild A.3.12). Dabei nimmt die Verformungsfähigkeit mit steigender Temperatur zu, die Verfestigungsfähigkeit ab. Hieraus folgt, daß sich die metallischen Matrizes oberhalb 500 °C bezüglich ihrer Verschleißbeständigkeit anhand der Stapelfehlerenergie (SFE) reihen lassen (Bild B.1.23a, vgl. auch Bild A.3.10). Dies zeigt die besondere Bedeutung der im gesamten Temperaturbereich wirksamen Stapelfehler für die Verfestigungsfähigkeit und damit für den Beitrag der Metallmatrizes zur Verschleißbeständigkeit. Selbst ein relativ weicher kfz-NiCr-Mischkristall hat einen höheren Verschleißwiderstand als ein härterer Martensit (krz-FeCrC).

(c) Bei den Hartphasen gilt im Temperaturbereich zwischen 500 und 1000 °C – wie bei Raumtemperatur –, daß der Verschleißwiderstand mit zunehmender Härte zunimmt. Hier zeigt sich anhand des Borids Ni_3B besonders deutlich der nachteilige Einfluß einer ungenügenden Warmhärte auf das Verschleißverhalten. Bei hoher Temperatur befindet sich das Härteverhältnis H_{HP}/H_{AB} aufgrund der geringeren Warmhärte dieser Hartphase im Bereich der Härteverhältnisse H_{MM}/H_{AB} einiger Metallmatrizes. Dies bedeutet, daß

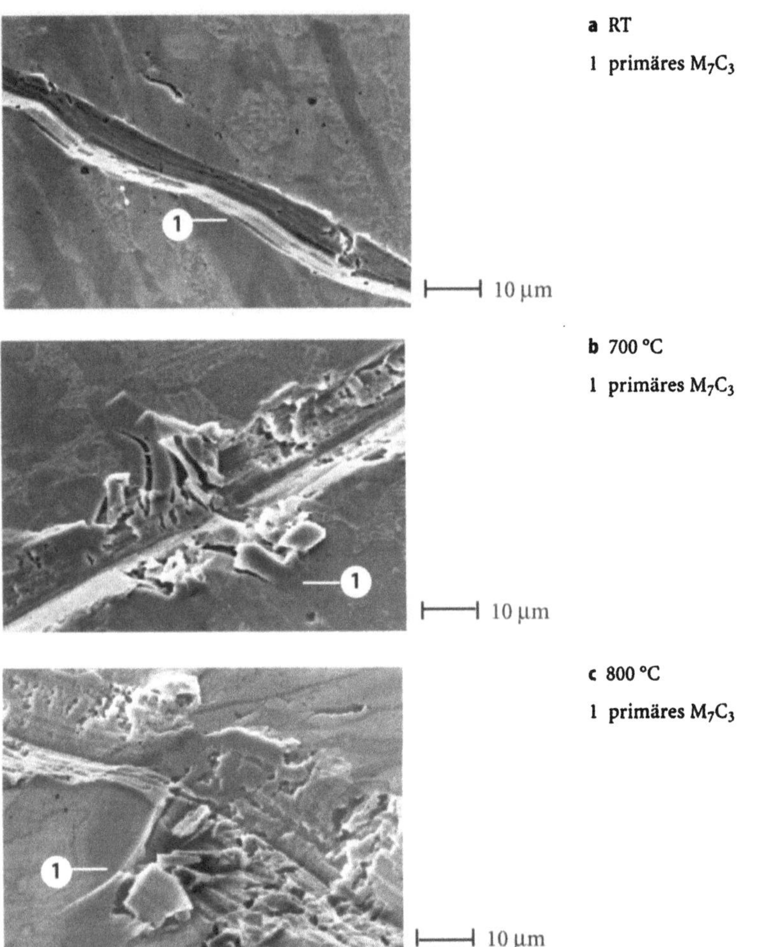

Bild B.1.22 Erscheinungsformen der Abrasion bei weißen Gußeisen FeCr20Mo7NiSiC3.8-G in Abhängigkeit von der Temperatur: Einzelritz von links nach rechts durch CBN-Indenter mit Angriffswinkel $\alpha = 90°$, Flankenwinkel $2\Theta = 115°$, Normalkraft $F_n = 0.3$ N und Ritzgeschwindigkeit $v = 2$ μm/s

lediglich die anderen Hartphasen im gesamten Temperaturbereich bezogen auf den CBN Ritzkörper in der Hochlage oder im Übergangsbereich zur Hochlage des Verschleißwiderstandes liegen (Bild B.1.23b).

(d) Das Auftreten von Mikrobrechen in den Hartphasen hängt in erster Linie von ihrer temperaturbedingten Bruchzähigkeit ab. Dabei sind mit zunehmender Temperatur zwei unterschiedliche Effekte zu beachten. Bei Metallmatrizes mit geringer Warmfestigkeit führt die tiefe Furchung zu einer höheren Kantenbelastung der Hartphasen, wodurch Mikrobrechen auftritt (vgl. Bild B.1.22b). Bei Metallmatrizes mit einer hohen Warmfestigkeit und Hartphasen mit einer hohen Zähigkeit, wie sie z.B. bei ausscheidungsgehärteten Nickelbasis-Legierungen mit NbC als Hartphase vorliegen, ist kein Mikrobrechen feststellbar

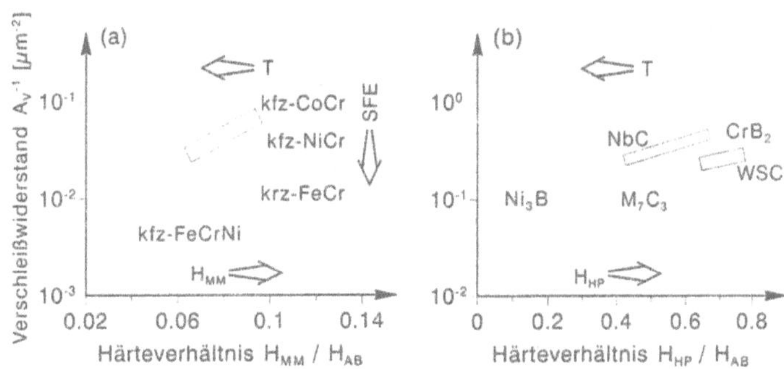

Bild B.1.23 Widerstand A_V^{-1} gegen Einzelfurchung durch CBN Ritzkörper bei 25 °C und zwischen 500 und 900 °C in Abhängigkeit vom Härteverhältnis: **(a)** Metallmatrizes MM, **(b)** Hartphasen HP. Die Pfeile deuten eine steigende Härte H, Prüftemperatur T und Stapelfehlerenergie SFE an (*WSC* Wolframschmelzkarbid, A_V Furchenquerschnitt, *AB* Abrasiv)

(Bild B.1.24). Hier zeigen sich aufgrund der hohen Kontaktbeanspruchung lediglich Risse, die nicht zu Ausbrechungen geführt haben.

Gefügestrukturen

Zum Einfluß der Gefügestruktur liegen Ergebnisse aus der Einzelfurchung mit CBN Ritzkörpern vor. Aufgrund der hohen Härte dieses Nitrids befindet sich der Verschleißwiderstand A_V^{-1} der Metallmatrizes in der Tieflage, die der Hartphasen im Übergangsbereich bzw. ab einem Härteverhältnis > 0.6 in der Hochlage.

(a) Bild B.1.25a zeigt den Verschleißwiderstand von Eisen-Basiswerkstoffen über der Prüftemperatur. Dabei sind die Flächen der Verschleißwiderstände der einzelnen Gefügebestandteile (Metallmatrix MM, Hartphasen HP) unterlegt. Bei dem pulvermetallurgisch hergestellten Schnellarbeitsstahl FeW6Mo5Cr5V3C1.3-P, der bei Raumtemperatur eine mit 880 HV30 hohe Ausgangshärte besitzt, sind die Hartphasen kleiner als die Furchenbreite. Trotzdem zeigt sich ein günstiger Einfluß auf den Verschleißwiderstand. Er liegt zwischen dem der Metallmatrizes und der weicheren Hartphasen.
Bei 500 °C ist die Matrix verformbarer, so daß der f_{ab}-Wert (s. Bild A.3.12) sinkt, was bei etwa gleichbleibender Härte zu einer geringen Zunahme des Verschleißwiderstandes führt. Bei 700 °C ist die Verfestigungsfähigkeit dieser Metallmatrix aufgrund der Neuausscheidung von Karbiden in den durch Furchung verformten Bereichen immer noch vorhanden. Die Verschleißbeständigkeit dieses Werkstoffes ist dadurch höher als von weißen Gußeisen, deren Metallmatrizes aufgrund ihrer chemischen Zusammensetzung keine Reserven für verformungsbedingte zusätzliche Ausscheidungen haben.
Eine Einbettung von groben Hartphasen in einen derartigen Schnellarbeitsstahl führt zu einer weiteren Verbesserung der Verschleißbeständigkeit. In Bild B.1.26 ist die Wirksamkeit von Wolframschmelzkarbiden (WSC), die von

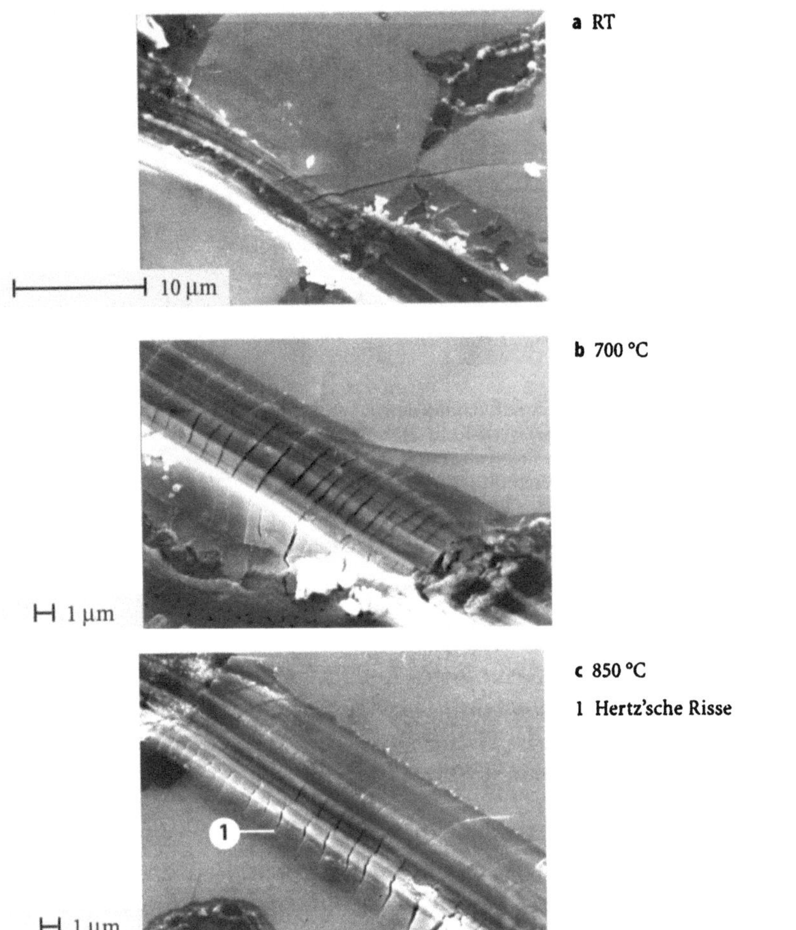

Bild B.1.24 Erscheinungsformen der Abrasion im primären NbC-Karbid der Nickel-Basislegierung NiCr20Nb20Al3Si3C2 in Abhängigkeit von der Temperatur (Prüfbedingungen wie Bild B.1.22)

einem Diffusionssaum umgeben sind, anhand der geringeren Furchenbreiten abzulesen. Bis 700 °C tritt aufgrund der hohen Zähigkeit der WSC kein Mikrobrechen auf. Selbst bei 850 °C finden sich noch Randaufwerfungen im Diffusionssaum. Hier liegt ein Zusammenwirken einer warmfesten Metallmatrix mit groben Hartphasen vor, die sich durch eine hohe Zähigkeit auszeichnen.

(b) Die weißen Gußeisen in Bild B.1.25a weisen eine austenitische FeCrC-Matrix auf. Bei einer mittleren Ausgangshärte von 570 HV30 und 24 Volumenprozent (Vol%) an eutektischen Hartphasen (FeCr20NiSiC2.6-G) stellt sich gegenüber dem hartphasenfreien Zustand (MM) eine Verbesserung des Verschleißwiderstandes ab 500 °C ein. Mit zunehmender Temperatur lassen sich ausgeprägtere Randaufwerfungen an den Furchen feststellen, wobei kein

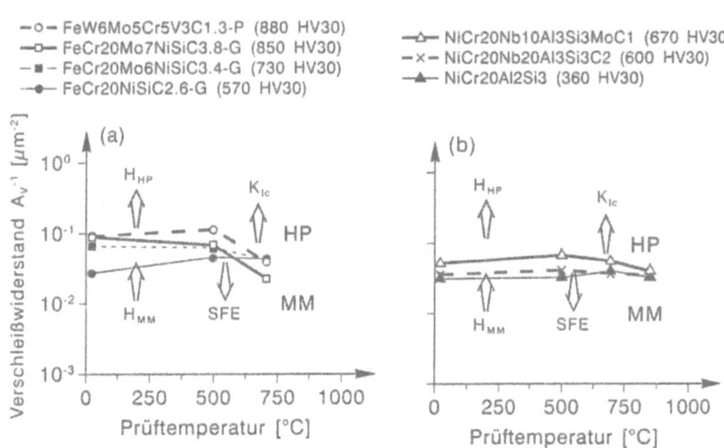

Bild B.1.25 Widerstand A_V^{-1} gegen Einzelfurchung von Hartphase HP und Metallmatrix MM in Abhängigkeit von der Prüftemperatur als graue Felder und im Vergleich die Kurven für: **(a)** Eisenbasislegierung, **(b)** Nickelbasislegierung. Die Pfeile deuten eine steigende Bruchzähigkeit K_{IC}, Härte H und Stapelfehlerenergie SFE an (A_V Furchenquerschnitt)

Mikrobrechen auftritt. Durch Zugabe von 55 Vol% an primären Hartphasen (FeCr20Mo6NiSiC3.4-G) ergibt sich besonders für den niedrigen Temperaturbereich eine Verbesserung des Verschleißwiderstandes.

Bei 50 Vol% an primären Hartphasen (FeCr20Mo7NiSiC3.8-G) ist ein günstiger Einfluß auf den Verschleißwiderstand nur noch bis etwa 500 °C zu erkennen. Darüber hinaus sinkt der Verschleißwiderstand aufgrund der Zunahme von Mikrobrechen ab. Dies ist auf die mit zunehmender Temperatur abnehmende Stützwirkung der Metallmatrix und die geringe Zähigkeit der primären Hartphasen zurückzuführen.

(c) Nickel-Basiswerkstoffe weisen mit etwa 360 HV30 die geringste Ausgangshärte auf. Die Ausscheidung von primären und eutektischen Hartphasen wie im Werkstoff NiCr20Nb20Al3Si3C2 ergibt nur eine geringfügige Verbesserung des Verschleißwiderstandes gegenüber dem hartphasenfreien Zustand (NiCr20Al2Si3, Bild B.1.25b). Die metallische Matrix ist zu weich. Gleichwohl ist sie als verschleißbeständiger Werkstoff geeignet, da sich zwischen 20 und 850 °C keine Änderung im Verschleißwiderstand ergibt. Die Verformungsfähigkeit und Verfestigungsfähigkeit bleiben im gesamten Temperaturbereich erhalten. Oberhalb 750 °C ist die Verschleißbeständigkeit sogar besser als bei den kfz Eisen-Basiswerkstoffen mit Hartphasen (Bild B.1.25a), da die Nickel-Basismatrizes aufgrund der γ´-Ausscheidung und der niedrigen Stapelfehlerenergie warmfester sind.

In dieser Gruppe zeigt die Legierung mit Molybdän als weiterem Legierungselement den höchsten Verschleißwiderstand. Durch die Ausscheidung von σ-Phase ist die Stützwirkung der Metallmatrix im gesamten Temperaturbereich stärker. Dies führt dazu, daß diese Legierung bei 700 °C verschleißbe-

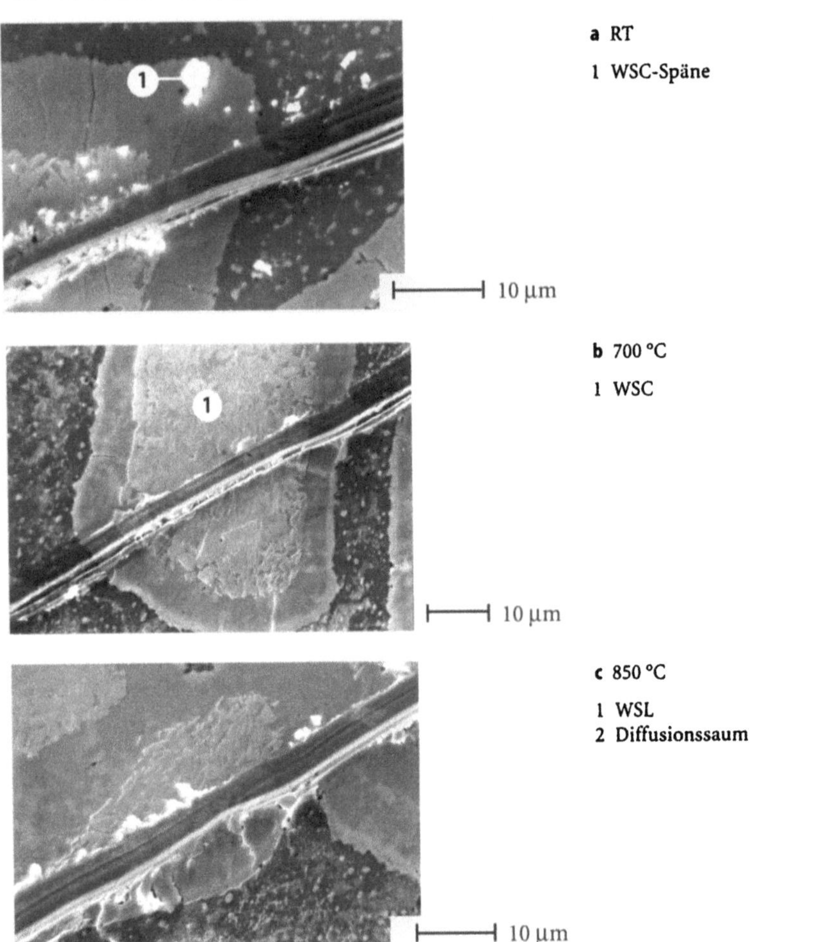

Bild B.1.26 Erscheinungsformen der Abrasion für unterschiedliche Temperaturen im Hartverbund-werkstoff FeW6Mo5Cr5V3C1.3 + 30WSC (Wolframschmelzkarbid) (Prüfbedingungen wie Bild B.1.22)

ständiger ist als der Schnellarbeitsstahl. Bei letzterem sind die Ausscheidungen bis etwa 550 °C stabil, wogegen die σ-Phase sich erst bei 950 °C auflöst. Aus der Tatsache, daß bei 900 °C die Verschleißwiderstände trotz unterschiedlicher Hartphasengehalte eng beieinander liegen, kann man entnehmen, daß der Einfluß der Hartphasen mit steigender Temperatur abnimmt.

B.1.2.2

Korngleitverschleiß

Die Korngleitverschleiß-Versuche wurden mit Flint (1200 HV0.05) durchge-führt. Seine Härte nimmt mit zunehmender Temperatur deutlich ab. Aus diesem Grund ist Flint im Bereich zwischen 500 und 900 °C zwischen 2 und 25 mal weicher als alle Hartphasen und etwa dreimal weicher als warmfeste Metallmatrizes. Abhängig von der Temperatur findet ein Übergang des Verschleißwiderstandes von der Tief- in die Hochlage statt. Hierdurch ergeben sich im untersuchten Temperaturbereich für jeden Werkstoff unterschiedliche Tribosysteme, die im Grunde nicht vergleichbar sind. Das Verständnis der einzelnen Vorgänge erfordert aber dennoch eine zusammenhängende Betrachtung.

Einzelereignis

(a) Flint kann die Hartphasen nicht furchen, so daß sie nach Abtragen der Metallmatrix herausragen (Bild B.1.27).
(b) Die Metallmatrix wird – wie bei Raumtemperatur – durch Indentation verschlissen. Dabei kommt es teilweise zur Einlagerung von Bruchstücken der Flintteilchen, die dann ihrerseits wie Hartphasen die Matrix schützen können.
(c) Zusätzlich kann es im Bereich der Metallmatrix zur Bildung einer festhaftenden Deckschicht aus zerbrochenen oder zermahlenen feinen Flintteilchen kommen (Bild B.1.28). Sie sind so hart wie die angreifenden Teilchen, so daß diese Deckschicht ebenfalls verschleißmindernd wirkt.

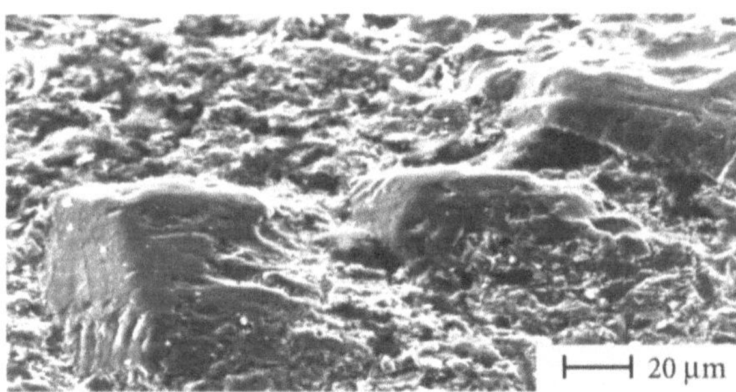

Bild B.1.27 Verschleißerscheinungsformen der Legierung FeCr20Mo6NiSiC3.4-G nach Korngleitverschleiß gemäß Bild B.1.4 bei 500 °C

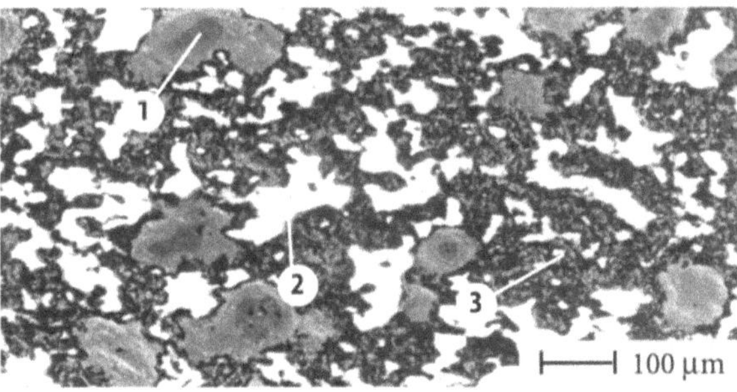

Bild B.1.28 Deckschichtbildung durch zermahlene und kompaktierte Flintfragmente auf der Oberfläche des Hartverbundwerkstoffes FeNi2Cr1MoVC0.5 + 10CrB$_2$ nach Korngleitverschleiß gemäß Bild B.1.4 bei 550 °C

Integraler Verschleiß

Der Verschleißwiderstand beim Korngleitverschleiß zeigt über der Prüftemperatur für alle Werkstoffe in der Regel einen gleichen typischen Verlauf mit einem Maximum bei T_C (Bild B.1.29a). Daraus ergeben sich die in Bild B.1.29b schematisch wiedergegebenen Bereiche $T \leq T_C$ *und* $T > T_C$:

Bereich $T \leq T_C$: Der Verschleißwiderstand nimmt zunächst mit zunehmender Temperatur zu. Diese Zunahme ist bei allen untersuchten Werkstoffen wegen der Deckschichtbildung und der damit verbundenen Verlagerung des Systems von der Tief- in die Hochlage ähnlich. Gleichwohl ist dieser Anstieg abhängig vom Werkstoff unterschiedlich ausgeprägt. Besonders bei Werkstoffen mit einer geringen Ausgangshärte und einem damit verbunden geringen Verschleißwiderstand wirkt sich die Deckschichtbildung günstig auf den Verschleißwiderstand aus (Beispiel: FeCr17Ni13Mo2). Liegen dagegen bei Raumtemperatur schon eine hohe Härte der Metallmatrix oder ein ausreichender Volumengehalt an Hartphasen vor, so ist die Verbesserung des Verschleißwiderstandes durch die Deckschichtbildung nicht so ausgeprägt (Beispiel: NiCr20Al4Si3 + 30WSC, FeW6Mo5Cr5V3C1.3-P + 30WSC). Ist dagegen z.B. eine ferritische Metallmatrix nicht in der Lage, diese Deckschichten in ausreichendem Maße zu stützen, so sinkt T_C (Beispiel: FeCr11).

Beim Durchlaufen des Maximums im mittleren Temperaturbereich liegen alle untersuchten Werkstoffe in einem breiten Streuband. Die Reihung der Werkstoffe innerhalb dieses Streubandes läßt sich dabei anhand der temperaturabhängigen Härte der Metallmatrizes (Bild A.3.9) und der Stapelfehlerenergie durchführen. Zusätzlich wirken sich der Volumengehalt an groben Hartphasen

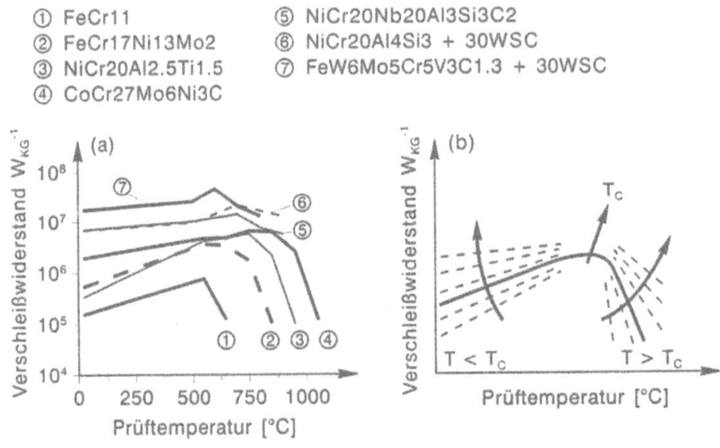

Bild B.1.29 Widerstand gegen Korngleitverschleiß W_{KG}^{-1} in Abhängigkeit von der Prüftemperatur (s. Bild B.1.4): **(a)** Erhöhung des Verschleißwiderstandes zwischen 20 und 1000 °C durch die Wahl der Matrix und Einlagerung von Hartphasen, **(b)** Typischer Verlauf des Verschleißwiderstandes metallischer Werkstoffe

sowie verformungsbedingte zusätzliche Ausscheidungen günstig auf das Verschleißverhalten aus. Im Gegensatz zur Raumtemperatur liegt in diesem Maximum bei allen Werkstoffen nur ein Verschleißmechanismus vor. Die Metallmatrix wird mit und ohne Schichten durch Indentation abgetragen, so daß die Hartphasen mit der Zeit den Halt verlieren und ausbrechen. Dies kann auf zwei unterschiedliche Arten geschehen:

- Hartphasen zerbrechen aufgrund von hohen Kontaktspannungen in der Verschleißfläche (Bild B.1.30a).
- Hartphasen zerbrechen unterhalb der Verschleißfläche aufgrund des Verformungsgradienten (Bild B.1.30b). Sie verlieren dabei den Halt zur Metallmatrix und liegen bei Erreichen der Oberfläche bereits als lose Verschleißteilchen vor.

Während grobe, primäre Hartphasen durch hohe Kontaktspannungen zerbrochen werden, brechen eutektische Hartphasen schon unterhalb der Oberfläche. Es ist daher zu vermuten, daß letztere das Verschleißverhalten der Werkstoffe ungünstig beeinflussen. Aber auch für grobe Hartphasen ergibt sich abhängig

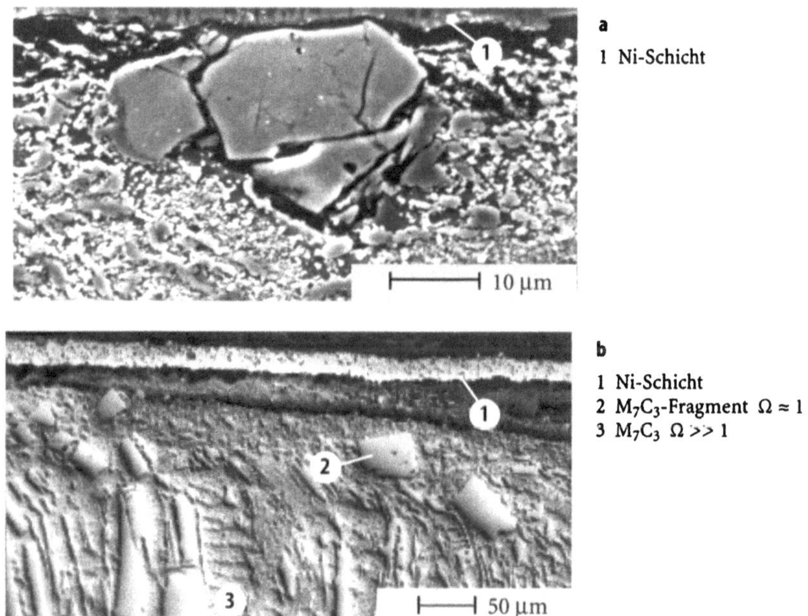

Bild B.1.30 Schliffe senkrecht zur ringförmigen Verschleißspur in tangentiale Richtung nach Korngleitverschleiß gemäß Bild B.1.4: **(a)** gebrochenes NbC-Karbid der Ni-Basislegierung NiCr20Nb10Al3Si3C durch hohe Kontaktspannung (Prüftemperatur 900 °C), **(b)** gebrochene M_7C_3-Karbide der Legierung FeCr20Mo6NiSiC3.4-G durch hohe Schubspannung (Prüftemperatur 800 °C, Ω Länge zu Breite Verhältnis der HP, Ni-Schicht zur Probenpräparation aufgebracht)

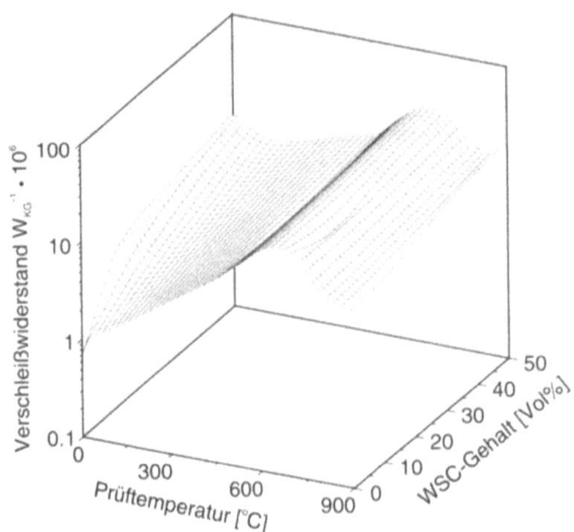

Bild B.1.31 Widerstand der Legierung NiCr20Al4Si3 gegen Korngleitverschleiß W_{KG}^{-1} in Abhängigkeit von der Prüftemperatur und dem Gehalt an Wolframschmelzkarbid (WSC)

vom Volumengehalt nur ein geringer Einfluß auf die Höhe des Verschleißwiderstandes im Maximum (Bild B.1.31).

Bereich $T > T_C$: Die kritische Temperatur T_C des Überganges vom stationären zum instationären Verhalten wird fast ausschließlich von den Eigenschaften der Metallmatrix bestimmt. Instabilität tritt dann auf, wenn in den oberflächennahen Bereichen eine Temperatur oberhalb 0.6 mal Schmelztemperatur T_m herrscht, die Vergleichsformänderung in der Verschleißfläche oberhalb 10 und die Verformungsgeschwindigkeiten oberhalb 10^{-2} s^{-1} liegen. Sind diese Bedingungen erfüllt, so findet in einer schmalen Zone unterhalb der Verschleißfläche dynamische Rekristallisation mit Verlust der Verfestigungsfähigkeit statt.

Eutektische Hartphasen führen unter der Verschleißfläche zu einer Dehnungsbehinderung. Aufgrund dieser Tatsache liegt in oberflächennahen Bereichen ein Gradient in der Vergleichsformänderung φ_V vor, der steiler ist als bei hartphasenfreien Werkstoffen mit ähnlicher Metallmatrix (Bild B.1.32). Ist die Stützwirkung der Matrix erschöpft, so brechen diese eutektischen Hartphasen, was zu einer Schwächung der Mikrostruktur führt. Das Fließen wird erleichtert und die kritische Temperatur zu tieferen Werten hin verschoben. Bei groben Hartphasen ist die Fließbehinderung stärker ausgeprägt. Dies führt dazu, daß in den oberflächennahen Bereichen kaum eine Verformung feststellbar ist. Hierdurch sind derartige Gefüge besonders bei hoher Temperatur stabiler. Das Maximum des Verschleißwiderstandes wird zu höherer Temperatur verschoben und der Abfall oberhalb des Maximums ist flacher als bei Werkstoffen mit eutektischen Hartphasen.

Die Stützwirkung der Metallmatrix wird in erster Linie durch eine hohe Warmfestigkeit, ausgedrückt durch die Warmhärte, und eine geringe Stapelfeh-

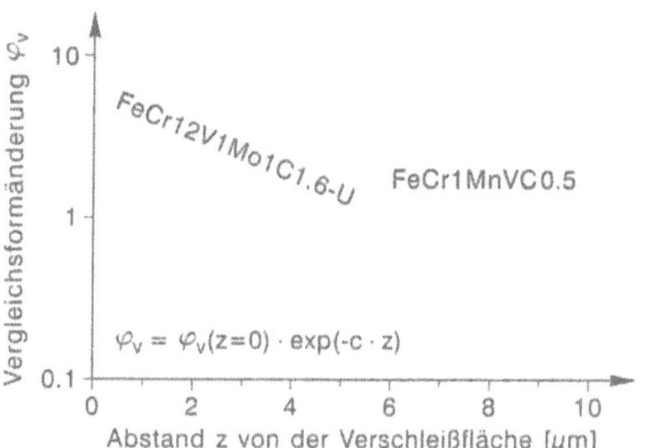

Bild B.1.32 Vergleichsformänderung φ_V unter der Verschleißfläche nach Korngleitverschleiß gemäß Bild B.1.4 in Abhängigkeit vom Abstand z zur Verschleißfläche: Die Verformung der Legierung FeCr12V1Mo1C1.6-U ist durch eutektische Hartphasen behindert. Dadurch wird der Verformungsgradient steiler und der oberflächennahe Bereich stärker belastet (c empirischer Faktor)

lerenergie begünstigt. Die Warmfestigkeit wird dabei nicht nur durch Ausscheidungen, die durch eine Wärmebehandlung erzeugt worden sind, erreicht, sondern im besonderen auch durch die Ausscheidungen, die sich erst im Verschleißprozeß in der verformten Randzone bilden. Der günstige Einfluß der verschleißbedingten zusätzlichen Ausscheidungen ist für den gesamten Temperaturbereich von Bedeutung. Oberhalb des Maximums sind sie verschleißbestimmend. Obwohl sie kleiner sind, als die eutektischen Hartphasen, stabilisieren sie die Randzonen viel wirkungsvoller gegenüber der Verformung aus dem Verschleißprozeß, da keine Vorschädigung durch Zerbrechen auftritt (Bild B.1.33). Aufgrund der Tatsache, daß sie während der Verformung der Randzone an den

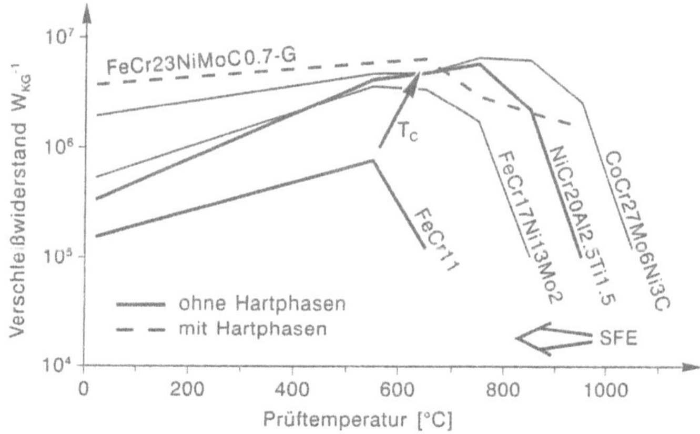

Bild B.1.33 Widerstand gegen Korngleitverschleiß W_{KG}^{-1} in Abhängigkeit von der Prüftemperatur (s. Bild B.1.4): Durch Auflösen eutektischer Hartphasen (Schwächung) und Bildung von Ausscheidungen (Stärkung) in der verformten Verschleißfläche wird die kritische Temperatur T_C von Fe-Basiswerkstoffen mit hoher Stapelfehlerenergie SFE beim Gußeisen FeCr23NiMoC0.7-G zu höheren Temperaturen verschoben

Kreuzungspunkten von Gleitbändern ausgeschieden werden, behindern sie die Versetzungen beim Klettern und Quergleiten. Hierdurch wird ein deutlicher Gewinn an Verfestigung erreicht. Das Beispiel in Bild B.1.33 zeigt, daß auch bei kubischraumzentrierter Eisen-Basismatrix mit sehr hoher Stapelfehlerenergie aufgrund dieser verformungsangepaßten Ausscheidung hohe kritische Temperaturen erreichbar sind.

Zusammenfassend ergibt sich aus Bild B.1.29 für den Bereich $T \leq T_C$ ein stationäres und für $T > T_C$ ein instationäres Verschleißverhalten, das technisch in der Regel nicht mehr tragbar ist. Damit gewinnt neben dem maximalen Verschleißwiderstand vor allem die Höhe der kritischen Temperatur T_C eine besondere Bedeutung für die Anwendung.

B.1.2.3

Andere Verschleißarten

Erosionsverschleiß: Gaserosion in Turbinen oder in Öfen zur Wirbelschichtfeuerung können zu hohen Verschleißverlusten führen. Wegen der zum Teil hohen Temperatur und der hohen Partikelgeschwindigkeit wird die Verschleißbeständigkeit auf die Stabilität der Oxidschichten zurückgeführt. Grundsätzlich wirken alle Verschleißmechanismen, wobei die Oberflächenzerrüttung und die Abrasion besondere Bedeutung haben. Es gibt bis heute kein allgemein gültiges Modell, welches das Verschleißverhalten beschreibt. Man geht davon aus, daß die Verschleißbeständigkeit der Metallmatrix von den gleichen Mechanismen abhängt, wie bei Abrasion, wenngleich viel höhere Verformungsgeschwindigkeiten vorliegen. So sollen Hartphasen mit zunehmender Bruchzähigkeit verschleißbeständiger sein. Es ergibt sich aber aufgrund der Vielzahl der Anwendungsfälle eine sehr starke Systemabhängigkeit. So führen z.B. bei einer Oberflächentemperatur von 400 °C kalte Verschleißpartikel zu einer Schichtbildung und vollständigen Unterdrückung des Verschleißabtrages, wohingegen heiße Partikel bei gleicher Temperatur katastrophales Versagen von warmfesten Stählen nach sich ziehen [B.1.5].

Gleitverschleiß: Gleitverschleiß tritt bei hohen Temperaturen, z.B. in Ofenrosten von Müllverbrennungsanlagen auf, wobei durch Asche ein Korngleitverschleißanteil hinzukommt. Auch hier spielen die Oxidation der Oberfläche und die Stabilität der Oxidschichten eine besondere Rolle. Tribooxidation und Abrasion sind die wichtigsten Verschleißmechanismen. Die Beeinflussung der Stabilität der Oxidschichten durch Hartphasen ist – wie schon beim Erosionsverschleiß – nicht geklärt. Sind die Oxidschichten sehr dick (> 0.1 mm), sollten sich Hartphasen günstig auf das Verschleißverhalten auswirken, da sie zu einer Verformungsbehinderung führen. Bei sehr dünnen Oxidschichten (< 0.01 mm) sind Hartphasen aber eher nachteilig, da sie nach Ausbrechen schützende Schichten mittels Abrasion abtragen.

Die Bildung der Oxidschichten selbst kann in der Regel aber nicht zur Optimierung herangezogen werden, da sie von zu vielen Parametern, die örtlich unterschiedlich sind, abhängen. Dennoch enthalten entsprechende Werkstoffe nur in seltenen Fällen Hartphasen, außer, wenn diese für Notlaufeigenschaften zur Vermeidung von Adhäsion wichtig sind. Bei dicker Oxidschicht gleiten die Werkstoffe von Grund- und Gegenkörper nicht selbst aufeinander, so daß in dem Fall Hartphasen eigentlich nicht mehr erforderlich sind.

B.1.2.4
Werkstoff und Herstellung

Abrasion und Oberflächenzerrüttung sind die Mechanismen, die im Hochtemperaturbereich berücksichtigt werden müssen. In einigen Systemen ist die tribochemische Reaktion und hier besonders die Tribooxidation von Interesse.

Abrasion

Die Mechanismen bei Abrasion im Hochtemperaturbereich sind denen bei Raumtemperatur gleich. Es ist aber darauf zu achten, daß sich die Gefüge mit der Zeit, der Temperatur und der Verformung ändern. Eutektische Hartphasen gehen z.B. aufgrund der mechanischen Aktivierung z.T. schon bei relativ niedrigen Temperaturen in Lösung. Die Stützwirkung durch die Metallmatrix ist ausschlaggebend für das Verschleißverhalten (Bild B.1.34). Bei Temperaturen $< 0.6 \cdot T_m$ reicht die Festigkeit der Matrix aus, die Hartphase genügend zu stüt-

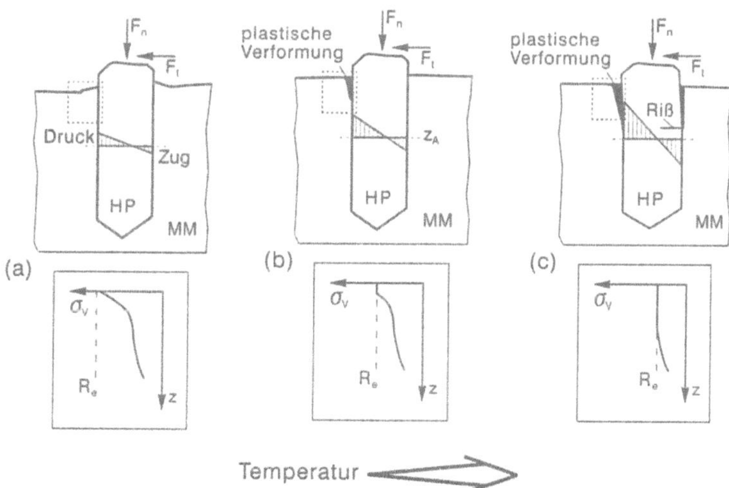

Bild B.1.34 Rißbildung in länglichen Hartphasen HP durch Korngleitverschleiß: Mit zunehmender Temperatur T sinkt die Fließgrenze R_e der Metallmatrix MM. Die Stützwirkung läßt nach, so daß grobe Hartphasen aufgrund der größeren plastischen Verformung in der Metallmatrix auf der Zugseite stärker belastet werden und brechen. (σ_V Vergleichsspannung, F_n Normalkraft, F_t Tangentialkraft, z Abstand zur Verschleißfläche)

zen. Die durch die Belastung in der Matrix entstandene Vergleichsspannung σ_V ist kleiner, als ihre Fließgrenze R_e. Sie sinkt aber mit zunehmender Temperatur allmählich, so daß die plastische Verformung tiefer in das Material hineingetragen wird. Hierdurch steigt in der Kontaktsituation das resultierende Biegemoment auf die Hartphasen, so daß sie bei einer bestimmten Temperatur brechen. Aus dieser Darstellung läßt sich darüber hinaus ableiten, daß stengelige Hartphasen, wie sie z.B. als M_7C_3-Karbide in Gußlegierungen vorkommen, senkrecht zur Verschleißfläche nicht günstig für das Verschleißverhalten sind.

Oberflächenzerrüttung

Auch bei der Oberflächenzerrüttung läßt sich der Verschleiß entsprechend den Vorgängen bei Raumtemperatur beschreiben. Günstig sind solche Hartphasen, die neben einer hohen mechanischen Stabilität (hohe Härte) eine hohe Bruchzähigkeit aufweisen. Daneben ist auch hier die Stützwirkung der Metallmatrix ausschlaggebend. Ist sie nicht ausreichend, so zerbrechen die Hartphasen. Aufgrund der günstigen mechanischen Eigenschaften ist eine möglichst gleichmäßige Verteilung der Hartphasen, wie man sie durch eine pulvermetallurgische Herstellung erreichen kann, von Vorteil. Dabei ist darauf zu achten, daß die Metallmatrix zwischen den Hartphasen nicht durch sehr kleine Partikel ausgewaschen werden kann. Aus diesem Grunde ist auch hier die Verschleißbeständigkeit der Metallmatrix nicht zu vernachlässigen. Bei sehr groben angreifenden Partikeln ist dagegen zur Erzielung einer möglichst hohen Bruchzähigkeit eine weichere und zähere Metallmatrix vorzuziehen.

Schichtbildung durch tribochemische Reaktionen

Aufgrund der hohen Schubspannungen in der Verschleißfläche können Hartphasen zerbrechen. Dies gilt im besonderen für die feinen, länglichen eutektischen Hartphasen. Auf diese Art entstehen mechanisch instabile Randzonen, die nicht in der Lage sind, oberflächig gebildete Schichten zu stützen. Da diese Schichten in der Regel verschleißhemmend wirken, sind derartige Hartphasen als nachteilig anzusehen. Hier ist eine Dispersion von groben Hartphasen günstiger, da diese die Verformungen stärker behindern und so die Randzonen stabilisieren. Die Auswahl der Hartphasen sollte sich dabei nach ihrem Oxidationsverhalten richten. So ist z.B. das NbC nicht so oxidationsbeständig wie das Chromkarbid vom Typ M_7C_3.

Auswahl

Die hier vorgestellte Wechselwirkung zwischen abrasiv wirkenden Teilchen und Gefügebestandteilen bei hoher Temperatur führt zu sehr unterschiedlichen Verschleißerscheinungsformen. Einmal können durch die Wirkung von Abrasion Furchen oder durch die Wirkung von Indentation Eindrückungen entstehen, während verschlissene abrasive Teilchen Schichten bilden. Unabhängig von diesen Mechanismen ist die mechanische Stabilität der Metallmatrix, ausgedrückt durch die Warmhärte, sowie ihrer Verfestigungs- und Verformungsfähigkeit von ausschlaggebender Bedeutung. Die Hartphasen, die in der Regel aufgrund ihrer überwiegend keramischen Eigenschaften kaum verformungsfähig sind, sollten eine hohe Härte und Bruchzähigkeit besitzen. Die Wirksamkeit der Hartphasen hängt dabei von ihrer Größe im Vergleich zur Verschleißspur ab. Sie sollten daher in der Regel größer sein als die Spurbreiten. Sind sie kleiner, so sind besonders stengelige, eutektische Hartphasen nicht so günstig, da sie Mikrospanen begünstigen. Steigt die Temperatur, so sinkt die Festigkeit der Metallmatrix. Hier sind Werkstoffe mit einer hohen Warmfestigkeit vorzuziehen. Diese sollte so hoch sein, daß das Härteverhältnis von Metallmatrix und angreifenden abrasiven Teilchen im gesamten Temperaturbereich zu einem Tribosystem führt, das sich in der Hochlage des Verschleißwiderstandes befindet.

Gußwerkstoffe können eutektische und primäre Hartphasen enthalten. Sollten sich in bestimmten Tribosystemen besonders die eutektischen Hartphasen als nachteilig erweisen, so kann man durch die Zugabe von Legierungselementen, die zusätzliche primäre Hartphasen wie NbC oder TiC bilden, das Verschleißverhalten verbessern. Der Gehalt und die Verteilung von groben Hartphasen sollte dabei so eingerichtet werden, daß die Bruchzähigkeit der Gesamtlegierung nicht zu stark sinkt.

Eine pulvermetallurgische Herstellung bietet viel mehr Freiheitsgrade, wenngleich die Werkstoffe in der Regel deutlich teurer sind (s. Abschn. A.1.3). Durch die Wahl der entsprechenden Hartphasen- und Matrixpulver lassen sich die Hartphasen sowohl in ihrer Größe (5–150 µm) als auch in ihrem Volumengehalt (20–60 Vol%) variieren (Bild A.1.5), um das jeweils optimale Verhältnis zwischen Härte und Bruchzähigkeit einzustellen. Zusätzlich können besonders für Hochtemperaturbereich ausscheidungsfähige Matrizes eingesetzt werden.

Mechanische Eigenschaften

CHRISTOPH BROECKMANN

Hartlegierungen und -verbundwerkstoffe werden zwar vorwiegend aus Gründen des Verschleißschutzes eingesetzt, doch müssen Bauteile aus diesen Werkstoffen häufig auch mechanische Lasten aufnehmen, ohne durch Bruch oder unzulässige plastische Verformung zu versagen. Deshalb sind neben den tribologischen auch die mechanischen Eigenschaften von Bedeutung. Für das mechanische Werkstoffverhalten ist es unerheblich, ob der Werkstoff schmelzmetallurgisch oder durch Zusammenfügen von festen Bestandteilen hergestellt wurde. Wichtig ist das durch einen bestimmten Fertigungsprozeß festgelegte Werkstoffgefüge, also der Volumengehalt, die Art, Größe und Verteilung der Hartphasen, sowie die Härte der Matrix. Deshalb wird in diesem Kapitel die Unterscheidung zwischen Hartlegierung und Hartverbunden teilweise aufgegeben und generell von Verbundwerkstoffen gesprochen.

Mechanische Lasten können quasistatisch oder schwingend auftreten. Häufig erfolgt die Beanspruchung bei Raumtemperatur, oft aber auch bei erhöhter Temperatur, die z.B. bei der Verarbeitung von Eisenerz durchaus 500 °C bis 850 °C erreichen kann. Je nach Gestalt des Bauteils stellt sich ein homogener oder inhomogener, ein einachsiger oder ein mehrachsiger Spannungszustand ein. Inhomogene, mehrachsige Spannungsverteilungen findet man etwa an Kerben oder Querschnittsübergängen. Der Werkstoff reagiert auf die mechanische Beanspruchung mit Verformung oder Bruch. Die makroskopische Verformung ist zunächst elastisch, oberhalb der Fließgrenze tritt zusätzlich eine bleibende, plastische Formänderung auf. Die bleibende Verformung wird mit zunehmender Temperatur zeitabhängig, was als viskoplastisches Verhalten oder Kriechen bezeichnet wird. Beim Bruch wird das Versagen unter quasistatischer Belastung vom Ermüdungsbruch unterschieden und bei erhöhter Temperatur der Kriech- vom Kriechermüdungsbruch. Die genannten Werkstoffreaktionen werden durch verschiedene Werkstoffeigenschaften charakterisiert. In diesem Kapitel wird der Zusammenhang zwischen dem Gefüge der Hartlegierungen und -verbundwerkstoffe und diesen mechanischen Eigenschaften vorgestellt. Da allgemeine werkstoffwissenschaftliche Grundkenntnisse vorausgesetzt werden, wird ausschließlich der Aspekt der Mehrphasigkeit behandelt.

Hartlegierungen und -verbundwerkstoffe werden vereinfacht als grob zweiphasige Werkstoffe, bestehend aus Hartphasen (HP) und Metallmatrix (MM) gesehen (s. Tab. B.2.1). Im Zusammenhang mit dem mechanischen Verhalten soll ein Werkstoff dann als grob zweiphasig gelten, wenn in jeder Phase ein ortsunabhängiges Fließkriterium formuliert werden kann [B.2.1]. Bei den hier interessierenden Werkstoffen ist eine solche kontinuumsmechanische Behandlung der Phasen für Hartstoffteilchen mit d $\geq$ 0.6 µm gerechtfertigt. Die Eigenschaften innerhalb der Hartphasen und innerhalb der Matrix werden als konstant angenommen. An der Grenzfläche kommt es zu einem Eigenschaftssprung. Somit führen die Hartphasen zu Inhomogenitäten in der Spannungs- und Dehnungsverteilung, die eine lokale Veränderung des Mehrachsigkeitsgrades bewirken. Der Mehrachsigkeitsgrad ζ, eine Größe, die bei der Entstehung von Mikroschädigungen eine bedeutende Rolle spielt, ist definiert als Verhältnis von hydrostatischer Spannung σ_h zur Vergleichsspannung σ_v nach v. Mises. Hartphasen sind sehr spröde Teilchen, die oftmals schon bei niedriger Last versagen und somit zu lokalen Schädigungen im Bauteil führen. Danach wird die Lebensdauer allein durch die Zähigkeit der Matrix bestimmt.

Die Einflüsse von Hartphasen und Metallmatrix auf die mechanischen Eigenschaften wurden mit experimentellen und numerischen Methoden untersucht. Neben den klassischen Verfahren der mechanischen Werkstoffprüfung und experimentellen Bruchmechanik wurden umfangreiche rasterelektronenmikroskopische Untersuchungen durchgeführt, um Erkenntnisse über den mikroskopischen Versagensablauf zu erlangen. Die numerische Simulation erfolgte mit der Methode der finiten Elemente (FEM). Das benutzte Programm basiert auf einer FORTRAN-Quelle [B.2.2], welche zur Simulation des Gefüges weiterentwickelt wurde. Die Berechnung ebener Strukturen ist möglich, wobei eine geometrisch lineare und eine physikalisch nichtlineare Theorie genutzt wurde. Der Werkstoff wird elastisch-plastisch orthotrop beschrieben. Die plastische Orthotropie wird über die Hill'sche Fließbedingung berücksichtigt. Viskoplastisches Verhalten wird nach Perzyna [B.2.3] modelliert. Der Bruch und die Ablösung von Hartphasen werden ebenso simuliert, wie die duktile und spröde Rißausbreitung in der Matrix [10].

B.2.1

Elastische Verformung

Hartlegierungen zeichnen sich durch eine hohe Fließgrenze und eine relativ niedrige Zähigkeit aus. Deshalb werden verschleißbeanspruchte Werkzeuge so ausgelegt, daß ein Betrieb im elastischen Zustand sichergestellt ist. Daher ist die Kenntnis des elastischen Verformungsverhaltens von Bedeutung. In einem isotropen Werkstoff reichen zwei Konstanten für die Beschreibung des Zusammenhangs von Spannungs- und Dehnungszustand aus, häufig werden der Elastizitätsmodul E und die Querkontraktionszahl ν gewählt. Reagiert der Werkstoff anisotrop, werden diese Konstanten richtungsabhängig.

Der Elastizitätsmodul ist ein Maß für die atomaren Bindungskräfte. In Hartphasen auftretende kovalente Bindungsanteile führen grundsätzlich zu einem

Tabelle B.2.1 Mechanische Eigenschaften

Hartlegierungen und Hartverbundwerkstoffe

Werkstoff	f_{HP} [Vol%]	Härte [HV 30]	R_{bB} [MPa]	K_{Ic} [MPa·m$^{1/2}$]
FeCr12V1Mo1C1.6[a]	12	768	1480	36
FeCr12C2.1–U[b]	16	770	1490	20
FeCr12V2MoC2.2–P	17	750	–	20
FeW6Mo5Cr5V2C1.3	16	876	2950	18
FeCr32C2.7B2.3	49	1045	470	16
FeCr38C6.3B0.6	89	1040	–	9
FeCr42B3.6C1.4	47	1145	312	13
FeCr9C2.8B1.3	41	1005	772	13
FeCr33Nb8C5.5	55	674	–	13
NiCr15Fe10Si4B3.2C0.9	27	700	–	19
NiCr7Si5Fe3B3.0	21	685	–	24
NiCr8Nb8Fe4Si4Al3C0.2	11	483	–	32
FeNi2Cr1MoVC0.6+CrB$_2$[c]	12	644	1550	31
FeNi2Cr1MoVC0.6+CrB$_2$[c]	31	647	890	28
FeNi2Cr1MoVC0.6+TiB$_2$[d]	22	403	880	19
FeNi2Cr1MoVC0.6+TiB$_2$[d]	34	406	–	15
AB1[e]	17	878	2659	16
AB2[e]	17	889	3000	15
PMS[e]	16	900	3247	11
PMSA[e]	30	997	2775	10

Matrixwerkstoffe

Werkstoff	Härte [HV 30]	R_m [MPa]	K_{Ic} [MPa·m$^{1/2}$]
FeCr1MnVC0.5	548	1858	35
FeNi2Cr1MoVC0.6	530	1800	56
FeNi2Cr1MoVC0.6	660	3750[f]	33
FeCr5Mo1VC0.4	460	1517	58
NiCr5Fe5Al4Si3Nb3B0.1	430	–	53

R_{bB} Biegebruchfestigkeit, R_m Zugfestigkeit, K_{Ic} Bruchzähigkeit, f_{HP} Hartphasengehalt
a Restaustenitgehalt $\approx$ 13 %.   b Probenlage L–T.
c Dispersion von Hartphasen.   d Hartphasennetz.
e Werkstoffbezeichnung s. Kap. D.4.   f Biegebruchfestigkeit.

höheren Elastizitätsmodul als in der metallischen Matrix, in der die metallische Bindung vorliegt (Tabelle B.4.1). Den Anwender interessieren nicht die Eigenschaften der Gefügebestandteile, sondern das makroskopische Verhalten des Verbundes. Die Unterschiede in den elastischen Konstanten führen zu einer inhomogenen Verteilung von Spannung und Dehnung im Verbundwerkstoff. Die Kenntnis dieser Verteilung ist erforderlich, um den Elastizitätsmodul des Verbundes vorhersagen zu können.

Eine grobe Näherung stellen die sogenannten Mischungsregeln dar. Sie gelten nur für endlos lange Fasern, die entweder parallel (lineare Mischungsregel nach Voigt) oder in Reihe (inverse Mischungsregel nach Reuss) belastet werden. Ana-

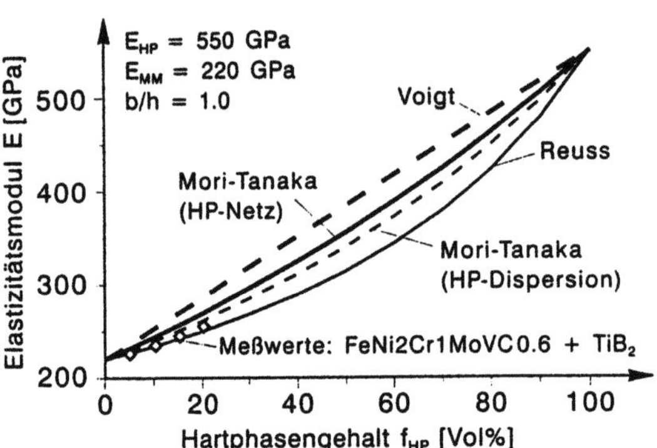

Bild B.2.1 Vergleich verschiedener mikromechanischer Modelle zur Bestimmung des E-Moduls von Verbundwerkstoffen. Das Mori-Tanaka-Modell wurde für ein Längenverhältnis der Teilchen von b/h = 1.0 angewendet. Eingetragen sind Meßwerte des Hartverbundwerkstoffes FeNi2Cr1MoVC0.6 + TiB_2

lytische Überlegungen von Eshelby [B.2.4] zur Spannungsverteilung um einen kugelförmigen Einschluß begründeten das Fachgebiet der Mikromechanik. Weitergehende Arbeiten berücksichtigen auch die Wechselwirkung der Einschlüsse untereinander. Als Beispiel sei das Modell von Mori-Tanaka [B.2.5] genannt. Die Eshelby-Mechanik erlaubt es, engere Schranken für das Werkstoffverhalten zu formulieren. In Bild B.2.1 sind die drei Modelle auf das System FeNi2Cr1MoVC0.6 + TiB_2 angewendet worden. Unter der Annahme eines E-Moduls der Hartphasen von E_{HP} = 550 GPa [B.2.6] kann der E-Modul des Verbundes abgelesen werden. Mit dem Mori-Tanaka-Modell kann auch der Einfluß der Hartphasenverteilung untersucht werden. Aus Bild B.2.1 wird deutlich, daß ein Hartphasennetz zu einem steiferen Verbund führt als eine Dispersion. Die verteilungsbedingten Unterschiede liegen aber im Bereich von $\leq$ 5 % und können deshalb meistens vernachlässigt werden. Ausschlaggebende Faktoren für die elastischen Eigenschaften sind die Volumengehalte der Gefügebestandteile, deren elastische Konstanten und, wie nachfolgend gezeigt, die Form und Orientierung der Teilchen. Letzteren Einfluß zeigt Bild B.2.2. Das Längenverhältnis

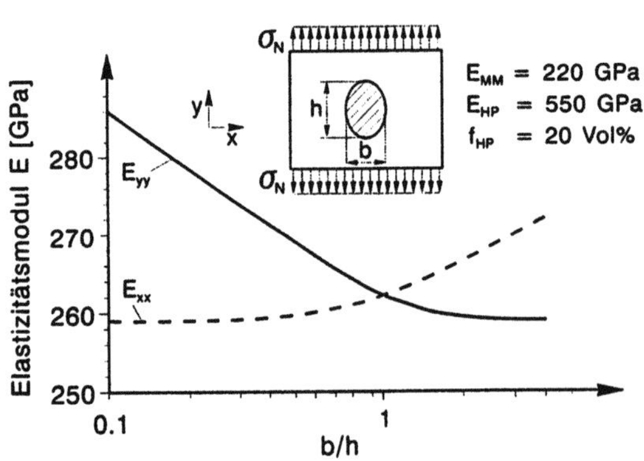

Bild B.2.2 Einfluß der Hartphasenform (Längenverhältnis b/h) auf die Anisotropie der elastischen Konstanten. Die Berechnung erfolgte mit dem Modell von Mori-Tanaka

eines Teilchens ist als Verhältnis von quer zu längs der Lastrichtung gemessener Teilchengröße b/h definiert. Je mehr b/h von 1 abweicht, um so deutlicher entwickelt sich eine Anisotropie im elastischen Verhalten des Verbundes. Die Elastizitätsmoduli müssen dann für verschiedene werkstoffbezogene Richtungen angegeben werden. Häufig wird die Anisotropie durch eine regellose Orientierung der Hartphasen makroskopisch ausgeglichen. In einigen Fällen jedoch, zum Beispiel im warm umgeformten Gefüge, muß bei der Auslegung mit richtungsabhängigen elastischen Konstanten gerechnet werden.

Zwar eignen sich die oben genannten Modelle, die Eigenschaften von Verbundwerkstoffen vorherzusagen, in der Praxis scheitert ein solches Vorgehen allerdings häufig daran, daß die elastischen Konstanten der Gefügebestandteile nicht bekannt oder die Legierungssysteme zu komplex sind. Als Beispiel dafür seien die Hartauftragschweißlegierungen der Systeme Fe-Cr-C-B und Fe-Cr-Mn-C-B genannt. Bild B.2.3 zeigt für verschiedene Legierungen den im Dreipunktbiegeversuch gemessenen Elastizitätsmodul als Funktion des Hartphasengehaltes. Auf der Abszisse sind die Gehalte primärer und eutektischer Hartphasen zusammengefaßt worden. Art und Menge der primären Teilchen sind ebenfalls im Diagramm angegeben. Man sieht, daß bei einem gleichen Hartphasengehalt durch geeignete Wahl von Art und Aufteilung der Hartstoffe die elastischen Konstanten in einem weiten Bereich variiert werden können. Die Mikrohärtewerte der angegebenen Hartphasen sind Bild A.2.1 zu entnehmen. So kann auf die Reihenfolge der E-Moduli der Teilchen geschlossen werden. Gemessene Elastizitätsmoduli einiger Hartphasen sind in Tabelle A.3.1 angegeben.

Mit zunehmender Temperatur nehmen die atomaren Bindungskräfte ab, wodurch der Elastizitätsmodul sinkt. Das gilt sowohl für die Hartphasen als auch für die Metallmatrix. Der E-Modul des Verbundes hängt also bei Hochtempera-

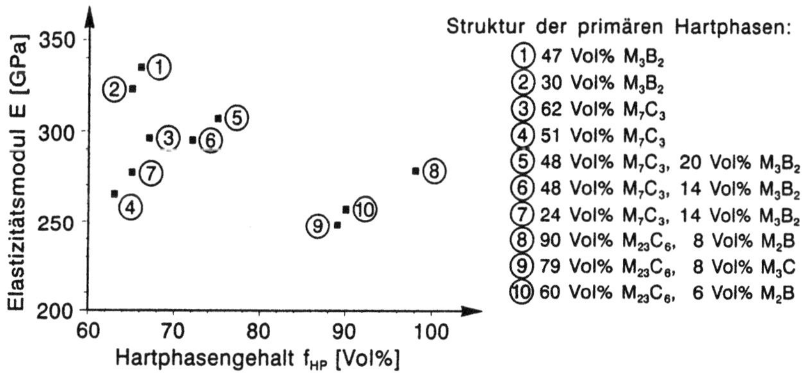

Bild B.2.3 Elastizitätsmoduli von Hartauftragsschweißlegierungen in Abhängigkeit vom Volumengehalt primärer und eutektischer Hartphasen. Die Tabelle gibt Auskunft über den Anteil primärer Hartphasen vom gesamten Hartphasengehalt und über die Art der primären Hartphasen

turanwendungen vom temperaturabhängigen Verhalten der Gefügebestandteile ab. Dieses zu bestimmen, ist sehr aufwendig. Deshalb liegen erst wenige Daten zu elastischen Konstanten von Hartphasen bei erhöhter Temperatur vor. Durch die Anwendung der Mikroindentationstechnik (s. Abschn. A.3.1.1) kann diese Datenbasis zukünftig allerdings ausgebaut werden.

B.2.2
Plastische Verformung

B.2.2.1
Plastische Verformung bei Raumtemperatur

Da Fließ- und Bruchgrenze oft dicht beisammen liegen, wird man bei der Auslegung von Werkzeugen und verschleißbeständigen Bauteilen immer mit einer hohen Sicherheit gegen plastische Verformung der eingesetzten Hartlegierungen dimensionieren. Das heißt, man wird weit unterhalb der Fließgrenze arbeiten. Dabei gilt es zu bedenken, daß die üblicherweise für Strukturwerkstoffe benutzte Dehngrenze $R_{p0.2}$ bei Hartlegierungen häufig gar nicht erreicht wird. Wenn hier von der makroskopischen Fließgenze gesprochen wird, so ist die Feindehngrenze, etwa $R_{p0.01}$, gemeint. Es ist wichtig, die plastische Verformung dieser Werkstoffgruppe zu diskutieren, denn aufgrund der Gefügeinhomogenitäten treten lokal plastische Bereiche auf, selbst wenn makroskopisch noch keine bleibende Verformung meßbar ist. Diese lokalen Effekte haben eine erhebliche Auswirkung auf die Rißentstehung und -ausbreitung, wie in den nachfolgenden Abschnitten gezeigt wird. Die plastische Formgebung bei der Herstellung der Bauteile (Warmumformung) ist nicht Thema dieses Kapitels.

Die harten keramischen Teilchen reagieren auf eine mechanische Beanspruchung linear elastisch. Die Matrix beginnt beim Erreichen ihrer Fließgrenze in der Nähe der Hartphasen zu fließen. Dort kommt es dabei zu einer Verfestigung der Matrix. Diese Verfestigung resultiert aus einer erhöhten Versetzungsdichte aufgrund geometrisch erzwungener Versetzungen, die erzeugt werden müssen, um die Verformungsdifferenz zwischen der quasi-starren Hartphase und der Matrix auszugleichen [B.2.1]. Schematisch ist dieser Vorgang in Bild B.2.4a dargestellt. Experimentell kann die erhöhte Versetzungsdichte in der Nähe der Hartphasen durch Elektronenmikroskopie nachgewiesen werden (Bild B.2.4b). Aus der Sicht der Kontinuumsmechanik steigt die Mehrachsigkeit in der Matrix an der Phasengrenze an, was zu einer Abnahme der v. Mises-Vergleichsspannung, und damit verbunden zu einer Fließbehinderung, führt. Die mit der FE-Methode berechnete Dehnungsverteilung an einer Hartphase zeigt Bild B.2.4c.

Bei Teilchen mit einem niedrigen Längenverhältnis b/h kommt es zu einer zusätzlichen Belastung der Hartphase aufgrund der Dehnungskompatibilität an der Grenzfläche. Dieser Effekt ist als Fasereffekt bekannt und führt zu einem Spannungsmaximum in der Mitte des Teilchens (Bild B.2.5). Plastische Verformungen der Matrix führen also zu hohen Spannungen in der Hartphase.

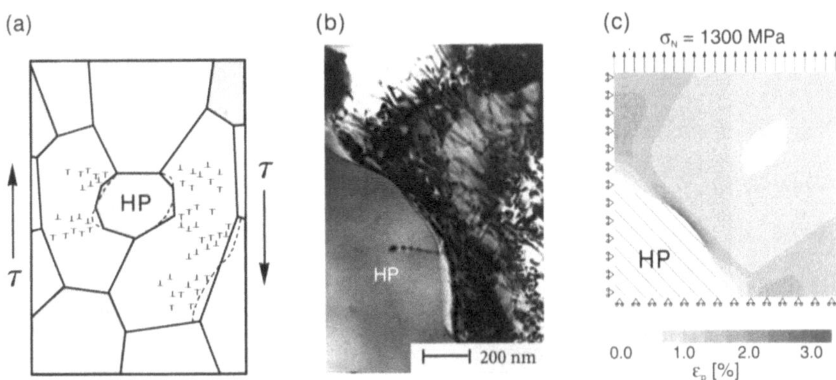

Bild B.2.4 Bildung geometrisch erzwungener Versetzungen bei der plastischen Verformung aufgrund der Dehungsbehinderung an harten Teilchen, **(a)** schematisch (nach H. Fischmeister), **(b)** TEM-Aufnahme von Versetzungskonzentrationen an einem Karbid in der Hartlegierung FeW6Mo5Cr5V3C1.3-P nach plastischer Verformung, **(c)** Verteilung der plastischen Vergleichsdehnung in der Metallmatrix an einer Hartphase (FEM-Simulation)

Bei einem Gehalt unterhalb $f_{HP} = 1$ Vol% gibt es keine Beeinflussung der Hartphasen untereinander [B.2.7]. Bei höheren Volumengehalten treten Wechselwirkungen der Teilchen auf. Es kommt zu Dehnungskonzentrationen in Bereichen hoher Hartphasendichte. Bild B.2.6 zeigt das Ergebnis der FE-Berechnung eines Gefügeausschnittes der Legierung FeCr12C2.1-U unter mehrachsiger Zugbeanspruchung. Die plastisch verformten Bereiche bilden Brücken zwischen den einzelnen Karbiden.

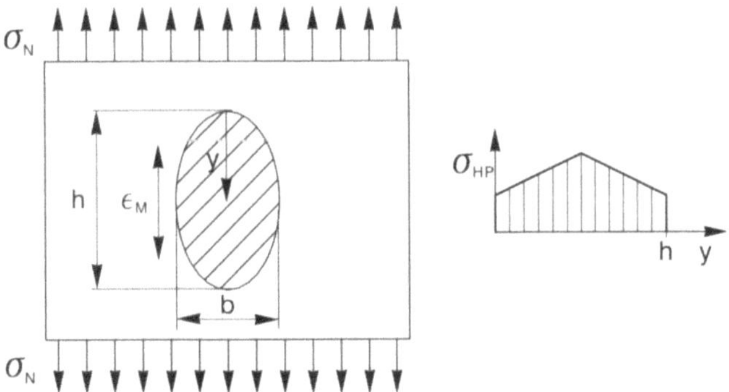

Bild B.2.5 Spannungsverlauf in der Hartphase (Fasereffekt). Die plastische Dehnung der Matrix ε_M führt aufgrund der Dehnungskompatibilität an der Grenzfläche zur elastischen Dehnung der Hartphase und damit zu einer im Vergleich zur Matrix hohen Normalspannung σ_{HP} in der Hartphase

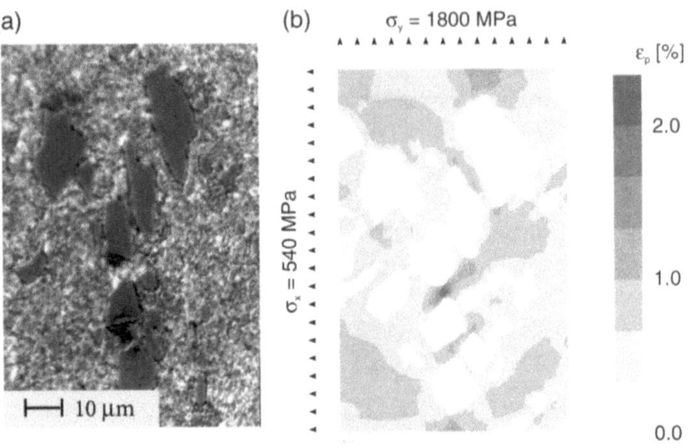

Bild B.2.6 Konzentration plastischer Verformung in Matrixbrücken zwischen Hartphasen, **(a)** Gefüge von FeCr12C2.1-U, **(b)** FE-Simulation der plastischen Vergleichsdehnung

B.2.2.2

Plastische Verformung bei erhöhter Temperatur

Mit zunehmender Prüftemperatur ändert sich die plastische Verformung metallischer Werkstoffe. Einerseits hängen die Werkstoffparameter, welche die Verformung quantitativ beschreiben, von der Temperatur ab, andererseits ist der Mechanismus der Hochtemperaturverformung selbst zeitabhängig. Diese Abhängigkeit von der Zeit äußert sich im dehnungsgesteuerten Zugversuch in Form eines Geschwindigkeitseinflusses auf die Fließgrenze und das Verfestigungsverhalten. Unter konstanter Spannung beginnt der Werkstoff zu kriechen, bei konstanter, aufgeprägter Dehnung relaxiert er. Diese Effekte treten bei einem Verbundwerkstoff genau so auf, wie bei einem einphasigen Material.

Als Beispiel für die Temperaturabhängigkeit der Fließgrenze ist in Bild B.2.7 die Dehngrenze $R_{p0.2}$ im Bereich von 700 °C $\leq$ T $\leq$ 900 °C für verschiedene Hartlegierungen und Matrixwerkstoffe dargestellt. Die Werte wurden im Druckversuch bei einer Dehnungsgeschwindigkeit von $6.7 \cdot 10^{-3}$ s^{-1} ermittelt.

Der Einfluß der Zeit kann im einachsigen Kriechversuch untersucht werden. Allgemein findet man drei Bereiche der Kriechkurve, das primäre, durch Verfestigung charakterisierte Kriechen, den sekundären Kriechbereich mit der minimalen Dehnungsgeschwindigkeit $\dot{\varepsilon}_{min}$ und das durch Entfestigung und lokale Schädigung bestimmte tertiäre Kriechen. Die Spannungsabhängigkeit der Dehngeschwindigkeit läßt sich zum Beispiel durch ein Exponential- oder Potenzgesetz beschreiben. Eine umfassende Untersuchung der Hochtemperaturverformung von Hartlegierungen ist bisher nicht erfolgt, so daß hier nur die wichtigsten Einflußgrößen genannt werden sollen. Von der Beanspruchungssei-

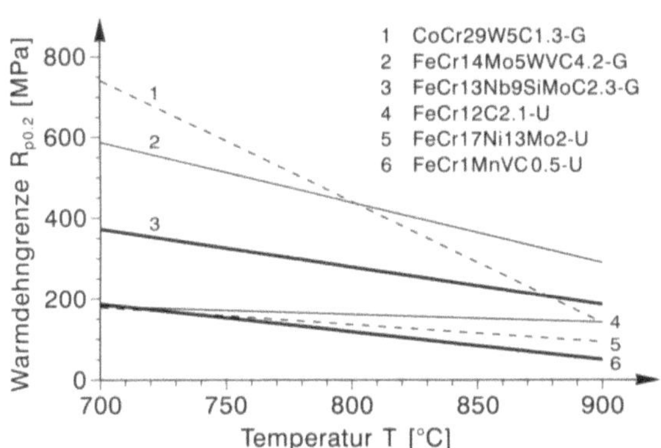

Bild B.2.7 Dehngrenze verschiedener Hartlegierungen in Abhängigkeit von der Prüftemperatur

te sind dies die Temperatur, die Höhe der Spannung und der Spannungszustand. Auf der Gefügeseite sind die Beiträge der groben Hartphasen vom Einfluß der Matrix auf die Kriechgeschwindigkeit zu unterscheiden. Die Hartphasen, deren Verhalten bei Hochtemperatur nicht mehr in jedem Fall als linear-elastisch angenommen werden kann, stellen große Hindernisse für die Verformung der Matrix dar. Die Festigkeit der Matrix wird durch den Mechanismus der Aushärtung angehoben. So erhalten die Schnellarbeitsstähle etwa ihren hohen Widerstand gegen Kriechen durch Ausscheidungen, die erst im Betrieb entstehen und wachsen [B.2.8].

Die FEM-Simulation eines Stückverbundes zeigt den Einfluß der Hartstoffteilchen auf die minimale Kriechrate des Verbundes. Die Hartphasen wurden

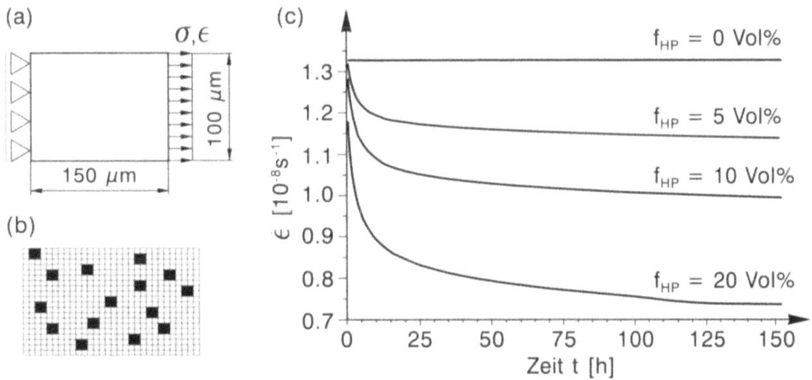

Bild B.2.8 Wirkung grober Hartphasen auf die minimale Dehngeschwindigkeit $\dot{\epsilon}_{min}$ im Kriechversuch (FEM-Simulation). Der Rechnung liegt ein Exponentialgesetz für den Zusammenhang von Dehnrate und Spannung in der Matrix zugrunde. Verfestigung im primären und Schädigung im tertiären Kriechbereich wurden nicht berücksichtigt. **(a)** Geometrie und Randbedingungen, **(b)** FE-Netz, **(c)** makroskopische Dehnrate $\dot{\epsilon}_{min}$ als Funktion der Zeit für unterschiedliche Hartphasengehalte

linear-elastisch modelliert und für die Matrix wurde die Gültigkeit eines Exponentialgesetzes mit den experimentell bestimmten Parametern der Legierung FeCr5Mo1VC0.4 angenommen (Bild B.2.8). Durch die Hartphasen wird die stationäre Kriechrate gesenkt. Die minimale Dehngeschwindigkeit des Verbundes wird allerdings erst später erreicht. Die Hartphasen führen also zu einer Verbesserung des Kriechwiderstandes, solange eine lokale Schädigung durch Bruch oder Grenzflächenablösung ausgeschlossen werden kann.

B.2.3

Bruch durch einsinnige Beanspruchung

Kann die mechanische Beanspruchung nicht mehr durch plastische Verformung abgebaut werden, versagt das Bauteil durch Bruch. Der Bruch erfolgt durch die Mechanismen Rißbildung und Rißausbreitung. Ein Riß kann sich stabil oder instabil ausbreiten. Beim Gewaltbruch laufen Bildung und Ausbreitung des Risses unmittelbar hintereinander ab. Beim Zeitbruch vergeht zwischen Rißbildung und der das Bauteil zerstörenden instabilen Rißausbreitung eine gewisse Zeit. Oft geht der Rißbildung eine anrißfreie Phase voraus. Ein Zeitbruch kann durch schwingende Beanspruchung, Korrosion oder durch Kriechen hervorgerufen werden.

Der Gewaltbruch glatter Proben wird durch die Bruchfestigkeit R_{bB} beschrieben, die bei harten Werkstoffen im Biegeversuch gemessen wird. Der Einfluß einer mehrachsigen Beanspruchung kann an gekerbten Proben untersucht werden. Ein scharfer Riß ist eine Kerbe mit unendlich kleinem Kerbradius. Den Widerstand gegen instabile Rißausbreitung beschreibt die Bruchzähigkeit K_{Ic}. Meßwerte der Biegebruchfestigkeit und der Bruchzähigkeit sind in Tabelle B.2.1 angegeben. Bei einer gegebenen Rißlänge a ist durch die Bruchzähigkeit eine kritische Nennspannung σ_C gegeben, bei deren Erreichen der instabile Bruch einsetzt. Diese Spannung hängt außer von der Rißlänge von der Bauteilgeometrie ab. Für einen Riß in der unendlichen Halbebene unter Zugspannung gilt [B.2.9]:

$$\sigma_C = \frac{K_{Ic}}{1{,}12\sqrt{\pi a}} \qquad (B.2.1)$$

In Bild B.2.9 wurde Gl. B.2.1 für zwei Werkstoffe ausgewertet. Die Spannung σ_c ist als Funktion der Rißlänge aufgetragen. Unterhalb einer kritischen Rißlänge wird das Bruchverhalten durch die Biegebruchfestigkeit beschrieben. Bei längeren Rissen muß eine bruchmechanische Betrachtung durchgeführt werden und die Bruchzähigkeit K_{Ic} bestimmt das Versagen des Bauteils. Wie aus Bild B.2.9 ersichtlich, sinkt diese kritische Rißlänge mit steigender Festigkeit und fallender Bruchzähigkeit (FeCr12C2.1: $a_c = 30\ \mu m$, FeNi2Cr1MoVC0.6 + HP: $a_c = 200\ \mu m$).

Den Einfluß der Hartphasenmenge auf die Biegebruchfestigkeit R_{bB} zeigt Bild B.2.10 für den Stückverbund FeNi2Cr1MoVC0.6 + HP. Mit zunehmendem Hartphasengehalt sinkt die Bruchgrenze des Verbundes [6]. Die Rißbildung beginnt in den Hartphasen, so daß mit zunehmender Teilchenzahl die Anzahl

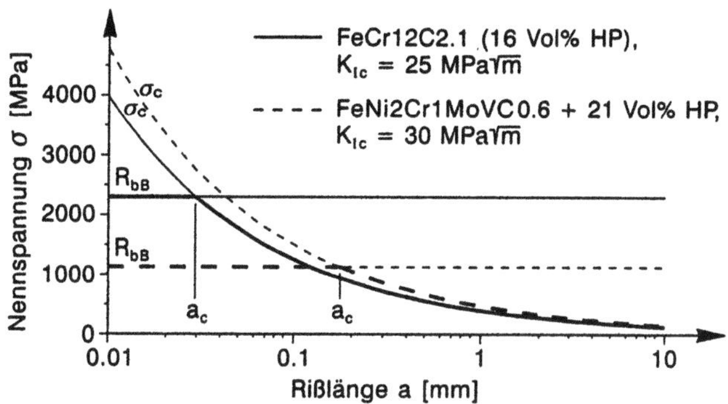

Bild B.2.9 Kritische Nennspannung σ_c, die beim Riß in der unendlichen Halbebene zur instabilen Rißausbreitung führt. Die Bruchzähigkeit K_{Ic} wurde im Dreipunktbiegeversuch ermittelt. Ist die Rißlänge kleiner als a_c, so bestimmt die Bruchfestigkeit des Werkstoffs das Versagen, ist der Riß länger, muß eine bruchmechanische Betrachtung durchgeführt werden

der potentiellen Rißentstehungsorte und der Mikrorisse ansteigt. Mit der Hartphasengröße steigt die Länge der Mikrorisse. Dadurch sinkt die Bruchfestigkeit. In Bild B.2.10 wird die Bruchfestigkeit einer Dispersion von Hartphasen mit der eines Hartphasennetzes verglichen. Im Netzgefüge verläuft der Bruch energiearm entlang der Hartphasen, in der Dispersion muß sich ein Riß durch die zähere Grundmasse ausbreiten. Als Folge liegt das Festigkeitsniveau des Hartphasennetzes niedriger als bei der Dispersion. Die hier diskutierten Abhängigkeiten wurden auch bei den ledeburitischen Chromstählen [5] und den Hartauftraglegierungen beobachtet [1].

Ein ungeschädigtes Bauteil im Sinne des oben Gesagten liegt in der Realität selten vor. Häufig entstehen bereits bei der Bearbeitung Riefen oder Fehler in der Oberfläche, deren Größe eine bruchmechanische Betrachtungsweise erfordert.

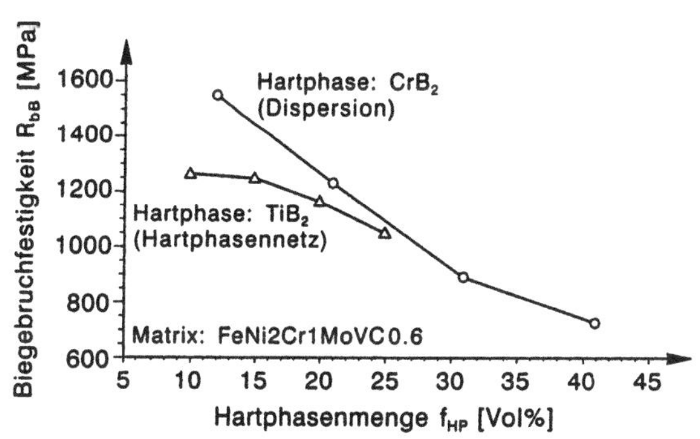

Bild B.2.10 Einfluß der Hartphasenmenge und Verteilung auf die Biegebruchfestigkeit R_{bB} des Hartverbundwerkstoffs FeCr2Ni1MoVC0.6 + HP

Deshalb wird die Rißausbreitung in den nächsten Abschnitten vertieft betrachtet und zwar zunächst unter einsinniger Beanspruchung. Abschn. B.2.4 beschäftigt sich mit der Rißausbreitung bei schwingenden Lasten.

Bevor der Gefügeeinfluß auf die Rißausbreitung behandelt wird, sollen an dieser Stelle einige bruchmechanische Größen kurz vorgestellt werden, ohne deren Verständnis die weiteren Ausführungen nicht nachvollziehbar sind. Die Bruchmechanik beschäftigt sich mit den Vorgängen der Rißentstehung und Rißausbreitung. Je nach Richtung der Relativbewegung beider Rißufer unterscheidet man drei Rißmodi, von denen hier – aufgrund der technischen Relevanz und der Menge der vorliegenden Ergebnisse – ausschließlich der Modus I betrachtet wird. Dabei öffnet sich der Riß unter der Wirkung einer Normalspannung senkrecht zur Rißebene.

Im linear-elastischen Kontinuum breitet sich ein Riß instabil aus, wenn die Energiefreisetzungsrate G_I den Rißwiderstand R erreicht. Ein anderes bruchmechanisches Konzept beschreibt die Spannungsverteilung vor einer Rißspitze mit Hilfe des Spannungsintensitätsfaktors K_I. Im Falle einsetzender instabiler Rißausbreitung nimmt K_I den kritischen Wert K_{Ic} an, der Bruchzähigkeit genannt wird. Neben dem Spannungsintensitätsfaktor und der Energiefreisetzungsrate wird in der Bruchmechanik das von Rice [B.2.10] eingeführte J-Integral als Größe benutzt, um die Beanspruchung der Rißspitze zu beschreiben. J kann als Änderung der potentiellen Energie bei einer Verlängerung des Risses um eine differentielle Weglänge δa interpretiert werden. Bei instabiler Rißausbreitung läßt sich analog zum Spannungsintensitätsfaktor eine kritische Größe des J-Integrales J_{Ic} bestimmen, die, ebenso wie die Bruchzähigkeit K_{Ic} von Prüftemperatur und Belastungsgeschwindigkeit abhängt. Zwischen G_I, J_I und K_I besteht der folgende Zusammenhang:

$$G_I = J_I = \frac{\kappa + 1}{8\mu} K_I^2 \tag{B.2.2}$$

μ ist der Schubmodul. κ nimmt im Fall der ebenen Dehnung den Wert 3–4 ν und im Fall der ebenen Spannung den Wert $(3-\nu)/(1+\nu)$ an. Diese Gleichung gilt natürlich auch für die kritischen Werte G_{Ic}, J_{Ic} und K_{Ic}.

Zur Beschreibung der Wechselwirkung zwischen Gefüge und Bruchzähigkeit von Hartlegierungen kann das Griffith-Modell genutzt werden [B.2.11]. Die kritische Energiefreisetzungsrate des Verbundwerkstoffes G_{Ic} wird als Summe der entsprechenden Anteile der Hartphasen G_{IcHP}, der Matrix G_{IcMM} und der Grenzflächen G_{IcG} angenommen:

$$G_{Ic} = a_{MM} G_{IcMM} + x(1 - a_{MM}) G_{IcG} + (1 - x)(1 - a_{MM}) G_{IcHP} \tag{B.2.3}$$

a_{MM} ist der Flächenanteil der Bruchfläche durch die Matrix, x das Verhältnis der Anteile von Grenzflächenbruch zu Spaltbruch der Hartphasen. Gl. B.2.3 läßt sich experimentell auswerten. Bild B.2.11 zeigt als Beispiel den Anteil der einzelnen Gefügebestandteile an der Gesamtenergiefreisetzungsrate für Hartlegierungen

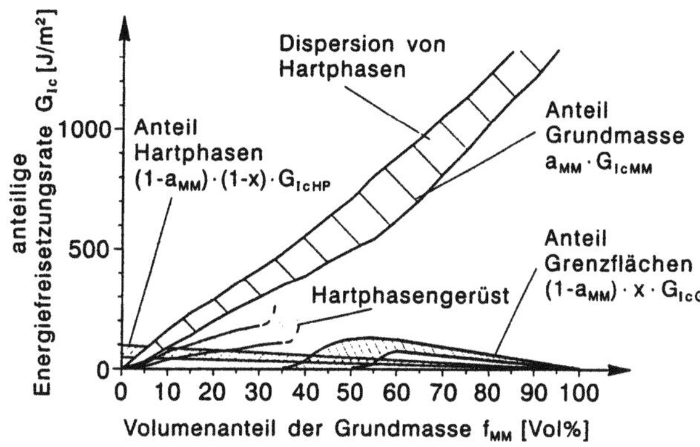

Bild B.2.11 Einfluß der Gefügebestandteile auf die Energiefreisetzungsrate des Verbundwerkstoffs. (a_{MM} Anteil der Bruchfläche durch die Matrix, G Grenzfläche, x Verhältnis der Anteile von Grenzflächenbruch zu Spaltbruch der Hartphasen, Indizes: *MM* Metallmatrix, *HP* Hartphase)

des Systems Fe-Cr-C. Man erkennt, daß die metallische Grundmasse den größten Beitrag zur Energiefreisetzungsrate liefert. Nur bei Volumengehalten der Hartphasen von $f_{HP} > 85$ Vol% wird die Zähigkeit der Hartphasen wichtig. Grundsätzlich sucht der Riß den Weg der geringsten Energieumsetzung, das heißt, er läuft bevorzugt durch die Phase mit der geringsten Bruchzähigkeit, was in der Regel die Hartphasen sind oder entlang der Grenzflächen. Ferner wird deutlich, daß im Bereich hoher Hartphasengehalte die Ausbildung eines Hartphasengerüstes mit dispergierter Grundmasse bei gleichem Gehalt grober Hartphasen zu einem deutlich spröderen Verhalten der Hartlegierungen führt.

Die Rißausbreitung in einer Hartlegierung erfolgt in drei Stufen: Mit zunehmender Last öffnet sich zunächst der Riß und es kommt zu einem Abstumpfen der Rißspitze (blunting). Danach entstehen lokale Schädigungen an den Hartphasen vor der Hauptrißspitze und im dritten Schritt vereinigen sich diese Mikrorisse mit dem Hauptriß, so daß makroskopisches Rißwachstum meßbar ist. Der Blunting-Effekt kann durch das Abgleiten zweier Ebenen vor der Rißspitze erklärt werden [B.2.10]. Die damit verbundenen hohen lokalen Dehnungen initiieren hohe Spannungen in unmittelbarer Rißspitzennähe, die im homogenen Werkstoff zum Rißwachstum führen. Bevor sich im zweiphasigen Werkstoff der Riß jedoch ausbreiten kann, entsteht vor der Rißspitze eine Schädigungszone aufgrund lokaler Versagensvorgänge an den Hartphasen. Die Vorgänge in der Schädigungszone sind in Bild B.2.12 schematisch dargestellt. Die Hartphasen können durch Spaltung oder Ablösung der Grenzfläche versagen. In beiden Fällen kann sich der Mikroriß bei weiterer Belastung in die Matrix hinein oder als Grenzflächenriß ausbreiten. Die Rißausbreitung in der Matrix kann je nach Art des Gefüges unter lokalen Mode I oder Mixed-Mode-Bedingungen erfolgen. Im letzteren Fall ergibt sich ein stark abgelenkter Rißpfad, der – wie

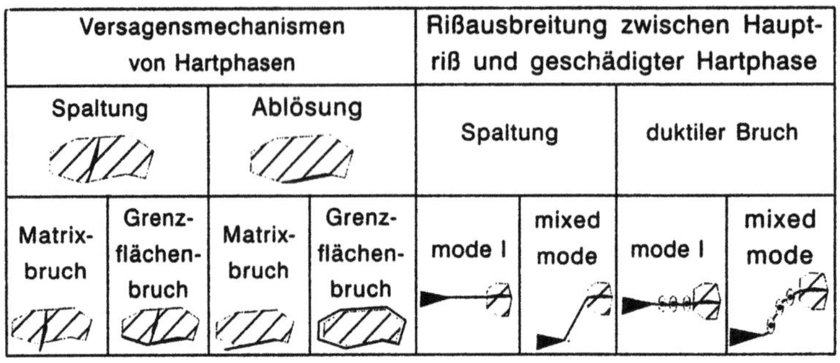

Versagensmechanismen von Hartphasen				Rißausbreitung zwischen Haupt-riß und geschädigter Hartphase			
Spaltung		Ablösung		Spaltung		duktiler Bruch	
Matrix-bruch	Grenz-flächen-bruch	Matrix-bruch	Grenz-flächen-bruch	mode I	mixed mode	mode I	mixed mode

Bild B.2.12 Schematische Darstellung der Vorgänge in der dem Riß vorgelagerten Schädigungszone

später noch gezeigt wird – zu einer Erhöhung der Bruchzähigkeit führt. Abhängig von der Duktilität der Matrix und der Beanspruchungsgeschwindigkeit erfolgt die Rißausbreitung spröde durch Spaltung oder duktil durch die Mechanismen Porenbildung, Porenwachstum und Porenvereinigung [10].

B.2.3.1
Einfluß der Hartphasen

Ziel der folgenden Ausführungen ist es, den Einfluß der Hartphasen auf die Bruchzähigkeit herauszustellen. Den Einfluß des Volumengehaltes auf K_{Ic} zeigt Bild B.2.13 am Beispiel des Stückverbundes FeNi2Cr1MoVC0.6 + HP. An dieser Stelle soll lediglich festgestellt werden, daß ein zunehmender Hartphasengehalt grundsätzlich zu einer Abnahme der Bruchzähigkeit führt. Die Unterschiede zwischen den beiden Kurven für TiB_2 und CrB_2 als Hartstoff hängen mit der Verteilung der Hartphasen zusammen und werden weiter unten erläutert.

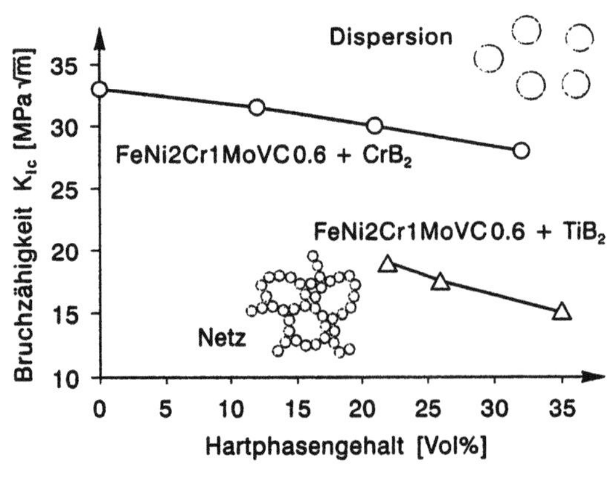

Bild B.2.13 Bruchzähigkeit K_{Ic} von Hartverbunden in Abhängigkeit von Hartphasenmenge und -verteilung

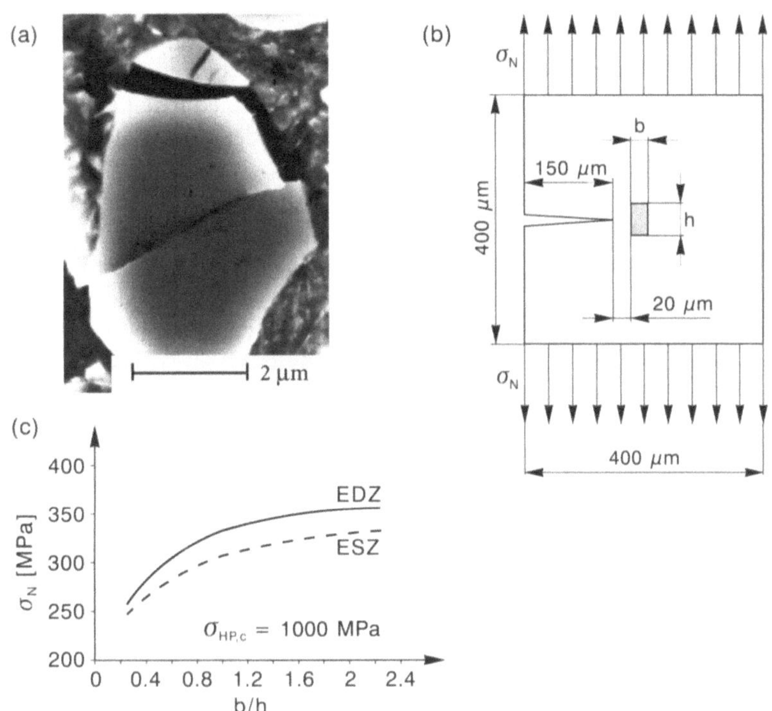

Bild B.2.14 Simulation des Karbidbruchs aufgrund einer äußeren Nennspannung σ_N: **(a)** während der Belastung gebrochenes M_7C_3-Karbid in der Hartlegierung FeCr12C2.1-U, **(b)** Geometrie und Randbedingungen der modellierten Struktur, **(c)** Spannung σ_N, die bei einer Karbidfestigkeit von $\sigma_{HP,c}$ = 1000 MPa zur Spaltung der Hartphase führt, in Abhängigkeit von Längenverhältnis b/h und Lage der Hartphase im Kern (EDZ) oder am Rand (ESZ) der Probe

Hartphasen können entweder spalten oder ablösen. Der Spaltbruch erfolgt entlang kristallographischer Ebenen (Bild B.2.14a). Um zwei Kristallebenen voneinander zu trennen, muß eine kritische Normalspannung überschritten werden. Außerdem wurde beobachtet, daß die Karbide häufig senkrecht zur Richtung der größten Hauptspannung brechen. Eine makroskopische, in der Matrix unter Umständen plastische Verformung bewirkt in den Hartphasen eine Spannungsüberhöhung und damit das Versagen der Teilchen. Zwei Mechanismen führen zu dieser Spannungskonzentration: Versetzungsaufstau an der Phasengrenze und der bereits erwähnte Fasereffekt (s. Bild B.2.5). Während eine Schädigung durch Versetzungskonzentrationen unabhängig von der Teilchengröße ist, begünstigt der Fasereffekt den Bruch größerer Teilchen. In einer Modellrechnung wurde die äußere Spannung σ_N berechnet, die aufgebracht werden muß, damit ein vor der Rißspitze liegendes Karbid des Längenverhältnisses b/h bei gegebener Spaltbruchfestigkeit von $\sigma_{HP,c}$=1000 MPa versagt. Die berechnete Struktur und die mechanischen Randbedingungen sind in Bild B.2.14b dargestellt. Zur Simulation wurde die FE-Methode genutzt, wobei für die Modellierung des Teilchenbruchs ein Normalspannungskriterium angewendet wurde [B.2.12]. Das Ergebnis (Bild B.2.14c) zeigt die Abhängigkeit des lokalen Versagens von der Form der Hartphasen. Außerdem findet man unterschiedliche Kurven, je nachdem ob unter Annahme ebener Spannung (ESZ) oder ebener Dehnung (EDZ) gerechnet wurde. Dieses Ergebnis kann so interpretiert werden, daß zunächst die Hartphasen an der Probenoberfläche und erst später die im Inneren versagen, da die Oberfläche durch den ebenen Spannungszustand, das Probeninnere durch den ebenen Dehnungszustand gut beschrieben wird. Mechanisch unterscheiden sich die beiden Modelle durch die Höhe der Mehrachsigkeit, so daß vermutet werden kann, daß neben der Karbidfestigkeit auch der lokale Mehrachsigkeitsgrad ζ das Versagen der Teilchen beeinflußt.

Diese These konnte in einer weiteren Untersuchung bestätigt werden, in der Biegeproben auf mikroskopischer Ebene simuliert wurden. In der Rechnung wurden die Proben mit der Kraft belastet, die im Experiment bei ersten beobachteten Karbidbrüchen gemessen wurde. Die Mehrachsigkeit wurde über die Wahl unterschiedlicher Kerbradien variiert. Man erhält die Karbidfestigkeit als Funktion des Mehrachsigkeitsgrades (Bild B.2.15). Das Ergebnis der Simulation zeigt wieder einen Unterschied zwischen Karbiden im Probeninnern (EDZ) und solchen auf der Oberfläche (ESZ). Als Ursache werden bei der Wärmebehandlung entstandene Eigenspannungen im Probeninnern vermutet, die im Karbid einen Druckspannungszustand bewirken (vergl. Abschn. A.4.3).

Neben der Spaltung findet man auch das Ablösen von Hartphasen. Dieser Mechanismus tritt vorwiegend bei kleinen, globularen Hartphasen auf. Auch für die Ablösung wird eine Simulationsrechnung vorgestellt, der die Annahme zugrunde liegt, daß die Grenzfläche versagt, wenn eine kritische Normalspannung in der Grenzschicht überschritten wird. Bild B.2.16 zeigt, daß die Länge der Ablösung über den Parameter α beschrieben wird. Das Rißwachstum der Ablösung wurde als Funktion der äußeren Spannung σ_N für verschiedene Grenzflächenfestigkeiten berechnet. Man erkennt, daß mit sinkender Grenzflächenfe-

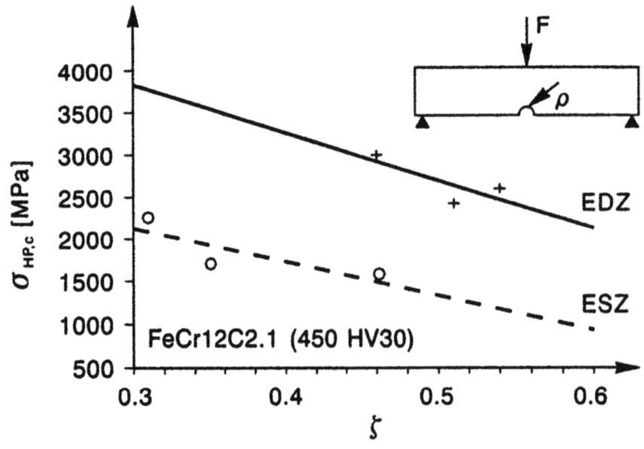

Bild B.2.15 Festigkeit von eutektischen M_7C_3-Karbiden in Abhängigkeit von der lokalen Spannungsmehrachsigkeit ζ. Die Mehrachsigkeit wird experimentell durch den Kerbradius vorgegeben. Die Festigkeitswerte sind Ergebnisse einer mikroskopischen FEM-Simualtion

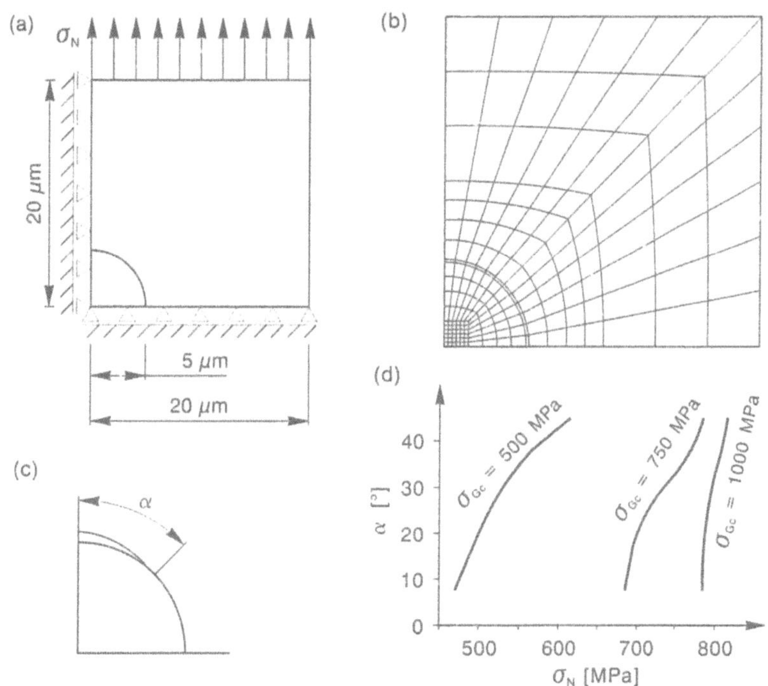

Bild B.2.16 Simulation der Grenzflächenablösung an einer Hartphase: **(a)** Geometrie und Randbedingungen der modellierten Struktur, **(b)** FE-Netz, **(c)** Definition der Ablösungslänge mit dem Winkel α, **(d)** Ablösungswachstum in Abhängigkeit von der äußeren Nennspannung σ_N für verschiedene Werte der Grenzflächenfestigkeit σ_{Gc}

stigkeit die Ablösung zwar früher beginnt, aber auch „langsamer" wächst, während bei hoher Festigkeit der Grenzflächenriß fast schlagartig entsteht. Die Messung der Grenzflächenfestigkeit von Hartphasen ist direkt nicht möglich, so daß keine experimentellen Werte dafür angegeben werden können. Die Frage der Ausbreitung eines Grenzflächenrisses (entlang der Phasengrenze oder in die Matrix hinein) bedarf ebenfalls weiterer experimenteller Arbeiten.

B.2.3.2
Einfluß der Grundmasse

Die Bruchzähigkeit wird bei niedrigem Hartphasengehalt entscheidend durch die Art der metallischen Matrix bestimmt. In Bild B.2.17 ist die Bruchzähigkeit K_{Ic} von Nickel- und Eisenbasislegierungen in Abhängigkeit vom Gehalt grober Hartphasen dargestellt. Nickel hat als kubisch-flächenzentriertes Metall keine Spaltebenen und damit eine deutlich höhere Zähigkeit als das kubisch-raumzentrierte Eisen. Diese Zähigkeitsunterschiede wirken sich auch im Verbund aus. Bei hohem Hartphasenhalt allerdings tritt die Bedeutung der Matrix

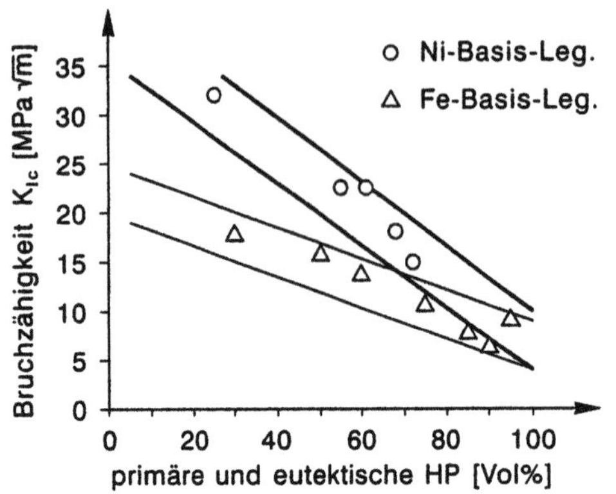

Bild B.2.17 Bruchzähigkeit von Hartlegierungen auf Eisen- und Nickelbasis in Abhängigkeit vom Hartphasengehalt

in den Hintergrund und das Bruchverhalten der Hartphasen bestimmt allein die Zähigkeit des Verbundes (vergl. Bild B.2.11).

Mit zunehmender Matrixhärte sinkt die Bruchzähigkeit. Diese Abhängigkeit zeigt Bild B.2.18 für den geschmiedeten Kaltarbeitsstahl FeCr12C2.1-U. Die Härte der Matrix wurde durch unterschiedliche Anlaßbehandlungen variiert. Der Zähigkeitsabfall über der Härte wird im Bereich von 670 bis 860 HV30 reduziert. Beim Stahl FeCr12V2MoC2.2-P kommt es bei hoher Härte sogar zu einem erneuten Ansteigen der Zähigkeit. Dieses Verhalten ist auf den Restaustenitgehalt zurückzuführen, der sich bei den zur Einstellung einer hohen Härte erforderlichen niedrigen Anlaßtemperaturen noch nicht umgewandelt hat. Restaustenit in der Matrix wirkt sich positiv auf die Bruchzähigkeit aus. Eine Erklärung dafür wird in Bild B.2.19 gegeben. Der Restaustenit wandelt durch Schubbeanspruchung auf einem hohen Niveau hydrostatischer Zugspannung zu Martensit um. Diese Bedingungen sind vor der Rißspitze gegeben. Mit der Umwandlung ist eine Volumenzunahme verbunden, die zu einem inneren Druckspannungszustand

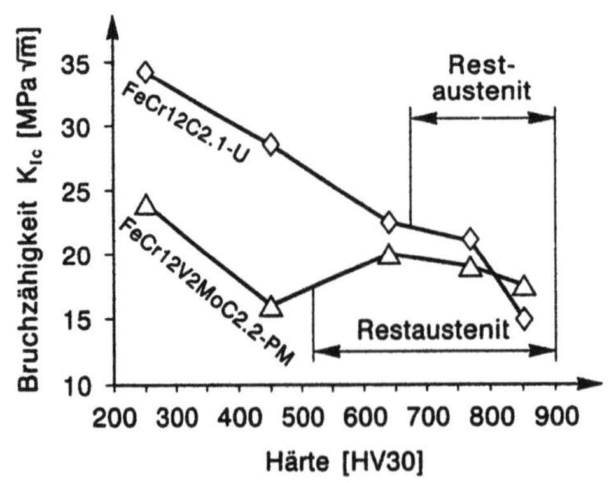

Bild B.2.18 Einfluß von Härte und Restaustenitgehalt auf die Bruchzähigkeit bei Hartlegierungen auf Eisenbasis

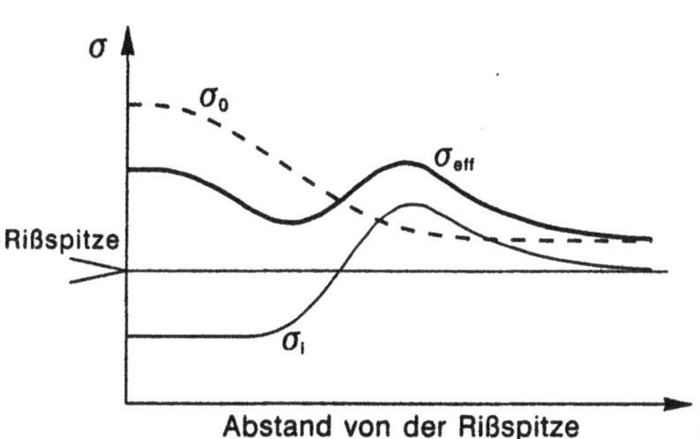

Bild B.2.19 Superposition der durch die äußere mechanische Beanspruchung festgelegten Spannung σ_0 mit der inneren Spannung σ_i, die sich aufgrund der spannungsinduzierten Restaustenitumwandlung aufbaut, zur effektiven Spannung σ_{eff} vor der Rißspitze

im Bereich des umgewandelten Austenits führt. Aus der Überlagerung von innerer Druckspannung und äußerer Spannung zur effektiv wirkenden Spannung σ_{eff} resultiert eine Spannungsreduktion unmittelbar vor der Rißspitze, die sich im Vergleich mit einem nicht umwandelnden Werkstoff in einer Steigerung der Bruchzähigkeit auswirkt.

B.2.3.3
Wechselwirkung von Hartphasen und Matrix

In Bild B.2.13 ist, wie oben beschrieben, die Abhängigkeit der Bruchzähigkeit vom Volumengehalt an Hartphasen dargestellt. Jetzt soll der Unterschied zwischen den beiden Kurven für den Verbund mit CrB_2 und TiB_2 als Hartphasen diskutiert werden. Während die Pulverkorngröße des CrB_2 mit $\approx 40\ \mu m$ in der Größenordnung des Matrixpulvers liegt, ist das Pulver des TiB_2 mit $\approx 12\ \mu m$ deutlich feiner. Dadurch kommt es im ersten Fall zur Ausbildung einer Hartphasendispersion, im zweiten Fall zum Hartphasennetz (s.a. Bild A.1.5). Dieser Unterschied in der Hartphasenverteilung ist es, der zu der großen Bruchzähigkeitsdifferenz in Bild B.2.13 führt. Die Anordnung der Hartphasen wirkt sich also sehr viel stärker auf die Bruchzähigkeit aus als der Hartphasengehalt und -typ. Bild B.2.20 zeigt schematisch, daß ein Riß im Netzwerk ausschließlich durch die spröden Hartphasen laufen kann. Die Rißausbreitung erfolgt also extrem ener-

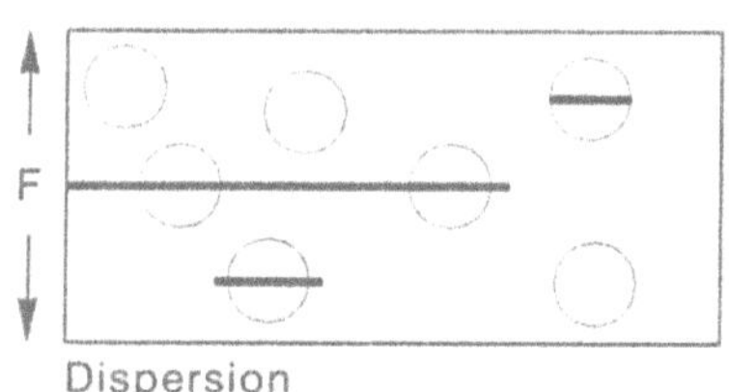

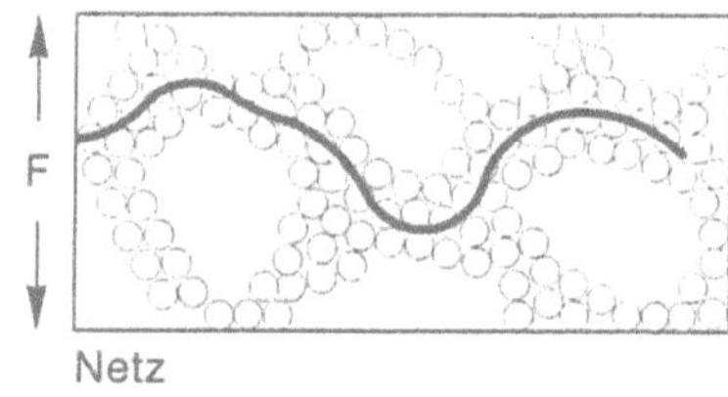

Bild B.2.20 Rißausbreitung in einer Dispersion und einem Netzgefüge gleichen Hartphasengehaltes

giearm. Demgegenüber muß ein Riß in einer Dispersion durch die metallische Matrix laufen, was, wie oben ausgeführt, einen hohen Energieumsatz erfordert, wodurch bei gleichem Hartphasengehalt die Bruchzähigkeit steigt. Von gebrochenen Hartphasen können Nebenrisse ausgehen, die zur Energiedissipation beitragen, ohne den Hauptriß nennenswert voranzutreiben. Dieser Effekt wird als eine Form des „crack tip shielding" bezeichnet.

In Bild B.2.21 ist die Bruchzähigkeit der Legierung FeCr12C2.1 in Abhängigkeit von der Härte aufgetragen. Geprüft wurde ein netzförmiges Gußgefüge und ein warmumgeformtes Gefüge, welches als anisotrope Dispersion mit zeilenförmiger Anordnung der Hartphasen bezeichnet werden kann. Um den Einfluß der Zeiligkeit des geschmiedeten Werkstoffs zu untersuchen, wurden drei Probenentnahmerichtungen nach ASTM 399-74 [B.2.13] gewählt. Nach den Versuchen wurden die Rißpfade vermessen. Bild B.2.22 zeigt die Rißpfadbreite ρ, welche die lokalen Ablenkungen vom makroskopischen Rißpfad angibt. Die Rißpfadbreite ist beim Gußgefüge fast konstant und kann mit der mittleren Maschenweite des Netzwerkes korreliert werden. Der Riß folgt also dem karbidischen Netz. Die Makrohärte, die ein Maß für die Duktilität der Matrix ist, hat keinen Einfluß auf die Rißablenkung. Somit kann erklärt werden, daß im netzförmigen Gefüge die Bruchzähigkeit nur von der Maschengröße des Gefüges, nicht aber von der Wärmebehandlung abhängt. Im warmumgeformten Werkstoff findet man einen starken Einfluß der Härte. Der Riß muß durch die Matrix laufen, deren Verformungsvermögen ist ein direktes Maß für den Rißwiderstand. Die Probenentnahmerichtung legt die freie Weglänge des Risses durch die Matrix fest, so daß im unteren Härtebereich K_{Ic} vom netzförmigen Gußgefüge über Querproben T-S und T-L zur Längsprobe L-T des Schmelzgefüges steigt. Im Bereich hoher Härte überwiegt der Einfluß der Rißablenkung, so daß K_{Ic} mit ρ zunimmt.

Es gibt also zwei Möglichkeiten, die Bruchzähigkeit eines Verbundwerkstoffes anzuheben: Entweder muß der Riß gezwungen werden, auf einem großen

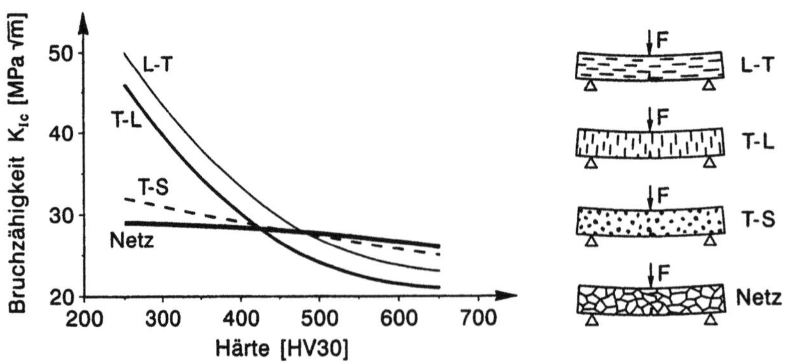

Bild B.2.21 Bruchzähigkeit der Legierungen FeCr12C2.1-G und FeCr12C2.1-U in Abhängigkeit von Probenlage und Makrohärte

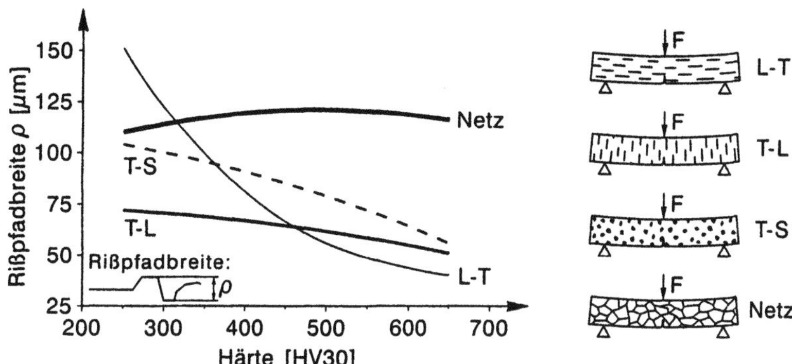

Bild B.2.22 Rißpfadbreite ρ in Abhängigkeit von Probenlage und Makrohärte. Die Messung erfolgte an den Dreipunktbiegeproben, die für die Bestimmung der Bruchzähigkeit in Bild B.2.21 genutzt wurden

Anteil der Bruchfläche durch die duktile Metallmatrix zu laufen – dies ist bei einer groben Dispersion der Fall – oder die tatsächliche Bruchfläche wird durch Rißverzweigung und -ablenkung deutlich vergrößert, wie dies in einem groben Karbidnetzwerk geschieht. Während bei duktilen Zuständen die Dispersion immer zu höherer Bruchzähigkeit führt, kann es bei hoher Makrohärte zu einem Umkehreffekt kommen. Dann ist die Zähigkeitsreserve der Metallmatrix aufgrund deren geringen Verformungsvermögens aufgezehrt und die Rißablenkung bestimmt die Bruchzähigkeit. Ein netzförmiges Gefüge kann nun zu höherem Rißwiderstand führen als eine Dispersion (Bild B.2.21).

Die Rißausbreitung zwischen einem makroskopischen Anriß und einer vor diesem liegenden gebrochenen groben Hartphase kann spröde durch Spaltung oder duktil durch die Mechanismen der Porenenstehung und des Porenwachstums erfolgen (Bild B.2.12). Die Grundmasse von Hartlegierungen mit primären oder eutektischen Karbiden setzt sich häufig aus einer metallischen Matrix und kleinen Sekunkär- oder Glühkarbiden zusammen. Diese kleinen, oft globularen Teilchen sind die Entstehungsorte der Poren. Die Porenbildung wird durch plastische Verformung initiiert, ihr Wachstum durch eine positive hydrostatische Spannung gefördert. Beide Bedingungen findet man vor einer Rißspitze im Bereich der plastischen Zone selbst bei sehr harten Werkstoffen. Bild B.2.23 zeigt das Ergebnis einer numerischen Simulation der Rißausbreitung, welche auf diesen Mechanismen beruht.

Häufig wird in Anwendungen eine Kombination hoher Bruchfestigkeit und Bruchzähigkeit verlangt. Eine hohe Bruchfestigkeit wird bei einem konstanten Volumengehalt an Hartphasen erreicht, wenn die Teilchen in einer feinen Dispersion angeordnet sind (s. Bild A.1.8). Einerseits können sich in kleinen Teilchen aufgrund des geringen Fasereffektes nicht so hohe Spannungen in den Hartphasen aufbauen, andererseits sind im Falle des Versagens die Mikrorisse relativ klein, wodurch das Risiko der direkten instabilen Rißausbreitung verrin-

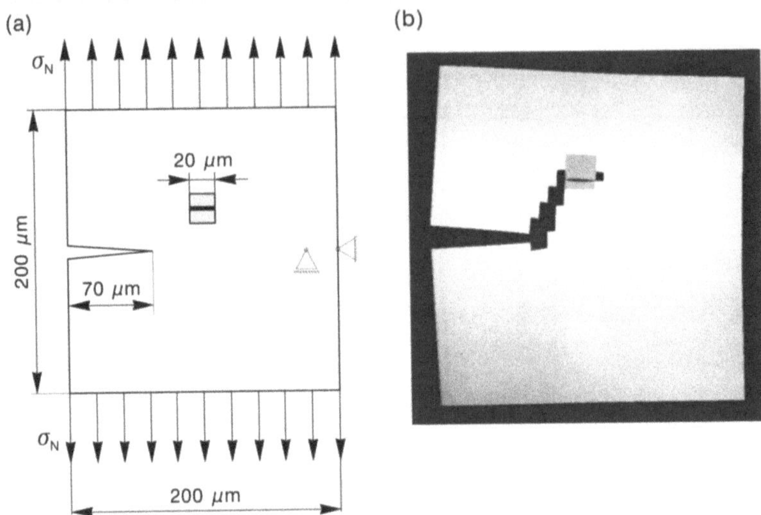

Bild B.2.23 FEM-Simualtion der duktilen Rißausbreitung zwischen einem Hauptriß und einer vor der Rißspitze liegenden gebrochenen Hartphase. (a) Geometrie und Randbedingungen der modellierten Struktur, (b) simulierter Rißpfad

gert wird. Für eine hohe Bruchzähigkeit ist es besser, wenn der Hartstoffgehalt in wenigen großen Hartphasen konzentriert ist (Bild A.1.8), weil dadurch die Wahrscheinlichkeit, daß eine Hartphase im Bereich der höchst beanspruchten Zone vor der Rißspitze liegt, sinkt. Ein Werkstoff, der beide Forderungen gleichermaßen erfüllt und somit in der Praxis zu deutlich höherer Werkzeugstandzeit führt, wird in Kap. D.4 vorgestellt.

B.2.4.1
Bruch durch schwingende Beanspruchung

Werkzeuge und andere Verschleißteile sind in der Regel einer schwingenden Beanspruchung durch wechselnde Lastspannungen unterworfen. Die meisten aus Hartlegierungen hergestellten Bauteile, werden nach einem maximal zulässigen Materialabtrag ausgetauscht. Deshalb ist die Dauerfestigkeit der Hartlegierungen von untergeordneter Bedeutung, weshalb hier nur der Zeitfestigkeitsbereich betrachtet wird. Man unterscheidet den Zug-Schwell- vom Zug-Druck-Wechsel- und Druck-Schwell-Lastfall. Der Quotient von Unterspannung σ_{min} und Oberspannung σ_{max} wird Spannungsverhältnis R genannt. Befindet sich im Bauteil ein Riß der Länge a, wird dieser mit der zyklischen Spannungsintensität $\Delta K=\Delta K(\sigma,a)$ beansprucht.

Die Ermüdung wurde mittels Umlaufbiegeversuchen an ungekerbten Proben mit höchster Oberflächengüte untersucht. Die Frequenz betrug 30 Hz. Gemessen wurde die Bruchlastspielzahl N_B. Da die Ergebnisse eine erhebliche Streuung

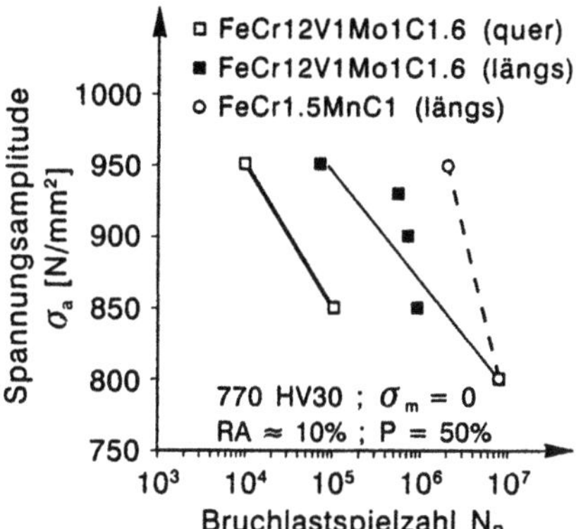

Bild B.2.24 Bruchlastspielzahlen N_B im Umlaufbiegeversuch in Abhängigkeit von der Spannungsamplitude σ_a. Dargestellt sind zum Vergleich die Kurven für die Hartlegierung FeCr12 V1Mo1C1.6-U in Längs- und Querorientierung, sowie die martensitisch gehärtete Matrixlegierung FeCr1.5MnC1-U

zeigen, wird in den folgenden Diagrammen N_B für eine Ausfallwahrscheinlichkeit von P = 50% aufgetragen. Bild B.2.24 zeigt exemplarisch die Bruchlastspielzahl in Abhängigkeit von der Spannungsamplitude σ_a. Bei warm umgeformten Werkstoffen hängt das Ermüdungsverhalten stark von der Probenlage ab. Deshalb sind die Ergebnisse für eine Hartlegierung auf Eisenbasis in Streubändern für Längs- und Querproben zusammengefaßt. Zum Vergleich mit dem einphasigen Werkstoff sind Bruchlastspielzahlen der gehärteten Matrixlegierung FeCr1.5MnC1 eingetragen.

Die Untersuchung der Rißausbreitung bei zyklischer Belastung erfolgte an CT-Proben, in die vor Versuchsbeginn bereits ein makroskopischer Riß eingebracht wurde. Als Ergebnis erhält man die Rißausbreitungsgeschwindigkeit da/dN als Funktion der zyklischen Spannungsintensität ΔK. Ein solches Diagramm ist in Bild B.2.25 für die Hartlegierung FeCo10W10Cr4Mo3V3C1.4-U im Vergleich mit dem einphasigen Werkstoff FeCr1MnVC0.5 dargestellt. Bei einem

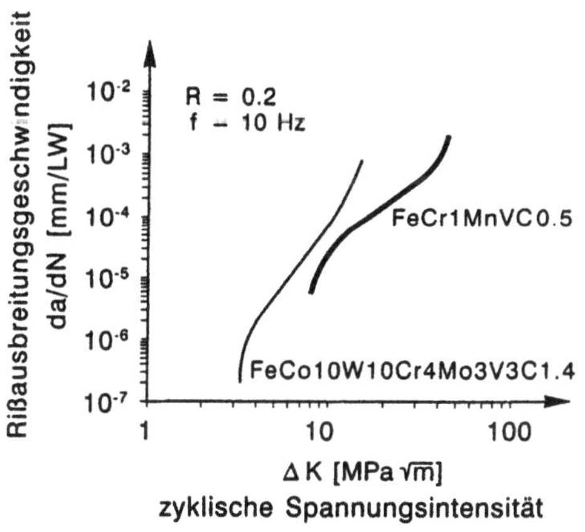

Bild B.2.25 Rißausbreitungsgeschwindigkeit da/dN in Abhängigkeit von der zyklischen Spannungsintensität ΔK. Die Hartlegierung FeCo10W10Cr4Mo3V-3C1.4-U hat einen Hartphasengehalt von ca. 17 Vol.%, die Legierung FeCr1MnVC0.5 ist hartphasenfrei

makroskopischen Riß wird ein Rißwachstum erst oberhalb eines Schwellenwertes ΔK_0 festgestellt. Erreicht die Spannungsintensität K_{max} den kritischen Wert K_c, wird der Riß instabil. Bei doppelt-logarithmischer Auftragung zeigt das Diagramm dazwischen einen linearen Bereich, der durch die Paris-Gleichung beschrieben wird.

$$\frac{da}{dN} = c\Delta K^m \qquad \text{(B.2.4)}$$

Für die hier betrachteten Werkstoffe liegen die Parameter im Bereich $1 \cdot 10^{-8} < c < 10 \cdot 10^{-8}$ und $m \approx 3.0$, wenn ΔK in MPa $\cdot$ m$^{1/2}$ und da/dN in mm/Lastwechsel gemessen wird. Für einige Legierungen sind experimentell bestimmte Parameter in Tabelle B.2.2 aufgeführt.

Das Werkstoffversagen durch Ermüdung wird in vier Schritte unterteilt [B.2.14]. Im ersten Schritt kommt es unter zyklischer Beanspruchung lokal zu akkumulierten plastischen Verformungen. Aufgrund der Dehnungsbehinderung treten Spannungskonzentrationen in harten Teilchen und in der metallische Matrix in der Nähe der Hartphasen auf. Diese führen zum Bruch der Hartphase oder zum Reißen der Matrix in der Nähe der Grenzfläche. Die anrißfreie Phase macht bei vielen Hartlegierungen weniger als 10 % der Bruchlastspielzahl aus.

Die lokale Schädigung leitet den zweiten Schritt der Rißausbreitung ein, die Rißbildung. Die Mikrorisse werden durch eine zyklische Spannungsintensität ΔK beansprucht, die deutlich unterhalb des Schwellenwertes ΔK_0 liegt. Sie sind deshalb nach dem da/dN-ΔK-Diagramm nicht ausbreitungsfähig (vergl. Bild B.2.25). Die Rißausbreitungsgeschwindigkeit kurzer Risse (engl.: small cracks) ist bei vielen metallischen Werkstoffen zunächst sehr hoch, sinkt dann

Tabelle B.2.2 Parameter zur Beschreibung der stabilen Rißausbreitung

Hartlegierungen und Hartverbundwerkstoffe

Werkstoff	f_{HP} [Vol%]	[HV 30]	ΔK_0 [MPa $\cdot$ m$^{1/2}$]	K_c [MPa $\cdot$ m$^{1/2}$]	c [10^{-8}]	m
FeCr12V1Mo1C1.6	12	768	6.0	25.6	8.06	2.48
FeCr12C2.1	16	770	7.2	26.1	10.58	2.40
FeCr12V4MoC2.2–P	20	763	≈ 6	17.6	1.33	3.34

Matrixwerkstoffe

Werkstoff	[HV 30]	ΔK_0 [MPa $\cdot$ m$^{1/2}$]	K_c [MPa $\cdot$ m$^{1/2}$]	c [10^{-8}]	m
FeCr1MnVC0.5	860	≈ 7	32.5	3.6	3.20
FeNi2Cr1MoVC0.6	860	8.0	27.2	1860	3.30
FeCr5Mo1VC0.4	1020	4.5		0.0033	2.45

ΔK_0 Schwellenwert der zyklischen Spannungsintensität, K_c Spannungsintensitätsfaktor bei instabiler Rißausbreitung. Die Parameter c und m (Gl. 2.4) gelten für die Angabe der Rißausbreitungsgeschwindigkeit in mm/Lastwechsel und der zyklischen Spannungsintensität in MPa $\cdot$ m$^{1/2}$.

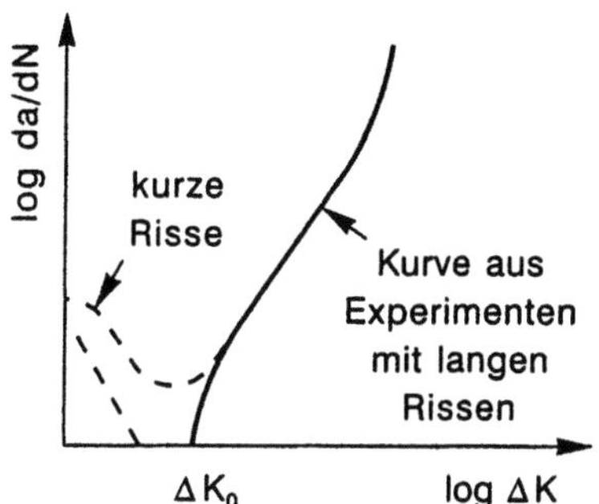

Bild B.2.26 Rißausbreitungsgeschwindigkeit da/dN kurzer und langer Risse in Abhängigkeit von der zyklischen Spannungsintensität ΔK

aber so stark, daß sie teilweise meßtechnisch nicht mehr erfaßt werden kann (Bild B.2.26). Es gibt eine kritische Rißlänge a_0, die in der Größenordnung charakteristischer Gefügeabmessungen (z.B. Korngröße oder freie Weglänge zwischen Hartphasen) liegt. Die Ausbreitung kürzerer Risse wird durch das Verhältnis ihrer Länge zu eben diesen Gefügeparametern gesteuert. Die stark abnehmende Rißgeschwindigkeit der kurzen Risse erklärt man durch die Dehnungsbehinderung an Hindernissen im Gefüge, durch Rißablenkung aufgrund unterschiedlich orientierter Körner und durch Rißschließeffekte. Bei den Hartlegierungen ist es die hohe Mehrachsigkeit an der Hartphase, welche die plastische Verformung der Matrix unterbindet und dadurch den Mikroriß wirkungsvoll an seiner Ausbreitung hindert. Trotzdem wächst der Mikroriß, wenn auch extrem langsam. Überschreitet er die kritische Rißlänge a_0, bestimmt die Spannungsintensität ΔK die Rißausbreitung und das da/dN-ΔK-Diagramm nach Bild B.2.25 kann angewendet werden. Bei hochfesten Stählen liegt a_0 in der Größenordnung von 10 μm [B.2.15].

Der Bereich der stabilen Rißausbreitung stellt den dritten Schritt dar. Nach Bild B.2.25 steigt die Rißausbreitungsgeschwindigkeit schlagartig auf die Größenordnung von 10^{-6} mm/Lastwechsel. Bei einer kritischen Rißlänge a_c erreicht die Spannungsintensität die zyklische Bruchzähigkeit. Der Riß wird instabil und geht in den vierten und letzten Schritt der Rißausbreitung über. Bei den meisten Hartlegierungen ist a_c extrem klein. Vielfach findet man die typischen Merkmale des Schwingbruchs nur auf 0.1 % der gesamten Bruchfläche. Zusammenfassend kann die zyklische Rißausbreitung in Hartlegierungen so charakterisiert werden: Einer relativ kurzen anrißfreien Phase folgt eine lange Phase im Bereich der „small cracks", die den weitaus größten Teil der Lebensdauer ausmacht. Die daran anschließende stabile Rißausbreitung führt sehr schnell zum instabilen Versagen.

B.2.4.1
Einfluß der Hartphasen

Mikrorisse in Hartlegierungen entstehen immer an den größten Gefügeinhomogenitäten. Das können primäre Karbide sein, es können aber auch nicht-

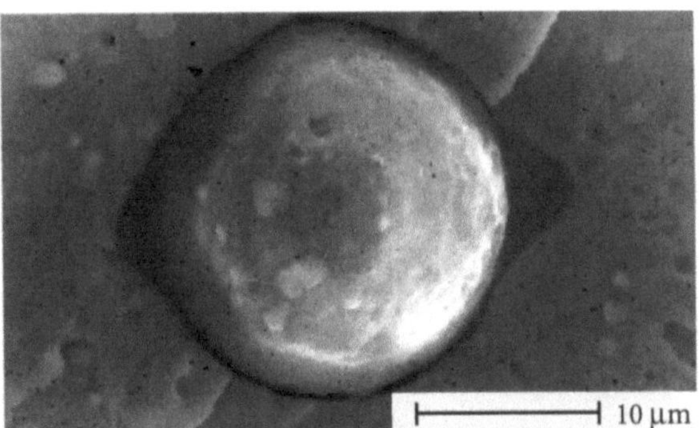

Bild B.2.27 Rißinitierung an einem nichtmetallischen Einschluß in der Legierung
FeW6Mo5Cr5V3Co9C1.3-P, Beanspruchung: umlaufende Biegung

metallische Einschlüsse oder Poren sein, wenn sie größer als die Hartphasen sind
[B.2.16]. So werden bei pulvermetallurgisch hergestellten Schnellarbeitsstählen
als Orte der Rißentstehung manchmal oxidische Einschlüsse identifiziert
(s. Bild B.2.27). Diese liegen im sehr niedrigen Volumengehalt vor, deshalb findet
man nicht immer einen solcher Einschluß direkt an der Oberfläche der Probe,
dort wo beim Umlaufbiegeversuch die größte Normalspannung angenommen
werden kann. Ermüdungsrisse gehen in diesem Fall meist nicht von der Oberfläche aus. Sind die Hartphasen die größten Inhomogenitäten, so entstehen die
Risse immer an der Oberfläche, da bei einem hohen Volumengehalt immer ein
großes Teilchen am Rand der Probe liegt. Die Zeitfestigkeit einer Hartlegierung
kann gesteigert werden, wenn es im Falle konventioneller Herstellung gelingt,
die Hartphasengröße zu verringern. Bei pulvermetallurgischer Erzeugung muß
vor allem die Größe der nichtmetallischen Einschlüsse deutlich reduziert werden, da es sich um erstarrte Schlackentröpfchen in Pulverkorngröße handeln
kann (s. Abschn. A.1.4).

In einem zeilenförmigen Gefüge erfolgt die Rißbildung in Querproben früher
als in Längsproben. Außerdem sind Mikrorisse an Hartphasen in der Querprobe
wegen der Hartphasenorientierung beim Entstehen bereits länger als in einer
Längsprobe. Die Rißlänge ist aber, wie oben erklärt, im Bereich der „small cracks"
die wichtigste Einflußgröße der Rißausbreitungsgeschwindigkeit. Hier bewirkt
ein längerer Mikroriß ein deutliches Absinken der Lebensdauer. Der Einfluß der
Probenlage auf die Ergebnisse im Umlaufbiegeversuch ist in Bild B.2.28 in Form
von oberen und unteren Schranken dargestellt. Die Bruchlastspielzahl wird zwar
nicht nur durch die Rißbildungsphase bestimmt, jedoch macht der hier angesprochene Effekt einen großen Anteil der Lebensdauer aus. Eine ähnliche Auswirkung hat die Anhäufung mehrerer Hartphasen in Clustern oder in einer Hart-
phasenzeile. Die dort gebildeten Mikrorisse vereinigen sich schnell zu einem
größeren Anriß, der dann bald das ΔK-gesteuerte Rißwachstum erreicht. Der
Schwellenwert ΔK_0, der den Beginn einsetzenden stabilen Makrorißwachstums

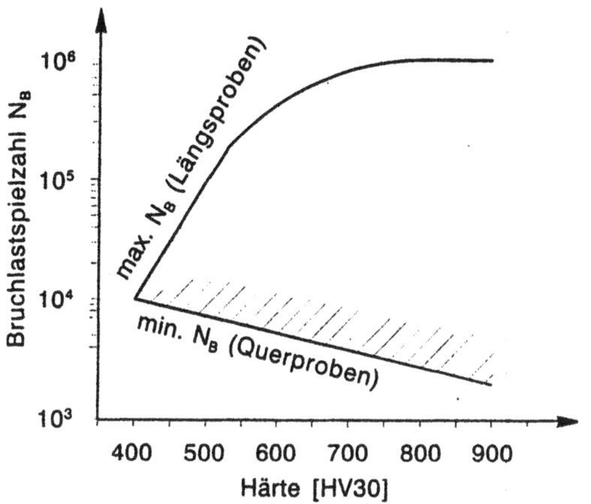

Bild B.2.28 Obere (Längsproben) und untere (Querproben) Grenzen der Lebensdauer verschiedener Hartlegierungen im Umlaufbiegeversuch in Abhängigkeit von der Härte. G_a = 1000 Mpa, Umlaufbiegung

charakterisiert, hängt weniger vom Hartphasengehalt oder der Probenlage ab, er wird allein durch die Härte und Zähigkeit der Matrix bestimmt [B.2.17].

Der Einfluß der Hartphasen auf die stabile Rißausbreitungsgeschwindigkeit da/dN hängt vom Betrag der zyklischen Spannungsintensität ΔK ab. Bei niedrigem ΔK und niedrigem Mittelspannungsniveau, wirkt sich ein steigender Hartphasengehalt anders aus als bei hohem ΔK, wobei der Übergang schwer zu quantifizieren ist [6]. Vor dem wachsenden Riß bildet sich auch bei schwingender Beanspruchung immer wieder eine Schädigungszone aus, in der Hartphasen brechen oder die Matrix an der Grenzfläche versagt. Bei niedriger Spannungsintensität ist die lokale Rißwachstumsgeschwindigkeit in der Matrix sehr langsam. Für ein Zusammenwachsen der Mikrorisse sind viele Lastwechsel erforderlich. Die Lebensdauer wird von der Rißausbreitung in der Matrix bestimmt. Mikrorisse abseits des Hauptrißpfades wachsen ebenfalls. Dort wird Energie umgesetzt, die nicht der Ausbreitung des Hauptrisses dient. Die Mikrorisse führen so zu einem „crack tip shielding". Je höher der Hartphasengehalt ist, um so mehr Hartphasen liegen in der Schädigungszone und bewirken die geschwindigkeitshemmende Nebenrißbildung und Rißverzweigung. Bei einem konstanten Hartphasengehalt sinkt da/dN mit zunehmender Größe der Hartphasen, weil dadurch auch die freie Weglänge zwischen zwei Hartphasen steigt. Hartphasen, die ablösen, senken die Rißausbreitungsgeschwindigkeit in der Matrix, da die durch sie gebildeten Poren lokal den Mehrachsigkeitsgrad erhöhen und die Rißausbreitung, die ja durch lokale plastische Verformung erfolgt, verlangsamen. In diesem Zusammenhang kann sich auch ein hohes Spannungsverhältnis R günstig auswirken, da hierdurch ebenfalls die Mehrachsigkeit angehoben wird. Gleichzeitig unterstützt ein hohes R aber normalspannungsinduzierte Mechanismen, wie zum Beispiel die Spaltung von Hartphasen. Positiv wirkt sich ein hohes Spannungsverhältnis dann aus, wenn Gleitprozesse die Rißausbreitung bestimmen, negativ, wenn Mikrorißbildung durch Spaltung dominant ist.

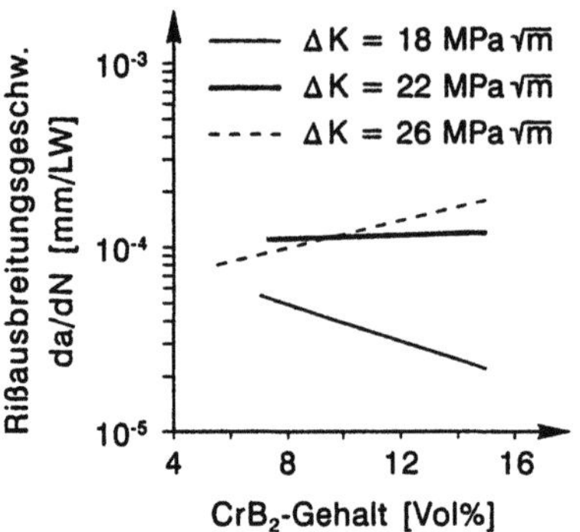

Bild B.2.29 Rißausbreitungsgeschwindigkeit da/dN des Hartverbundes FeNi2Cr1MoVC0.6 + CrB$_2$ in Abhängigkeit von der Hartphasenmenge für verschiedene zyklische Spannungsintensitäten ΔK

Bei hoher zyklischer Spannungsintensität ΔK läuft der Riß relativ schnell durch die Matrix. Bricht eine Hartphase, verlängert sich der Riß schlagartig um die Größe des Teilchens. Durch das Nebenrißwachstum wird kein nennenswertes „crack tip shielding" hervorgerufen. Ablösende Hartphasen wirken nicht, wie oben beschrieben rißhemmend, sondern führen zu einer Werkstoffschwächung, durch die der Riß beschleunigt wird. Die negative Wirkung der geschädigten Hartphasen übertrifft die positive Wirkung durch Rißverzweigung und Nebenrißbildung. Bild B.2.29 verdeutlicht schematisch die Wirkung des Hartphasengehaltes für verschiedene zyklische Spannungsintensitäten.

Den Vergleich des Stückverbundes FeNi2Cr1MoVC0.6 + CrB$_2$ mit dem reinen Matrixwerkstoff zeigt Bild B.2.30. Man erkennt, daß die Hartphasen durch die Effekte der Rißverzweigung und Nebenrißbildung die stabile Rißwachstumsgeschwindigkeit um ca. eine Größenordnung senken. Die Hartphasen sind in diesem Beispiel in einer Dispersion angeordnet. Bei anderer Hartphasenverteilung kann sich dieser Effekt umkehren. Bild B.2.31 zeigt schematisch die möglichen Einflüsse der Hartphasen auf das da/dN-ΔK-Diagramm. Im Bereich kurzer Ris-

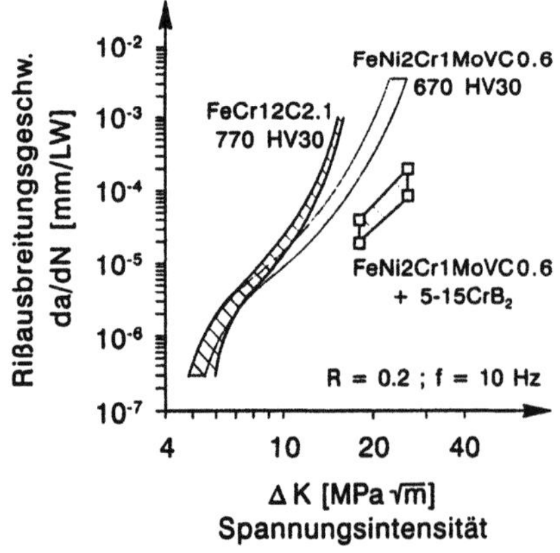

Bild B.2.30 Vergleich des stabilen Rißausbreitungsverhaltens des Hartverbundes FeNi2Cr1MoVC0.6 + CrB$_2$ mit der reinen Matrixlegierung und der Hartlegierung FeCr12C2.1-U

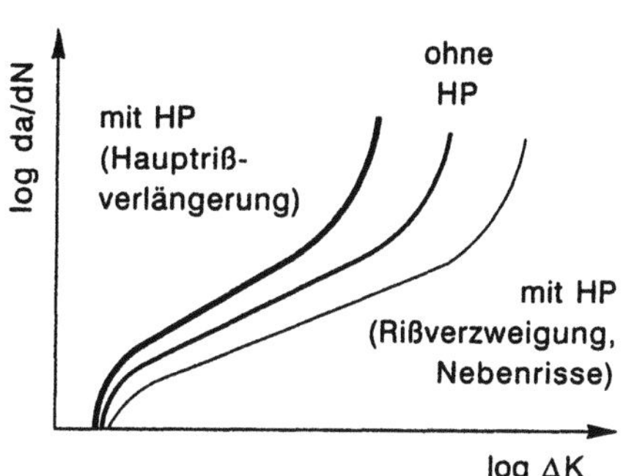

Bild B.2.31 Gegenläufige Wirkung der Hartphasen auf die Rißausbreitungsgeschwindigkeit: Schwächung des Werkstoffs vor dem Hauptriß (Beschleunigung des Rißwachstums) und Rißverzweigung und Nebenrißbildung (Verzögerung des Rißwachstums)

se (ΔK klein) ist der Hartphaseneinfluß sehr gering, die Matrix bestimmt die Rißausbreitung. Bei hoher zyklischer Spannungsintensität führen Hartphasen entweder zu einer Beschleunigung des Risses durch schlagartige Verlängerung des Hauptrisses oder zu einer Verzögerung durch Nebenrißbildung.

Der Restgewaltbruch durch instabile Rißausbreitung tritt ein, wenn K_{max} die kritische Spannungsintensität K_c erreicht. Hier gelten die Zusammenhänge, die im Abschnitt über den Bruch unter einsinniger Beanspruchung vorgestellt worden sind. So ist bei gegebenem Spannungsverhältnis R die kritische Spannungsintensität ΔK_c eines pulvermetallurgisch hergestellten Schnellarbeitsstahles niedriger als im konventionell hergestellten Schmiedegefüge gleichen HP-Gehaltes. In der feinen Dispersion des PM-Gefüges liegen wesentlich mehr Teilchen in der plastischen Zone vor dem Hauptriß als im zeilenförmigen Gefüge, durch deren Versagen ΔK_c gesenkt wird.

B.2.4.2
Einfluß der Matrix

Unterhalb einer Härte von ca. 55 HRC werden auf der Probenoberfläche Gleitbänder beobachtet, an denen die Rißbildung beginnt. Bei höherer Matrixhärte findet man diese Bänder nicht mehr, die Rißentstehung erfolgt immer an Karbiden oder Einschlüssen. Eine zunehmende Härte senkt die Schwellenspannungsintensität ΔK_0 und hebt die stabile Rißausbreitungsgeschwindigkeit da/dN (s. Bild B.2.32), verschiebt aber das Auftreten erster Schädigungen zu höheren Lastwechselzahlen und bewirkt so eine Steigerung der Lebensdauer. Die Zähigkeit der Matrix wirkt sich direkt auf die Bruchlastspielzahl aus; dies wird ersichtlich beim Vergleich der da/dN-ΔK-Kurven einer relativ spröden Legierung FeCr12C2.1 mit dem Verbund FeNi2Cr1MoVC0.6 + CrB_2 (Bild B.2.30). Die Hartphasengehalte beider Werkstoffe sind vergleichbar, die geringere Rißausbreitungsgeschwindigkeit des Verbundes resultiert aus der höheren Zähigkeit seiner Grundmasse.

Eine hohe Bedeutung hat der Restaustenitgehalt von Eisenbasis-Legierungen für die Rißausbreitung unter schwingender Beanspruchung. Auch hier führt die spannungsinduzierte Umwandlung zu einem inneren Druckspannungszustand,

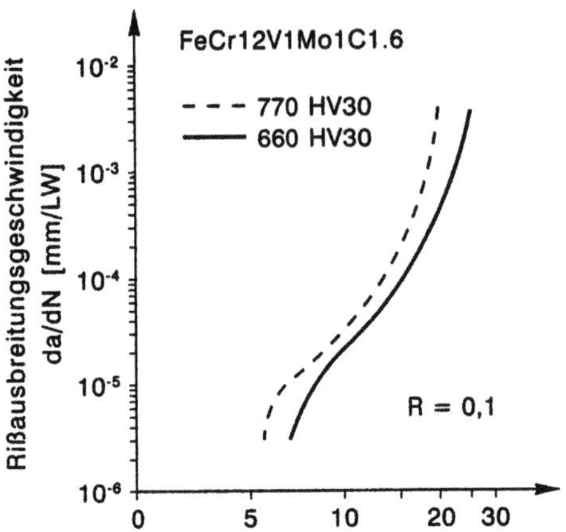

Bild B.2.32 Einfluß der Härte auf die Rißausbreitungsgeschwindigkeit da/dN am Beispiel des Werkstoffs FeCr12V1Mo1C1.6-U

der sich positiv auf die Lebensdauer auswirkt (s. Bild B.2.19). Diese Umwandlung wirkt in drei der vier Stufen (s.o.). Im ersten Schritt bewirkt die Phasenumwandlung makroskopische Druckeigenspannungen im Rand der Umlaufbiegeprobe. Dadurch wird die anrißfreie Phase verlängert. Der Schwellenwert der zyklischen Spannungsintensität wird durch hohe Restaustenitgehalte deutlich erhöht, ΔK_0 konnte beim Werkstoff FeCr12V1Mo1C1.6 durch den Übergang von einer vollmartensitischen Matrix zu einer Matrix mit 40 % RA von 5 MPa · m$^{1/2}$ auf 20 MPa · m$^{1/2}$ gesteigert werden. Im dritten Schritt der Rißausbreitung senkt die Druckeigenspannung vor der Rißspitze die zyklische Spannungsintensität ΔK und damit die stabile Rißausbreitungsgeschwindigkeit da/dN. Im vierten Schritt senkt der Restaustenit den Spannungsintensitätsfaktor der Oberlast K_{max}, wodurch die kritische Spannungsintensität K_c später erreicht wird. Als Beispiel für die Wirkung dieser Mechanismen zeigt Bild 2.33 die Steigerung der Bruchlastspielzahl der Hartlegierung FeCr12V1Mo1C1.6 durch den Restaustenit. Man sieht, daß eine Erhöhung der Lebensdauer um eine Größenordnung erreicht werden kann.

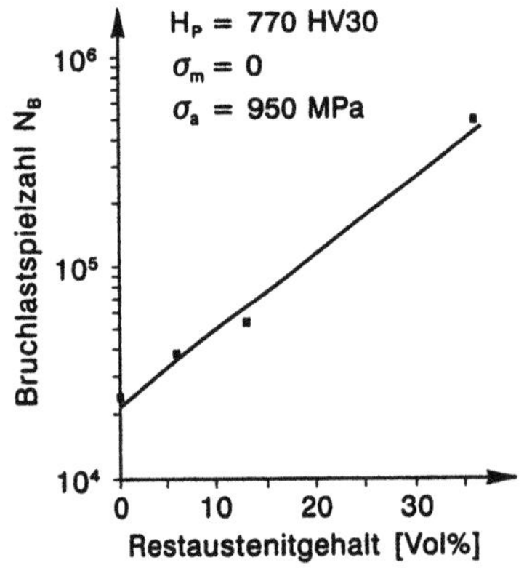

Bild B.2.33 Einfluß des Restaustenitgehaltes auf die Bruchlastspielzahl im Umlaufbiegeversuch am Beispiel der Hartlegierung FeCr12V1Mo1C1.6-U

Chemische Eigenschaften

SABINE SIEBERT

Die chemischen Eigenschaften von Hartlegierungen und -verbundwerkstoffen spielen bei bestimmten Anwendungen eine nicht zu vernachlässigende Rolle. Zu unterscheiden sind zum einen Einsatzbereiche, z.B. in sauren Grubenwässern oder Meerwasser, die an die Naßkorrosionsbeständigkeit erhöhte Anforderungen stellen, sowie die Verwendung von Hartlegierungen, z.B. bei der Verarbeitung von heißem Sintereisen, wo die Forderung nach Hochtemperaturkorrosionsbeständigkeit im Vordergrund steht.

In beiden Beanspruchungsfällen wird die Beständigkeit der Legierung durch die Bildung einer Deckschicht erreicht, welche die Metalloberfläche von dem jeweiligen angreifenden flüssigen oder gasförmigen Medium trennt. Im Vergleich zur Legierung besitzt diese Schicht völlig verschiedene chemische Eigenschaften. Die Schutzwirkung dieser vorwiegend oxidischen Schicht hängt von der chemischen Stabilität, der Haftung und der Dichtheit, d.h. der Beweglichkeit von Atomen oder Ionen aus der Legierung oder dem angreifenden Medium in ihr ab. Das Legierungselement Chrom zeichnet sich dadurch aus, daß es sowohl bei der Naßkorrosion, als auch bei der Hochtemperaturkorrosion diese Schichtbildung unterstützt. Dennoch muß nach Angriffsmedium und Temperaturbereich unterschieden werden.

Die Deckschicht, die sich bei naßkorrosivem Angriff bilden kann, wird als Passivschicht bezeichnet und besteht nur aus wenigen Atomlagen mit einer Dicke < 5 nm. Die Zusammensetzung der Passivschicht variiert von innen nach außen zur Elektrolytseite. Während im Innern hauptsächlich Oxide vorliegen, findet man in der äußeren Schicht vornehmlich Hydroxide [B.3.1].

Bei erhöhter Temperatur kommt es zur Bildung einer Zunderschicht, deren Dicke im mm-Bereich liegen kann und die zeitabhängig wächst. Diese Schicht besteht im Grunde aus einem Oxidgitter, in dem Ionenleerstellen vorhanden sind. Liegt eine dichte Zunderschicht vor, bewegen sich die Metallionen durch das Gitter in Richtung Phasengrenze Oxidschicht/Medium, um dort eine chemische Reaktion einzugehen. Schützende Zunderschichten zeichnen sich durch ein besonders langsames Dickenwachstum aus. Der Aufbau und die Zusammensetzung der Zunderschicht hängt von den jeweiligen Legierungselementen und ihrer Konzentration ab.

Unter bestimmten Korrosionsbedingungen kann sich keine schützende Deckschicht ausbilden. Bei zwei- oder mehrphasigen Legierungen kommt es dann auf die chemische Beständigkeit jedes Gefügebestandteiles an. Mit steigender chemischer Bindungskraft ist im allgemeinen eine höhere Beständigkeit verbunden. Demnach sollte die Metallmatrix (MM) bei vorwiegend metallischer Bindung den schwächsten Gefügebestandteil darstellen und die Hartphase (HP) mit metallischen und kovalenten Bindungsanteilen eine höhere Beständigkeit aufweisen. Dabei darf nicht außer acht gelassen werden, daß die Beständigkeit gegen Naß- und Hochtemperaturkorrosion nur in Abhängigkeit von dem jeweiligen Beanspruchungssystem beurteilt werden kann. Eine generelle Beständigkeitsbewertung unterschieden nach Art der Gefügebestandteile ist somit nicht möglich.

Kommt es zur Bildung einer Deckschicht, so ist zu erwarten, daß diese, bedingt durch die Mehrphasigkeit des Gefüges, heterogen aufgebaut ist. Das gilt sowohl für die Passivschicht bei der Naßkorrosion, wie auch für die Deckschicht bei der Hochtemperaturkorrosion.

Neben der Metallmatrix und der Hartphase kommt der Grenzfläche zwischen diesen Gefügebestandteilen eine größere Bedeutung zu. Die Grenzfläche ist ein gestörter Kristallbereich, der zusätzlich von Mikroeigenspannungen überlagert sein kann [12]. Bei der Naßkorrosion stellt die Grenzfläche den Ort des bevorzugten Korrosionsangriffs dar. Eventuell dort vorliegende Zugeigenspannungen unterstützen diesen Angriff. Aus der Hartphasengröße, -verteilung und dem -volumengehalt ergibt sich daher die Anzahl und Verteilung der Grenzflächen, die einen entscheidenden Einfluß auf den Verlauf des Korrosionsangriffs ausüben.

Zur Klärung des Naßkorrosionsverhaltens von Hartlegierungen und -verbundwerkstoffen wurden Dauertauchversuche in 10%iger Schwefelsäure (H_2SO_4) sowie in 10%iger Salzsäure (HCl) durchgeführt, um das Korrosionsverhalten im Aktivbereich zu untersuchen, wo keine Verminderung der Korrosionsgeschwindigkeit durch Passivierung möglich ist. Zur Prüfung des potentialabhängigen Korrosionsverhaltens wurden Stromdichte-Potentialkurven aufgenommen. Als Elektrolyt kam 1-n Schwefelsäure zur Anwendung. Das Passivierungsverhalten der Legierungen wird durch das Passivierungs-, Aktivierungs- und Durchbruchpotential sowie durch die dazugehörige Stromdichte charakterisiert, die proportional zur jeweiligen Auflösungsgeschwindigkeit ist. Die auftretenden Korrosionserscheinungsformen im Aktiv-, Passiv- und Transpassivbereich wurden durch rasterelektronenmikroskopische Untersuchungen erfaßt, wodurch eine korrosionschemische Bewertung der Gefügebestandteile erfolgen kann.

Der Einfluß einer zusätzlich zum Korrosionsangriff auftretenden tribologischen Beanspruchung wurde mit einem Erosionskorrosionssimulator untersucht, in dem das angreifende Medium, hier 1-n H_2SO_4 und 3 % NaCl, mit Sand versetzt über einen rotierenden Teller auf die Probenoberfläche gebracht wird.

Hochtemperaturkorrosionsversuche an Luft mit definiertem Feuchtigkeitsgehalt wurden im Temperaturbereich von 750 °C bis 950 °C durchgeführt. Die Oxidationsrate wurde über die Gewichtszunahme infolge der Metalloxidation nach definierten Versuchszeiten bestimmt. Der Oxidationsangriff der einzelnen

Gefügebestandteile konnte nach 100 h an eingebetteten Proben im Rasterelektronenmikroskop beurteilt werden.

Zu den untersuchten Werkstoffen zählen konventionell erschmolzene Hartlegierungen auf Fe-, Ni- und Co-Basis sowie pulvermetallurgisch hergestellte Hartverbundwerkstoffe auf Fe-Basis.

B.3.1
Verhalten bei Naßkorrosion

B.3.1.1
Naßkorrosion der Metallmatrix

Eisenbasis

Reines Eisen gehört gemäß der elektrochemischen Spannungsreihe aufgrund seines negativen Stadardpotentiales zu den unedlen Metallen. In 1-n H_2SO_4 stellt sich ein stationäres Potential ein, bei dem in der anodischen Teilreaktion Fe-Ionen in Lösung gehen und die im Metall verbleibenden Elektronen durch die kathodische Wasserstoffabscheidung verbraucht werden. Durch Erhöhung des Potentials steigt zunächst die Metallauflösung im Aktivbereich an. Wird das Passivierungspotential überschritten, entsteht ein Eisenoxid als dünner, porenfreier, passivierender Oxidfilm auf der Oberfläche, wodurch die Korrosionsstromdichte um mehrere Zehnerpotenzen abfällt. Im passiven Zustand ist die Metallauflösung aufgrund des Metallionentransports durch die Oxidschicht stark herabgesetzt. Bei Erreichen des Transpassivbereiches kann die Passivschicht nicht mehr aufrecht erhalten werden und es setzt erneut ein starker Korrosionsstrom, verursacht durch die Sauerstoffentwicklung, ein.

Durch Zulegieren von Chrom in Gehalten > 12 % werden die Passivitätseigenschaften dieses Metalls auf das Eisen übertragen und die Passivierbarkeit erleichtert. Das deutlich geringere Passivierungspotential des Chroms geht auf die Legierung über und die nur wenige nm dicke Passivschicht reichert sich mit Chrom an. Während sich die äußere Schicht des Passivfilms vorwiegend aus Fe- und Cr-Hydroxiden zusammensetzt, besteht die innere Schicht hauptsächlich aus Oxiden. Die Korrosionsstromdichte sinkt auf Werte < 1 $\mu A/cm^2$ und ist um mehrere Zehnerpotenzen niedriger als für reines Eisen. Von nichtrostenden austenitischen Stählen ist bekannt, daß Legierungszusätze von Molybdän und Nickel die Passivstromdichte und den Aktivbereich noch weiter reduzieren. Diese Elemente werden ebenfalls in der Passivschicht nachgewiesen, wobei der Übergang von Nickel in das Oxid aufgrund seines edleren Charakters verzögert wird [B.3.2].

Bedingt durch den vergleichsweise geringen Legierungsgehalt gegenüber austenitischen Stählen, zeigt eine martensitische chromlegierte Metallmatrix, in der Kohlenstoff interstitiell gelöst ist, eine geringere Korrosionsbeständigkeit, was durch eine höhere Passivstromdichte und einen engeren Passivbereich zum Ausdruck kommt.

Erfolgt die Martensitbildung durch Stickstoff anstelle von Kohlenstoff und ist zudem Molybdän anwesend, geht damit eine deutliche Verbesserung des Korrosionsverhaltens einher. In sauren Lösungen wird dieses Verhalten durch die Reaktion von negativ geladenen N-Ionen an der Metalloberfläche mit den H-Ionen aus der Säure zu Ammoniumionen erklärt. Der Verbrauch von H^+-Ionen bewirkt eine lokale Erhöhung des pH-Wertes in der Grenzfläche Metall/Elektrolyt und dürfte somit die Passivierung erleichtern; gleichzeitig wird aber auch eine Aufweitung des Aktivbereichs beobachtet. Die Wirkung von Stickstoff auf die Passivschicht wird auf die Segregation von negativ geladenen N-Ionen an der Grenzfläche Metall/Oxid zurückgeführt. Damit verbunden wird der Gradient des elektrischen Potentials im Oxidfilm und die Korrosionsstromdichte gesenkt. Bereits seit längerem bekannt ist der positive Einfluß von gelöstem Stickstoff auf die Beständigkeit gegen Lochfraß. Bei diesem Korrosionsangriff, in der Regel durch das Halogenid-Ion Cl^- verursacht, wird die Passivschicht lokal zerstört und der Korrosionsangriff lochförmig in die Tiefe unter anodischer Metallauflösung vorangetrieben. Durch die Anwesenheit der segregierten N-Ionen wird vermutlich der Beginn des Angriffs durch Adsorption von Cl^--Ionen auf dem Passivfilm und das Eindringen an Störstellen in die Oxidschicht behindert und das Durchbruchpotential zu höheren Werten verschoben. Besonders stark wird die Repassivierung bereits entstandener Lochfraßstellen durch die Anwesenheit von Stickstoff unterstützt, was auf die Bildung von Ammoniumionen mit einhergehender pH-Werterhöhung im Lochgrund, aber auch auf die gegenseitig abstoßende elektrische Wirkung zwischen negativ geladenem segregierten Stickstoff und den Chloridionen zurückgeführt wird [B.3.3].

Nickel- und Kobaltbasis

Nickel ist im Vergleich zu Eisen ein edleres Metall und somit korrosionschemisch beständiger. Mit steigendem Potential bildet Nickel ebenfalls eine schützende Passivschicht aus Oxiden und Hydroxiden. Aus diesem Grund ist reines Nickel in Meerwasser und Salzlösungen beständig. In Säuren, wie z.B. Schwefel- oder Salzsäure, ist die Masseverlustrate bei einer Konzentration < 10 % sehr gering. Sie nimmt aber mit steigender Konzentration und zunehmendem Belüftungsgrad deutlich zu. Dabei kann auch die Grenze zur Unbeständigkeit überschritten werden. Zulegieren von Chrom, welches bis zu hohen Gehalten im Mischkristall löslich ist, führt zu einer deutlichen Verbesserung. Durch zusätzliches Legieren mit Molybdän dehnt sich die Beständigkeit auch auf reduzierende Medien aus. Die Löslichkeit für Molybdän im Nickelmischkristall ist mit 20 % nicht ganz so hoch wie für Chrom. Nickel-Molybdän-Legierungen zeichnen sich durch eine extrem geringe Auflösungsgeschwindigkeit im Aktivbereich aus, bilden aber keine Passivschicht. Aus diesem Grunde können diese Legierungen in chloridhaltigen Medien auch unter stark sauren Bedingungen nicht durch Lochfraß angegriffen werden [B.3.4].

Kobalt besitzt in verdünnten belüfteten Lösungen, z.B. in 5%iger Salz- oder Schwefelsäure, eine dem Nickel ähnliche Korrosionsbeständigkeit. Die Abtragraten, in Kurzzeitversuchen ermittelt, bewegen sich zwischen 0.03 und 0.3 mm/a. In sauerstoffarmen Medien ist das Korrosionsverhalten von Kobalt dem des Nickel wiederum überlegen. Da für technische Zwecke unlegiertes Kobalt nicht eingesetzt wird, fehlen entsprechende Korrosionsdaten aus Langzeitversuchen.

Kobalt zählt ebenfalls zu den passivierbaren Metallen. Die sich bildende Oxidschicht kann sich aus mehreren verschiedenen Oxiden, wie CoO, Co_2O_3 und CoO_2 zusammensetzen. Ähnlich wie bei den bereits genannten Metallen, kann auch hier durch Chrom in Gehalten bis zu 30 % und durch Molybdän die Korrosionsbeständigkeit deutlich verbessert werden, was zu geringsten Masseverlustraten führt [B.3.5].

Die chemische Beständigkeit der Metallmatrix wird in der Hauptsache vom Basismetall bestimmt. Darüber hinaus hängt die Korrosionsbeständigkeit als Systemeigenschaft von vielen Einflüssen ab, wie z.B. dem Korrosionsmedium, der Konzentration des Mediums, dem pH-Wert, der Temperatur, dem Sauerstoffgehalt und der Fließgeschwindigkeit, um nur einige zu nennen. In der Regel kann sie aber wesentlich durch die Legierungselemente Chrom und Molybdän gesteigert werden, die ihre günstigen Korrosionseigenschaften unter der Voraussetzung auf die Legierung übertragen, daß sie im Mischkristall gelöst vorliegen.

B.3.1.2
Naßkorrosion von Hartphase und Metallmatrix

Säurekorrosion
Zur Untersuchung der Säurekorrosion wurden ausgewählte schmelzmetallurgisch hergestellte Hartlegierungen auf Fe-, Ni- und Co-Basis in 10%iger Schwefelsäure bis zu 400 h ausgelagert. Die ermittelten Gewichtsverluste der Legierungen über die Versuchsdauer sind in Bild B.3.1 dargestellt. Neben den eutektischen Hartphasen können bei den untersuchten Legierungen bis zu fünf verschiedene primäre Boride oder Karbide auftreten. In Abhängigkeit von der chemischen Zusammensetzung bilden einige Legierungen zusätzlich intermetallische Phasen [4]. Daher erscheint es verständlich, daß das Korrosionsverhalten dieser Legierungen nicht nur mit Bezug auf die chemische Beständigkeit der Metallmatrix zu erklären ist.

Bei 10%iger Schwefelsäure handelt es sich um eine stark saure Lösung mit einem pH-Wert von -0.3, der sich einstellt, wenn ca. 50 % der Säure dissoziiert. Metallegierungen können unter diesen Bedingungen nicht passivieren. Es stellt sich ein Gleichgewichtspotential ein, das als Ruhepotential bezeichnet wird. Bei freien Korrosionsbedingungen ist die Summe der anodischen Teilströme gleich denen der kathodischen, aber entgegengesetzt gerichtet, so daß kein meßbarer Strom auftritt. Die Geschwindigkeiten der Teilreaktionen sind gleich groß und entsprechen der Korrosionsgeschwindigkeit.

Bei zwei- oder mehrphasigen Legierungen laufen anodische und kathodische Teilreaktionen stark lokalisiert ab. In der Regel stellen die Hartphasen im Dau-

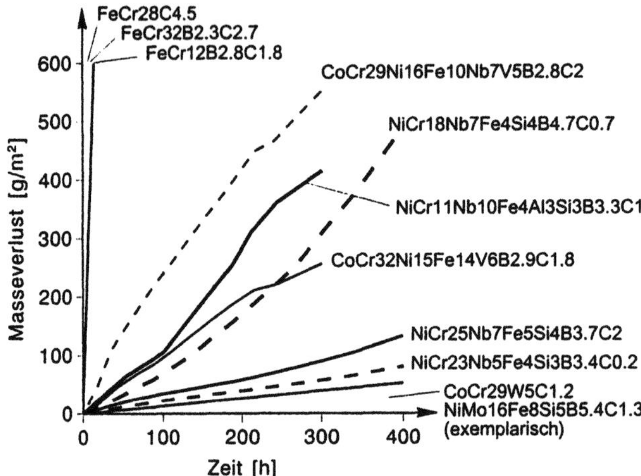

Bild B.3.1 Im Dauertauchversuch ermittelte Korrosionsrate von Fe-, Co- und Ni-Basis-Hartlegierungen in 10%iger Schwefelsäure bei Raumtemperatur

ertauchversuch die edleren Gefügebestandteile dar und werden in 10%iger Schwefelsäure nicht angegriffen. Sie bilden folglich die Kathodenflächen. Nach der „Flächenregel" ist die flächenbezogene anodische Auflösungsstromdichte i_A proportional zum Verhältnis der kathodischen und anodischen Fläche A_K/A_A. D. h., mit zunehmendem Hartphasengehalt steigt die anodische Auflösung der Metallmatrix und somit der Masseverlust. Die Potentialdifferenz zwischen Hartphase und Metallmatrix bewirkt eine bevorzugte Auflösung des hartphasennahen Bereiches. Mit steigender Hartphasengröße können umso höhere lokale Korrosionsströme fließen. Aus diesem Grund kommt dem gelösten Chromgehalt in der Metallmatrix bei der Korrosion in sauren Medien ohne Passivschichtbildung nur eine untergeordnete Rolle zu.

In Bild B.3.1 zeigen die drei untersuchten Fe-Basis Hartlegierungen bereits nach 10 h Versuchsdauer den höchsten Masseverlust von > 600 g/m². Das Gefüge dieser Legierungen besteht aus primären und eutektischen Chromkarbiden bzw. -boriden mit einem Volumengehalt > 70 %. In der Metallmatrix verbleiben zwischen 5 und 15 % Chrom. Aufgrund der überwiegenden Kathodenfläche wird die Metallmatrix sehr schnell soweit abgetragen, daß zunächst die kleineren eutektischen Hartphasen herausfallen und zu einem verstärkten Masseverlust beitragen (Bild B.3.2). Sofern kein zusammenhängendes HP-Gerüst entstanden ist, werden mit anhaltender Korrosionsbelastung auch die gröberen primären HP herausfallen. In solchen Fällen ist die Angabe einer Korrosionsrate nicht sinnvoll, da die Masse der herausgefallenen Hartphasen mit darin eingehen würde.

Bei den Co-Basislegierungen läßt sich mit abnehmendem HP-Gehalt und steigendem Chromgehalt in der Metallmatrix eine Verringerung des Masseverlustes feststellen (Tabelle B.3.1). Einzige Ausnahme bildet die Legierung

Bild B.3.2 Korrodierter Randbereich der Fe-Basis-Hartlegierung FeCr28C4.5

CoCr22Fe24Mo20B3.3C0.7, die mit 65 Vol% den höchsten HP-Gehalt aufweist und ebenfalls in dem Streuband geringster Masseverluste liegt. Aufgrund des hohen Molybdängehaltes sind nach der Erstarrung in der MM neben 22 % Chrom noch 7 % Molybdän gelöst, was die chemische Beständigkeit erheblich verbessert.

Die molybdänlegierten Ni-Basis-Hartlegierungen mit HP-Gehalten zwischen 50 und 65 Vol% weisen ausnahmslos die geringsten Masseverluste auf (Tabelle B.3.1). Hierzu zählt auch die chromfreie Hartlegierung NiMo16Fe8Si5B5.4C1.3. Bei einem vergleichbaren HP-Gehalt von ≈ 65 Vol% kann ein positiver Einfluß des steigenden Chromgehaltes in der MM der untersuchten molybdänfreien Ni-Basislegierungen festgestellt werden (Bild B.3.1, Tabelle B.3.1).

Neben den erwähnten Korrosionsmechanismen kann es durch den komplexen Gefügeaufbau und den hohen Hartphasengehalt zu einem weiteren Effekt kommen, der sich ungünstig auf die Korrosionsbeständigkeit auswirkt. Ist eine Metallmatrixzelle vollständig von Hartphasen umgeben, entstehen während der Abkühlung aufgrund der unterschiedlichen Wärmeausdehnungskoeffizienten von HP und MM Spannungen. Aufgrund des höheren Ausdehnungskoeffizienten der MM schrumpft diese stärker als die HP, was eine Zugspannung in der Grenzfläche MM/HP hervorruft (s. Abschn. A.4.3). Unter korrosiver Belastung erfolgt ein bevorzugter Angriff der Grenzfläche, was auf eine Art von Spannungsrißkorrosion deutet (Bild B.3.3) [4].

Am Beispiel von pulvermetallurgisch hergestellten Fe-Basis-Hartlegierungen sollen weitere gefügebedingte Einflüsse auf die Korrosion aufgezeigt werden. Stahlpulver der Zusammensetzung FeCr15Mo1 wurde mit CrN-Hartstoffpulver gleicher mittlerer Pulverkorngröße von ≈ 70 µm in Gehalten zwischen 5 und 30 Vol% gemischt. Nach dem Heißisostatischen Pressen (HIP) mit anschließendem Härten besteht das Gefüge solcher PM-Legierungen aus einer Dispersion von CrN, welches durch teilweise Umwandlung zu Cr_2N während des HIP-Prozesses Stickstoff zur martensitischen Härtung der MM bereitgestellt hat [7]. In Bild B.3.4 ist der flächenbezogene Masseverlust dieser Legierungen in 10%iger Salzsäure dargestellt. Im Vergleich zu Schwefelsäure findet hier ein schärferer

Tabelle B.3.1 Härte. Menge, Struktur der HP und Zusammensetzung der erschmolzenen Hartlegierungen auf Fe-, Ni- und Co-Basis

Leg.	HP [HV]	f_H [Vol.%]	Str.	H_H [HV]	f_E, f_M [Vol.%]	eut. Hartphasen, Metallzellen Str.	H_E, H_M [HV]	Chrom-Gehalt [Gew.-%]
FeCr28C4.5	877	46	M_7C_3	1090-1510	29	M_7C_3	850-1050	9
					25	Fe-Cr	510-580	
FeCr32B2.3C2.7	914	36	M_7C_3	1280-1690	23	M_7C_3	920-1100	15
		13	M_3B_2	2260-2410	35	Fe-Cr	460-580	
FeCr12B2.8C1.8	810	18	M_2B	1610-1740	19	Fe-Cr	640-680	5
		63	$M_{23}B_6$	1310-1450				
FeCr12C2.1	473	–	–	–	23	M_7C_3	1440	6
					77	Fe-Cr	463	
NiCr11Nb10Fe4Al37 Si3B3.3C1.0	771	19	MB	2070-2360	2	M_3B	–	1
		38	M_3B_2	790-940	25	Ni-Cr	470-610	
		16	MC	2050-2400				
NiCr18Nb7Fe4 Si4B4.7C0.7	798	32	MB	2230-2570	18	M_3B	1140-1250	6
		12	M_3B_2	1740-2005	34	Ni-Cr	600-690	
		4	MC	1940-2320				
NiCr25Nb7Fe5 Si4B3.7C2.0	590	30	MB	2060-2410	28	I. P.	820-1000	15
		8	M_2B	1780-2070	31	Ni-Cr	490-520	
		3	MC	2050-2370				
NiCr23Nb5Fe4 Si3B3.4C0.2	771	26	MB	1790-2430	35	Ni-Cr	510-700	9
		18	M_3B	740-860				
		8	M_3B_2	1690-1910				
		6	M_7C_3	1560-1690				
		7	MC	1440-2260				
NiMo21Cr18Fe10 Nb6Si5B3.0C0.5	669	1	MB	–	11	I. P.	600-670	14
		34	M_3B_2	2050-2520	51	Ni-Fe-Cr	500-570	
		4	MC	1840-2120				
NiMo16Fe8 Si5B5.4C1.3	870	45	M_3B_2	2200-2450	9	M_3B	820-980	–
		8	M3B	1090-1200	24	Ni-Fe	580-640	
NiMo24Cr23Fe10 Si4B4.5C0.6	942	57	M_3B_2	2260-2660	44	Ni-Fe	410-520	11
		9	M_3B	870-980				
NiCr7Si3.5B2.0	560	–	–	–	33	M_3B	927-1145	6
		–	–	–	67	Ni-Cr	515-766	
CoCr29W5C1.2	435	–	–	–	24	M_7C_3	1000-1150	23
					76	Co-Cr	410- 530	
CoCr29Ni16Fe10 Nb7V5B2.8C2.0	618	24	M_7C_3	1340-1540	7	M_7C_3	960-1190	9
		9	MC	1650-2490	48	Co-Ni	450-630	
		12	MB	1620-1920				
CoCr32Ni15Fe14 V6B2.9C1.8	585	10	MB	1650-1800	6	I. P.	–	11
		25	M_7C_3	1000-1450	59	Co-Cr	630-700	
CoCr22Fe24Mo20 B3.3C0.7	833	36	M_3B_2	1580-2050	23	$M_{23}B_6$	920-1000	22
		6	MC	1920-2210	35	Fe-Co	750-870	

Str. Struktur, *H* Härte, *Leg.* erschmolzene Hartlegierung, *f* Gefügemenge
Index: *P* Legierung, *H* primäre Hartphasen, *E* eutektische Hartphasen, *M* Metallzellen

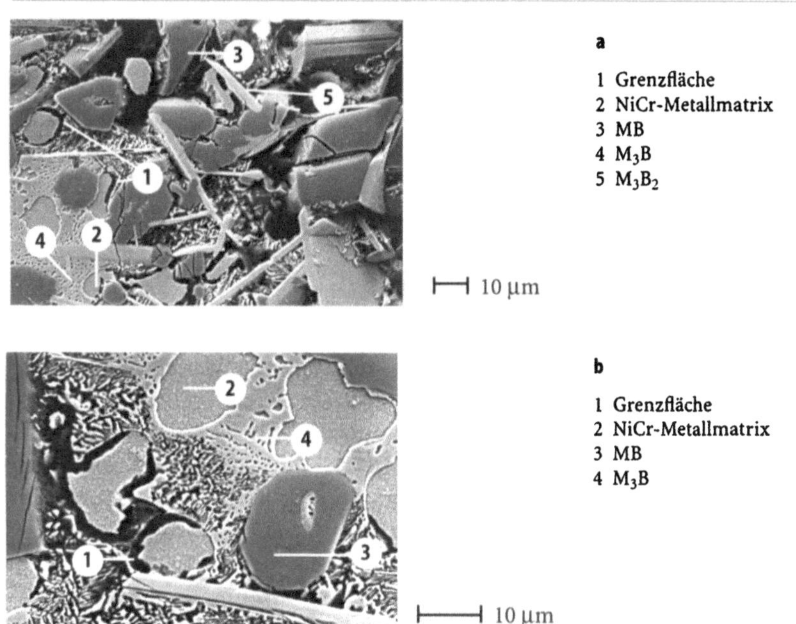

Bild B.3.3 Korrosionsangriff im Gefüge einer Ni-Basis-Hartlegierung (300h / RT / H_2SO_4) **(a)** primäre Hartphasen MB, M_3B_2 und eutektisches M_3B beständig **(b)** bevorzugter Angriff der Grenzfläche Metallzellen / eutektische Bereiche

Korrosionsangriff statt, da der gesamte Säuregehalt dissoziiert, was sich in einem abgesenkten pH-Wert ausdrückt. Durch Chloridionen bedingter Lochfraß tritt nicht auf, da eine Passivierung nicht stattfinden kann.

Mit zunehmendem Hartphasengehalt kommt es nach längerer Versuchsdauer zu einem steileren Anstieg des Masseverlustes. Der Grund hierfür ist in dem

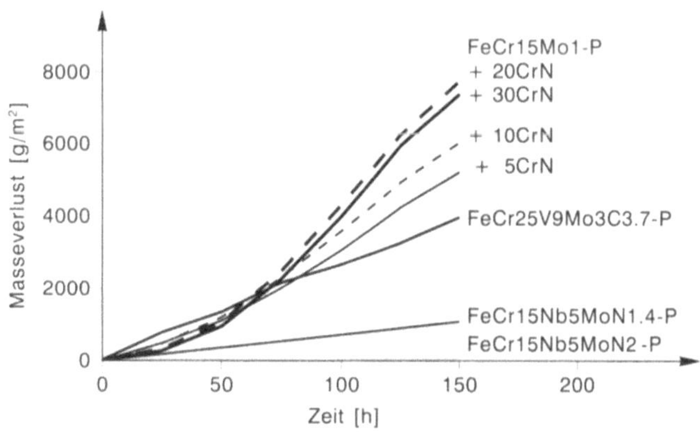

Bild B.3.4 Im Dauertauchversuch ermittelte Korrosionsrate an pulvermetallurgisch hergestellten Fe-Basislegierungen in 10%iger Salzsäure bei Raumtemperatur

Einfluß der Grenzfläche MM/HP zu suchen, da der Gehalt der Metallelemente in der MM mit 15 % Chrom und 1 % Molybdän bei allen Legierungen vergleichbar ist. Zum einen erhöht sich die Anzahl der Grenzflächen mit dem Volumengehalt der HP, was zu einer Vermehrung der möglichen Lokalelemente führt. Zum anderen kann es in der Nähe der HP in einem sehr begrenzten Bereich (≈ 20 nm) zu einer Chromverarmung kommen, was einen selektiven Korrosionsangriff nach sich zieht. Erklärt werden kann diese chromverarmte Zone durch die Bildung sekundärer chromhaltiger Nitride am Rande der groben CrN- bzw. Cr_2N-HP aufgrund der dort vorliegenden Stickstoffgehalte nach der Wärmebehandlung (Bild B.3.5) [7].

Weiterhin kann dem Eigenspannungszustand in der Grenzfläche zwischen MM und HP ein Einfluß zugesprochen werden. Während die HP sich bei Abkühlung von Härtetemperatur kontinuierlich zusammenzieht, ist die MM einer martensitischen Umwandlung, verbunden mit einer Volumenzunahme, unterworfen. So verbleibt bei der Abkühlung bis auf Raumtemperatur in der Grenzfläche MM/HP vermutlich ein Zugeigenspannungszustand, der den Korrosionsangriff dort fördert (s. Abschn. A.4.3).

Als Konsequenz kommt es nach längerer Korrosionseinwirkung, die zusätzlich durch eine Spaltbildung verschärft werden kann, zum Herausfallen der HP, wodurch der steilere Anstieg in der Masseverlustkurve begründet sein wird. Beispielhaft ist in Bild B.3.4 auch der Verlauf des Masseverlustes der kohlenstoffhaltigen Legierung FeCr25V9Mo3C3.7 eingezeichnet, die ein vergleichsweise gutes Korrosionsverhalten zeigt. Hier führte der HP-Volumengehalt zur Gerüstbildung. Die MM wird zwar korrodiert, aber durch das HP-Gerüst kommt es nicht zum Herausfallen einzelner HP und das Voranschreiten des Korrosionsangriffs in das Werkstoffinnere wird verzögert (Bild B.3.6).

Im Vergleich dazu sind in Bild B.3.4 die Masseverlustraten von PM-Legierungen dargestellt, bei denen zur Bildung der HP anstelle von Chrom das Element Niob herangezogen wurde. Hier besteht das Gefüge aus feinverteilten ≈ 1 µm großen Nb-Nitriden, die in einer chrom- und molybdänhaltigen MM eingebettet sind [B.3.6]. Durch unterschiedliche N-Gehalte konnte der HP-Gehalt variiert

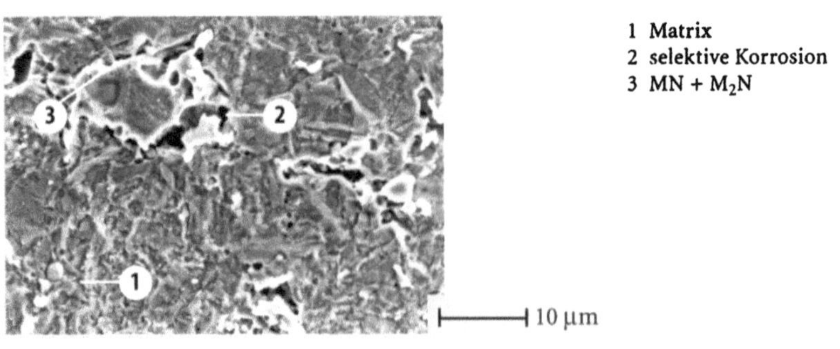

Bild B.3.5 Selektiver Korrosionsangriff der Hartphasen im Hartverbundwerkstoff FeCr15Mo1-P + 20CrN

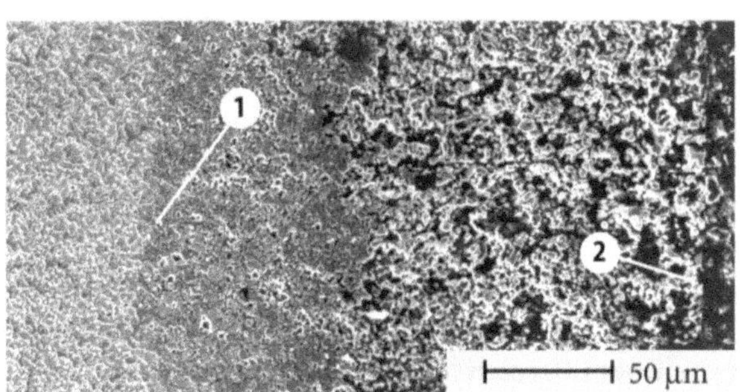

1 Korrosionsangriff
2 ursprüngliche Oberfläche

Bild B.3.6 Korrosionsangriff entlang der Phasengrenze MM/HP-Gerüst in der PM-Legierung FeCr25V9Mo3C3.7 in Schwefelsäure

werden. Alle Legierungen liegen in einem Streuband sehr geringer Korrosionsraten. Demzufolge bleibt aufgrund der Bildung von nahezu chromfreien Niobnitriden Chrom in der Matrix gelöst und das Korrosionsverhalten wird deutlich verbessert.

Passivierungsverhalten

Die Passivierung von Legierungen wird üblicherweise mittels Stromdichte-Potential-Kurven in 1-n H_2SO_4 aufgezeichnet. Im potentialabhängigen Passivbereich wird bei passivierbaren Werkstoffen die Bildung eines schützenden Oxidfilms möglich, dessen Ausbildung u.a. von der Homogenität der Oberfläche abhängt. Lage und Ausdehnung des Passivbereiches sowie Höhe der Passivstromdichte sind ein Maß für das Passivierungsverhalten. Der Einfluß unterschiedlicher HP-Gehalte ist am Beispiel der PM-Legierungen mit CrN in Bild B.3.7 dargestellt. Ein steigender CrN-Gehalt führt zu einer Verbreiterung des

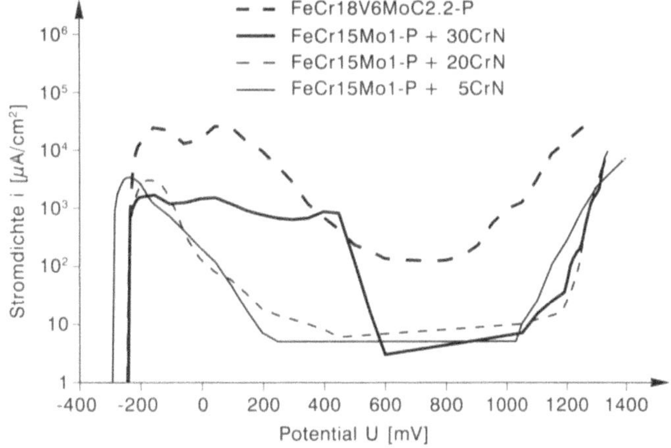

Bild B.3.7 Stromdichte-Potential-Kurven von stickstoff- und kohlenstoffhaltigen PM-Hartverbunden

Auflösungsbereiches auf Kosten des Passivbereiches, während die Passivstromdichte davon nahezu unbeeinflußt Werte < 10 µA/cm² annimmt. Die positive Beeinflussung durch Stickstoff wird beim Vergleich mit der kohlenstoffhaltigen Legierung FeCr18V6MoC2.2-P in Bild B.3.7 deutlich. Bei einem HP-Gehalt von 30 Vol% liegt die Stromdichte sowohl im Aktiv- als auch im Passivbereich um etwa eine Größenordnung über der der stickstofflegierten Variante.

Die absinkende Stromdichte im Passivbereich steht für eine verminderte Korrosionsgeschwindigkeit. Dennoch schreitet der Korrosionsangriff bei mehrphasigen Legierungen auch in diesem Bereich fort. Rasterelektronenmikroskopische Untersuchungen an der pulvermetallurgischen Legierung FeCr15Mo1-P + 20CrN in verschiedenen Korrosionsstadien während der Polarisierung zeigen deutlich den schon zu Versuchsbeginn einsetzenden Korrosionsangriff an der Grenzfläche MM/HP. Dieser Angriff setzt sich mit steigendem Potential fort. Dabei kommt es in der oxidierend wirkenden Schwefelsäure zur voranschreitenden Auflösung der Hartphase bei Überschreitung des Zersetzungspotentials, welches im Passivbereich liegt, während die Metallmatrix unter diesen Bedingungen nicht angegriffen wird (Bild B.3.8) [7].

Der in der MM gelöste Chromgehalt beeinflußt in der elektrochemischen Prüfung das Passivierungsverhalten von untereutektischen Fe-, Ni- und Co-Basis-Hartlegierungen deutlich, sofern die HP im Passivbereich nicht angegriffen wer-

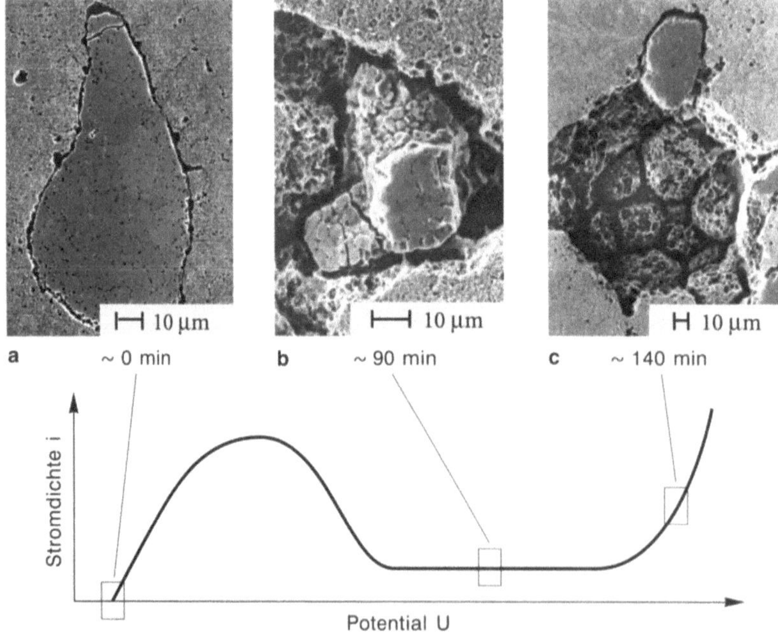

Bild B.3.8 Potentialabhängige Stadien des Korrosionsangriffes des Hartverbundwerkstoffes FeCr15Mo1-P + 20CrN in 1-n Schwefelsäure

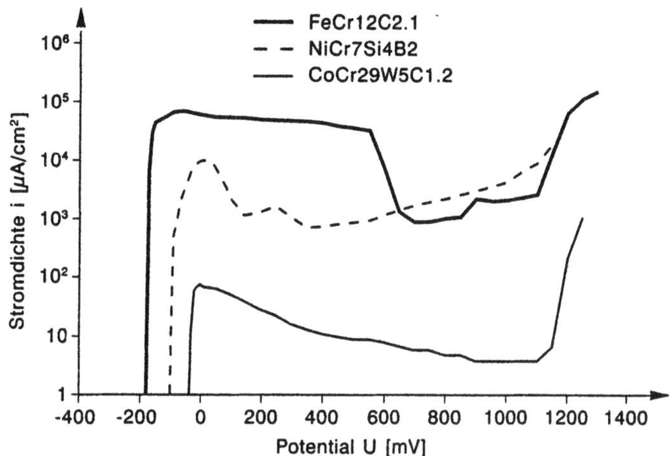

Bild B.3.9 Stromdichte-Potential-Kurven von untereutektischen Fe-, Ni- und Co-Basis-Hartlegierungen

den. Bei einem vergleichsweise geringen gelösten Chromgehalt von ca. 5 % tritt bei der Ni-Basislegierung NiCr7Si4B2 sowie bei der Fe-Basislegierung FeCr12C2.1 aufgrund der hohen Stromdichte > 1000 $\mu A/cm^2$ keine Passivierung ein (Bild B.3.9). In der MM der Co-Basislegierung CoCr29W5C1.2 ist ein Cr-Gehalt von 24 % gelöst, der zu einer sehr guten Passivierbarkeit führt. Ein korrosiver Angriff der eutektischen M_7C_3-Karbide wurde erst im Transpassivbereich festgestellt.

B.3.1.3
Kombinierter Verschleiß- und Korrosionsangriff

Die Beständigkeit gegenüber kombinierter tribologischer und korrosiver Beanspruchung wurde in einem Erosionskorrosionssimulator nach dreistündiger Beanspruchung durch Bestimmung des Masseverlustes an der Legierung FeCr15Nb6Mo2TiC1.5 und dem PM-Verbundwerkstoff FeCr15Mo + 10CrN ermittelt. Als korrosives Medium diente künstliches Meerwasser (3%ige NaCl-Lösung) und 1-n H_2SO_4. Der Masseverlust wurde jeweils mit und ohne Sandbeladung des Mediums sowie bei verschiedenen Auftreffgeschwindigkeiten gemessen. Der erosive Anteil des Materialabtrages ergab sich aus der reinen Sandbelastung. Die ermittelten Ergebnisse sind in Bild B.3.10 dargestellt.

Der Masseverlust steigt mit zugeführter Sandbeladung, erhöhter Auftreffgeschwindigkeit und verschärftem Korrosionsmedium (3 % NaCl ≅ pH 7; 1-n H_2SO_4 ≅ pH 0.5). Der ermittelte Materialabtrag unter kombinierter Beanspruchung ist höher als die Summe der Masseverluste unter reiner korrosiver bzw. erosiver Beanspruchung. Daher muß auch der Einfluß des Zusammenwirkens von Erosion und Korrosion Berücksichtigung finden.

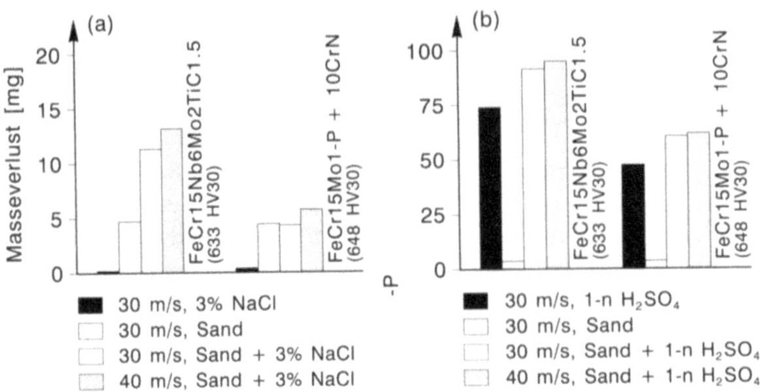

Bild B.3.10 Erosionskorrosionsversuch: Ermittelter Masseverlust eines Hartverbundwerkstoffes und einer Hartlegierung in unterschiedlichen Medien

Das Auftreffen der Sandkörner auf der Probenoberfläche kann Furchungs- oder Strahlverschleiß bewirken. Die Oberfläche wird plastisch verformt. Auftretende Verschleißmechanismen sind Mikropflügen, Mikrospanen, Mikrobrechen und Mikroermüden. Unterhalb der Oberfläche kommt es durch Mikroermüdung zur Bildung von Rissen, die sich durch fortschreitendes Auftreffen der Sandkörner ausbreiten und zum Ausbrechen von Materialteilchen führen. Mikrobrechen wird mit zunehmender Sprödigkeit des Werkstoffs wahrscheinlicher und konnte bei den HP der untersuchten Legierungen beobachtet werden (Bild B.3.11).

Unter Einwirkung eines korrosiven Mediums kann es aufgrund der eingebrachten höheren Versetzungsdichte zur Lokalelementbildung zwischen den unverformten und den durch die Erosionsbeanspruchung verformten Oberflächenbereichen kommen. Durch die Oberflächenaufrauhung steht dem Korrosionsangriff eine vergrößerte Oberfläche zur Verfügung, was mit einer Erhöhung des Masseverlustes verbunden ist. Auch werden Deckschichten abgetragen.

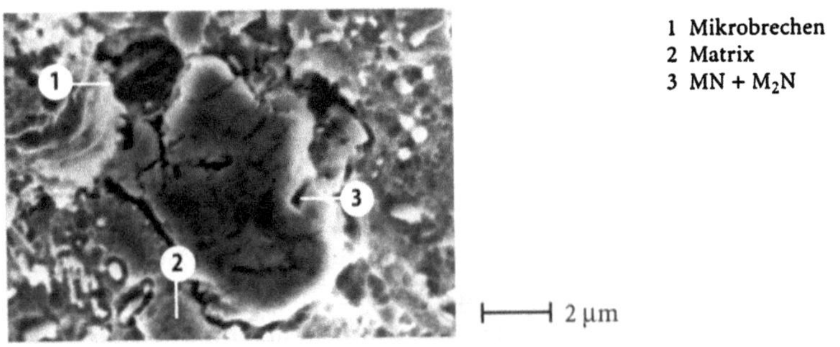

1 Mikrobrechen
2 Matrix
3 MN + M$_2$N

Bild B.3.11 Mikrobrechen der Hartphasen bei Erosionskorrosionsbeanspruchung (1-n Schwefelsäure + Sand) im Hartverbundwerkstoff FeCr15Mo1-P + 10CrN

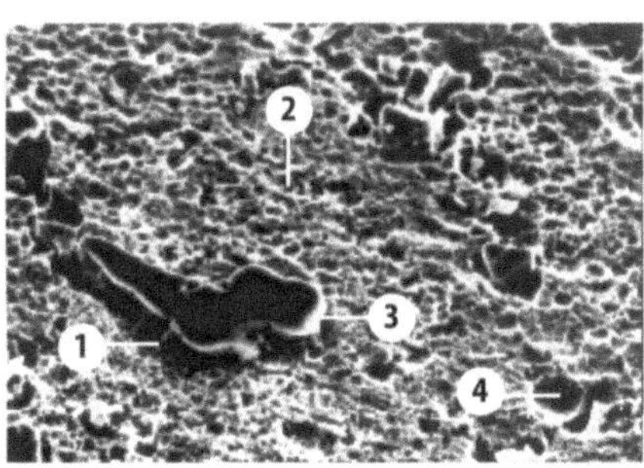

Bild B.3.12 Erosionskorrosionsbeanspruchung (1-n Schwefelsäure + Sand) der Hartlegierung FeCr15Nb6Mo2TiC1.5: Herausfallen von Hartphasen

Ebenso wirkt das Herausfallen der HP, verursacht durch die Kombination von bevorzugtem Grenzflächenangriff durch Korrosion und erosiver Beanspruchung (Bild B.3.12) [7].

Die stickstofflegierte PM-Legierung zeigt gegenüber der kohlenstoffhaltigen konventionell erschmolzenen Legierung ein überlegenes Erosionskorrosionsverhalten. Die Dispersion der feinen Niobnitride, die in einer stickstoffmartensitischen Metallmatrix eingebettet sind, erweist sich im Verschleißschutz wirksamer, als die gröberen und ungleichmäßiger verteilten Niobkarbide. Die erhöhte Korrosionsbeständigkeit der stickstofflegierten gegenüber der kohlenstofflegierten MM trägt ebenso zu dem geringeren Materialabtrag bei.

B.3.1.4
Folgerungen

Das Naßkorrosionsverhalten von Hartlegierungen und -verbundwerkstoffen unter freien Korrosionsbedingungen in verdünnter Schwefel- und Salzsäure hängt in der Hauptsache von dem Basislegierungselement ab. Dabei ist eine Nickel- oder Kobaltbasislegierung stets korrosionsbeständiger als eine Eisenbasislegierung.

Mit steigendem Gehalt an Hartphasen verstärkt sich der Angriff auf die Metallmatrix. In der Regel sind die Hartphasen beständig und werden als edlere Gefügebestandteile nicht angegriffen, bestimmen aber nach der „Flächenregel" den fließenden anodischen Korrosionsstrom in der Metallmatrix. Der Korrosionsangriff beginnt stets in der Grenzfläche Metallmatrix/Hartphase. Durch Entstehen von Spalten kann die Korrosion dort noch schneller vorangetrieben werden. Kommt es zum Herausfallen der Hartphasen, treten sehr hohe Masseverluste auf. Ist der Hartphasengehalt einer Legierung so hoch, daß es zur Bildung eines Hartphasengerüstes kommt, kann die Korrosionsrate deutlich geringer ausfallen. Nachdem die oberflächennahen Metallmatrixbereiche herauskorrodiert sind, wird der Korrosionsangriff durch das HP-Gerüst beim Vordringen in das Werkstoffinnere behindert.

Werden die Hartphasen in der Hauptsache durch Chrom gebildet, ist die Gefahr einer chromverarmten Zone um die Hartphase gegeben. Diese Zone besitzt nur eine sehr geringe Ausdehnung (≈ 20 nm), unterstützt aber den bevorzugten Korrosionsangriff an der Grenzfläche. Dieser Effekt kann durch die Bildung von Hartphasen mit Hilfe anderer Metallelemente, die eine höhere Affinität zu C, N und B besitzen, wie z.B. Nb, V etc., vermieden werden.

Die Korrosionsbeständigkeit einer martensitischen Eisenbasislegierung kann durch den Austausch von Kohlenstoff durch Stickstoff und durch die Bildung von nahezu chromfreien Hartphasen deutlich verbessert werden. Solche Legierungen sind jedoch besser auf dem kostenintensiveren pulvermetallurgischen Weg herzustellen.

Das Passivierungsverhalten in Schwefelsäure wird durch die potentialabhängige Beständigkeit der Hartphasen und dem in der Metallmatrix gelösten Chromgehalt bestimmt. Der Einfluß des Basiselementes tritt hier nicht in den Vordergrund. Der Korrosionsangriff schreitet bei mehrphasigen Legierungen auch im Passivbereich fort. Je nach Beständigkeit wird die Metallmatrix oder die Hartphase aufgelöst. Auch beginnt der Korrosionsangriff stets in der Grenzfläche Metallmatrix/Hartphase. Auftretende intermetallische Phasen sind in der Regel korrosionsbeständig und fördern somit die Auflösung der HP.

Bei kombinierter tribologischer und korrosiver Beanspruchung muß die Legierung sowohl eine hohe Verschleißbeständigkeit im Hinblick auf die Hartphasengröße, -art, -menge und -verteilung aufweisen, als auch über eine gute Korrosionsbeständigkeit der Metallmatrix verfügen. Die Überlagerung der Beanspruchung führt zu einem höheren Masseverlust als die tribologische oder korrosive Einzelbeanspruchung.

B.3.2
Verhalten bei Hochtemperaturkorrosion

B.3.2.1
Oxidation der Metallmatrix

Kobalt und Nickel

Ein Metall bzw. eine Metallegierung hat in oxidierender Atmosphäre bei erhöhter Temperatur das Bestreben, mit dem umgebenden Sauerstoff eine Verbindung einzugehen. Hierbei bilden die austretenden Metallionen mit dem Reaktionspartner eine Oxidschicht, die ihrem Aufbau nach einem Ionengitter entspricht. Das Wachstum dieser Schicht wird durch die Diffusion der Reaktionspartner über Leerstellen im Ionengitter bestimmt. Bei dichten Oxidschichten ist die Wachstumsgeschwindigkeit der Zunderschicht von der Diffusion der Metallionen abhängig. Weist die Zunderschicht Risse oder Poren auf, kann der gasförmige Sauerstoff auf diesem Weg an die Metalloberfläche gelangen, um dort für eine neue Oxidbildung zu sorgen. Eine zunderbeständige Legierung zeichnet sich durch eine dichte, fest haftende Oxidschicht mit geringer Wachstumsrate bei Beanspruchungstemperatur aus [B.3.7].

Kobalt und Nickel sind die Basiselemente für oxidationsbeständige Legierungen, deren Hauptlegierungsbestandteil in der Regel Chrom ist. Als reine Metalle bilden beide Elemente bei hohen Temperaturen dichte, porenfreie Deckschichten, die aus NiO bzw. CoO aufgebaut sind. Unterhalb von 900 °C ist auch die Bildung von Co_3O_4 auf einer Zunderschicht aus CoO möglich. Aufgrund des Metalldefizits in beiden Gittern ist die Diffusion der Metallionen der zeitbestimmende Vorgang für das Wachstum der Schicht. Das Ionenleerstellenangebot im CoO-Gitter übersteigt das des NiO-Gitters um zwei Größenordnungen, was sich in einer höheren Oxidationsrate niederschlägt. Zur Verringerung der Diffusionsgeschwindigkeit der Co-Ionen sind zwei Wege denkbar: a) die Leerstellenkonzentration im Oxidgitter wird gesenkt, b) durch Zulegieren von z.B. Chrom bildet sich ein Oxid vom Typ Cr_2O_3, welches als Diffusionsbarriere wirkt. Die erste Möglichkeit ist praktisch nicht umsetzbar, da es kein technisch geeignetes Metall gibt, welches in Form von monovalenten Metallionen in das CoO-Gitter eingebaut werden kann, um dort die Leerstellenkonzentration durch scheinbare Elektroneutralität zu senken. Der zweite Weg führt unter bestimmten Voraussetzungen zum Erfolg. Geringe Chromgehalte erhöhen zunächst die Oxidationsrate, da durch den Einbau von Cr^{3+} in das Oxidgitter die Leerstellenkonzentration noch erhöht wird. Erst bei Chromgehalten oberhalb von ca. 10 %, die die Bildung von Cr_2O_3 oder $CoCr_2O_4$ ermöglichen, wird der Transport der Co-Ionen im Gitter behindert. Der äußere Bereich der Zunderschicht besteht aus CoO, während sich die innere Zone vornehmlich aus dem CoCr-Spinell zusammensetzt. An der Phasengrenze Metall/Oxid herrscht das Cr_2O_3-Oxid vor [B.3.8].

Im Vergleich zu chromlegierten Nickelbasislegierungen zeigen CoCr-Legierungen ein ungünstigeres Oxidationsverhalten, was auf die unterschiedliche Oxidationskinetik zurückzuführen ist. Das sich zuerst bildende Oxid auf einer CoCr-Legierung ist CoO, welches ca. 100 mal schneller entsteht als NiO auf einer entsprechenden Nickellegierung. Der entscheidende Unterschied liegt jedoch in der Struktur der Oxidschicht. Aus CoO und Cr_2O_3 entsteht mit einer sehr hohen Reaktionsgeschwindigkeit der CoCr-Spinell $CoCr_2O_4$, in dem Co-Ionen sehr gut diffundieren können. Demzufolge wird das für die Diffusionsbarriere benötigte Chromoxid sofort verbraucht [B.3.9].

Als weiteres effektives Element zur Steigerung des Oxidationswiderstandes hat sich Aluminium herausgestellt. Bei Chromgehalten oberhalb von 25 % wirkt sich bereits eine Al-Zugabe von 3 % durch die Bildung von Al_2O_3 günstig aus. Die Bildung eines CoAl-Spinells der Struktur $CoAl_2O_4$ ist ebenfalls möglich, benötigt jedoch eine lange Reaktionszeit. Geringere Chromgehalte in der Legierung machen Aluminiumgehalte von mindestens 9 % erforderlich [B.3.10].

Zugaben von Wolfram in Gehalten bis zu 30 % ergeben keine deutliche Verbesserung der Oxidationsbeständigkeit. In der Oxidschicht tritt neben dem

CoCr-Spinell ein weiterer wolframhaltiger Spinell der Struktur CoW_2O_4 auf [B.3.11].

Die Oxidationsbeständigkeit von Nickellegierungen kann ebenfalls durch Chrom verbessert werden. Der Chromgehalt beeinflußt auch hier die Wirkungsweise auf die Oxidschicht. Enthält eine Ni-Legierung weniger als 10 % Chrom, so kommt es zur Bildung einer inneren Oxidationszone, in der sich Cr_2O_3-Inseln bilden, die jedoch für den Oxidationsschutz nicht wirksam sind. Durch Zugabe von ca. 1 % Silizium wird die Oxidationsrate auf die Hälfte bzw. ein Viertel gesenkt. Silizium behindert hier die innere Oxidation des Chroms und fördert die Bildung von Chromoxid als Diffusionsbarriere unter Einbau von SiO_2 [B.3.12].

Bei einem höheren Chromgehalt bildet sich eine Oxidschicht, die im Anfangsstadium aus NiO- und Cr_2O_3- und $NiCr_2O_4$-Keimen besteht. Das Nickeloxid stellt die Phase mit der höchsten Wachstumsgeschwindigkeit dar, die die anderen überwächst, bis es zu einer geschlossenen NiO-Schicht auf der Oberfläche kommt. Die stationäre Oxidschicht besteht aus mehreren Bereichen: a) einer kompakten äußeren Schicht aus NiO, an die sich ein poröserer Bereich mit eingelagerten NiCr-Spinellen anschließt sowie b) einer schützenden Chromoxidschicht an der Grenzfläche Metall/Oxid [B.3.13].

Die Zugabe von Aluminium in Gehalten von ca. 6 % in NiCr-Legierungen bewirkt das Entstehen von Al_2O_3, welches sich bereits in Legierungen mit einem Cr-Gehalt von nur 5 % positiv auswirkt. Die hervorragenden schützenden Eigenschaften der Aluminiumoxidschicht sind begründet in ihrem dichten, porenfreien Aufbau, ihrer thermodynamischen Stabilität und ihrer äußerst geringen Wachstumsrate. Die Haftung dieser Oxidschicht ist jedoch noch verbesserungsbedürftig. Einen ebenfalls günstigen Effekt auf das Oxidationsverhalten übt das Legierungselement Mangan durch die Bildung des Spinells $MnCr_2O_4$ aus [B.3.14].

Oxidation von Hartphase und Metallmatrix

Eine Vielzahl von Hartlegierungen auf Kobalt- und Nickelbasis wurde im Oxidationsversuch bis zu 100 h getestet. Bei den Kobaltbasishartlegierungen standen die handelsüblichen Legierungen CoNi39Cr10B3.4C0.7 und CoCr29W5C1.2 verschiedenen neuentwickelten Hartlegierungen gegenüber, die in chromreiche (Cr-Gehalt $\approx$ 30 %) und molybdänlegierte (8–20 % Mo) Legierungen unterteilt werden können. Daneben wurden zwei kobalthaltige Hartlegierungen geprüft, deren Hauptlegierungselement zum einen Eisen und zum anderen Nickel ist. Das Unterscheidungsmerkmal bei den Nickelbasishartlegierungen ist einmal der Chromgehalt. Die Einteilung erfolgt hier nach niedrigem (max. Cr-Gehalt 17 %), mittleren (max. Cr-Gehalt 25 %) und hohem Gehalt (max. Cr-Gehalt 29 %). Andererseits wurden ebenfalls konventionelle, sowie molybdän- und manganlegierte Hartlegierungen untersucht [4].

In den hier untersuchten Hartlegierungen treten zum Teil eine Reihe von bislang unbekannten Phasen auf, wodurch die Beurteilung des Oxidationsverhaltens mittels optischer und in einigen Fällen auch röntgenographischer Methoden erfolgte. Das Verhalten dieser Legierungen bei Hochtemperaturkorrosionsbeanspruchung soll mit Hilfe des Verhaltens der einzelnen Gefügebestandteile geklärt werden.

Sowohl bei den Ni- als auch bei den Co-Basis-Hartlegierungen (Bild B.3.13) zeigen einige Legierungen sehr geringe Oxidationsraten < 10 g/m^2 (Tabelle B.3.1). Bei den Ni-Basislegierungen zählen hierzu die konventionellen Legierungen sowie die hoch- und niedrigchromhaltigen Legierungen. In dem Streuband niedrigster Gewichtszunahme liegen bei den Kobaltlegierungen eine chromreiche konventionelle und neuentwickelte Legierung wie auch eine chrom- und molybdänhaltige Variante. Bei einer hinreichenden Beständigkeit der Hartphasen kann die Oxidationsbeständigkeit dieser Legierungen auf die Metallmatrix und dem in ihr gelösten Chromgehalt zurückgeführt werden, der hier für alle Legierungen im Bereich von 15 % ermittelt wurde. Röntgenographische Untersuchungen der Zunderschicht bei den höher chromhaltigen Nickellegierungen bestätigten die Anwesenheit des NiCr-Spinells $NiCr_2O_4$ und des Oxids Cr_2O_3, zu deren Bildung ein Mindestchromgehalt > 10 % nötig ist. Bei einem Chromgehalt von 30 % in der Legierung bleibt auch nach Erstarrung der Hartphasen ein ausreichender Chromgehalt in der Metallmatrix gelöst.

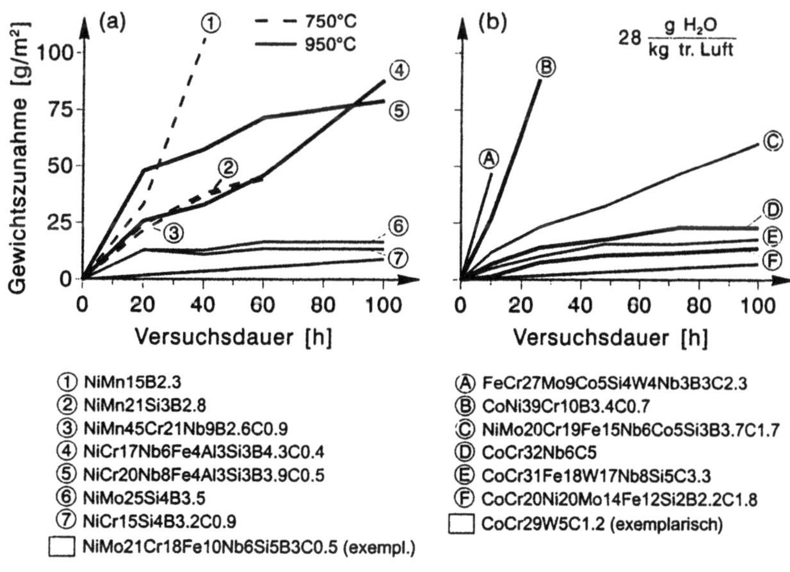

① NiMn15B2.3
② NiMn21Si3B2.8
③ NiMn45Cr21Nb9B2.6C0.9
④ NiCr17Nb6Fe4Al3Si3B4.3C0.4
⑤ NiCr20Nb8Fe4Al3Si3B3.9C0.5
⑥ NiMo25Si4B3.5
⑦ NiCr15Si4B3.2C0.9
☐ NiMo21Cr18Fe10Nb6Si5B3C0.5 (exempl.)

Ⓐ FeCr27Mo9Co5Si4W4Nb3B3C2.3
Ⓑ CoNi39Cr10B3.4C0.7
Ⓒ NiMo20Cr19Fe15Nb6Co5Si3B3.7C1.7
Ⓓ CoCr32Nb6C5
Ⓔ CoCr31Fe18W17Nb8Si5C3.3
Ⓕ CoCr20Ni20Mo14Fe12Si2B2.2C1.8
☐ CoCr29W5C1.2 (exemplarisch)

Bild B.3.13 Oxidationsraten von **(a)** Ni-Basis-Hartlegierungen **(b)** Co-Basis-Hartlegierungen

In den molybdänlegierten Varianten werden die Hartphasen ausschließlich mit Bor und Molybdän gebildet, so daß der Chromgehalt in der Legierung vollständig für den Schutz der Metallmatrix zur Verfügung steht. Die Legierungen mit einem mittleren Chromgehalt zeigen ein deutlich schlechteres Oxidationsverhalten, was in Gewichtszunahmen zum Ausdruck kommt, die bis zu Faktor 10 höher liegen. Bei diesen Legierungen ist nahezu das gesamte Chromangebot in den primären Hartphasen gebunden, so daß in der Metallmatrix ein Chromgehalt < 1 % verbleibt.

Die höchsten Gewichtszunahmen sind bei den chromfreien bzw. chromarmen Hartlegierungen zu verzeichnen. Besonders schlecht schneiden die manganlegierten Nickellegierungen ab. Hier wurde ein großer Teil des Nickels durch Mangan ersetzt. In Bild B.3.14 ist der Oxidationsangriff in der Metallmatrix bei 850 °C nach 100 h in feuchter Luft dargestellt. Die primären niobreichen Hartphasen vom Typ MC, sowie M_2B zeigen sich in dieser Atmosphäre resistent.

Eine weitere wichtige Einflußgröße auf die Oxidationsbeständigkeit einer mehrphasigen Legierung ist die Verteilung der einzelnen Gefügebestandteile. Wird z.B. aufgrund eines hohen Angebotes an C und B ein zusammenhängendes Hartphasengerüst gebildet, so kann dieses bei einem Oxidationsangriff eine Schutzwirkung ausüben. Dargestellt ist dieser Fall in Bild B.3.15 am Beispiel einer niedrig chromhaltigen Ni-Basishartlegierung. Hier ist ein eutektisches HP-Gerüst mit eingeschlossenen Metallzellen entstanden. Die Metallzellen werden wegen ihres geringen gelösten Chromgehaltes stark angegriffen, jedoch ist der Angriff auf den oberflächennahen Bereich beschränkt. Das HP-Gerüst fungiert demnach als Diffusionsbarriere. Die Anwesenheit des Ni_3B-Eutektikums in konventionellen Ni-Basishartlegierungen erklärt damit ihren guten Oxidationswiderstand. Erstarrt das Ni_3B nicht eutektisch, sondern primär und ist inselartig in der MM verteilt, tritt die Schutzwirkung nicht auf. Die MM wird verstärkt angegriffen, wodurch die inselartigen HP herausgelöst werden (Bild B.3.15) [4].

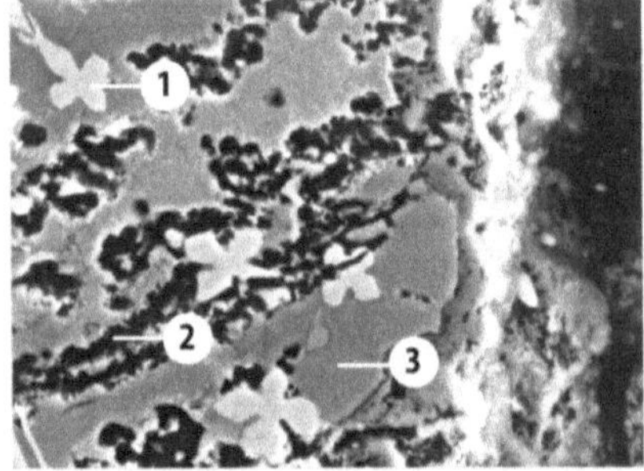

Bild B.3.14 Oxidationsangriff im Gefüge der manganlegierten Ni-Basis-Hartlegierung NiMn45Cr21Nb9B2.6C0.9 (100 h / 850 °C / Luft). Die primären Hartphasen M_2B und MC sind resistent, die Ni-Mn-Metallmatrix wird stark angegriffen

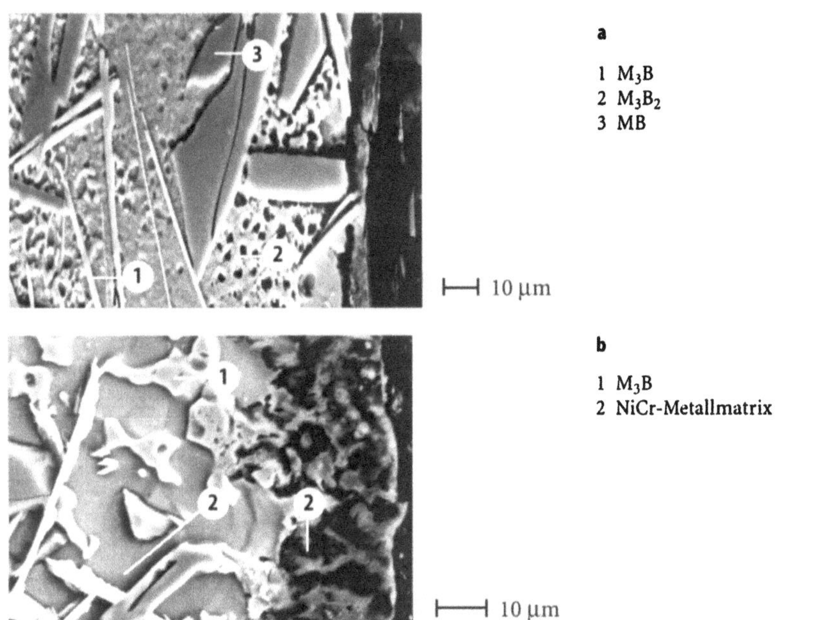

Bild B.3.15 Oxidationsverhalten von Grundmassen in Ni-Basis-Hartlegierungen (100 h / 850 °C / Luft). MB und M_3B_2 werden nicht, M_3B wird schwach und die Metallmatrix wird stark angegriffen. **(a)** NiCr16Nb6Fe5Si4B5.5C0.9 **(b)** NiCr20Nb8Fe4Al3Si3B3.9C0.5

B.3.2.3

Folgerungen

Die Oxidationsbeständigkeit von Ni- und Kobaltbasishartlegierungen in feuchter Luft wurde bei Temperaturen zwischen 750 °C und 950 °C bis zu 100 h untersucht. Legierungen mit einem guten Oxidationswiderstand zeichnen sich durch folgendes aus:

Als hauptsächlich wirksames Element hat sich Chrom herausgestellt. Daher sollte der Chromgehalt in der Legierung so bemessen sein, daß nach der Erstarrung der HP noch Cr-Gehalte > 15 % in der Metallmatrix gelöst vorliegen. Dadurch ist die Bildung einer dichten, festhaftenden Deckschicht möglich, in der eine Chromoxidschicht als Diffusionsbarriere entsteht, die die Metallmatrix vor dem Oxidationsangriff schützt. Die Elemente Silizium und Aluminium üben sicherlich ebenfalls einen positiven Einfluß auf das Oxidationsverhalten aus. Dieser Einfluß konnte hier jedoch nicht näher untersucht werden.

Die Hartphasen zeigen im allgemeinen in dieser Atmosphäre eine gute Resistenz gegen den Oxidationsangriff. Durch ihre Verteilung können Sie zusätzlich zum Schutz der Metallmatrix beitragen. Es konnte beobachtet werden, daß ein zusammenhängendes eutektisches Hartphasengerüst die Metallmatrix vor einem fortschreitenden Oxidationsangriff bewahrt, während inselartig verteilte primäre Hartphasen keine Schutzwirkung zeigen.

Physikalische Eigenschaften

IRINA HUCKLENBROICH

Zu den wichtigen physikalischen Eigenschaften der Hartlegierungen und -verbundwerkstoffe gehören neben der Dichte vor allem die thermischen Eigenschaften. Der Elastizitätsmodul wird wegen seiner Bedeutung für das mechanische Verhalten in Abschn. B.2.1 behandelt. Da verschleißbeständige Bauteile in der Fertigung durchgreifend oder nur randnah abkühlen bzw. sich im Betrieb durchgreifend oder nur randnah erwärmen, ist vor allem die Temperaturabhängigkeit der physikalischen Eigenschaften von Interesse. Im Mittelpunkt steht die Wärmeausdehnung, da sie bei Temperaturänderung zu innerer Spannung und lokalem Fließen führt. Beides beruht entweder auf einem Ausdehnungsunterschied zwischen Hartphase (HP) und Metallmatrix (MM), der sich in Mikroeigenspannungen äußert, oder auf einem Temperaturunterschied im Bauteil, der Makroeigenspannungen nach sich zieht. Eine Änderung der Dichte ρ, z.B. durch Phasenumwandlung, überlagert sich der Wärmeausdehnung, gekennzeichnet durch den Wärmeausdehnungskoeffizienten α. Die Wärmeleitfähigkeit λ steuert die Tiefe einer Randschichterwärmung in der Fertigung oder im Betrieb und nimmt über den Temperaturgradienten Einfluß auf Makroeigenspannungen. Sie hängt über die Dichte und die spezifische Wärmekapazität c_p mit der Temperaturleitfähigkeit a zusammen: $\lambda = \rho \cdot c_p \cdot a$. Alle Eigenschaften setzen sich aus denen der Gefügebestandteile HP und MM zusammen, die sich aufgrund ihrer chemischen Bindung sehr deutlich unterscheiden. Da neben den Volumenanteilen f_{HP} und f_{MM} auch die Gefügemorphologie (z.B. Netz oder Dispersion) Einfluß nimmt, kann die Anwendung einer Mischungsregel zur Ermittlung der Werkstoff- aus den Phaseneigenschaften mit Fehlern behaftet sein.

B.4.1
Dichte

Als Dichte ρ eines Stoffes wird der Quotient aus Masse m und Volumen V bezeichnet.

$$\rho = \frac{m}{V} \quad \left[\frac{g}{cm^3} \right] \tag{B.4.1}$$

Sie beruht auf dem Atomgewicht der beteiligten Elemente, der Packungsdichte der Atome in den Phasen, den Phasenanteilen und der darin enthaltenen Konzentration von Gitterfehlordnungen. Hinzu kommen Defekte wie Mikroporen und Mikrorisse. Mit steigender Temperatur T sind außer bei der Legierungskonzentration überall Veränderungen zu erwarten, die jedoch unterschiedlich zu Buche schlagen. Am deutlichsten wirkt sich eine Phasenumwandlung mit Änderung der Packungsdichte aus. Durch Wärmeausdehnung nimmt die Dichte ab. Aufgrund des kleinen Betrages kann die relative Volumenänderung $\Delta V/V_0$ hinreichend genau als das Dreifache der relativen isotropen Längenänderung $\varepsilon = \Delta l/l_0$ angenommen werden.

$$\frac{\Delta V}{V_0} = 3 \cdot \frac{\Delta l}{l_0} = 3 \cdot \varepsilon \tag{B.4.2}$$

Bei gleichbleibender Masse ergibt sich nach (B.4.1) eine entsprechende Dichteänderung und die Möglichkeit neben Wägung und volumetrischer Messung auch die Längenänderung zur Messung von Volumen- und Dichteänderung heranzuziehen. Dies wird bei der Messung von Gitterabständen durch Beugungsverfahren und bei der Dilatometrie genutzt.

Einfluß der Gefügebestandteile

Die Dichte der reinen Metalle beträgt $\rho_{Fe} = 7.87$ g/cm^3, $\rho_{Ni} = \rho_{Co} = 8.90$ g/cm^3. Sie wird durch Lösung leichterer Elemente wie Al ($\rho = 2.7$ g/cm^3), Si ($\rho = 2.33$ g/cm^3) und Kohlenstoff ($\rho = 2.2$ g/cm^3) gesenkt sowie durch schwerere Elemente wie Molybdän ($\rho = 10.2$ g/cm^3) und Wolfram ($\rho = 19.27$ g/cm^3) erhöht. Chrom ist nur wenig leichter ($\rho = 7.2$ g/cm^3), kommt aber oft in hohem Gehalt vor. Bei vergleichbarer Zusammensetzung des Metallanteils weisen die Hartphasen wegen ihres hohen Gehaltes an leichten Metalloiden und der lockereren atomaren Packung eine geringere Dichte als die Metallmatrix auf (z.B. $\rho(Fe_3C) = 7.69$ g/cm^3, $\rho(Ni_3B) = 8.19$ g/cm^3).

Nach der Abkühlung von Fertigungstemperatur befinden sich die Gefügebestandteile meist nicht im thermodynamischen Gleichgewicht, so daß mit steigender Temperatur eine Annäherung an das Gleichgewicht erfolgt. Gitterfehlordnungen heilen aus, Konzentrationsunterschiede in oder zwischen Mischkristallen werden ausgeglichen, Phasenart und -menge ändern sich. Von diesen thermisch aktivierten Prozessen übt nur die Phasenumwandlung einen nennenswerten Einfluß auf die Dichte aus. Die gebräuchlichen Hartphasen und das Basismetall Nickel machen keine allotrope Umwandlung durch. Kobalt wandelt durch Erwärmen bei ≈ 420 °C vom hd ε-Co in das kfz α-Co um. Das durch Röntgenbeugung gemessene Atomvolumen v_A (Volumen der Elementarzelle geteilt durch die Anzahl der darin enthaltenen Atome) steigt bei gleicher Packungsdichte durch geringfügige Änderung des scheinbaren Atomdurchmessers d_A von 11.24 auf $11.27 \cdot 10^{-3}$ nm^3, d.h. nur um 0.27 %. Geteilt durch die Masse eines Atoms m_A führt v_A zum spezifischen Volumen V_S, wobei sich m_A als Quotient aus Molmasse m_M und Avogadro'scher Zahl n_A darstellt.

$$V_S = \frac{v_A \cdot n_A}{m_M} = \frac{1}{\rho} \quad \left[\frac{cm^3}{g} \right] \tag{B.4.3}$$

Daraus ergibt sich bei der ϵ/α-Umwandlung des Kobalts eine prozentuale Dichteabnahme in gleicher Höhe. Durch Legierungszusätze kann die Umwandlung verschoben oder ganz unterdrückt werden (s. Abschn. A.2.2).

Die Umwandlung von krz α-Fe zum kfz γ-Fe ist dagegen durch Erhöhung der Packungsdichte mit einer deutlichen Verringerung des Atomvolumens verbunden. Unter Annahme eines konstanten Atomdurchmessers $d_A = 0.2482$ nm würde es bei Raumtemperatur von 11.77 auf $10.81 \cdot 10^{-3}$ nm^3, d.h. um 8.2 % schrumpfen. Gemessen wird aber eine Schrumpfung um $\approx$ 5 % und, bezogen auf 900 °C, eine um 1.15 % [B.4.1, B.4.2]. Durch Lösung interstitieller Elemente wie Kohlenstoff und Stickstoff wird das dichtergepackte Austenitgitter etwas stärker aufgeweitet als das martensitische, das eine tetragonale Verzerrung, gekennzeichnet durch die Parameter a und c, erfährt (Bild B.4.1). Einzeln haben die Elemente gleiche Wirkung, gemischt tritt eine Anomalie auf [B.4.3, B.4.4]. Der γ/α-Volumensprung bleibt jedoch durch Lösung interstitieller Elemente weitgehend erhalten. Beim Anlassen schrumpft der Martensit, der Restaustenit wächst durch Umwandlung zu Martensit, der durch Ausscheiden von Karbiden wieder schrumpft. Das spezifische Volumen weichgeglühter Stähle, bestehend aus Fe und dem etwas leichteren Fe$_3$C, steigt mit dem Kohlenstoffgehalt nur wenig an. Die Änderung von V_S bzw. ρ hängt von den beteiligten Volumenanteilen ab.

Zusammengefaßt ergibt sich mit steigender Temperatur durch Wärmeausdehnung eine Dichteabnahme, die durch eine Zu- oder Abnahme aufgrund von

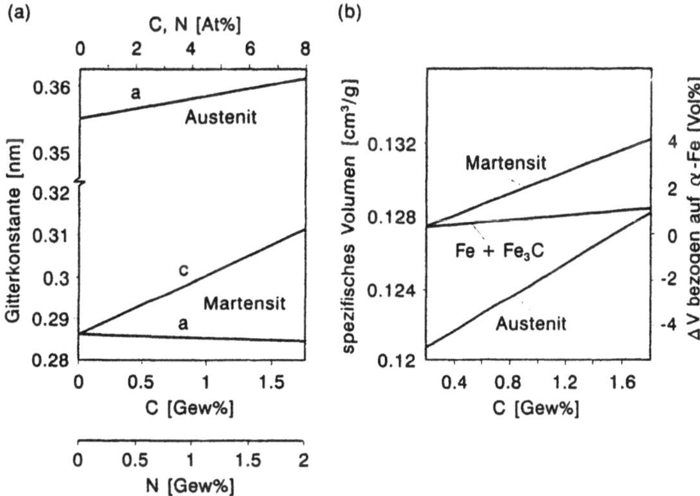

Bild B.4.1 Einfluß des Kohlenstoffgehaltes auf **(a)** die Gitterkonstante und **(b)** das spezifische Volumen von Martensit und Austenit in binären Legierungen

Gefügeveränderungen überlagert wird. Diese Überlagerung tritt besonders ausgeprägt bei Eisenbasiswerkstoffen auf, weil zwischen hartem Martensit, Restaustenit und weichem Anlaßgefüge die größten Dichteunterschiede bestehen.

B.4.1.2

Dichte von Hartlegierungen

Die Messung erfolgt nach der hydrostatischen Methode, die gegenüber der pygnometrischen eine höhere Meßgenauigkeit bietet. Die Dichte wird dabei durch Wägung einer Probe an Luft und in Wasser bestimmt.

Die Ergebnisse sind in Bild B.4.2 zusammengefaßt. Die Dichte der reinen Metalle nimmt von Co, Ni nach Fe ab. Für jedes Basismetall ist eine Verringerung der Dichte durch steigenden Metalloidgehalt zu erkennen. Chrom senkt vor allem die Dichte der Ni- und Co-Legierungen. Das sehr leichte Silizium wirkt sich bei den Ni-Legierungen aus, schwere Molybdän- und Wolframanteile heben z.B. die Dichte der Legierung FeCr14Mo5WVC4.2 an. Die Dichteänderung vom weichgeglühten zum gehärteten Zustand bleibt meist deutlich unter 1 %, weil das beteiligte MM-Volumen durch hohe HP-Anteile reduziert ist und in der Regel Restaustenit neben Martensit vorliegt.

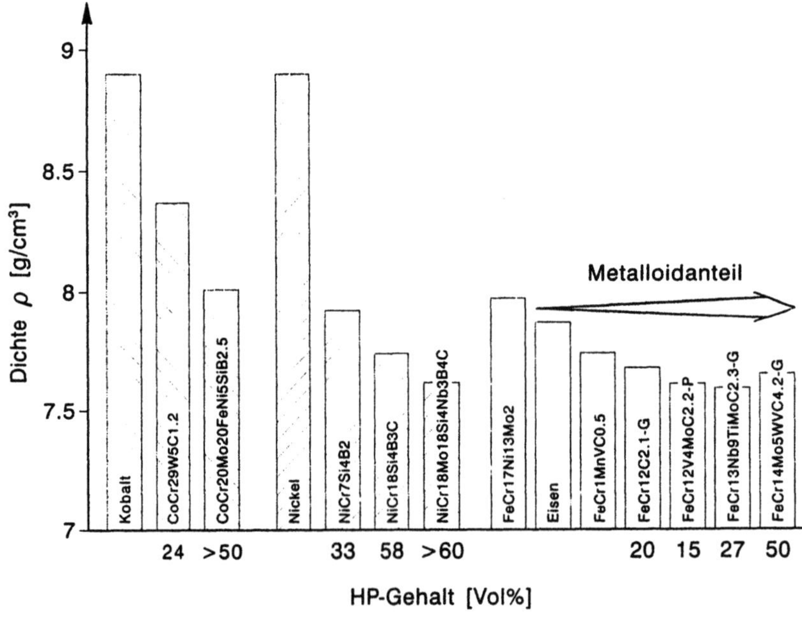

Bild B.4.2 Vergleich der Dichte ρ von Co-, Ni- und Fe-Hartlegierungen mit der reiner Metalle und ausgewählter Metallmatrixlegierungen, aufgetragen über dem Hartphasengehalt

B.4.2
Wärmeausdehnung

Mit steigender Temperatur dehnen sich Festkörper aus und verlieren an Dichte. Die lineare Wärmeausdehnung wird durch den Koeffizienten α [mm/mm K] beschrieben und beruht auf der anharmonischen Schwingung der Atome, die zu einem Wachsen der Gitterabstände im Kristall führt. Die harmonische Oszillation leistet dazu keinen Beitrag, geht aber in die spezifische Wärme ein. Zum Einfluß einer Phasenumwandlung auf die Wärmeausdehnung gelten die im vorangegangenen Abschnitt gemachten Angaben zur Dichte entsprechend.

B.4.2.1
Einfluß der Gefügebestandteile

Nach der Grüneisen-Regel fällt die Wärmeausdehnung von Metallen mit steigender Schmelztemperatur, d.h. in der Reihenfolge Ni, Co, Fe ab. Für Mischkristalle gilt die Additivitätsregel, d.h. höherschmelzende Legierungselemente wie V, Nb, Cr, Mo, W senken die Ausdehnung der Metallmatrix. Als Hartphasenbildner sind sie in den Hartphasen angereichert, deren Schmelztemperatur die der Metalle meist deutlich übertrifft. Entsprechend gering fällt die Wärmeausdehnung der Hartphasen im Vergleich zur Metallmatrix aus (Bild B.4.3, [B.4.5]).

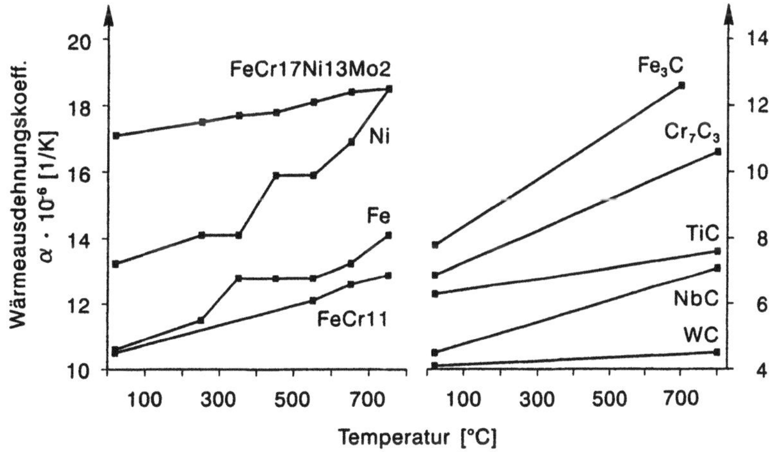

Bild B.4.3 Wärmeausdehnungskoeffizient α der einzelnen Gefügebestandteile (Metallmatrix, Hartphase) und der reinen Metalle in Abhängigkeit von der Temperatur

Wärmeausdehnung von Hartlegierungen

Die Längenänderung einer Probe beim Erwärmen wird in einem Dilatometer mit hoher Auflösung aufgezeichnet. Aus der Steigung dieser Kurve in einem kleinen Temperaturintervall um die Prüftemperatur wird der lineare Wärmeausdehnungskoeffizient α berechnet. Alternativ wird ein mittlerer Wärmeausdehnungskoeffizient $\bar{\alpha}$ aus der Steigung zwischen Raum- und Prüftemperatur abgeleitet.

Die Anomalie der Wärmeausdehnung durch Phasenumwandlung wird in Bild B.4.4a anhand heißisostatisch gepreßter (HIP) Werkstoffe auf Eisenbasis dargestellt [6]. Nach dem Härten und Anlassen bei 200 °C steigt α in der boridfreien MM oberhalb der Anlaßtemperatur durch Restaustenitumwandlung an und fällt oberhalb 250 °C durch Karbidausscheidung aus dem Martensit ab. Durch eine Dispersion von $\approx$ 35 Vol% HP, entstanden aus 20 Vol% Chromboriden, wird α gesenkt und die Matrixeffekte fallen schwächer aus. Durch Anlassen bei 450 °C werden sie vorweggenommen und in Bild B.4.4b kommt es zwischen 300 und 350 °C zu einem flachen Wendepunkt durch Abbau von Mikroeigenspannungen. Wegen dieser Wechselwirkung zwischen HP und MM sind Mischungsregeln nur im unteren Temperaturbereich ohne mikroplastische Verformungen gültig [B.4.6]. Eine Orientierung gestreckter HP z.B. durch Warmumformen führt zu einer Anisotropie von α.

Weichgeglühte Eisenwerkstoffe weisen bis zur Ac_1 - Temperatur keine Anomalie des Wärmeausdehnungskoeffizienten auf. Meßergebnisse einiger Hartlegierungen auf Ni- und Co-Basis sind in Bild B.4.5 wiedergegeben.

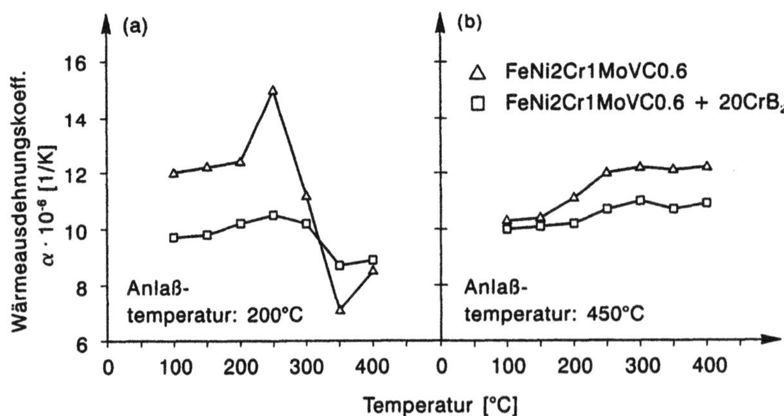

Bild B.4.4 Vergleich des Wärmeausdehnungskoeffizienten α der PM-Legierung FeNi2Cr1MoVC0.5 ohne und mit CrB_2-Zusatz nach dem Anlassen bei **(a)** 200 °C und **(b)** 450 °C

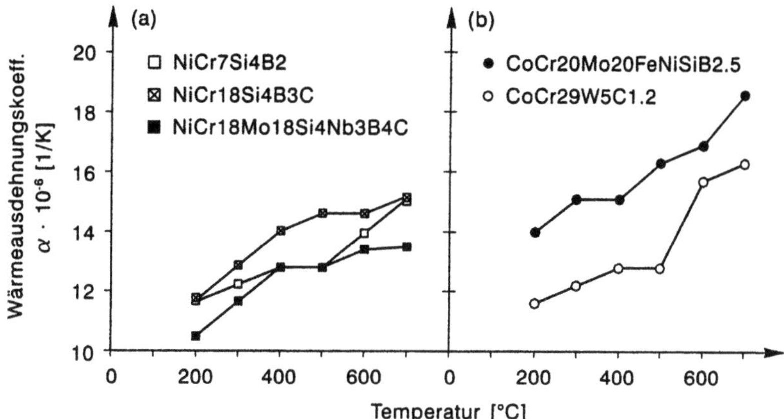

Bild B.4.5 Wärmeausdehnungskoeffizient α von Ni- und Co-Basis-Hartlegierungen in Abhängigkeit von der Temperatur

B.4.3
Spezifische Wärme

Die Wärmekapazität beschreibt den Zusammenhang zwischen aufgenommener Wärme und Temperaturerhöhung eines Stoffes. Sie beruht auf der Schwingungsenergie der Atomrümpfe sowie der kollektiven Elektronen im Gitter und steigt von 0 bei 0 K bis zur Debye-Temperatur auf einen Wert von $c_v \cong 25$ J/molK an. c_v ist die spezifische molare Wärmekapazität oder Wärme für konstantes Volumen und nach der Regel von Dulong-Petit für alle Elemente ungefähr gleich. Die Debye-Temperatur der hier verwendeten Metalle liegt meist zwischen 0 und 100 °C, d.h. ungefähr im Bereich klimabedingter Gebrauchstemperaturen [B.4.7]. Bei weiterer Erwärmung nimmt c_v nur noch wenig zu, z.B. durch anharmonische Gitterschwingungen und Leerstellen. In der Technik wird meist die spezifische Wärme für konstanten Druck c_p in [J/gK] angegeben.

Für Mischkristalle ergibt sich nach Neumann-Koppe die molare spezifische Wärme oberhalb der Debye-Temperatur durch Addition der molaren Anteile der Legierungskomponenten. Nach Krestovnikov und Vendrich wird auch bei Verbindungen, wie z.B. Hartphasen, die spezifische Wärme aus den Komponenten abgeleitet. Für mehrphasige Stoffe gilt wiederum eine Mischungsregel für die Phasenanteile. Wie aus Tabelle B.4.1 hervorgeht, ist c_p für HP meist höher als c_p für MM. Insgesamt sind die Unterschiede aber nicht groß, so daß auf eine differenziertere Betrachtung des Gefügeeinflusses verzichtet wird. Eine Phasenumwandlung führt durch Änderung der Bindungsenergie zu einer Unstetigkeit im Verlauf von c_p über der Temperatur, wie Sie auch bei der Dichte und Wärmeausdehnung beobachtet wird. Für einige Hartlegierungen ist die Temperaturabhängigkeit von c_p in Bild B.4.6 dargestellt. Als Meßverfahren kam die dynamische Differenzkalorimetrie zur Anwendung.

Tabelle B.4.1 Physikalische Kennwerte verschiedener Phasen aus der Literatur entnommen und soweit nicht anders angegeben für Raumtemperatur

	Dichte	Schmelz-temp.	E-Modul	therm. Ausdehnung	spez. Wärme	freie Bildungsenergie	thermische Leitfähigkeit	elektrische Leitfähigkeit
	[g/cm^3]	[°C]	[GPa]	[10^{-6}/°C]	[J/gK]	[kJ/mol]	[W/mK]	[$\Omega^{-1} \cdot$ cm^{-1}]
Fe	7.87	1536	210	11.70	0.450	–	75.00	84890
Ni	8.90	1455	190	13.30	0.448	–	91.00	79302
Co	8.90	1494	211	12.30	0.422	–	100.00	190476
F	7.70	–	216	10.50	0.460	–	25.00	–
A	7.97	–	200	18.04	0.490	–	16.00	–
Cr_3C_2	6.68	1895	373	11.70	0.522	-110.81	19.16	13330
Cr_7C_3	6.92	1810	360	9.40	0.525	-220.56	15.23	9180
$Cr_{23}C_6$	6.99	1520	–	10.10	0.495	-510.86	19.67	7880
Fe_3C	7.69	1650	–	6.00	0.618	-6.61	–	–
NbC	7.82	3490	339	6.65	0.462	-149.45	18.44	19600
TiC	4.92	3197	451	6.42	0.561	-191.72	9.00	19100
WC	15.77	2600	697	3.84	0.181	-49.82	29.29	52200
W_2C	17.34	2700	420	5.80	–	–	29.33	13200
CrB	6.05	2050	–	12.15	0.570	-85.78	20.10	14550
CrB_2	5.60	2200	211	11.10	0.728	-105.73	22.38	11680
Cr_2B	6.11	1890	–	13.80	0.505	–	10.90	19230
Fe_2B	7.34	1389	284	10.80	0.615	-88.01	30.10	–
Ni_2B	8.03	1100	–	–	0.495	–	54.80	71429
Ni_3B	8.19	1155	–	–	0.479	–	41.80	47619
TiB_2	4.38	2980	530	4.30	0.635	-332.29	87.74	69500
CrN	6.18	1500	400	2.30	0.779	-128.31	11.90	1562
Cr_2N	6.51	1650	–	9.41	0.560	-144.85	21.71	11900
B_4C	2.52	2450	441	4.50	0.968	-79.21	28.00	–

F ferritischer Stahl, *A* austenitischer Stahl

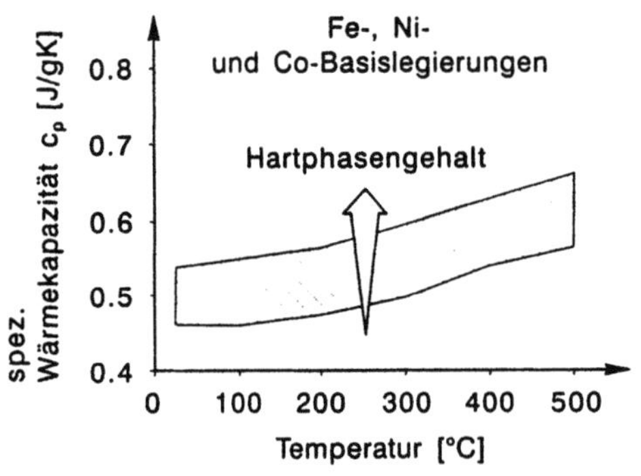

Bild B.4.6 Spezifische Wärmekapazität c_p von Fe-, Ni- und Co-Basis-Hartlegierungen in Abhängigkeit von der Temperatur

B.4.4

Wärmeleitfähigkeit

Die Wärmeleitfähigkeit λ [W/mK] beschreibt das Vermögen eines Werkstoffes Wärme zu transportieren. Im Gegensatz zur Wärmekonvektion wird keine

Masse bewegt sondern kinetische Energie durch Stöße zwischen Leitungselektronen und durch gequantelte Gitterschwingungen (Phononen). Bei Metallen ist der elektronische Anteil weitaus größer als der Gitteranteil. Bei ionischen oder kovalenten Verbindungen steht der Gitteranteil im Vordergrund und ihre Wärmeleitfähigkeit fällt um ein bis zwei Größenordnungen unter die der Metalle. Hartphasen mit kovalenten und metallischen Bindungsanteilen liegen dazwischen. Durch Mischkristallbildung, Versetzungen, Leerstellen und Fehler wie Poren und Mikrorisse nimmt λ in Legierungen ab. Die Wärmeleitfähigkeit einer Hartlegierung folgt der Mischungsregel $\lambda = f_{HP} \cdot \lambda_{HP} + f_{MM} \cdot \lambda_{MM}$.

Für Hartlegierungen und Verbundwerkstoffe ist es wichtig zu wissen, wie groß die Temperaturunterschiede bei lokaler Erwärmung oder Abkühlung eines Werkstückes werden, weil sie zu inneren Spannungen führen. Die Geschwindigkeit des Wärmetransportes wird durch die Temperaturleitfähigkeit a beschrieben, die mit der Wärmeleitfähigkeit λ über die Dichte ρ und die spezifische Wärme c_p verknüpft ist.

$$a = \frac{\lambda}{\rho \cdot c_p} \quad \left[\frac{cm^2}{s} \right] \qquad (B.4.4)$$

Sie wurde mit der photoakustischen Meßmethode für einige Hartlegierungen ermittelt. Dabei wird eine Werkstoffoberfläche periodisch mit Laserlicht bestrahlt und das resultierende Wärmesignal ausgewertet.

Für umwandlungsfreie Ni- und Co-Legierungen wie auch für den austenitischen Stahl ergibt sich ein kontinuierlicher Anstieg der Temperaturleitfähigkeit mit der Temperatur (Bild B.4.7a). Bei den gehärteten Eisenlegierungen steigt

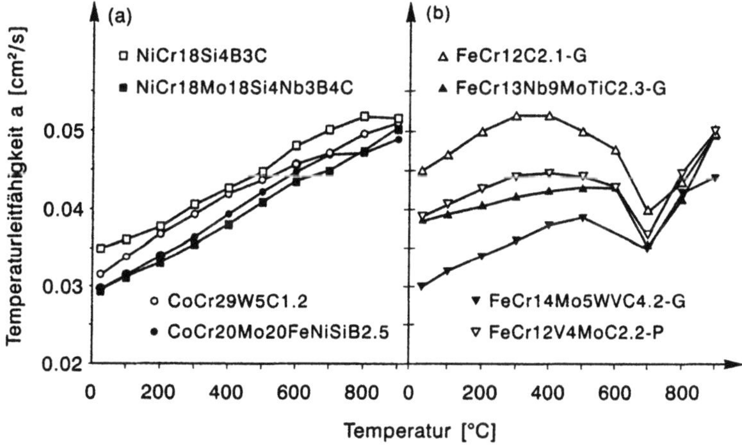

Bild B.4.7 Temperaturleitfähigkeit a von Fe-, Ni- und Co-Basis-Hartlegierungen in Abhängigkeit von der Temperatur

a zunächst durch Abbau von Gitterfehlordnungen und insbesondere durch Verringerung des im Martensit gelösten Kohlenstoffes an (Bild B.4.7b). Es folgt eine Abnahme bis auf ein Minimum im Bereich der Ferrit/Austenitumwandlung, wie es auch bei Baustählen beobachtet wird. Insgesamt fällt die Temperaturleitfähigkeit mit steigendem Hartphasengehalt ab.

Teil C

Bearbeitung

Allgemeine Gesichtspunkte

WERNER THEISEN

Obwohl Hartlegierungen und -verbunde durch Gießen und Pulvermetallurgie endformnah verarbeitet werden, ist in vielen Fällen eine Bearbeitung notwendig, die die geometrische Endform eines Verschleißteiles schafft. Von besonderer Bedeutung ist dies bei der Herstellung von Funktionsflächen, bei denen es u.U. neben der Form und der Lage auch auf Toleranzen ankommt. Dazu gehören beispielsweise Auslaßventile in Schiffsdieselmotoren, Schnecken und Zylinder in Kunststoffextrudern, aber auch Zerkleinerungs- und Kompaktierwalzen sowie Walzen und Gesenke in der Umformtechnik.

In der Regel stehen die Gebrauchseigenschaften wie hohe Härte, hoher Verschleißwiderstand, insbesondere aber die unterschiedlichen Eigenschaften der keramischen Hartphasen und der metallischen Matrix einer guten Bearbeitbarkeit entgegen. Der spanenden Bearbeitung widersetzen sich die harten Phasen aufgrund ihrer hohen Härte und bewirken einerseits einen starken Schneidstoffverschleiß, andererseits eine schlechte Oberflächenqualität mit Rissen und Ausbrüchen. Der hohe Schmelzpunkt der primären Hartphasen erschwert den thermischen Abtragprozeß, während niedrigschmelzende Eutektika eher förderlich sein können. Bei der elektrochemischen Bearbeitung besteht vor allen Dingen die Gefahr des selektiven Grenzflächenangriffs infolge unterschiedlicher chemischer Eigenschaften von Hartphase und Metallmatrix.

In der Fertigungstechnik werden aus Produktivitätsgründen hohe Zeitabtragvolumina gefordert, die nur zu realisieren sind, indem eine große Energiedichte in einem örtlich begrenzten Werkstoffvolumen den Abtrag herbeiführt. Je nach Bearbeitungsverfahren handelt es sich dabei um thermische (Plasma-, Laserschneiden, etc.), mechanische (Drehen, Schleifen, Bohren, etc.) oder elektrische (Funkenerosion, elektrochemisches Senken, etc.) Eingangsenergien, die im Bearbeitungsprozeß teilweise oder vollständig umgewandelt werden. Während beispielsweise beim Drehen die mechanische Eingangsenergie durch Reibung und plastische Verformung teilweise in thermische Prozeßenergie überführt wird, kommt es bei der Funkenerosion zur vollständigen Umwandlung von elektrischer in thermische Energie, die schließlich den Abtrag des Werkstückstoffes durch partielles Aufschmelzen kleiner Werkstoffbereiche hervorruft.

Das makroskopisch gezielte Entfernen bestimmter Materialteile, bzw. das Schaffen neuer definierter Oberflächen stellt sich auf mikroskopischer Ebene als

Entfernen von Atomen, Verschieben von Atomebenen, Aufreißen der Gitterstrukturen sowie als Lösen von interatomaren Bindungen bis hin zur Änderung des Aggregatzustandes dar. Aus der Sicht des Werkstoffingenieurs wird die Bearbeitbarkeit somit durch die Art und Stärke der Bindung und den Aufbau des Atomgitters bestimmt. Aufgrund der starken, z.T. kovalenten Bindungen der Atome in den keramischen Hartphasen stellen diese ein besonderes Problem bei der Bearbeitung der Hartlegierungen und -verbunde dar. Aber auch innerhalb der metallischen Matrix wirken sich alle festigkeitssteigernden Maßnahmen wie Mischkristall-, Versetzungs-, Korngrenzen- und Ausscheidungshärtung durch Erhöhung des Gitterzusammenhaltes erschwerend auf die Bearbeitung aus. Die zur Trennung des Gitterverbundes notwendigen Prozeßenergien sind, zumindest bei mikroskopischer Betrachtungsweise, nur schlecht fokussierbar, so daß es zu Veränderungen der Mikrostruktur unmittelbar in und in mehr oder weniger großen Bereichen unter der Oberfläche kommt. Diese mit dem Begriff „Surface Integrity" beschriebenen Veränderungen der Oberflächenrandzone und -topographie werden durch die Art, Größe und Einwirkdauer der für den jeweiligen Bearbeitungsprozeß relevanten Prozeßenergie bestimmt (Bild C.1.1).

Neben der Prozeßenergie sind die Eigenschaften des Werkstoffes beziehungsweise einzelner Gefügebestandteile wie thermische Ausdehnung, Wärme-

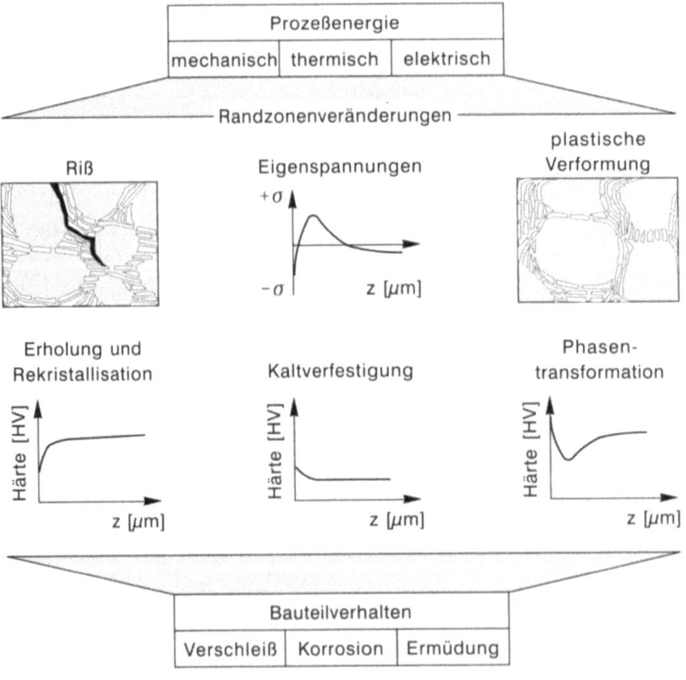

Bild C.1.1 Einfluß der Prozeßenergie auf die Veränderungen der Oberflächenrandzone und -topographie (Surface Integrity) und auf das Bauteilverhalten

leitung, Wärmekapazität, Schmelztemperatur, Fließgrenze, E-Modul, Verfestigungskoeffizient usw. von Bedeutung.

Die wesentlichen, weil in ihrer Auswirkung häufig kritischen, Werkstoffveränderungen sind plastische Verformung, Eigenspannungen, Ver- und Entfestigung des Werkstoffes, eine etwaige Phasenumwandlung und damit verbundene Härteänderungen, die Aufnahme und Abgabe chemischer Elemente und unter Umständen eine Schädigung durch Risse. Derart vorgeschädigte Oberflächen können die Lebensdauer eines Bauteiles verkürzen und zum vorzeitigen Ausfall führen.

Die Bearbeitbarkeit und der Einfluß der Bearbeitung auf die Oberfläche von Hartlegierungen und -verbunden ist unter dem Aspekt der Mehrphasigkeit kaum untersucht. Beide Themenschwerpunkte sind wissenschaftlich interessant, da die keramischen Hartphasen und die metallische Matrix sehr unterschiedliche Reaktionen auf die im Bearbeitungsprozeß wirkende Prozeßenergie erwarten lassen. Aus technischer Sicht kann das Verständnis der Abtragmechanismen in dieser Werkstoffgruppe Anwendungsfelder bestimmter Bearbeitungsverfahren erweitern, insgesamt aber auch Hinweise auf sinnvolle Bearbeitungsparameter geben, die die Qualität und Lebensdauer hochbeanspruchter Verschleißteile erhöhen. Zudem ermöglicht die Kenntnis der komplexen Abtragmechanismen, die Bearbeitungseigenschaften mehrphasiger Werkstoffe bei der Konzeption zu berücksichtigen und so fertigungs- und anwendungsgerechte Bauteile zu schaffen.

Die nachfolgenden Kapitel befassen sich mit der Bearbeitbarkeit dieser hochharten, mehrphasigen Werkstoffe mit verschiedenen Bearbeitungsverfahren. In der Hauptsache handelt es sich um die Herstellung von Funktionsflächen an Bauteilen als Innen- und Außenkontur. Dabei liegt ein Schwerpunkt auf den endkonturgebenden Fertigungsverfahren wie Drehen, Schleifen, Funkenerosion (EDM) und elektrochemisches Senken (ECM). Da Hartlegierungen und -verbunde in vielen Anwendungen mit Durchbrüchen bzw. Bohrungen versehen werden müssen (z.B. Sieb- und Lochplatten) und konventionelles Bearbeiten aufgrund der hohen Härte nicht in Betracht kommt, wird auch das Laser- und das Wasser-Abrasiv-Strahlschneiden eingehender betrachtet. Die Hauptgesichtspunkte in den einzelnen Kapiteln sind:

> Abtragmechanismen der Werkstoffe
> Reaktion der einzelnen Gefügebestandteile (Metallmatrix, Hartphasen) auf die mechanische, thermische bzw. chemische Beanspruchung im Bearbeitungsprozeß
> Zusammenhang zwischen den Gefügeveränderungen und den verfahrensrelevanten Bearbeitungsparametern

Die Fragestellungen werden anhand ausgewählter Fe-, Ni- und Co-Basis-Werkstoffe untersucht, die sich einerseits durch ihre Metallmatrix und andererseits durch die Hartphasen (Typ, Größe, Form, Verteilung) unterscheiden. So kann der

Matrixeinfluß an untereutektischen Legierungen mit vergleichbarer Gefügemorphologie aus den Systemen Fe-Cr-C, Ni-Cr-Si-B und Co-Cr-W-C, wie sie in Bild A.2.8 dargestellt sind, aufgezeigt werden. Darüber hinaus werden Fe-Basislegierungen in verschiedenen Wärmebehandlungszuständen untersucht.

Der Einfluß der Hartphasen wird an einigen übereutektischen Legierungen auf Ni- und Co-Basis, vor allem aber an modellhaften Fe-Basis-Hartlegierungen untersucht. Ausgehend von einer untereutektischen Gußlegierung FeCr12C2.1-G wurde die Zusammensetzung so variiert, daß zusätzlich NbC in einem Volumenanteil von 15% (FeCr13Nb9MoTiC2.3-G) erstarrt. Höhere Hartphasengehalte werden anhand einer FeCr-karbidhaltigen Legierung mit M_7C_3 als Haupthartphase (FeCr14Mo5WVC4.2-G) betrachtet. Der Einfluß der Hartphasenverteilung wird am Werkstoff FeCr12C2.1 im gegossenen und umgeformten Zustand sowie einer vergleichbaren Legierung aus pulvermetallurgischer Herstellung erarbeitet.

Die Randzonen- und Oberflächenerscheinungen nach der Bearbeitung werden mit Hilfe umfangreicher metallographischer Analysemethoden (LIMI, REM, TEM, EDX) sowie Mikrohärte- und Eigenspannungsmessungen erfaßt und mit den jeweiligen Bearbeitungsparametern in Beziehung gesetzt. Zur Klärung des Verhaltens von Hartphase und Metallmatrix tragen Simulationsversuche mit verfahrenstypischen Beanspruchungen bei.

Drehen

KLAUS SEGTROP

In diesem Kapitel werden Untersuchungsergebnisse zum Zerspanungsverhalten von Fe- und Co-Hartlegierungen im Drehversuch dargestellt. Eine Nachbildung des Zerspanungsvorganges mit Hilfe eines Zerspanpendels bietet eine zusätzliche, schnelle Untersuchungsmöglichkeit. Der Temperatur kommt im Zerspanungsprozeß eine entscheidende Bedeutung zu. Aus diesem Grund werden auch plasmaerwärmte Dreh- und beheizte Pendelversuche durchgeführt. Die mit der Bearbeitung einhergehende Randzonenbeeinflussung soll anhand der auftretenden Gefügeveränderungen erfaßt und erklärt werden. Aus den Ergebnissen lassen sich für die Zerspanung mehrphasiger Hartlegierungen Hinweise über den Einfluß des Werkstoffgefüges, der Oberflächenbeschaffenheit und des Werkzeugverschleißes ableiten [11, 18].

C.2.1
Versuchsdurchführung

C.2.1.1
Drehversuche

Die Drehversuche wurden am Institut für spanende Fertigung der Universität Dortmund auf einer Universaldrehmaschine (15 kW) mit runden Schneidplatten (Ø9.52 mm) aus kubischem Bornitrid (CBN) unter einem Spanwinkel von -6° durchgeführt. Zur Erfassung der Zerspankraftkomponenten diente ein piezoelektrischer Dreikomponenten-Schnittkraftaufnehmer, während die Prozeßtemperatur mittels Videothermographie und Strahlungspyrometer gemessen wurde. Die Schnittgeschwindigkeit variierte zwischen 30 und 180 m/min bei Vorschüben von $f = 0.1$ und $f = 0.312$ mm/U, während die Schnittiefe mit $a_p = 1$ mm konstant gehalten wurde. Bei einem Teil der Versuche wurde die zu spanende Werkstückoberfläche durch einen Plasmabrenner, der 20 mm über der Oberfläche und 70 mm vor dem Schneidwerkzeug positioniert war, mit einer Brennerleistung von $P_{Br} = 4{-}10$ kW vorgewärmt.

Die Nachbildung des Drehens durch ein Zerspanpendel wird in Abschn. C.2.5 behandelt.

Werkstückuntersuchung

Ausgangszustand: Bei der Erfassung des Gefüges kamen licht- und elektronenmikroskopische sowie röntgenographische Untersuchungen zur Anwendung. Die Bestimmung der Mikrohärte HV0.05 sowie des Volumenanteils, der Größe, Form, Verteilung und des Typs der auftretenden Phasen erfolgte an metallographischen Schliffproben. Die Makrohärte HV30 diente zur Überprüfung der Wärmebehandlung.

Beeinflußte Randzone: Die Randzonenbeeinflussung durch Drehen und Pendeln wurde mittels licht- und elektronenmikroskopischer Verfahren untersucht. Zur Darstellung der Randzonenverformung sind besonders metallographische Schliffproben geeignet, die senkrecht zur Oberfläche in Schnittrichtung entnommen werden (Querschliffe). Mit dem Rasterelektronenmikroskop lassen sich die unterschiedlichen Phasen durch Hell-Dunkel-Kontrast gut voneinander unterscheiden und die Randzonenbeeinflussung dokumentieren. Die transmissionselektronenmikroskopischen (TEM) Untersuchungen verdeutlichen die Veränderungen des Feingefüges in der Nähe der zerspanten Oberfläche. Neben den optischen Untersuchungen kam die Härtemessung zur Aufnahme der Oberflächenveränderungen zur Anwendung. Es wurden an Querschliffen Mikrohärteprofile in HV0.05 für die Metallmatrizes aufgenommen. Die im Drehprozeß aufgebrachten, mechanischen und thermischen Oberflächenbeanspruchungen lassen häufig Eigenspannungen im Werkstückstoff zurück. Zu diesem Zweck wurden an ausgewählten Zuständen Eigenspannungsuntersuchungen am Institut für Fertigungstechnik und spanende Werkzeugmaschinen der Universität Hannover durchgeführt.

Oberflächenanalyse: Die Analyse der bearbeiteten Oberflächen erfolgte an herausgetrennten Oberflächensegmenten. Es wurden die Makrohärte HV30 sowie die Mikrohärte HV0.01 und HV0.05 gemessen. Die Topographie der bearbeiteten Oberflächen wurde mit dem elektrischen Tastschnittverfahren mit Hilfe eines mikroprozessorgesteuerten Oberflächen- und Profilmeßgerätes bestimmt.

Schneidstoff nach Zerspanung: Der durch Drehbearbeitung hervorgerufene Abtrag am Schneidstoff wurde durch optische Vermessung der Verschleißmarkenbreite VB und der maximalen Verschleißmarkenbreite (VB_{max}) bei 20facher Vergrößerung auf einem Werkzeugmeßmikroskop bestimmt. Zur Dokumentation des Verschleißverhaltens und der Verschleißmechanismen wurden die Schneidkanten mit dem Rasterelektronenmikroskop untersucht. Dazu wurden sowohl Übersichtsaufnahmen bei 50facher Vergrößerung als auch Detailaufnahmen bei höherer Vergrößerung aufgenommen.

Schneidstoff

Auswahl

Werkzeugkosten und Fertigungszeiten und damit Maschinen- und Lohnkosten werden von den Eigenschaften der Schneidstoffe beeinflußt. Bei der Auswahl des Schneidstoffes ist vom Beanspruchungsprofil auszugehen, das im Drehprozeß wirkt, so daß durch einen hohen Verschleißwiderstand eine hohe Standzeit und somit eine gute Wirtschaftlichkeit gewährleistet wird [C.2.1, C.2.2].

Zur Bearbeitung gehärteter, martensitischer Werkstoffe liegen in der Literatur eine Reihe von Untersuchungen vor. Die Schnittbedingungen werden bei der Hartbearbeitung so gewählt, daß sich eine hohe Erwärmung vor dem Schneidkeil ausbildet. Die Zerspanung bewirkt über thermische Entfestigung ein Erweichen des martensitischen Werkstoffs (Anlaßeffekt), so daß die Spanbildung durch diesen sogenannten „Heißzerspanungseffekt" verbessert wird [C.2.3]. Dies ist auch bei Hartlegierungen zur Erweichung der Matrix von Nutzen. Der Schneidstoff muß daher eine hohe Härte und Warmfestigkeit aufweisen.

Liegen grobe, thermisch stabile Hartphasen vor, entsteht am Schneidkeil Verschleiß durch eine Stoßbeanspruchung bei deren Auftreffen sowie eine Furchungsbeanspruchung beim Spanablauf und bei der Nachverformung der Oberfläche. Abhängig von der Hartphasenverteilung (Dispersion und/oder Netzanordnung), von Hartphasentyp und -härte, von Hartphasengröße und -gehalt ändern sich die Anforderungen an die Verschleißbeständigkeit des Schneidstoffes. Neben der zuvor genannten Warmfestigkeit ist bei der Zerspanung von Hartlegierungen auch eine hohe Warmverschleißbeständigkeit des Schneidstoffes von großer Bedeutung.

Bei den Hartlegierungen mit hochfester kubischflächenzentrierter (kfz) Matrix auf Co- oder Ni-Basis tritt, trotz geringerer Härte gegenüber martensitischen Fe-Basislegierungen, eine erhebliche Verschleißbeanspruchung durch hohe Warmfestigkeit und geringe Wärmeleitfähigkeit bei gleichzeitiger Neigung zur Kaltverfestigung auf. Aufgrund der dadurch bedingten hohen Zerspantemperatur scheiden Hartmetall und Schnellarbeitsstahl wegen des geringen Warmverschleißwiderstandes als Schneidstoff für die Bearbeitung dieser Hartlegierungen aus. Diamant ist meist wegen chemischer Reaktionen mit dem Werkstückstoff ungeeignet. Unter der Vielzahl an Schneidstoffen kommen nur Schneidkeramik und polykristallines CBN in Frage. So konnten beispielsweise Mischkeramiken aufgrund ihrer hohen Zähigkeit und geringen Thermoschockanfälligkeit gegenüber Oxidkeramiken erfolgreich für die Feinbearbeitung eingesetzt werden [C.2.4, C.2.5]. Im Vergleich dazu eignen sich für Grobbearbeitungsaufgaben mit hoher Schnittiefe massive polykristalline CBN-Wendeschneidplatten aufgrund ihrer höheren Bruchzähigkeit gegenüber Schneidkeramiken besonders gut. Dieser Schneidstoff ist abgesehen von Diamant härter als alle anderen bekannten Schneidstoffe. Schneidstoffe aus Bornitrid bestehen aus Bornitridkristallen und Binderphase. In einem Hochdruck-Hochtemperatur-Syntheseprozeß werden die Bornitridkristalle unter Einwirkung eines Katalysators zum Schneidstoffverbund zusammengesintert [C.2.3, C.2.6]. Während die Härte und Warmhärte des Bornitrids über den entsprechenden Eigenschaften der Hartphasen des Werkstückstoffes liegt und sich dadurch ausgezeichnet für die Bearbeitung von Hartlegierungen eignet, stellt die Binderphase die Schwachstelle des Schneidstoffverbundes dar. Metallische Binder zeichnen sich durch ihre Duktilität aus, sind aber im Vergleich zum keramischen Binder weniger warmfest, was bei hoher Zerspanungswärme zu verstärktem Diffusionsverschleiß führt. Keramische Binder sind warmfester und inerter, weisen aber durch die geringere Duktilität bei der Stoßbeanspruchung durch Hartphasen im Zerspanungsprozeß Nachteile auf.

Im Zerspanungsprozeß versagt der Schneidstoff im allgemeinen durch Auswaschen der Binderphase, was durch Abrasion der Hartphasen und Diffusion bei hoher Schnittgeschwindigkeit hervorgerufen wird. Die sich aus dem Verbund lösenden CBN-Partikel furchen wiederum den Schneidstoff und tragen somit selbst zum Schneidstoffverschleiß bei.

Bei der Hartbearbeitung ergibt sich durch die bestehenden Kontaktverhältnisse ein effektiver Spanwinkel γ_{eff}, der stark negativ ist [C.2.7]. Zusätzlich ist an der Schneidkante eine Fase von 0.2 mm x 20° (ggf. auch größer) angebracht, die die Schneidkantenstabilität erhöht und die Bruchgefahr der Schneidplatte erniedrigt. In der Spanbildungszone entstehen dadurch lokal große Druckspannungen mit hohem hydrostatischem Anteil. Bei gleichzeitig hoher Werkstoffhärte ergeben sich entsprechend hohe Zerspankräfte. So können die Vorschub- und Passivkräfte doppelt so hoch ausfallen wie bei der Bearbeitung im weichgeglühten Zustand. Die vorliegenden Kräfte führen zu plastischer Deformation, die mit der erwünschten Wärmeentwicklung und Werkstofferweichung in den am Zerspanprozeß beteiligten Wirkzonen verbunden ist. Als Wärmequellen kommen die Scherzone und die Reibzonen (Freiflächenreibung und Spanflächenreibung) in Betracht. Dabei wird der Hauptteil der mechanischen Energie ($\geq$ 50% der Gesamtenergieumsetzung) in der Scherzone umgewandelt [C.2.1, C.2.8]. Je nach Werkstoff-Schneidstoff Kombination werden Temperaturen zwischen 800 °C und 1500 °C gemessen [C.2.9, C.2.10].

Unter Beachtung der hohen mechanischen und thermischen Belastungen im Zerspanprozeß ist anzunehmen, daß die Matrizes der Hartlegierungen und die eingelagerten quasikeramischen Hartphasen in unterschiedlicher Weise auf die äußere Beanspruchung reagieren und dabei Form, Größe, Verteilung, Struktur und Härte der Gefügebestandteile eine Rolle spielen.

C.2.2.2

Verschleiß

Im Zerspanungsprozeß wird der Werkzeugverschleiß durch den Kontakt und die Relativbewegung zwischen Werkzeug und Werkstück hervorgerufen. Der

Schneidstoffverschleiß wirkt sich einerseits auf die Oberflächengüte und die Maßhaltigkeit des zu bearbeitenden Werkstückes aus, andererseits kann er zum vollständigen Versagen des Werkzeuges führen. Bei der Drehbearbeitung von Hartlegierungen ist davon auszugehen, daß der Schneidstoffverschleiß, außer von den versuchsbedingten Einflußgrößen, in erster Linie von der metallischen Matrix und von den Hartphasen (Typ, Größe, Form, Verteilung, Gehalt) im Werkstoff beeinflußt wird. Zur systematischen Untersuchung der Einflußgrößen wurden zunächst drei kubischraumzentrierte (krz) Fe-Basis Hartlegierungen ausgewählt. Die Legierungen sind so konzipiert und wärmebehandelt, daß sie über nahezu identische Metallmatrizes mit gleicher Mikrohärte verfügen, in die unterschiedliche Hartphasentypen in Gehalten von 27–50 Vol% eingelagert wurden (s. Kap. A.2). Bild C.2.1 zeigt für diese Fe-Basis-Hartlegierungen die Verschleißmarkenbreite (VB_{max}) auf der Freifläche des Schneidstoffes, aufgetragen über der Schnittgeschwindigkeit v_c. Die Legierung FeCr14Mo5WVC4.2 mit einem Hartphasengehalt von 50 Vol% läßt sich unter den gewählten Zerspanungsbedingungen aufgrund von Schneidkantenausbrüchen nicht wirtschaftlich spanen. Durch Anbringen einer größeren Spanflächenfase von 2 x 20° (vorher 0.2 x 20°) können Plattenausbrüche jedoch vermieden werden.

Es zeigt sich, daß der Freiflächenverschleiß mit zunehmendem Gehalt an harten Phasen ansteigt. Das kann darauf zurückgeführt werden, daß mit zunehmendem Hartphasengehalt mehr abrasive Partikel über die Freifläche geführt werden und die Binderphase furchen. Dadurch werden CBN-Körner aus der Binderphase des Schneidstoffes herausgelöst, die ihrerseits über die Freifläche abgeführt werden und den Schneidstoffverschleiß erhöhen. Bei den Fe-Basislegierungen mit gleichem Hartphasengehalt, aber unterschiedlicher Anordnung der Hartphasen im Gefüge, werden sowohl für harte (martensitische) als auch

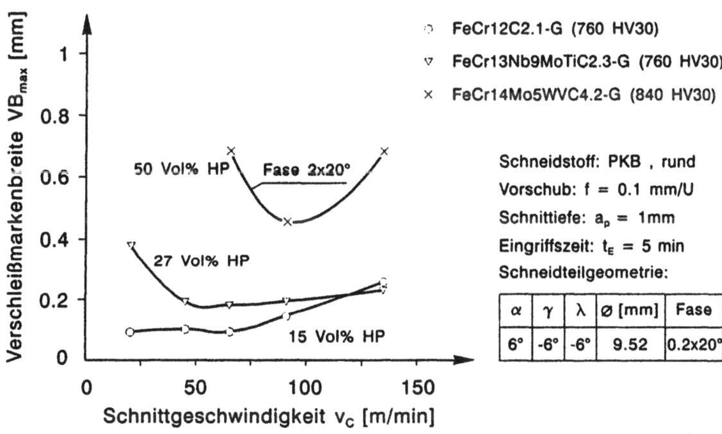

Bild C.2.1 Verschleißmarkenbreite beim Drehen von gehärteten Fe-Basis-Hartlegierungen: Einfluß des Hartphasengehaltes

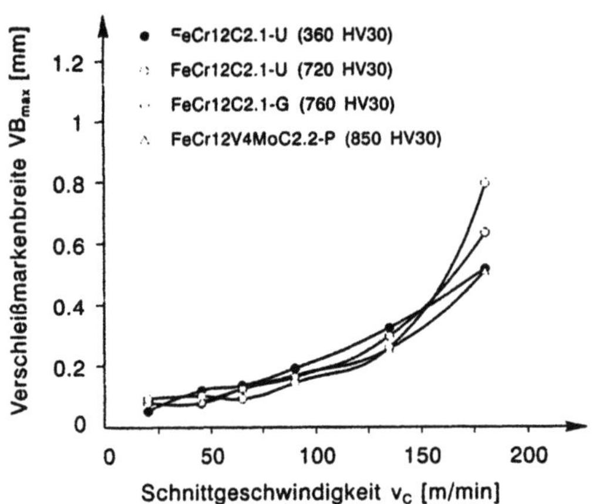

Bild C.2.2 Verschleißmarkenbreite beim Drehen von Fe-Basis-Hartlegierungen mit gehärteter und duktiler Metallmatrix bei gleichem Hartphasenanteil und unterschiedlicher Hartphasenverteilung (*G* Gußgefüge mit HP-Netz, *U* warmumgeformt mit zeiliger HP-Dispersion, *P* pulvermetallurgisch hergestellt und warmumgeformt mit feiner HP-Dispersion)

weiche (perlitische) Metallmatrizes im Schnittgeschwindigkeitsbereich bis 150 m/min nahezu vergleichbare Verschleißbeträge gemessen. Ein Einfluß der Hartphasenverteilung beim Drehen einer Guß-, Schmiede- und PM-Legierung ähnlicher Zusammensetzung wird erst für Schnittgeschwindigkeiten ab 180 m/min deutlich (Bild C.2.2). Die durch den Schmiedeprozeß hervorgerufene Karbiddispersion bewirkt einen geringeren Verschleiß als ein Gußgefüge mit scharfkantigen, eutektischen Karbiden.

Bei den Legierungen FeCr14Mo5WVC4.2 und FeCr13Nb9MoTiC2.3 tritt ein Minimum des Werkzeugverschleißes auf (Bild C.2.1), welches durch zwei sich überlagernde Effekte begründet werden kann. Aufgrund der hohen Austenitisierungstemperatur liegen in diesen Legierungen höhere Austenitgehalte als bei der Legierung FeCr12C2.1 vor. Der kubischflächenzentrierte Restaustenit kann durch den vor der Schneidkante wirkenden Schnittdruck bei der Zerspanung leichter verfestigen als das kubischraumzentrierte Gitter, was bei diesen Legierungen zu Materialablagerungen im unteren Schnittgeschwindigkeitsbereich führt. Diese Ablagerungen bewirken Verschleiß durch periodisches Abwandern der Aufbauschneiden. Mit steigender Schnittgeschwindigkeit und steigendem Vorschub nehmen die Ablagerungen aufgrund der mit höherer Zerspantemperatur verbundenen Werkstoffentfestigung ab und oberhalb des Verschleißminimums der Diffusionsverschleiß zu.

Im Vergleich zu den Fe-Gußlegierungen tritt bei einer Co-Gußlegierung bei einer Schnittgeschwindigkeit um 90 m/min ein deutlicher ausgeprägtes Minimum des Werkzeugverschleißes (Bild C.2.3a) auf. Aufgrund der hexagonal/kubischflächenzentrierten dichtesten Packung ist die Diffusionsgeschwindigkeit verringert und die Rekristallisationstemperatur erhöht, was ein Ansteigen des Verschleißminimums zu höheren Schnittgeschwindigkeiten gegenüber den Fe-Basislegierungen bewirkt. Die geringere Stapelfehlerenergie der Co-Basislegierung begünstigt eine höhere Verfestigung der Materialablagerungen im niedrigen Schnittgeschwindigkeitsbereich. Es ist davon auszugehen, daß auch bei der Fe-

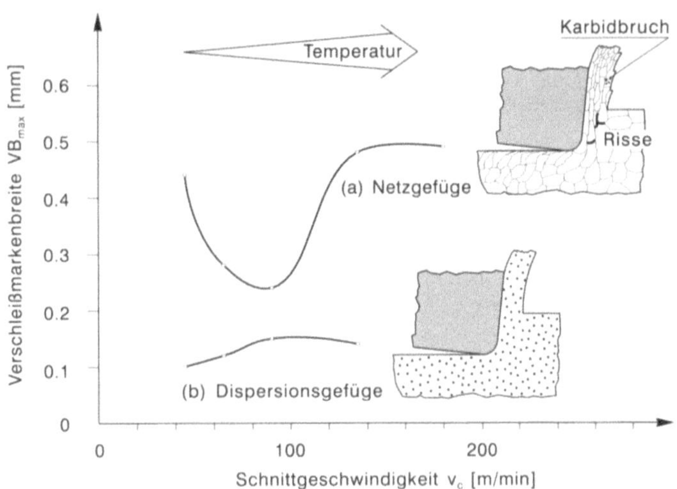

Bild C.2.3 Verschleißmarkenbreite beim Drehen der Hartlegierung CoCr29W5C1.2 mit unterschiedlicher Hartphasenverteilung: **(a)** untereutektisches Karbidnetz in Gußstücken oder Auftragsschweißungen, **(b)** Karbiddispersion im PM-Stahl

Basislegierung FeCr12C2.1 ein Minimum des Werkzeugverschleißes bei Schnittgeschwindigkeiten kleiner als $v_c = 20$ m/min auftreten würde. Die sich bildenden Materialablagerungen würden jedoch bei geringerer Schnittgeschwindigkeit aufgrund der höheren Diffusionsgeschwindigkeit im krz-Gitter und der somit niedrigeren Rekristallisationstemperatur abgebaut. Eine Überprüfung für niedrigere Schnittgeschwindigkeiten ist aber bedingt durch die Versuchsanordnung nicht möglich.

Die Co-Basislegierung zeigt bei niedriger Schnittgeschwindigkeit Materialablagerungen in Form von Aufbauschneiden am Schneidstoff (Bild C.2.4a). Die

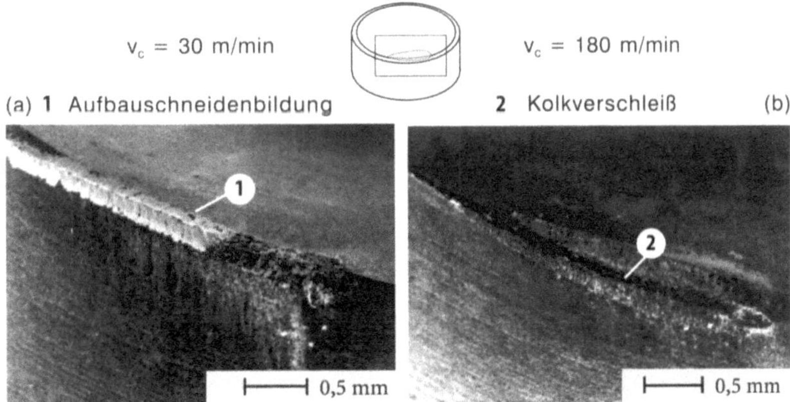

Bild C.2.4 Schneidstoffverschleiß bei der Zerspanung der Legierung CoCr29W5C1.2-G

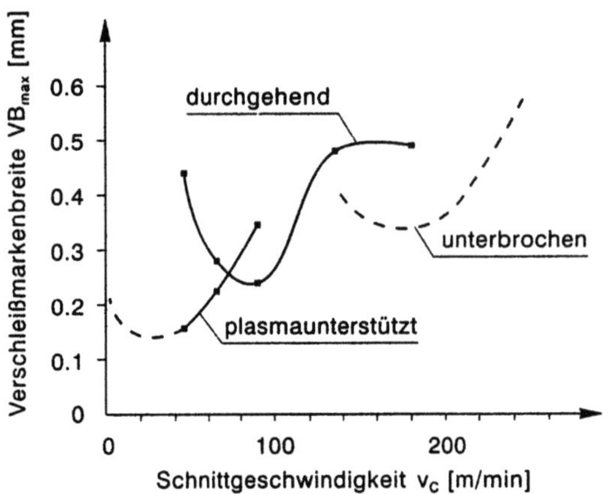

Bild C.2.5 Verschleißmarkenbreite beim Drehen von CoCr29W5Cl.2-G ohne und mit äußerer Wärmezufuhr sowie im unterbrochenen Schnitt

Aufbauschneidenbildung ist durch die Erhöhung der Schnittgeschwindigkeit und die dadurch bedingte Temperaturerhöhung vermeidbar (Bild C.2.4b). Infolge von Rekristallisations- und Umwandlungserscheinungen durch höhere Schnittemperatur wird die Verfestigungsneigung der Materialablagerungen gesenkt. Die Lage des Minimums hängt somit unmittelbar von der Schnittemperatur ab. Sämtliche Veränderungen und Randbedingungen, die zu einer Temperaturerhöhung führen, verschieben dieses Minimum zu niedrigerer Schnittgeschwindigkeit. Kühlung (unterbrochener Schnitt) hingegen bewirkt eine entgegengesetzte Verschiebung (Bild C.2.5). Die bei niedriger Schnittgeschwindigkeit auftretenden Aufbauschneiden werden bei Überschreiten einer bestimmten Größe über Frei- und Spanfläche abgeführt und bewirken einerseits Materialablagerungen auf der Spanunterseite und Materialverquetschungen und Schuppenbildung auf der neu entstandenen Oberfläche. Zudem erhöht das Abwandern der Materialablagerungen den Werkzeugverschleiß, da durch starke Adhäsionsbindung Schneidstoffpartikel mit herausgelöst werden. Das Ausbleiben der Materialablagerungen wirkt sich, wie auch die einhergehende Reduzierung der Werkstoffhärte und der auftretenden Zerspankräfte (Bild C.2.6), günstig auf die Verschleißminderung aus. Ein Verschleißminimum ergibt sich gerade dann, wenn keine Ablagerungen mehr gefunden werden [C.2.1]. Mit zunehmender Schnittgeschwindigkeit steigt die Kontaktzonentemperatur (Bild C.2.7). Sobald sie eine bestimmte Grenze übersteigt, dominiert die thermische und thermochemische Wechselwirkung den Verschleißprozeß. Durch Erweichung des Binders tritt verstärkter Verschleiß auf, der sich im Ansteigen des rechten Kurvenastes in Bild C.2.3 bemerkbar macht. Besonders bei sehr hoher Schnittgeschwindigkeit stellt sich typischer Kolkverschleiß auf der Spanfläche ein (Bild C.2.4b). Eine Erhöhung des Vorschubes bewirkt durch eine höhere Temperatur ebenfalls einen stärker ausgeprägten Kolkverschleiß.

Ähnlich wie bei den Fe-Basislegierungen führt eine fein dispersive Verteilung der Karbide in der pulvermetallurgischen Variante der Legierung CoCr29W5Cl.2

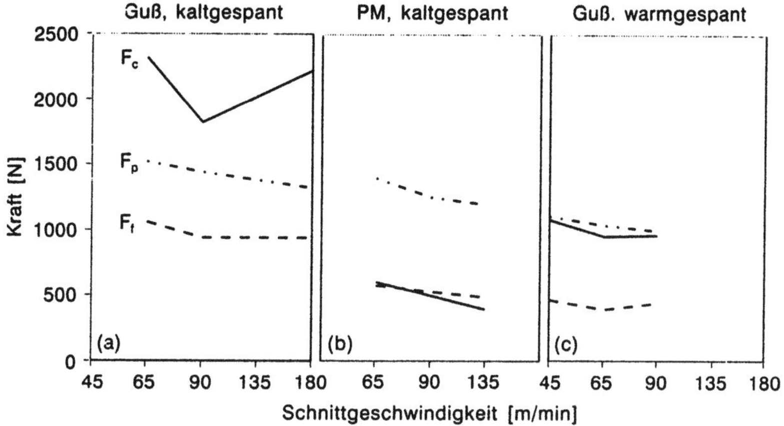

Bild C.2.6 Zerspankräfte bei der Drehbearbeitung der Hartlegierung CoCr29W5C1.2 (Vorschub f = 0,312 mm/U): Einfluß von Hartphasenverteilung sowie Warmzerspanung

gegenüber der netzförmigen Karbidanordnung im Gußzustand zu einer Absenkung des Freiflächenverschleißes im gesamten Schnittgeschwindigkeitsbereich (Bild C.2.3b), was mit einer Absenkung der Zerspankräfte einhergeht (Bild C.2.6).

Die Ergebnisse der plasmaunterstützt gespanten Fe-Basislegierungen weisen bei der Ausbildung des Freiflächenverschleißes ein zur konventionellen Zerspanung entgegengesetztes Verhalten auf. Die Legierung FeCr14Mo5WVC4.2, bei der durch konventionelle Zerspanung der höchste Werkzeugverschleiß auftritt (Bild C.2.1), zeigt bei der Warmzerspanung im gesamten Schnittgeschwindigkeitsbereich einen niedrigeren Freiflächenverschleiß als die warmgespanten Legierungen FeCr13Nb9MoTiC2.3 und FeCr12C2.1. Durch Warmzerspanung wird für eine

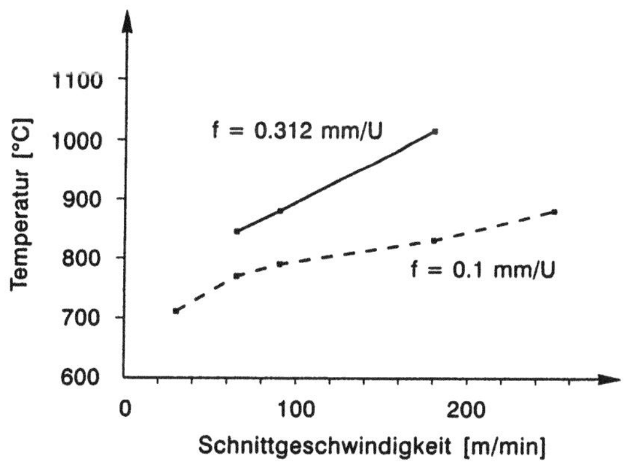

Bild C.2.7 Zerspantemperatur auf dem ablaufenden Span bei Drehbearbeitung der Legierung CoCr29W5C1.2-G (mittels Videothermographie ermittelt)

Schnittgeschwindigkeit oberhalb 80 m/min bei der Legierung FeCr12C2.1, die bei konventioneller Zerspanung die geringsten Verschleißwerte zeigt, der höchste Freiflächenverschleiß ermittelt. Durch die Plasmaerwärmung wird mehr Werkstoffvolumen als bei der konventionellen Zerspanung erwärmt. Dies führt zu einem Temperaturanstieg, bis sich eine mittlere Temperatur einstellt. Zusätzlich erfährt der Werkstoff eine Temperaturwechselbelastung um ΔT pro Umdrehung. Während die mittlere Temperaturerhöhung vor allem die Festigkeit der Matrix absenkt, bleiben die Hartphasen weitestgehend unbeeinflußt. Erst die zyklische Erwärmung um ΔT bewirkt eine thermische Ermüdung der Hartphasen, die zu vielen Rissen in den Karbiden führt. Dringt der Schneidkeil bei der Zerspanung in den Werkstückstoff ein, so muß aufgrund der bereits vorhandenen Risse weniger Material verformt werden, was dazu beiträgt, daß mit steigendem Hartphasengehalt und somit hoher Rißdichte der Werkzeugverschleiß abnimmt. Zusätzlich bewirkt die hohe Kontakttemperatur eine Verringerung der Warmhärte der Gefügebestandteile, insbesondere der M_7C_3-Karbide (Bild A.3.13), wodurch der abrasive Verschleißanteil bei der Legierung FeCr14Mo5WVC4.2 deutlich reduziert wird (Bild C.2.8).

Der Verschleißanstieg bei der Warmzerspanung der Legierung FeCr13Nb 9MoTiC2.3 ist darauf zurückzuführen, daß die NbC-Karbide trotz Temperaturerhöhung im oberflächennahen Randbereich brechen und bei der Nachverformung der Oberfläche auf der Freifläche Furchungsverschleiß hervorrufen. Das thermisch stabilere Niobkarbid bleibt aufgrund seiner hohen Warmhärte nahezu unbeeinflußt, während der Binder im Schneidstoff erweicht und somit einen höheren Schneidenverschleiß zuläßt. Die Variante FeCr12C2.1 weist zwar einen niedrigeren Hartphasengehalt auf, dennoch wird bei der plasmaunterstützten Warmzerspanung ein höherer Freiflächenverschleiß ermittelt. Die zusätzlich eingebrachte Wärme führt zu einem Temperaturanstieg in der Spanentstehungszone und auf der Span- und der Freifläche, was zu einem Anstieg der am Verschleiß beteiligten thermischen Komponente führt. Darüber

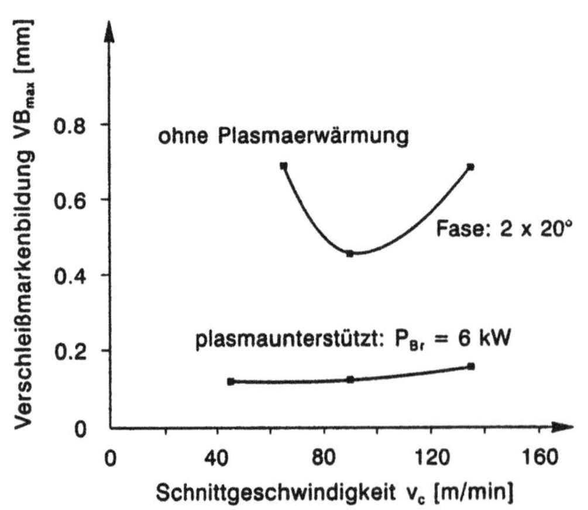

Bild C.2.8 Einfluß einer Plasmaerwärmung auf die Verschleißmarkenbreite beim Drehen der Legierung FeCr14Mo5WVC4.2 gehärtet auf 840 HV30

hinaus kann angenommen werden, daß die Anzahl der durch thermische Wechselwirkung gebildeten Risse aufgrund des niedrigeren Hartphasengehaltes geringer ausfällt, so daß bei der Zerspanung mehr Volumen verformt werden muß, was zusätzlich einen Anstieg des Verschleißes bewirkt.

C.2.3
Spanabnahme

C.2.3.1
Spanbildung

Für die Entstehung einer Oberfläche ist der Vorgang der Spanbildung von entscheidender Bedeutung. Aus diesem Grund soll der Zerspanungsvorgang und die Entstehung der gespanten Oberfläche in Anlehnung an das Wirkzonenmodell von Warnecke [C.2.11] beschrieben werden. Dabei bleibt jedoch unberücksichtigt, daß sich die Eingriffsverhältnisse mit zunehmendem Schneidstoffverschleiß ändern. Bild C.2.9 zeigt sowohl eine schematische Darstellung der Spanentstehung als auch das Schliffbild einer durch Schnittunterbrechung hergestellten Spanwurzel. Die an der Spanentstehung beteiligten Werkstoffbereiche lassen sich in 4 Wirkzonen unterteilen. Als unmittelbare Spanentstehungszone oder primäre Scherzone wird Bereich 1 bezeichnet. In diesem Bereich treten Scherprozesse näherungsweise unter einem konstanten Winkel zum Vorschub auf. In der darunter liegenden Zone 4, der Verformungsvorlaufzone, kommt es durch den Spanbildungsvorgang zu elastischer und plastischer Verformung des Werkstoffes. Bei mehrphasigen Hartlegierungen kann anders als z.B. bei gehärteten Wälzlager-

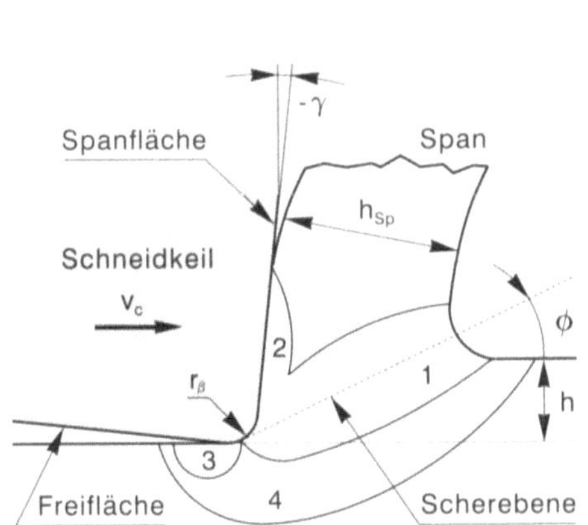

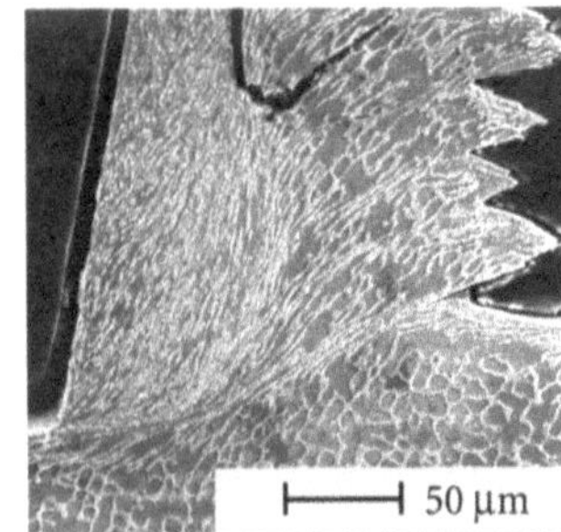

Bild C.2.9 Spanentstehung: schematische Darstellung und Spanwurzel der Legierung CoCr29W5C1.2-G

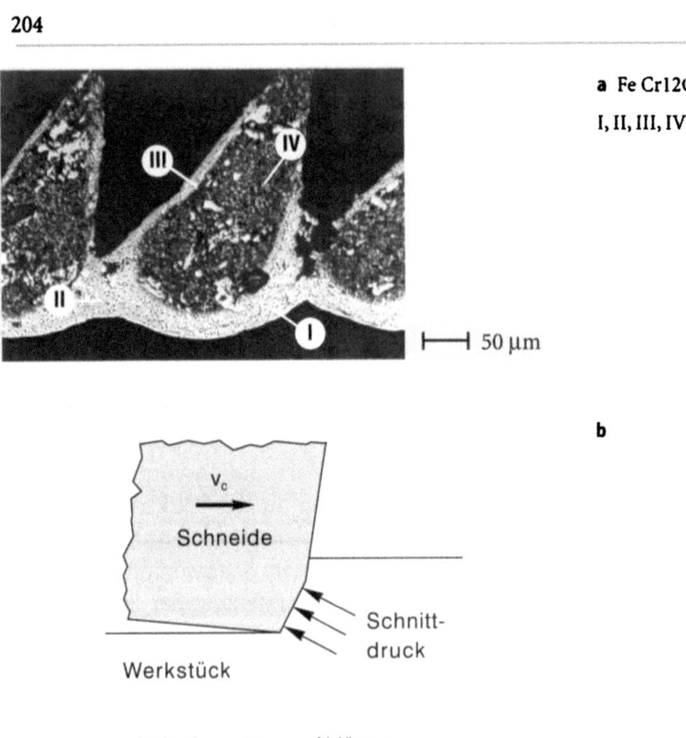

a Fe Cr12C2.1-U (720 HV30)

I, II, III, IV siehe Text

b

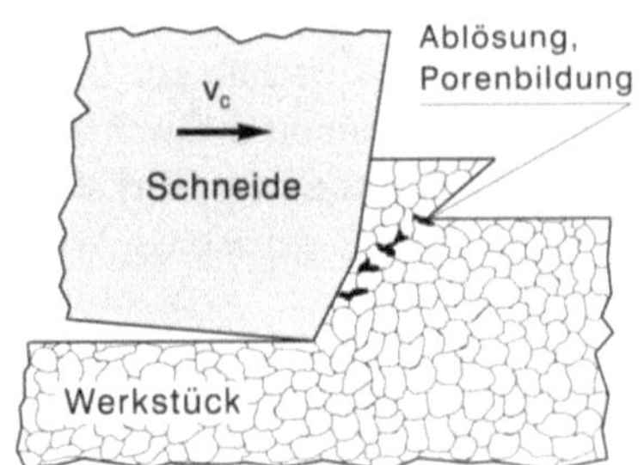

c

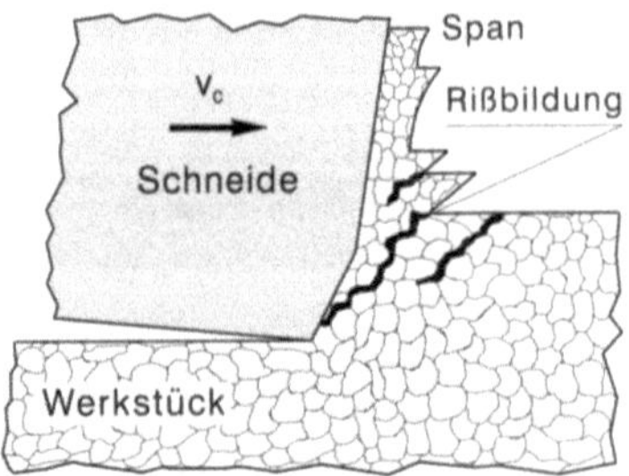

d

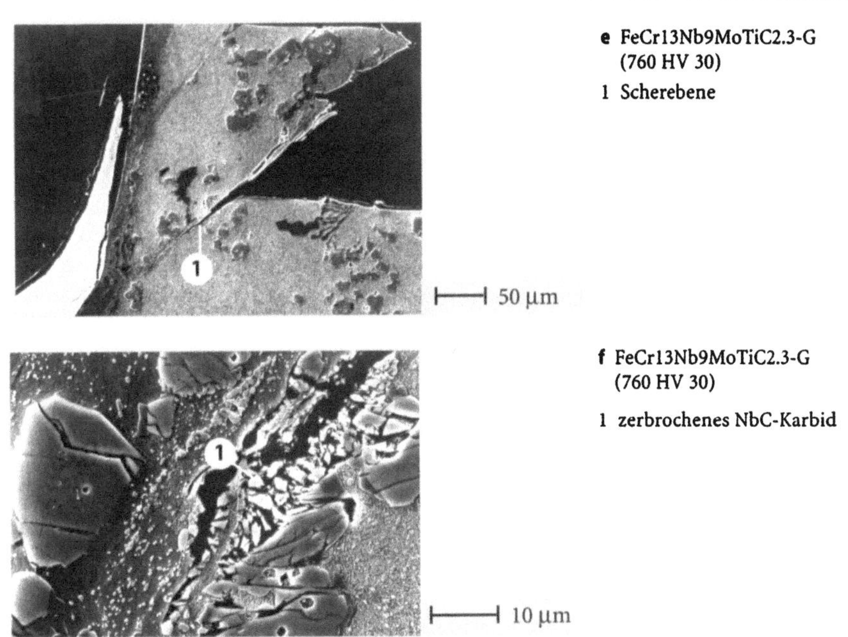

e FeCr13Nb9MoTiC2.3-G
(760 HV 30)
1 Scherebene

├──┤ 50 μm

f FeCr13Nb9MoTiC2.3-G
(760 HV 30)
1 zerbrochenes NbC-Karbid

├────┤ 10 μm

Bild C.2.10 Spanbildungsmechanismus von Hartlegierungen im Drehversuch: **(a)** Spangefüge der gehärteten Fe-Basislegierung FeCr12C2.1-U mit heller Neuhärtungszone, **(b)** Ausbildung eines Druckspannungszustandes vor der Schneidkante, **(c)** und **(d)** Ablösung, Poren- sowie Rißbildung im Werkstück, **(e)** und **(f)** Spanwurzel einer gehärteten Fe-Basislegierung

stählen Hartphasenbruch auftreten. Die sekundären Scherzonen, 2 auf der Spanfläche und 3 an der Freifläche, entstehen durch Reibung an den Werkzeugkontaktflächen. Infolge der in diesen Bereichen wirkenden hohen Schubspannungen beginnt der Werkstoff zu fließen und es ergeben sich plastisch verformte Bereiche auf der Spanunterseite und der Werkstückoberfläche. Die Ausdehnung der beschriebenen Werkstoffbereiche hängt neben den Prozeßgrößen und der Schneidengeometrie insbesondere vom zu zerspanenden Werkstoff ab [C.2.11]. Die Untersuchung des Drehspanes der Legierung FeCr12C2.1 läßt Rückschlüsse auf den Spanbildungsvorgang an Hartlegierungen zu. Der Drehspan weist auf seiner Unterseite eine ausgeprägte Neuhärtungszone auf (Bereich I). Sie entsteht durch Spanflächenreibung, die mit starker Temperaturentwicklung verbunden ist. Die Temperatur erreicht die α-γ-Umwandlung, so daß bei der anschließenden schnellen Abkühlung an Luft eine Neuhärtungszone entsteht (Bild C.2.10a). Die Härte steigt um ca. 200 HV0.1 gegenüber dem unbeeinflußten Material an. Der Bereich II besteht im wesentlichen aus dem hocherhitzten und stark verformten Bereich vor der Schneidkante. Dieser schließt sich jeweils an die periodisch abfließenden Spansegmente an und tritt immer nur unmittelbar vor der Segmentneubildung auf. Dünne, neugehärtete Bereiche III oberhalb des nachfließenden Materials entstehen durch Reibvorgänge und den dadurch bedingten

Neuhärtungsprozeß zwischen dem sich neubildenden und dem abfließenden Segment bzw. durch extrem hohe Temperatur im adiabaten Scherband. Der Bereich IV bleibt von der Verformung und somit von der Temperaturentwicklung weitestgehend unbeeinflußt. Hier wird keine Neuhärtung gefunden.

In Anlehnung an den Spanbildungsvorgang bei der Hartbearbeitung [C.2.12] kann mit Hilfe der durchgeführten Spanuntersuchung ein Spanbildungsmodell für Hartlegierungen entwickelt werden. Dringt der Schneidkeil bei der Zerspanung in den Werkstoff ein, herrscht aufgrund der negativen Schneidengeometrie im Bereich der Schneidkantenfase, unmittelbar vor der Schneidkante, ein hoher Druckspannungszustand (Bild C.2.10b). Die Größe des sich ausbildenden Druckspannungszustandes ist abhängig vom Spanwinkel und der Schnittiefe. Wird, wie es bei der Hartbearbeitung der Fall ist, nur mit einer geringen Schnittiefe gespant, so erhöht sich der effektive Spanwinkel um den Fasenwinkel, was einen deutlich höheren Druckspannungszustand bewirkt. Überschreitet die Spannung einen bestimmten Wert, tritt bei martensitischen einphasigen Werkstoffen ein Riß in einiger Entfernung vor der Schneidkante an der Werkstückoberfläche auf. Er pflanzt sich als Schubspannungsriß unter 45° zur Schnittrichtung ins Werkstück fort, führt zu einem Abbau der Schubspannung und dient dem Materialsegment als Gleitfläche, so daß es zwischen Trennfläche und Spanfläche des Werkzeuges herausgeschoben wird. Nur im unmittelbaren Bereich vor der Schneidkante kommt es aufgrund des stark negativen Spanwinkels zur plastischen Deformation. Die dabei auftretende innere Reibung führt zu intensiver Erwärmung. Diese bewirkt eine Plastifizierung des Werkstückstoffes und darüber hinaus ein Auffangen des Risses. Nach Ende des Rißfortschritts wird das zwischen Riß und Spanfläche liegende Spansegment herausgeschoben. Beim Herausschieben fließt hocherhitzter verformter Werkstoff aus dem Bereich II vor der Schneidkante nach. Dadurch baut sich der Schnittdruck erneut auf, was zur Bildung des nächsten Spansegmentes führt. Die hohe Temperatur bewirkt eine Verschweißung der Spansegmente und führt zu einem zusammenhängenden Span, der aus Segmenten mit unverformtem und neugehärtetem Material besteht [C.2.12, C.2.13]. In mehrphasigen Werkstoffen werden durch die zweite, steifere Phase die Spannungen und die Dehnungen unterschiedlich auf die Gefügebestandteile aufgeteilt. In den steiferen Gefügebestandteilen, wie den Karbidzeilen und Karbidnetzwerken, treten höhere Normalspannungen auf als an den entsprechenden Stellen in einphasigen Werkstoffen. Bildet sich nun ein Riß an der Oberfläche des Werkstoffes aus, so erfährt er aufgrund der inhomogenen Spannungsverteilung eine Richtungsänderung durch Bruch oder Ablösung von Hartphasen (Bild C.2.10c,e). In Gußlegierungen z.B. entstehen aus diesem Grund Risse entlang des Karbidnetzwerkes, die sich zu einem Makroriß vereinigen und zur vollständigen Trennung des Spansegmentes führen (Bild C.2.10e,f). Dieses wird, wie bei den rein martensitischen Werkstoffen auch, bei weiterer Spanbildung aus dem Bereich zwischen Riß und Spanfläche herausgeschoben. Während sich bei niedrigem Hartphasengehalt und gleichmäßiger Verteilung die an den Grenzflächen bildenden Poren zu Makrorissen vereinigen, ist bei einem Hartphasennetzwerk die Rißfortschrittsrichtung entlang des Netzwerkes vorgegeben. Das Verformungs- und Spanbildungsverhalten hängt dabei auch vom Karbidtyp beziehungsweise von den Eigenschaften der harten Phase ab.

C.2.3.2
Spanformen

Die makroskopische Betrachtung der Späne trägt zur Klärung der Mechanismen im Zerspanungsprozeß bei. Zusätzlich liefert sie wichtige Hinweise über den Spanbildungsvorgang, die auftretenden Temperaturen und zur Oberflächenentstehung. Die hohe Warmhärte der CBN-Schneiden ermöglicht eine Zerspanung harter Werkstoffe mit hoher Schnittgeschwindigkeit. Die dabei auftretende hohe Prozeßtemperatur und Spannung trägt über die Beeinflussung der Werkstoffeigenschaften unmittelbar zur Ausbildung der Spanform bei. Die Erhöhung der Schnittgeschwindigkeit und des Vorschubes führt zu einem Anstieg der Prozeßtemperatur. Dadurch bedingt nehmen die Werkstückstoffhärte und Festigkeit ab, und das Verformungsvermögen der Späne zu. Während in Bild C.2.11a–c zunächst kleine Bröckelspäne zu erkennen sind, da das Verformungsvermögen in der Scherzone überschritten wird, läßt eine Erhöhung der Schnittgeschwindigkeit die Fließgrenze infolge Temperaturerhöhung sinken, was zu langen Fließspänen, ähnlich den Spanlocken, führt. Der Temperatureffekt ist deutlich an den plasmaunterstützt gespanten Versuchen zu erkennen.

Neben der Temperatur spielt der Werkstückstoff selbst eine entscheidende Rolle für die sich ausbildende Spanform. Bei Untersuchung der Variante CoCr29W5C1.2-P treten bei kleiner Schnittgeschwindigkeit lange Wirrspäne auf, deren Länge mit zunehmender Schnittgeschwindigkeit abnimmt. Die Ursache dafür liegt in der unterschiedlichen Hartphasenverteilung der PM- und der Gußvariante bei gleicher Metallmatrix. Das durchgängige Netzwerk der Hartphasen bei der Gußvariante, das die Metallmatrix in isolierte Zellen aufteilt, stellt besonders bei niedriger Schnittgeschwindigkeit eine Verformungsbehinderung dar. Staut sich Material vor der Schneidkante auf, endet die Verformung des Spanes infolge der hohen Härte der M_7C_3-Karbide am durchgängigen Karbidnetzwerk, welches durch Bruch versagt und zu Bröckelspänen führt. In der PM-Variante liegt eine durchgängige Metallmatrix mit im Mittel 2 µm großen, kugeligen Karbiden vor, die in der Scherzone keine Verformungsbehinderung darstellen, da sie in der sich verformenden Metallmatrix mitfließen. Auf diese Weise kommt es bereits bei niedriger Schnittgeschwindigkeit zur Ausbildung langer fließspanähnlicher Wirrspäne. Mit steigender Schnittgeschwindigkeit steigt jedoch die Temperaturdifferenz zwischen Spanober- und -unterseite an, was sich in Spankrümmung und -bruch sowie Bröckelspänen bei der PM-Legierung niederschlägt (Bild C.2.11d–f).

a f = 0.1 mm/U;
   v_c = 65 m/min

gegossen/kaltgespant

b f = 0.312 mm/U;
   v_c = 90 m/min

gegossen/kaltgespant

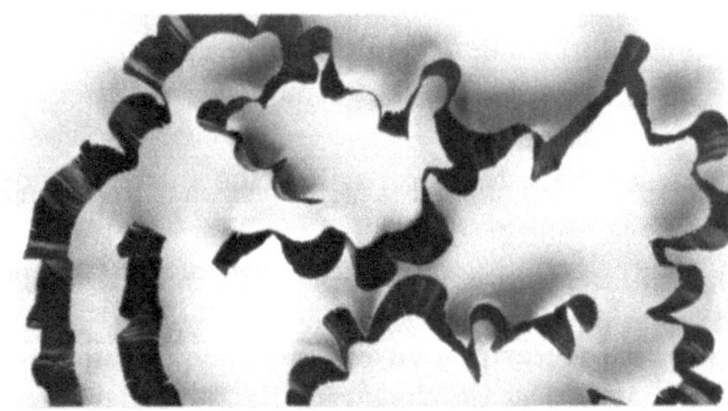

c f = 0.1 mm/U;
   v_c = 180 m/min

gegossen/plasmaunterstützt

d f = 0.1 mm/U;
   v_c = 20 m/min

pulvermetallurgisch/
kaltgespant

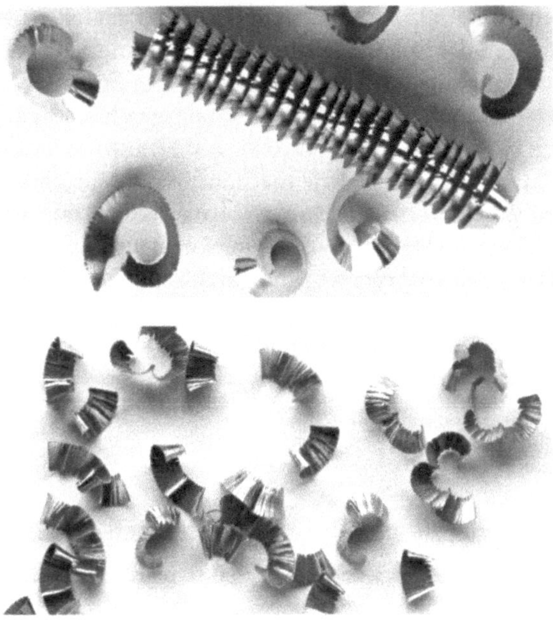

Bild C.2.11 Spanformen der Legierung CoCr29W5C1.2

Beim martensitischen Stahl FeCr12C2.1 ist die im Zerspanungsprozeß generierte Temperatur aufgrund größerer Verformungsarbeit höher, was bereits bei kleiner Schnittgeschwindigkeit und kleinem Vorschub zur Fließspanbildung führt.

Bei äußerer Erwärmung durch einen Plasmabrenner wird die Fließgrenze des Werkstückstoffes gesenkt, so daß die Verformung erleichtert wird und die Spanlänge zunimmt.

Bei der Legierung FeCr14Mo5WVC4.2 treten deutlich kürzere Späne auf. Durch den hohen Spandruck brechen die Hartphasen an mehreren Orten. Aufgrund des geringen Rißwiderstandes der Legierung mit ca. 50 Vol% an primären und eutektischen Karbiden können sich die Risse entlang der Hartphasenbereiche ausbreiten, was zu einem Rißnetzwerk führt, dessen Folge feinste Bröckelspäne sind.

C.2.4
Oberflächenentstehung

Eine spanende Bearbeitung erzeugt an Werkstücken neue Oberflächen und prägt diesen gleichzeitig spezifische Eigenschaften auf. Jeder Spanungsvorgang ist von hoher Verformung und rascher Erwärmung begleitet, was zu Gefügeänderungen und Verspannungen im oberflächennahen Bereich der metallischen Werkstoffe führt. Die Vorgänge in der Spanbildungszone laufen innerhalb sehr kurzer Kontaktzeiten ab, so daß abhängig von den Zerspanungsparametern eine hohe Aufheizgeschwindigkeit (10^6 °C/s) und Verformungsgeschwindigkeit ($\dot{\varphi} \approx 10^4$ 1/s) bei einem wahren Verformungsgrad von $0.8 < \varphi < 4.0$ auftreten kann [C.2.1]. Der Werkstoff wird dabei hauptsächlich mechanisch und thermisch beansprucht. Einerseits wird das Material durch die mechanische Beanspruchung über seine Fließgrenze hinaus belastet, plastisch verformt und verfestigt. Andererseits spielt die thermische Beanspruchung, die durch Schneiden, Reiben und Verformen verursacht wird, eine entscheidende Rolle. Ausschlaggebend für die Werkstoffbeeinflussung ist schließlich die Überlagerung von mechanischer und thermischer Beanspruchung bei der Zerspanung.

C.2.4.1

Werkstoffreaktion

Die mechanische Beanspruchung der Oberfläche führt bei der Drehbearbeitung zu plastischer Verformung, die den überwiegenden Anteil der nicht in Wärme umgesetzten Energie aufnimmt. Die durch Versetzungsaufstau mit der plastischen Verformung einhergehende Verfestigung macht sich in Form von Härteänderungen bemerkbar. Weiterhin bleiben meistens Druckeigenspannungen zurück.

Durch lokale und schnelle Erwärmung einer Oberfläche kommt es infolge der Wärmeausdehnung zur Kompression des erwärmten Volumens, bei der die temperaturabhängige Fließgrenze örtlich überschritten wird. Bei der nachfolgenden schnellen Abkühlung kann der Werkstoff die Rückverformung nicht nachvollziehen, so daß er entweder reißt oder Zugeigenspannungen zurückbleiben. Darüber hinaus können Gefügetransformationen in Form von Neuhärtungszonen auftreten. Da die martensitische Umwandlung mit einer Volumenvergrößerung verbunden ist, tritt eine Überlagerung von Druck- und Zugeigenspannungen auf. Bei Temperaturen, bei denen thermisch aktivierte Vorgänge auftreten ($T > 0.4 \cdot T_m$), kann die durch Versetzungsaufstau eingebrachte Verfestigung beseitigt werden, was durch sinkende Mikrohärtewerte nachgewiesen werden kann. Abhängig von den Zerspanungsparametern und den Werkstoffkennwerten überwiegt entweder die thermische oder die mechanische Beanspruchung. Da beide Komponenten mit verschiedenen Gradienten unterhalb der Oberfläche wirksam werden können, ergeben sich Gefügeveränderungen und überlagerte Eigenspannungen als Funktionen des Abstandes von der Oberfläche [C.2.14, C.2.15].

C.2.4.2

Randzonenbeeinflussung

Bild C.2.12 zeigt die Gefügeveränderungen in der Randzone am Beispiel der Co-Basislegierung CoCr29W5C1.2 nach Zerspanung mit zwei verschiedenen Para-

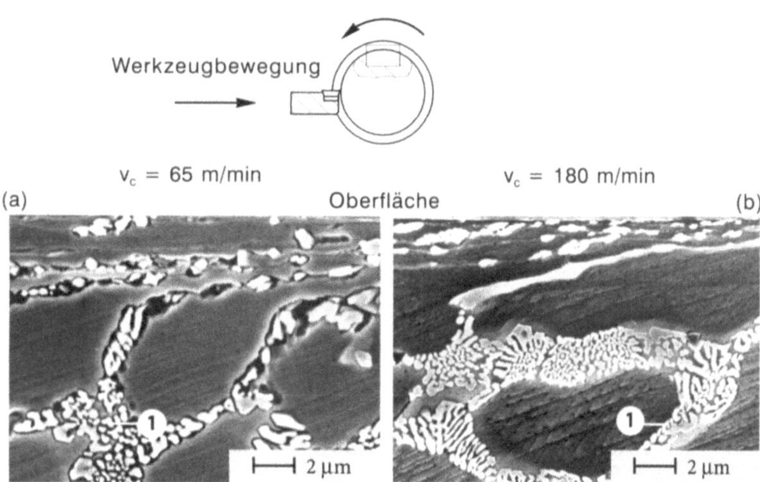

Bild C.2.12 Randzonenbeeinflussung nach Drehbearbeitung der Co-Basislegierung CoCr29W5C1.2-G
1 eutektische M_7C_3-Karbide

metern. In beiden Fällen wird das eutektische M_7C_3-Netzwerk in einer bis zu
10 µm breiten Zone unter der Oberfläche durch plastische Verformung zerstört.
Einerseits werden die Metallzellen verformt und die Grenzflächen zwischen den
eutektischen Hartphasen des vorher durchgängigen Netzes versagen (Bild
C.2.12a), andererseits werden die kleineren Karbide in unmittelbarer Oberflächennähe in Drehrichtung gestreckt (Bild C.2.12b). Dies läßt sich auf zwei
unterschiedliche Verformungsmechanismen zurückführen. Das in Abschn.-
C.2.2.2 beschriebene Verschleißminimum bei $\approx$ 90 m/min nimmt dabei eine
besondere Stellung ein.

Eine Schnittgeschwindigkeit oberhalb des Minimums und ein Vorschub
> 0.1 mm/U führen zu einer höheren Prozeßtemperatur, bei der unter Umständen
niedrigschmelzende Gefügebestandteile an- bzw. umgeschmolzen und durch das
Verformungsfeld in Drehrichtung gestreckt werden. Verantwortlich dafür ist
neben der Temperatur auch die Spannungsverteilung vor der Schneidkante. Aufgrund der vorliegenden Eingriffsbedingungen (γ = -6°, α = 6°, Spanflächenfase
0.2 x 20°) beträgt der effektive Spanwinkel im Bereich vor der Schneidkantenfase
γ = -26°, wodurch ein sehr negativer hydrostatischer Spannungszustand erzeugt
wird. Unter dessen Einfluß und durch die gleichzeitig einwirkende hohe Kontakttemperatur werden die Cr-Karbide in Drehrichtung plastisch verformt. Da bei
hoher Schnittgeschwindigkeit oder bei äußerer Wärmezufuhr Ablagerungen und
Aufbauschneidenbildung auf der Schneidkante ausbleiben, kann die Karbidver-
formung vor der Spanflächenfase besonders gut erfolgen.

Durch eine Verringerung der Schnittgeschwindigkeit unter die des Verschleißminimums sinkt die Prozeßtemperatur und der Werkstoff kann verfestigen, so daß es zu Ablagerungen vor der Schneidkante kommt. Der dann positi-

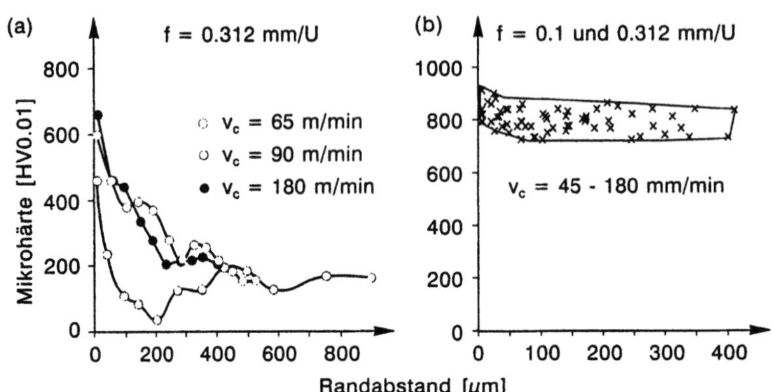

Bild C.2.13 Mikrohärteverlauf in der Metallmatrix unter der Oberfläche nach Drehbearbeitung: (a) CoCr29W5C1.2-G, (b) FeCr12C2.1-G

vere Spanwinkel und hydrostatische Spannungszustand sowie die niedrige Prozeßtemperatur begünstigen das Brechen und Ablösen der harten Phasen.

Bild C.2.13a zeigt den Verlauf der Mikrohärte in den Metallzellen der Co-Legierung über dem Abstand von der Oberfläche für verschiedene Schnittgeschwindigkeiten. Nahe der Oberfläche wird infolge Kaltverfestigung in allen Fällen eine deutlich höhere Härte gemessen, die bei etwa 200 µm auf das Niveau der Kernhärte fällt. Für 90 m/min wird die geringste Härtezunahme und die geringste Beeinflussungstiefe gemessen, was im Einklang mit den Ergebnissen der Verschleißmessung steht, bei denen sich bei 90 m/min ein Verschleißminimum bei gleichzeitig minimaler Schnittkraft ergab (Bilder C.2.3 und C.2.5).

Auch bei den Fe-Basislegierungen zeigen sich im Querschliff senkrecht zur Oberfläche deutliche Gefügeänderungen, deren Ausdehnung durch die jeweiligen Versuchsparameter bestimmt ist. Bei geringer Schnittgeschwindigkeit liegen die eutektischen M_7C_3-Karbide der Legierung FeCr12C2.1 gebrochen in der martensitischen Matrix der Oberflächenrandzone vor. Eine Erhöhung der Schnittgeschwindigkeit auf 180 m/min führt dazu, daß sich die Karbide aufgrund der höheren Prozeßtemperatur, wie bereits bei den Co-Basislegierungen beschrieben, in Zerspanungsrichtung verformen. In einem Abstand von ca. 5–10 µm unter der Oberfläche tritt mit fallender Temperatur Rißbildung auf der zugspannungsbeanspruchten Seite der Karbide auf (Bild C.2.14a,b).

In bezug auf die Oberflächentopographie haben Hartphasenverformung und -bruch folgende Konsequenzen: Im Falle hoher Schnittgeschwindigkeit wird durch Verformung eine geringe Oberflächenrauhigkeit (R_z < 3 µm) gemessen, die annähernd Schleifqualität erreicht. Bei niedriger Schnittgeschwindigkeit hingegen liegt eine Oberflächenrauhigkeit oberhalb von

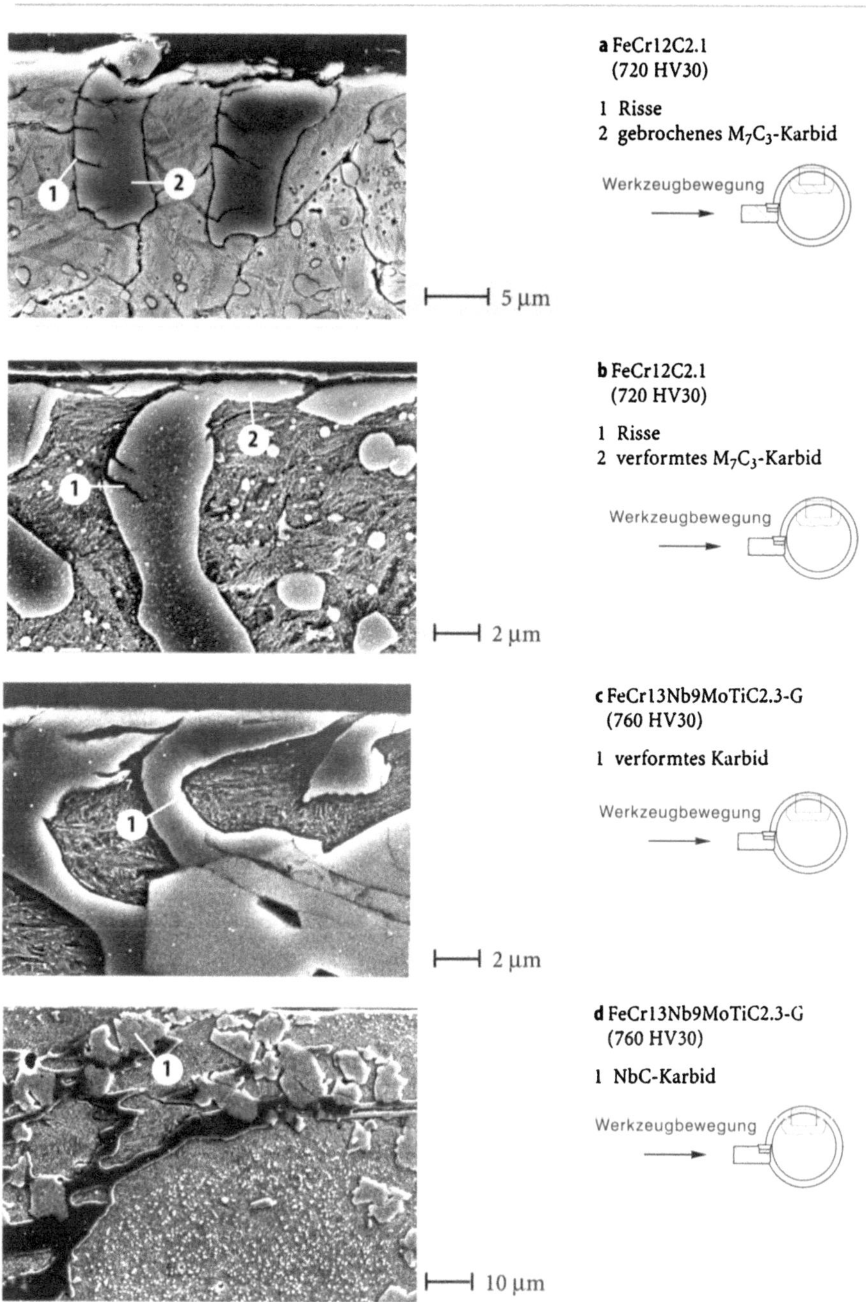

Bild C.2.14 Gefügeveränderungen in der Randzone gedrehter Fe-Basislegierungen

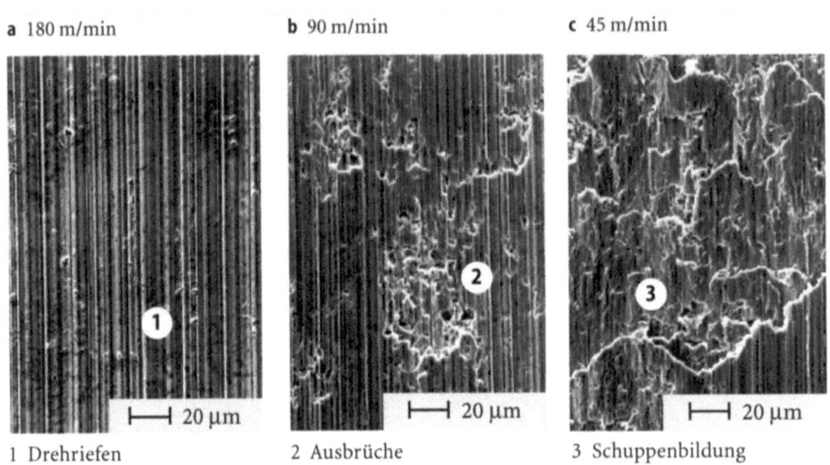

Bild C.2.15 REM-Aufnahme der gedrehten Oberfläche der Legierung FeCr12C2.1-U (f = 0.1 mm/U)

5–10 µm vor, die in Ausbrüchen und Schuppenbildung begründet ist (Bild C.2.15).

Weiterführende Untersuchungen der Legierung FeCr13Nb9MoTiC2.3 zeigen den Einfluß warmfesterer primärer Hartphasen. Während die eutektischen M_7C_3-Karbide in Umformrichtung verformt werden und erst in einem Abstand von ca. 5–10 µm unter der Oberfläche Rißbildung auftritt, zeigen die primären NbC-Karbide im oberflächennahen Randbereich keinerlei plastische Verformung (Bild C.2.14c,d). Mit Hilfe von Warmhärtemessungen (Bild A.3.13) kann dieses Verhalten erklärt werden. Die NbC-Karbide sind bei allen Temperaturen deutlich härter als die M_7C_3-Karbide, was eine geringere Verformungsfähigkeit bei gleicher Prozeßtemperatur zur Folge hat.

Mikrohärtemessungen in der Metallmatrix der Legierung FeCr12C2.1 nach spanender Bearbeitung zeigen, daß keine deutliche Aufhärtung im oberflächennahen Randbereich vorliegt (Bild C.2.13b). Der Grund der schlechteren Verfestigungsfähigkeit ist in der höheren Stapelfehlerenergie der krz Eisenmatrix gegenüber der kfz Kobaltmatrix zu sehen. Trotzdem werden durch röntgenographische Messungen Eigenspannungen nachgewiesen, die auf mechanischer und thermischer Beanspruchung beruhen. Bei geringer Schnittgeschwindigkeit ist überwiegend die mechanische Komponente wirksam, was die Eigenspannungsmessung belegt, bei der Druckspannungen bis in eine Tiefe von 130 µm gefunden werden (Bild C.2.16). Mit zunehmender Schnittgeschwindigkeit nimmt die thermische Komponente zur Oberfläche hin zu, so daß in der Oberfläche geringe Zugeigenspannungen gefunden werden. Sie steigen durch Plasmaerwärmung an und reichen tiefer in die Randzone hinein.

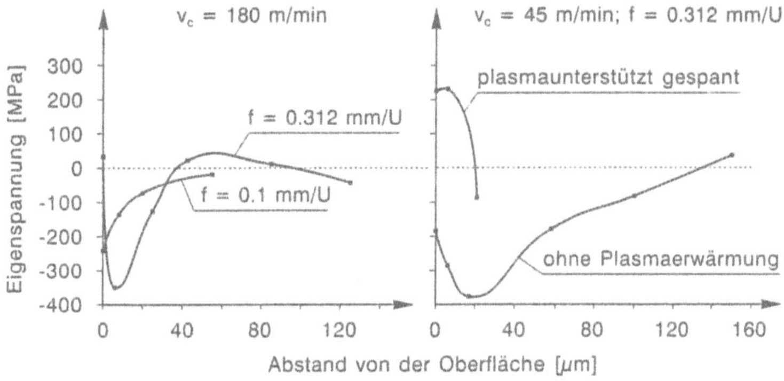

Bild C.2.16 Eigenspannungstiefenprofile gedrehter Oberflächen der Hartlegierung FeCr12C2.1-G, gehärtet auf 760 HV30

C.2.5
Zerspanpendel

Die Herstellung von Wellen aus Hartlegierungen und -verbundwerkstoffen für Drehversuche ist vielfach schwierig und teuer. Das gleiche gilt für die anschließende Zerlegung zwecks Untersuchung der Randzonenbeeinflussung. Aus diesem Grund wurde ein Zerspanpendel entwickelt und mit Kraftaufnehmern ausgerüstet. Die Schnittarbeit wird am Schleppzeiger des umgebauten Kerbschlaghammers angezeigt (Bild C.2.17, [11, 13]). Die vergleichsweise kleinen

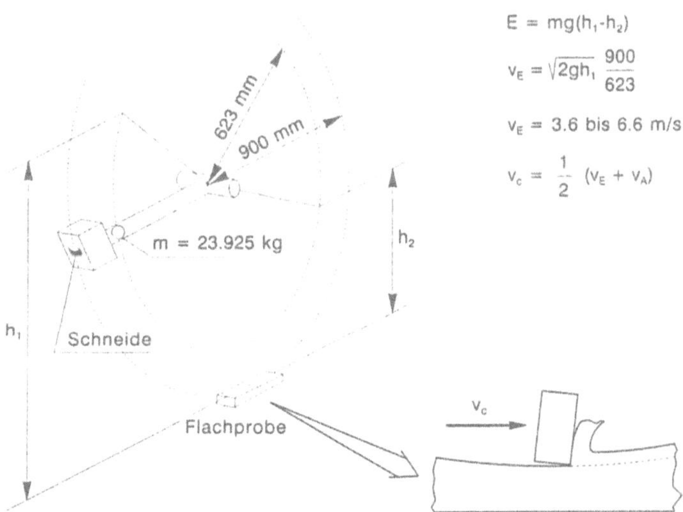

Bild C.2.17 Zerspanpendelversuch mit Hilfe eines umgebauten 300 J Kerbschlaghammers (*E* Schnittarbeit, *v_E*, *v_A*, *v_c* Eintritt-, Austritt-, Schnittgeschwindigkeit, *g* Erdbeschleunigung)

Proben mit einer Schnittlänge von ca. 40 mm werden, um die jeweilige Schnitttiefe zugestellt. Eine Quick-Stop Vorrichtung erlaubt die Untersuchung von Spanwurzeln. Mit diesem Zerspanpendel wurden Hartlegierungen sowie verschiedene Metallmatrizes auf Fe- und Co-Basis untersucht.

Zwischen Dreh- und Pendelversuchen wurde Übereinstimmung im Zerspanungsverhalten gefunden. Gependelte und gedrehte Oberflächen zeigen, daß die unter der Oberfläche durch den Zerspanungsvorgang hervorgerufenen Veränderungen sehr ähnlich sind. Die metallische Matrix weist nach dem Pendeln Härteänderungen unter der bearbeiteten Oberfläche auf, die mit denen beim Drehen vergleichbar sind.

In Bild C.2.18 ist zu erkennen, daß der mit der Schnittiefe zunehmende Masseabtrag eine höhere Schnittarbeit E erfordert, und zwar am deutlichsten in der übereutektischen Legierung. Von den beiden untereutektischen läßt sich die mit spröderen Niobkarbiden leichter abtragen.

An Versuchen mit beheizten Proben ist zu erkennen, daß mit steigender Temperatur das Verhältnis von Schnittarbeit zu Masseabtrag abnimmt (Bild C.2.19). Oberhalb 400 °C sind zwischen den untereutektischen Versuchswerkstoffen keine Unterschiede zu erkennen. Das Verhältnis dE/dm nimmt zwischen 400 °C und 800 °C nur noch geringfügig ab. Der Kurvenverlauf der übereutektischen Legierung FeCr14Mo5WVC4.2 hingegen fällt erst bei ca. 700 °C mit den Kurven der anderen Werkstoffe zusammen. Die Reduzierung der Schnittarbeit im Pendelversuch mit beheizten Proben und die Absenkung der Schnittkraft bzw. Zerspanungsenergie im plasmaunterstützten Drehversuch (Bild C.2.6) sind vergleichbar und auf eine Verringerung der Werkstoffhärte mit steigender Temperatur zurückzuführen.

Die Härte der gependelten Co-Matrix steigt mit zunehmender Annäherung an die Oberfläche zunächst an (Bild C.2.20), was auf die bereits im Drehversuch dargestellten Verfestigungsreaktionen zurückzuführen ist. Nahe der Oberfläche

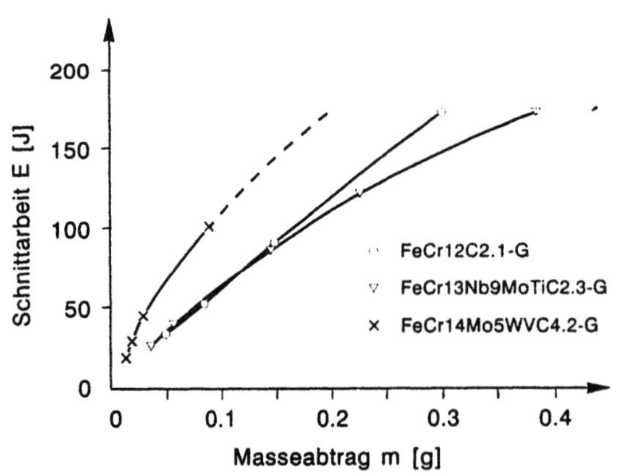

Bild C.2.18 Zusammenhang von Masseabtrag und Schnittarbeit im Zerspanpendelversuch für Fe-Basis-Hartlegierungen

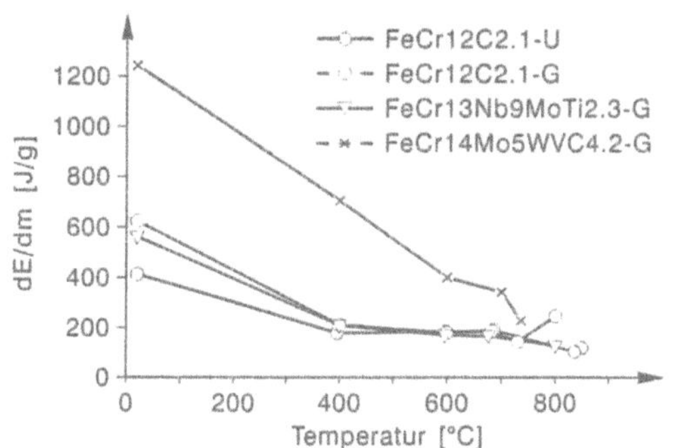

Bild C.2.19 Verhältnis von Schnittarbeit E zu Masseabtrag m in Abhängigkeit von der Temperatur beheizter Proben

fällt die Härte wieder ab, da infolge der thermischen Aktivierung die Gitterbaufehler ausheilen.

Der Mikrohärteverlauf des Federstahles FeCr1MnVC0.5 zeigt beispielhaft die Veränderungen in einer gehärteten Matrix. Mit Annäherung an die Oberfläche bildet sich im gehärteten Ausgangszustand zunächst eine Zone geringerer Härte, an die sich ein steiler Anstieg bis über die Kernhärte anschließt. Ein solcher Verlauf ist typisch für eine Neuhärtung. Hier liegt die Oberflächentemperatur bis in eine Tiefe von 20 µm oberhalb der α-γ-Umwandlungstemperatur, so daß infolge der schnellen Abkühlung Martensit entstanden ist. Unmittelbar unterhalb der Neuhärtezone schließt sich ein Anlaßbereich an, der sich bis in eine Tiefe von 60 µm unter der Oberfläche erstreckt. Im gehärteten Ausgangszustand liegt der gesamte Kohlenstoff gelöst im Eisengitter vor, so daß bei der schnellen Erwärmung lediglich die Umwandlungstemperatur überschritten werden muß, um bei nachfolgender schneller Abkühlung Martensit bilden zu können. Im weichgeglühten Ausgangszustand bewirkt der Temperatureinfluß eine Härteverringerung in Oberflächennähe. Im Gegensatz zum gehärteten Zustand ist im weichgeglühten Gefüge der Kohlenstoff in Karbiden gebunden. Um eine martensiti-

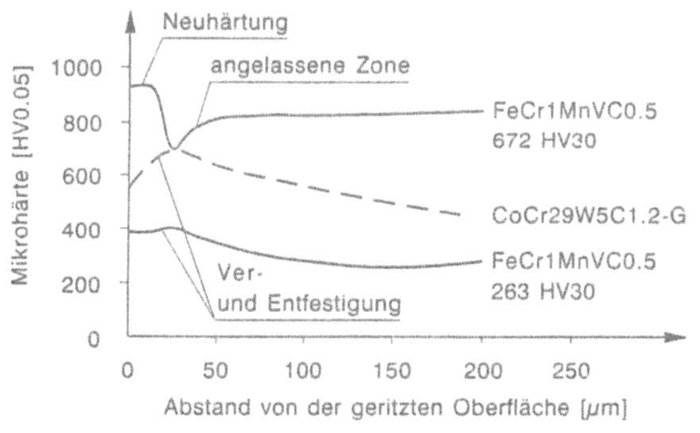

Bild C.2.20 Härteänderung unter der Oberfläche gependelter Proben

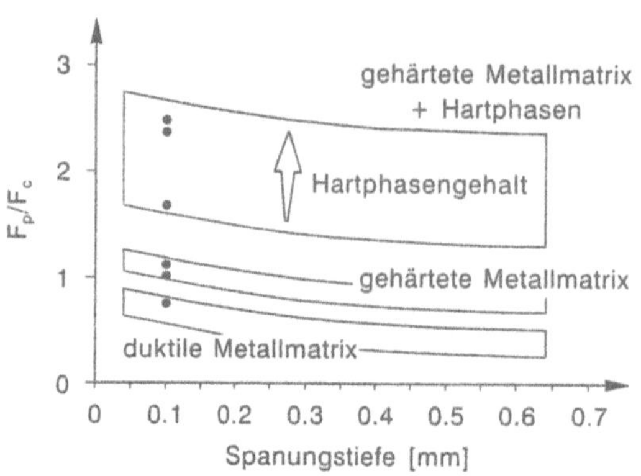

Bild C.2.21 Verhältnis von Passiv- zu Schnittkraft F_p/F_C für verschiedene Werkstoffe (Streubänder: Pendelversuch v_C = 215 m/min, Punkte: Drehversuch v_C = 180 m/min)

sche Zone zu erzeugen, müssen die Karbide zumindest teilweise aufgelöst werden, damit Kohlenstoff in Lösung geht. Dies ist jedoch, wie der Härteverlauf zeigt, aufgrund der für diesen Prozeß zu kurzen Kontaktzeit bzw. zu geringer Temperatur nur zum Teil möglich.

Durch Härten der Matrix und Einlagern von Hartphasen steigt das Verhältnis von Passiv- zu Schnittkraft F_p/F_c in guter Übereinstimmung mit dem Drehversuch an (Bild C.2.21). Bei gleicher Schnittgeschwindigkeit nimmt die Schnittarbeit für unterschiedliche Hartlegierungen beim Pendel- und Drehversuch in gleicher Weise und Reihenfolge der Werkstoffe zu. Die sich aus dem Pendelversuch ergebenden Kennwerte können unmittelbar dazu beitragen, den Zerspanprozeß und die resultierende Randzonenbeeinflussung von Hartlegierungen zu erläutern. Die Untersuchung des Schneidstoffverschleißes bleibt jedoch dem Drehversuch vorbehalten.

C.2.6

Bearbeitungshinweise

Aus den vorliegenden Ergebnissen können Hinweise für die Drehbearbeitung von Hartlegierungen gewonnen werden, die bezüglich Schneidstoffverschleiß und Randzonenbeeinflussung zum besseren Verständnis des Bearbeitungsprozesses beitragen.

Hinsichtlich des Einflusses der Schnittgeschwindigkeit auf den Werkzeugverschleiß treten große Unterschiede auf. Bei der Bearbeitung untereutektisch erstarrter Co-Basislegierungen liegt ein optimaler Schnittgeschwindigkeitsbereich vor, in dem der Werkzeugverschleiß ein Minimum aufweist. Ist der Einsatz von Guß- bzw. Auftragschweißlegierungen erforderlich, sollte der Werkstoff bei dieser Schnittgeschwindigkeit bearbeitet werden. Steht aus anwendungstechnischer Sicht dem Einsatz einer PM-Variante nichts im Wege, bietet die Bearbeitung dieses Gefüges Vorteile. Infolge der feinen Verteilung kleiner Karbide bleibt der Freiflächenverschleiß gering. Eine plasmaunterstützte Zerspanung verringert den Verschleiß lediglich bei niedriger Schnittgeschwindigkeit, da ansonsten die höhere Temperatur ein Ansteigen des Freiflächenverschleißes bewirkt.

Bei der Bearbeitung der Fe-Basislegierungen ist zu erkennen, daß sich mit zunehmendem Hartphasengehalt der Verschleiß erhöht, wobei im Kurvenverlauf des Werkzeugverschleißes auch Minima auftreten. Bei der Bearbeitung der Fe-Basis-Gußlegierungen sollte die Schnittgeschwindigkeit entsprechend ausgewählt werden. Eine plasmaunterstützte Zerspanung sollte bei hoch hartphasenhaltigen Legierungen nicht angewendet werden, da gerade die groben, harten Karbide auf die Temperaturwechselbelastung reagieren und brechen. Die Bruchstücke tragen aufgrund ihrer stark abrasiven Wirkung zu erhöhtem Werkzeugverschleiß bei. Weiterführende Untersuchungen haben gezeigt, daß das Anbringen einer größeren Fase, die einen stark negativen Spanwinkel von -26° bewirkt, die Bearbeitbarkeit der hochhartphasenhaltigen Fe-Basislegierung verbessert. Die Reaktion der Randzone auf die Drehbearbeitung hängt unterschiedlich von den Gefügebestandteilen und den Zerspanungsparametern ab. Die mit niedriger Schnittgeschwindigkeit einhergehenden nachteiligen Effekte der Kerbenbildung durch Karbidbruch und Ablösung sowie Schuppenbildung durch abwandernde Aufbauschneiden sollten durch höhere Schnittgeschwindigkeiten vermieden werden, auch wenn unter Umständen der Werkzeugverschleiß bereits zunimmt. Dieser günstige Einfluß auf die Oberflächengüte wurde in den meisten Fällen bereits bei einer Schnittgeschwindigkeit von 135 m/min und einem Vorschub von 0.1 mm/U bei einer Schnittiefe von $a_p = 1$ mm festgestellt.

Die Spanformen bei der konventionellen Drehbearbeitung der Hartlegierungen sind in der Regel als günstig einzustufen. Die eingelagerten Hartphasen wirken als Bruchstellen und erzeugen kurzbrechende Späne, die im Bereich zwischen Bröckelspänen und Wendelspänen liegen. Nur bei der Fe-Basislegierung FeCr14Mo5WVC4.2 treten bei hoher Schnittgeschwindigkeit sehr kurze Späne auf, die als unbrauchbar eingestuft werden müssen. Die harten, scharfkantigen Karbide setzen sich auf Maschinenkomponenten ab und führen vor allem auf Führungsbahnen und in Lagern zu Schädigungen.

Schleifen

WERNER THEISEN

Das Schleifen von Hartlegierungen und -verbundwerkstoffen wird im Gegensatz zum Bearbeiten mit geometrisch bestimmter Schneide in der Fertigungstechnik seit langem betrieben. Als endformgebendes Bearbeitungsverfahren kommt es immer dann zum Einsatz, wenn die hohe Härte des Werkstückstoffes eine Dreh- oder Fräsbearbeitung unmöglich macht und/oder eine hohe Oberflächengüte gefordert ist. Der geringe Spanungsquerschnitt und die Vielzahl harter Einzelschneiden lassen dieses Verfahren für die Werkstoffgruppe ideal erscheinen. Die im Prozeß durch hohe Scheibengeschwindigkeit generierte Kontakttemperatur hingegen wirkt sich besonders für harte Stähle (Einsatz-, Vergütungs-, Wälzlagerstahl) nachteilig aus. Als Folge der punktuellen Erwärmung mit nachfolgender rascher Abkühlung werden in oberflächennahen Bereichen häufig hohe Zugeigenspannungen bis hin zu Rissen initiiert.

In hartphasenhaltigen Werkstoffen ist die Rißgefahr deutlich höher einzuschätzen. Die Interaktionen zwischen Schneidstoff und Hartphase bedingen andere Versagensmechanismen, die in der Regel mit höherer Zerspantemperatur einhergehen. Die hohe Temperatur ist für die Bearbeitung der Hartphasen günstig s.a. Kap. C.2), für die metallische Matrix aber schädlich. Neben erhöhter Rißanfälligkeit ist die Bildung von Weichhaut oder Neuhärtezonen infolge geringer Wärmeleitfähigkeit hartphasenhaltiger Werkstückstoffe zu befürchten. Darüber hinaus sind auch die Hartphasen selbst, als verformungsärmster Gefügebestandteil, Ausgangspunkt für Risse und Ausbrüche, die die erzielbare Oberflächengüte reduzieren.

Da derartige Werkstoffreaktionen von Werkstoff- und Verfahrensparametern abhängen, werden in einigen Stichversuchen verschiedene Fe-Basis-Hartlegierungen (Tabelle 1) mit unterschiedlichen Hartphasengehalten durch Flachschleifen mit CBN- und SiC-Schleifscheiben (Tabelle C.3.1) unter Variation wesentlicher Schleifparameter (Zustellung a, Werkstückgeschwindigkeit v_W) bearbeitet. Mit Hilfe metallographischer Untersuchungen und Eigenspannungsmessungen an geschliffenen Oberflächen werden die bearbeitungsbedingten Veränderungen der Oberflächenrandzone untersucht und mit den jeweiligen Schleifbedingungen in Beziehung gebracht. Das Augenmerk liegt dabei auf der speziellen Rolle der einzelnen Gefügebestandteile, um allgemeinere Aussagen über die Schleifbarkeit von Hartlegierungen und -verbundwerkstoffen ableiten zu können.

Tabelle C.3.1 Eigenschaften der Schleifstoffe und Spezifikation der Versuchsschleifscheiben

Schleifstoff	Siliziumkarbid	kubisches Bornitrid
Abkürzung	SiC	CBN
physikalische Eigenschaften thermische Leitfähigkeit [W/mK]	42–55	200–700
Spezifikationen der Versuchsschleifscheiben mittlere Korngröße [µm]	208	214
Bindung	keramisch	keramisch
Konzentration	Kornvolumen	Kornvolumen
(Schleifmittelanteil / cm³)	≈53 % Bindungsvolumen ≈12 % Porenvolumen ≈35%	≈24 %
Abmessungen ($\varnothing_{Scheibe}$ x B x $\varnothing_{Bohrung}$)	300 x 50 x 76	300 x 15 x 76
Herstellerbezeichnung	SC 60 3/4	2 B 252 - M6 V 240

Im Anschluß an das Schleifen soll in diesem Kapitel auch das Wasser-Abrasiv-Strahlschneiden angesprochen werden, da dieses Verfahren unter dem Begriff Strahlspanen nach DIN 8589 zu den Bearbeitungsverfahren mit geometrisch unbestimmter Schneide gehört.

C.3.1
Abtragmechanismus

Im Gegensatz zum Drehen wird der Materialabtrag beim Schleifen nicht durch eine geometrisch bestimmte Schneide herbeigeführt, sondern durch eine Vielzahl regellos geformter, in die Bindephase eingebetteter Hartstoffkörner hervorgerufen [C.3.1]. Die Eingriffsverhältnisse der einzelnen Schleifkörner hängen von der Kornform und -anordnung, den Bewegungsverhältnissen sowie den geometrischen Werkzeug- und Werkstückbedingungen ab. Die kinematischen Bedingungen der Einzelkontakte sind in integraler Wirkung verantwortlich für die sich einstellende Schnittkraft, die Temperatur und damit auch für die Oberflächenbeschaffenheit sowie den Zustand der Werkstückrandzone. An jedem Einzelkorn findet der Energieumsatz dem Drehen entsprechend (vergl. Bild C.2.9) in der Scherzone (1), auf der Spanfläche (2) und auf der der Freifläche entsprechenden Verschleißfläche (3) statt (Bild C.3.1).

Mit Eintritt eines Schleifkorns in den Werkstückstoff wird dieser zunächst elastisch, im weiteren infolge steigender Reibungswärme und sinkender Fließgrenze plastisch verformt. Durch Verdrängen des Materials in der Deformationszone (I) entstehen Furchen mit Aufwerfungen an den Furchenrändern, ohne daß Werkstoff durch Spanbildung abgetragen wird (spanbildungslose Kontaktphase). Mit zunehmender Eingriffslänge dringt das Schleifkorn tiefer in das

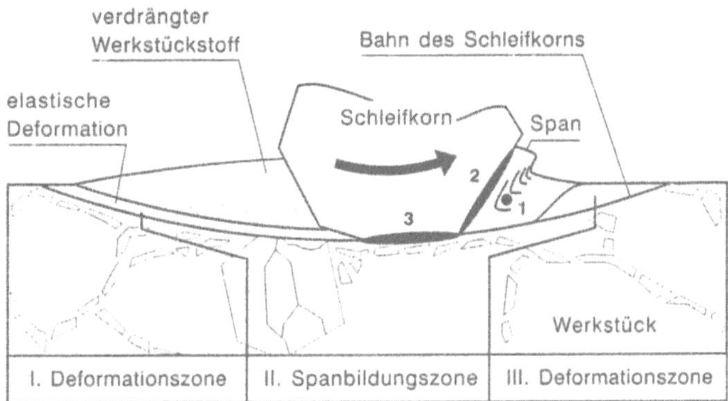

Bild C.3.1 Prozeßzonen des Schleifens

Werkstück ein, so daß es zur Scherung und Spanbildung (Spanbildungszone II) aufgrund der in Abschn. C.2.3.1 ausführlich beschriebenen Mechanismen kommt. In der Austrittsphase verringert sich die Eindringtiefe des Korns wieder, wobei ein Übergang in plastische und im weiteren elastische Verformung ohne Spanbildung zu beobachten ist (Deformationszone III) [C.3.2–C.3.5].

Die eingebrachte mechanische Energie wird in den Wirkzonen durch plastische Verformung und Reibung in Wärme umgesetzt. Verglichen mit dem Drehen wird beim Schleifen eine deutlich höhere Temperatur erzeugt, weil sowohl die Zahl der Reibkontakte als auch die Relativgeschwindigkeit der Reibflächen größer ist. Da zudem das Spanvolumen geringer als beim Drehen ist, fließt der größte Teil der Wärme in das Werkstück, wenn kein Kühlschmierstoff eingesetzt wird [C.3.6].

Die im Schleifprozeß umgesetzte Energie ergibt sich aus der Zahl der aktiven, gleichzeitig im Eingriff befindlichen Schneiden und ist als Schleifleistung aus der werkzeugbezogenen Komponente der Schnittkraft F_c und der Scheibenumfangsgeschwindigkeit v_c bestimmbar:

$$P_c = F_c \cdot v_c \quad [\mathrm{W}] \tag{C.3.1}$$

Die hier variierten Verfahrensparameter sind Bild C.3.2 zu entnehmen.

Zur Bewertung der Abtragleistung ist die volumenbezogene spezifische Schleifenergie e_{sch} von Interesse, die eine Art Werkstoffkennwert darstellt. Sie kann allgemein aus dem Quotienten der jeweils auf die Eingriffsbreite bezogenen Werte für Schleifleistung (P_c') und Zeitspanvolumen (Q'_w) berechnet werden [C.3.7]:

$$e_{sch} = \frac{P_c'}{Q_w'} = \frac{P_c'}{a \cdot v_w} \quad \left[\frac{\mathrm{J}}{\mathrm{mm}^3}\right] \tag{C.3.2}$$

Zum Verständnis des Abtragvorganges beim Schleifen von Hartlegierungen trägt die experimentelle Simulation des Einzelkornabtrags durch Mikrowarmritzversuche (s. Abschn. A.3.1.2) bei. Während beim Drehen mit einer Furchenbreite im Millimeterbereich mehrere Gefügebestandteile gleichzeitig gespant werden, erzeugt ein einzelnes Schleifkorn lediglich einen Furchenquerschnitt A_v, der in der Regel eine Größenordnung kleiner als die Phasengröße ist. Die Vorgänge bei der Spanbildung können deshalb aufgrund der geometrischen Ähnlichkeit anhand von Mikroritzversuchen untersucht werden, da die spezifische Ritzenergie $e_s = F_c/A_v$ den Widerstand einzelner Phasen gegen furchende Beanspruchung beschreibt. In Kap. A.3 wurde gezeigt, daß die Ritzenergie der Hartphasen im gesamten Temperaturbereich deutlich höher liegt als die der metallischen Matrix. Dabei fällt die Temperaturabhängigkeit bei den Hartphasen wesentlich geringer aus als bei der Metallmatrix, deren Ritzenergie aufgrund von Entfestigungsvorgängen mit der Temperatur stark abnimmt. Die Übertragung dieser Zusammenhänge auf das Schleifen liefert für die spezifische Schleifenergie eine klare Abhängigkeit vom Gehalt an harten Phasen (Bild C.3.3), die von der Legierung FeCr12C2.1 über FeCr13Nb9MoTiC2.3 zu FeCr14Mo5WVC4.2 zunimmt. Trotz der Unterschiede zwischen Ritz- und Schleifgeschwindigkeit,

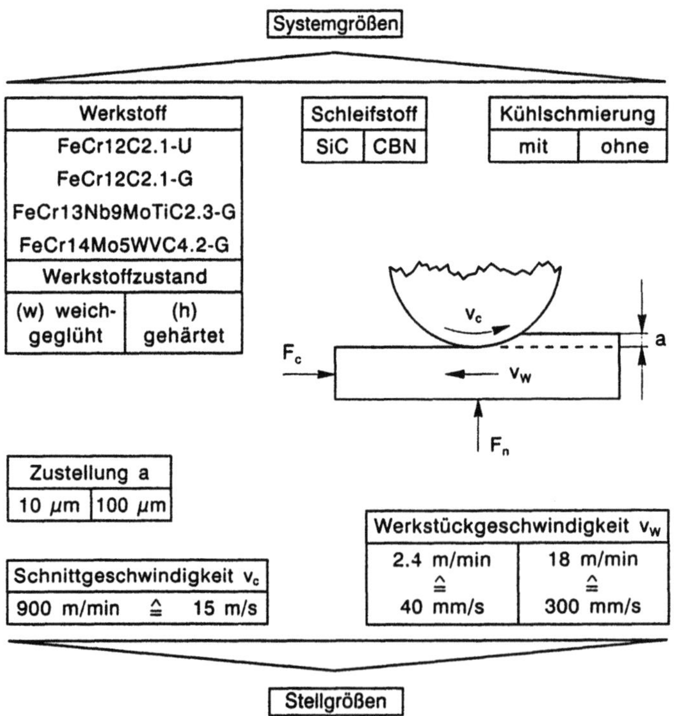

Bild C.3.2 Verfahrensparameter beim Planschleifen ausgesuchter Fe-Basis-Hartlegierungen

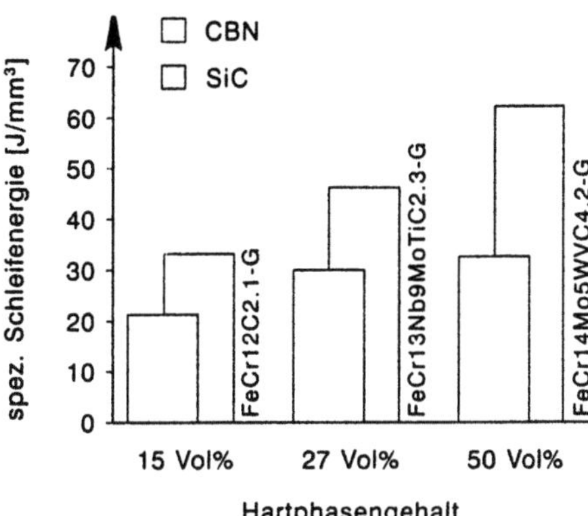

Bild C.3.3 Abhängigkeit der spezifischen Schleifenergie vom Hartphasengehalt

zwischen geometrisch bestimmter Form des Indenters und der geometrisch unbestimmten Form der Schleifkörner liegt die spezifische Schleifenergie im Falle scharfkantiger Körner (CBN) in einer Größenordnung mit der spezifischen Ritzenergie der genannten Legierungen. Letztere kann zwar im Mikroritzversuch nicht integral gemessen werden, dürfte aber entsprechend der Bilder A.3.10 und A.3.14 zwischen den Hartphasen und der Metallmatrix im Bereich 15–25 J/mm³ liegen.

Die unterschiedlichen Schleifenergien von SiC und CBN können auf die jeweiligen Kornverschleißmechanismen zurückgeführt werden. Infolge der hohen Warmhärte der Hartphasen im Werkstückstoff stumpfen die SiC-Schleifkörner bereits nach kurzer Schleifzeit ab und zeigen häufiger Kornanflächungen als die sehr viel härteren und scharfkantig brechenden CBN-Partikel. Es muß deshalb davon ausgegangen werden, daß beim Schleifen mit SiC ein größerer Teil der eingebrachten Energie in Reibarbeit umgesetzt wird, was auch für die Randzonenveränderung Konsequenzen hat.

Der Grad der thermischen Werkstückbeeinflussung hängt mit der Leistungsintensität P_{ct}'' zusammen, die aus dem Quotienten der bezogenen Schleifleistung P_c' und der Werkstückgeschwindigkeit v_w berechnet werden kann:

$$P_{ct}'' = \frac{P_c'}{v_w} \quad \left[\frac{J}{mm^2}\right] \qquad (C.3.3)$$

Sie ergibt sich aus der Leistung, die über einem mit der Vorschubgeschwindigkeit v_w bewegten Werkstückelement umgesetzt wird und die unter anderem dafür verantwortlich ist, daß die Randzone thermisch beeinflußt wird.

Einen wichtigen Beitrag zur Klärung der Wechselwirkungen zwischen Werkstück und Werkzeug leisten auch die Zerspankräfte. Sie geben Aufschluß über den Einfluß des Schleifscheibentyps bzw. über die Rolle der Hartphasen im Schleifprozeß (Bild C.3.4). In diesen Darstellungen ist die auf die Scheibenbrei-

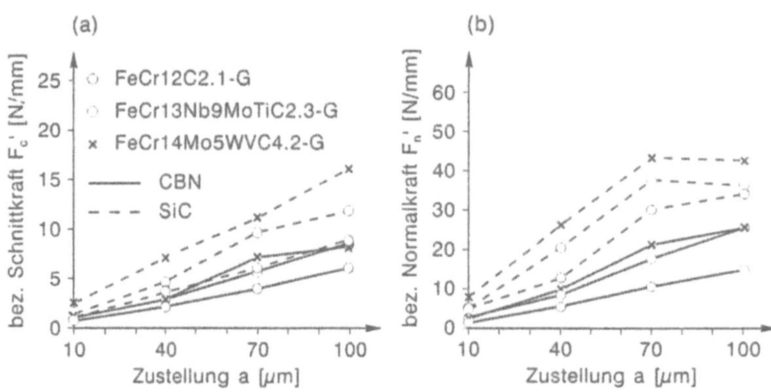

Bild C.3.4 Einfluß von Schleifscheibentyp und Hartphasen auf die Zerspankräfte

te bezogene Schnitt- und Normalkraft über der Zustellung a aufgetragen. Der Normalkraftverlauf zeigt Parallelen zu den aus dem Drehversuch gewonnenen Ergebnissen. Zum einen steigt die bezogene Normalkraft beim Schleifen (wie die Passivkraft beim Drehen) mit der Zustellung an, zum anderen ist sie deutlich größer als die Schnittkraft. Die hohe Härte der Hartphasen bietet dem Schleifpartikel einen größeren Widerstand, so daß die Normalkraft mit dem Hartphasengehalt zunimmt.

C.3.2
Randzonenbeeinflussung (Surface Integrity)

Wie die Kräfte und Energien hängen Art und Ausdehnung der Randzonenveränderung ebenfalls von den Stell- und Systemgrößen ab und ergeben sich als Folge der Wechselwirkung zwischen den Gefügebestandteilen des Werkstückstoffes und den Schleifpartikeln.

C.3.2.1
Metallmatrix

Über den Grad der Oberflächenveränderungen können Mikrohärteprofile in der Metallmatrix Aufschluß geben. Das Spektrum der möglichen Randzonenveränderungen wird anhand von Mikrohärteverläufen unter Variation der Stellgrößen Zustellung a und Werkstückgeschwindigkeit v_W am Beispiel der Fe-Basislegierung FeCr12C2.1 im weichgeglühten und gehärteten Zustand beim Trockenschliff mit SiC offenbar (Bild C.3.5). Die Randzonentemperatur wird maximal, wenn sowohl eine hohe Zustellung (hohe Normalkraft) als auch eine langsame Werkstückgeschwindigkeit gewählt wird. Bei dieser Parameterkonstellation ist auch die Leistungsintensität P_{ct}'' maximal, so daß die Ac_{1b}-Tempe-

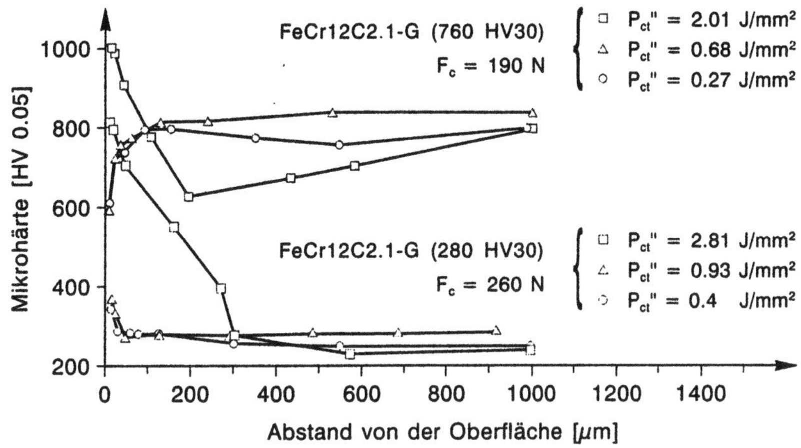

Bild C.3.5 Mikrohärteverläufe der Fe-Basislegierung FeCr12C2.1 unter Variation von Zustellung a und Werkstückgeschwindigkeit v_W im weichgeglühten und gehärteten Zustand beim Trockenschliff mit SiC

ratur nahe der Oberfläche überschritten wird. Dies führt bei der nachfolgenden schnellen Abkühlung im Randbereich zu einer martensitischen Zone mit hoher Härte. Sie wird sowohl bei gehärteter (Neuhärtung) als auch bei weichgeglühter Metallmatrix mit einer Mikrohärte von bis zu 1000 HV0.05 direkt unter der Oberfläche beobachtet. Entsprechend der sich analog zur Wärmeleitung ausbreitenden räumlichen Temperaturfelder werden tieferliegende Werkstoffbereiche von einer kontinuierlich abnehmenden Temperatur erfaßt, wodurch es im Bereich zwischen 200 und 800 µm Tiefe unter der Oberfläche zur Erweichung der gehärteten Metallmatrix durch Anlaßvorgänge kommt. Gemäß der Neuhärtezone stellt sich auch der Verlauf der Eigenspannungen in der Metallmatrix über dem Abstand von der Oberfläche dar. Die Martensitbildung an der Oberfläche ist verbunden mit einer Volumenzunahme, die sich vergleichbar mit der Randschichthärtung in einer schmalen druckeigenspannungsbehafteten Randzone niederschlägt. Da sowohl die weichgeglühte als auch die gehärtete Metallmatrix eine martensitische Umwandlung erfährt, werden in beiden Fällen Druckeigenspannungen gemessen, ein Effekt, den man mit Blick auf die Dauerfestigkeit zyklisch beanspruchter Teile u.U. gezielt einsetzen kann [C.3.8].

Durch die Erhöhung der Werkstückgeschwindigkeit sinkt die Leistungsintensität $P_{ct}"$ und die Aufhärtung bleibt aus. Die weichgeglühte Metallmatrix zeigt eine leichte Verfestigung, deren Einwirkungstiefe von 50 µm mit dem metallographischen Befund der Tiefe plastischer Verformung übereinstimmt.

Die Neuhärtezone wird ebenso durch den Einsatz von Kühlschmiermittel vermieden (Bild C.3.6). Ein großer Teil der generierten Wärme wird mit dem Kühlschmierstoff abgeführt, so daß lediglich Anlaßvorgänge (Erholungs-, Rekristallisations- und vor allem Ausscheidungsvorgänge) im Martensit auftreten, die ein

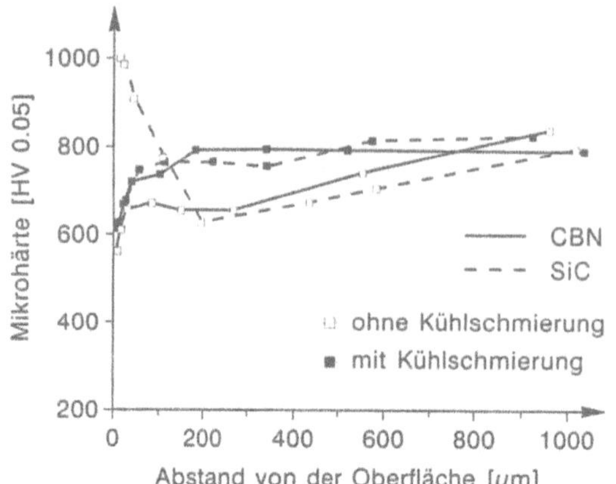

Bild C.3.6 Einfluß der Schleifbedingungen auf die Randzonenbeeinflussung bei der Legierung FeCr12C2.1-G

Absinken der Härte in Oberflächennähe bewirken. Bei Einsatz einer CBN-Scheibe bleibt die Neuhärtezone ebenfalls aus. Mit zunehmender Annäherung an die Oberfläche fällt die Mikrohärte der gehärteten Metallmatrix, verursacht durch Anlaßvorgänge, von Kernhärte kontinuierlich ab. Der sich daran anschließende steile Härteabfall in Oberflächennähe kann mit einem steilen Temperaturgradienten in Verbindung gebracht werden.

Die Unterschiede zwischen CBN- und SiC-Scheiben sind im bereits angesprochenen Kornverschleiß des Schleifkorns, vor allem aber auch in der Wärmeleitfähigkeit des Schleifstoffes CBN begründet (Tabelle C.3.1). Beim Schleifen hartphasenhaltiger Werkstoffe kommt es zum Verschleiß des SiC-Korns durch Kornabstumpfung bzw. -anflächung, da die Härte von SiC im Bereich der Hartphasenhärte liegt (s. Bild A.2.1). Folglich steigen die Schnitt- und Normalkraft, so daß die generierte Reibungswärme zunimmt. Letztere kann aufgrund der schlechteren Wärmeleitfähigkeit des SiC nur unzureichend aus der Kontaktzone abgeführt werden, so daß der größte Vorteil des CBN-Schneidstoffes in der sehr viel höheren Leitfähigkeit zu sehen ist. Darüber hinaus trägt die rasche Wärmeableitung zur hohen Verschleißbeständigkeit der Schneidspitze des CBN-Kornes bei, deren Warmhärte ohnehin höher ist als die des SiC.

C.3.2.2

Hartphasen

Die möglichen Reaktionen der Hartphasen auf die mechanische und thermische Beanspruchung können anhand der extremen Bedingungen beim Schleifen mit SiC ohne Kühlschmierstoff dargestellt werden. Am Beispiel der weichgeglühten Legierung FeCr12C2.1 wird die starke plastische Verformung der Metallmatrix sowie der Bruch der eutektischen M_7C_3-Karbide in Bild C.3.7a,b deutlich. Auch in anderen Legierungen (FeCr13Nb9MoTiC2.3-G,

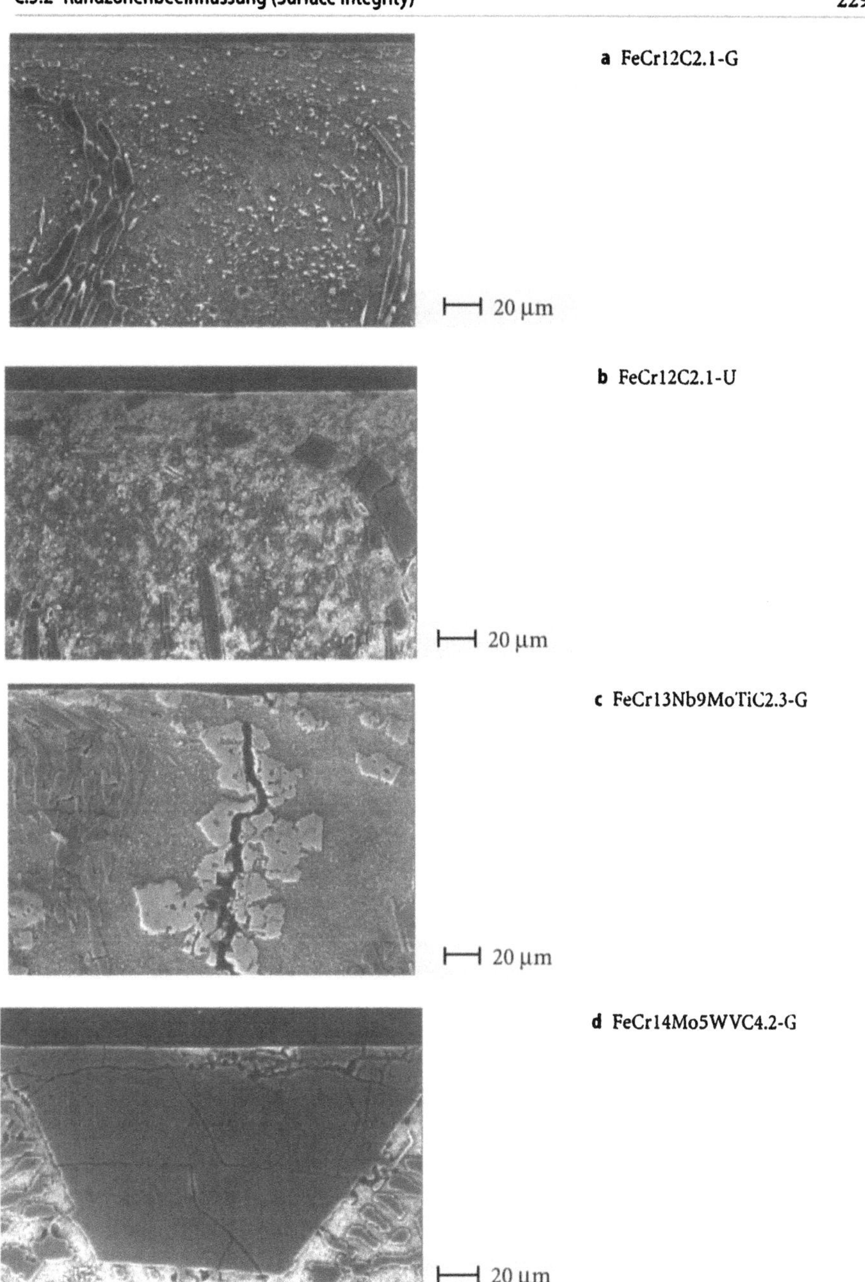

Bild C.3.7 Hartphasenschädigung in der Randzone von Fe-Basis Hartlegierungen beim Schleifen mit SiC ohne Kühlschmierstoff

FeCr14Mo5WVC4.2-G) werden in unmittelbarer Oberflächennähe gebrochene primäre NbC-Karbide bzw. M_7C_3-Karbide gefunden (Bild C.3.7c,d). Obwohl die Randzonentemperatur bei den hier gewählten Parametern deutlich höher ist als beim Drehen, bleibt eine nennenswerte Verformung der Karbide aus. Der Grund dafür sind die viel kleineren Druckspannungszonen vor den einzelnen Schneiden, so daß es allenfalls zu Mikroplastizität unter und neben einer Furche kommt.

Die in den groben M_7C_3-Karbiden häufig beobachteten Risse (Bild C.3.7d) lassen darüber hinaus die Vermutung zu, daß auch die schnellen Temperaturwechsel beim Aufheizen und Abkühlen mit großem ΔT zur Schädigung der Hartphasen beitragen. Neben den Mikrorissen, die sich nur auf einzelne Phasen erstrecken, werden besonders bei martensitischer Metallmatrix größere von der Oberfläche ins Material hineinlaufende Makrorisse gefunden. Das Auftreten solcher Makrorisse ist aus der Literatur vom Schleifen harter Stähle bekannt. Sie entstehen durch lokale und schnelle Erwärmung einer Oberfläche, in der es infolge der Wärmeausdehnung zur Kompression des erwärmten Volumens kommt. Dabei wird die von der Temperatur abhängige Fließgrenze örtlich überschritten. Bei der nachfolgenden Abkühlung muß das kontrahierende Material mit abnehmender Temperatur gegen eine schnell wiederansteigende Fließgrenze arbeiten, so daß es parallel zur Oberfläche zu ebenen Zugeigenspannungen und Rissen kommt. In den Hartlegierungen entstehen sie entweder durch Aufreißen des eutektischen Netzwerkes infolge der geringen Duktilität oder bilden sich aus Mikrorissen in den thermisch geschädigten Hartphasen. Die Ausbreitung erfolgt bevorzugt durch Spaltung von Hartphasen oder Aufreißen der Grenzflächen zwischen Hartphase und Metallmatrix, da hier die Rißausbreitungsenergie (Bruchzähigkeit) deutlich niedriger ist als in der Metallmatrix.

Die Makrorisse werden auch dann beobachtet, wenn mittels Eigenspannungsmessungen Druckspannungen gemessen werden. Dies erklärt sich durch den Umstand, daß die Risse beim Abkühlen durch Zugspannungen entstehen, bevor die martensitische Umwandlung und die damit verbundene Bildung von Druckeigenspannungen beginnt.

Die beschriebenen Schädigungsmechanismen werden auch in der Betrachtung der Oberflächentopographie offenbar. Entsprechend dem Abtrag durch einzelne Schleifkörner besteht die Oberfläche aus nebeneinanderliegenden Furchen oder Riefen, deren Breite und Tiefe die Oberflächenrauheit ausmachen (Bild C.3.8). Während beim Trockenschleifen mit Siliziumkarbid sowohl weichgeglühte als auch gehärtete Metallmatrizes Schleifrisse aufweisen, bleiben mit CBN geschliffene Legierungen mit weichgeglühter Metallmatrix rißfrei. Aufgrund der hohen Wärmeleitfähigkeit des CBN kann dies sogar bei Werkstoffen mit martensitischer Metallmatrix erreicht werden (Bild C.3.8d). Wird dagegen zusätzlich Kühlschmierstoff eingesetzt, so sorgt die schroffe Abkühlung für das Auftreten von Schleifrissen, so daß der Trockenschliff mit CBN vorzuziehen ist.

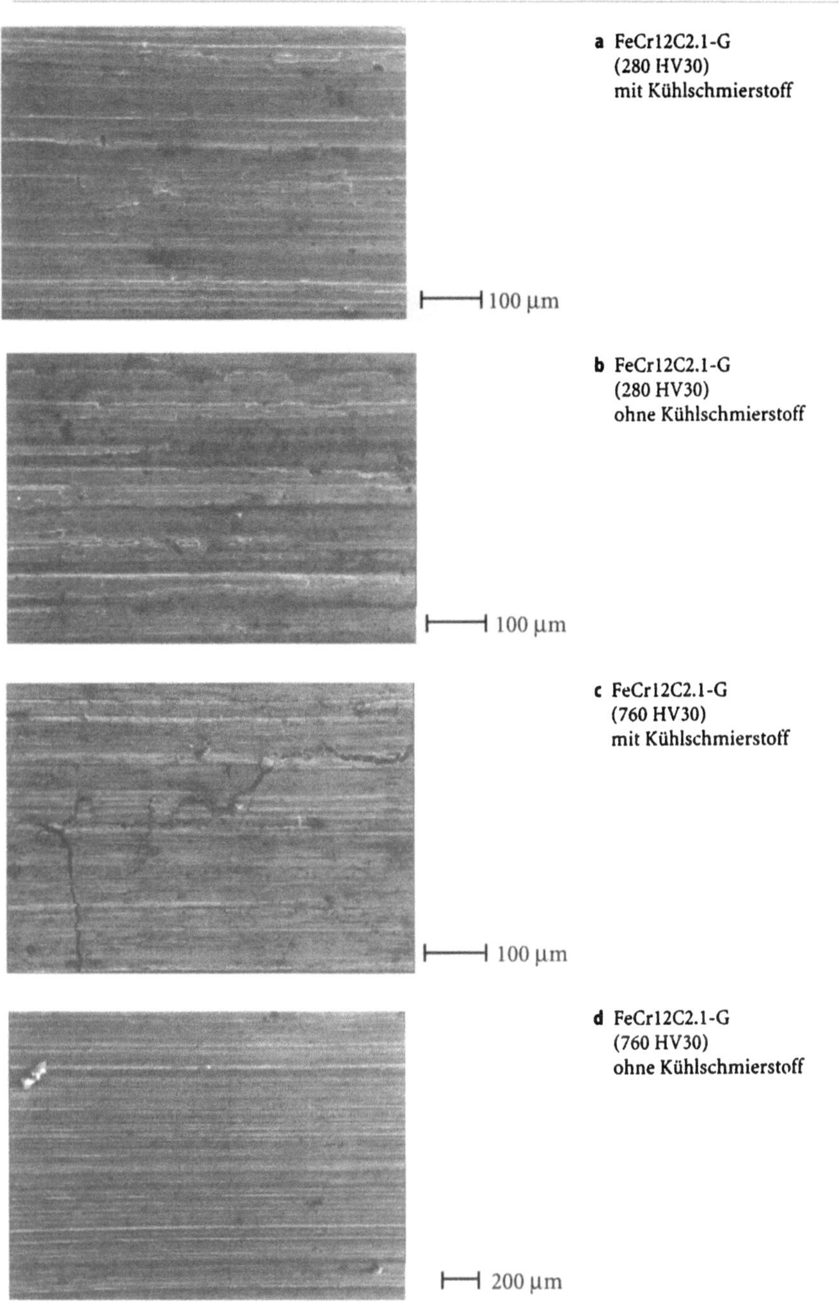

Bild C.3.8 Geschliffene Oberfläche von weichgeglühten und gehärteten Fe-Basislegierungen

C.3.3

Wasser-Abrasiv-Strahlschneiden

C.3.3.1

Schneidversuche

Das Wasser-Abrasiv-Strahlschneiden ist ein neues Trennverfahren, das seit kurzem zum formgenauen Schneiden harter Werkstoffe eingesetzt wird. Aus diesem Grund sind im Rahmen der vorliegenden Untersuchung auch Schneidversuche an Hartlegierungen durchgeführt worden.

Bei diesem Verfahren wird ein Hochdruck-Wasserstrahl von 3000 bar in einem Mischkopf mit Abrasivkörnern (Korund, Korngröße 250 bis 500 μm) versetzt und durch ein Fokusrohr (Durchmesser 1.0 mm) fokussiert (Bild C.3.9).

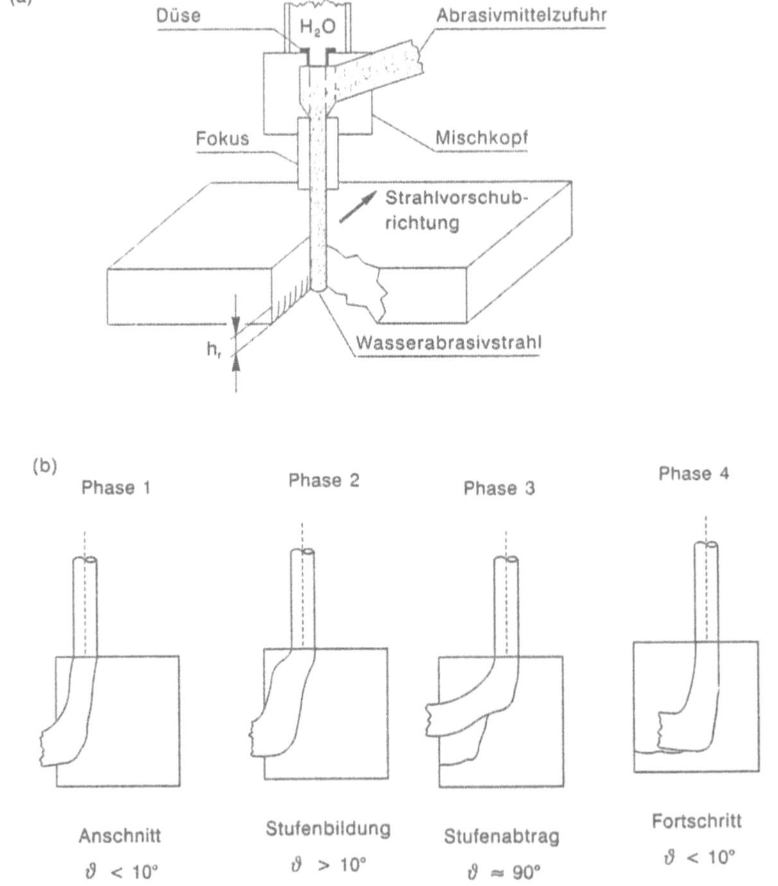

Bild C.3.9 Schematischer Versuchsaufbau und makroskopischer Abtragvorgang beim Wasser-Abrasiv-Strahlschneiden

Neben Schnittversuchen unter Variation der Vorschubgeschwindigkeit (10–30 mm/min) wurden, um die Wechselwirkungen zwischen dem abrasiv beladenen Wasserstrahl und den Gefügebestandteilen anhand von Einzeleinschlägen betrachten zu können, zusätzlich polierte Proben mit einem auf 1000 bar abgesenkten Strahldruck und maximalem Vorschub von 12 m/min überfahren. Anhand der so erzeugten Einschlagspuren ist es möglich, die speziellen Abtragmechanismen in verschiedenen Stadien (Einzeleinschlag im Randbereich, Mehrfacheinschläge in der Spur) näher zu betrachten.

C.3.3.2

Abtragmechanismus

Das Schneiden mit Hochdruckabrasivstrahlen kann als Folgeentwicklung des industriell bereits etablierten Hochdruckwasserstrahlschneidens angesehen werden [C.3.9]. Während beim Wasserstrahlschneiden die erosive Wirkung des Fluids die prozeßbestimmende Größe darstellt, dient der Wasserstrahl bei Abrasivbeladung nur noch zur Beschleunigung der zugemischten Feststoffpartikel. Der Abtrag erfolgt nahezu ausschließlich durch den Einschlag der Partikel, so daß Mikromechanismen zum Tragen kommen, die auch beim Strahlverschleiß mit Partikeln im Gasstrom auftreten. Es ist deshalb sinnvoll, den gewollten Abtrag mit den in DIN 50320 beschriebenen Mechanismen des ungewollten Verschleißes zu beschreiben.

Nach [C.3.10] geschieht der Materialabtrag durch einen sich stetig wiederholenden Prozeßzyklus, wie er in Bild C.3.9 dargestellt ist. Ausgehend von einer entgegen der Vorschubrichtung gekrümmten Schnittfront in Phase 1 sinkt die lokale Abtragrate mit zunehmender Schnittiefe bei konstantem Vorschub in Phase 2 immer weiter ab. Dadurch wird der Strahl abgelenkt, wobei die Feststoffpartikel der Umlenkung des Trägerstrahls nicht folgen können, so daß eine Entmischung des Strahles auftritt. Auf diese Weise kommt es zur Konzentration von Partikeleinschlägen in einem kleinen Abschnitt der Schnittfront und zur Stufenbildung, bei der der Partikelstrahl in Phase 3 nahezu senkrecht auf die Stufe auftrifft. Während der Materialabtrag in der ersten Phase überwiegend durch Strahlverschleiß unter flachen Winkeln (Gleitstrahlverschleiß) vonstatten geht, ist der Abtragprozeß in Stufe 3 als Prallstrahlverschleiß mit Auftreffwinkeln um 90° gegeben. Durch senkrechten Partikeleinschlag wird die Stufe in das Werkstück hineingetrieben, bis die Probe durchgeschnitten ist oder die Energie der aufprallenden Partikel nicht mehr ausreicht, einen Materialabtrag hervorzurufen.

Die mikroskopischen Abtragmechanismen sind ähnlich den beim Strahlverschleiß wirkenden Interaktionen zwischen Feststoffpartikel und Werkstückoberfläche [C.3.11]. Bei flachen Angriffswinkeln (auf den Seitenflächen des Schnittes) geschieht der Materialabtrag infolge Furchung und der damit verbundenen Spanbildung, ähnlich den Vorgängen beim Mikroritzen (Abschn. A.3.1.2). Das senkrechte Auftreffen der abrasiven Teilchen führt in erster Linie zu Materialabtrag durch Oberflächenzerrüttung. Während bei duktilen Werk-

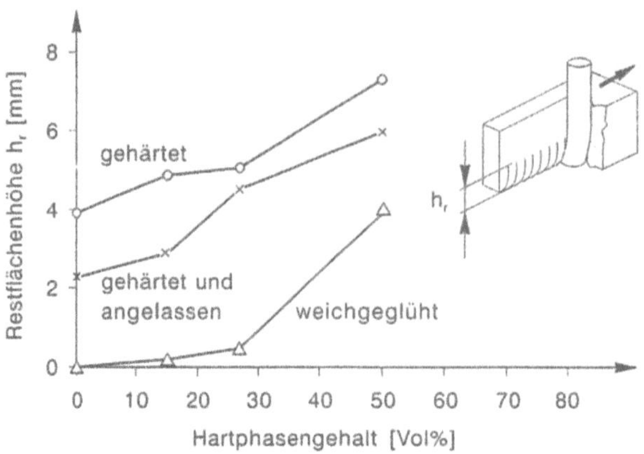

Bild C.3.10 Restflächenhöhe über dem Gehalt an harten Phasen in Abhängigkeit von der Wärmebehandlung hartphasenhaltiger Fe-Basislegierungen

stoffen Materialaufwerfungen in Form von überhängenden Lippen am Kraterrand des Einschlages beobachtet werden können, reagieren spröde Werkstückstoffe mit Rißbildung unterhalb des Einschlages. In beiden Fällen wird der Abtrag durch das wiederholte Auftreffen von Partikeln hervorgerufen, die die Oberfläche zerrütten.

Der Abtragwiderstand der Hartlegierungen soll anhand des typischen Aussehens der Schnittfläche beschrieben werden. Die mit abnehmender Strahlenergie durch Riefenbildung auf der Schnittfläche deutlich erkennbare Strahlablenkung kann als Charakteristikum für die unter konstanten Schnittbedingungen erzeugten Schnittflächen angesehen werden. Entsprechend der Strahlablenkung kann die Höhe h_r der durch ihre wellenartige Struktur gekennzeichneten Restfläche (Bild C.3.10) gemessen werden. Die Restfläche ist um so größer, je größer der Abtragwiderstand des Werkstoffes ist. Sie nimmt bei den Hartlegierungen in erster Näherung mit der Makrohärte zu. Eine bessere Korrelation als mit der Makrohärte wird zwischen der Restfläche und gefügespezifischen Merkmalen gefunden. Wie Bild C.3.10 zeigt, hängt das Schneidergebnis bei den hartphasenhaltigen Fe-Basis-Legierungen in erster Linie vom Wärmebehandlungszustand der Metallmatrix, aber auch vom Hartphasengehalt ab. Die Erklärung hierfür ist in den Wechselwirkungen zwischen den abrasiven Teilchen und Gefügebestandteilen zu suchen.

C.3.3.3

Phänomenologische Untersuchung des Einzeleinschlags

Entsprechend dem makroskopisch ablaufenden Trennvorgang in Bild C.3.9 setzt sich der Werkstoffabtrag aus Gleit- und Prallstrahlverschleißanteilen zusammen.

Die Untersuchung der seitlichen Flächen des Schnittes zeigt für alle Werkstoffe typische Furchen. Sie entstehen durch die unter flachen Winkeln auftreffenden

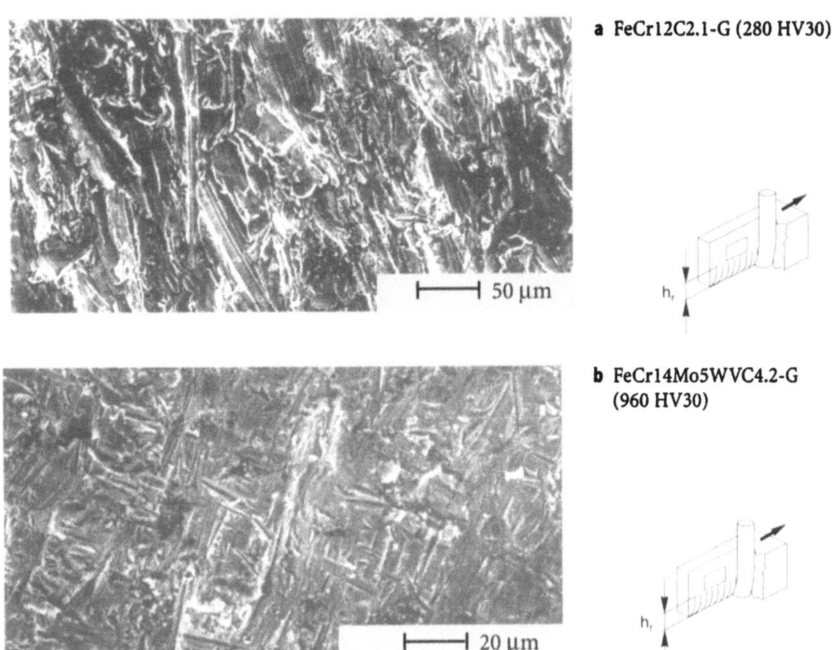

Bild C.3.11 Oberflächentopographie der Schnittfläche beim Wasser-Abrasiv-Strahlschneiden von Fe-Basislegierungen

Feststoffpartikel und zeigen damit an, daß der Hauptabtragmechanismus Abrasion ist. Die hier wirkenden Mikromechanismen (Mikrofurchen, -spanen und -brechen) zeigen Parallelen zu den Vorgängen beim Furchungsverschleiß, die in den Abschnitten A.3.1.2 und B.1.1.1 auch durch experimentelle Simulationen ausführlich beschrieben sind. Aufgrund der hohen Ritzenergie der Hartphasen (Bild A.3.14) ist deren Furchung erschwert, so daß der Abtragwiderstand der Legierung mit steigendem Hartphasengehalt zunimmt. Wie beim Schleifen spielt die Härte der Metallmatrix eine besondere Rolle. In die weichgeglühte Metallmatrix können die Abrasivpartikel tief eindringen und durch große Furchen einen gegenüber gehärteten Metallmatrixlegierungen erhöhten Werkstoffabtrag hervorrufen. Anhand der Topographie der Schnittflächen in Bild C.3.11 wird deutlich, daß die Furchen im Falle der Legierung FeCr14Mo5WVC4.2 im gehärteten Zustand sehr viel kleiner sind als bei der weichgeglühten Legierung FeCr12C2.1, was sowohl auf die Matrixhärte als auch auf den Hartphasengehalt zurückgeführt werden kann.

Die Randzonenanalyse der Schnittflächen (Bild C.3.12) zeigt am Beispiel der genannten Legierungen, daß der Abtrag ohne nennenswerte plastische Verformung durch Mikrospanen (geringe Anteile von Mikrobrechen in den Hartphasen) erfolgt. Thermisch bedingte Oberflächenveränderungen, wie sie beim Drehen und Schleifen beobachtet wurden, treten hier nicht auf, weil der Wasserstrahl die Verformungswärme abführt.

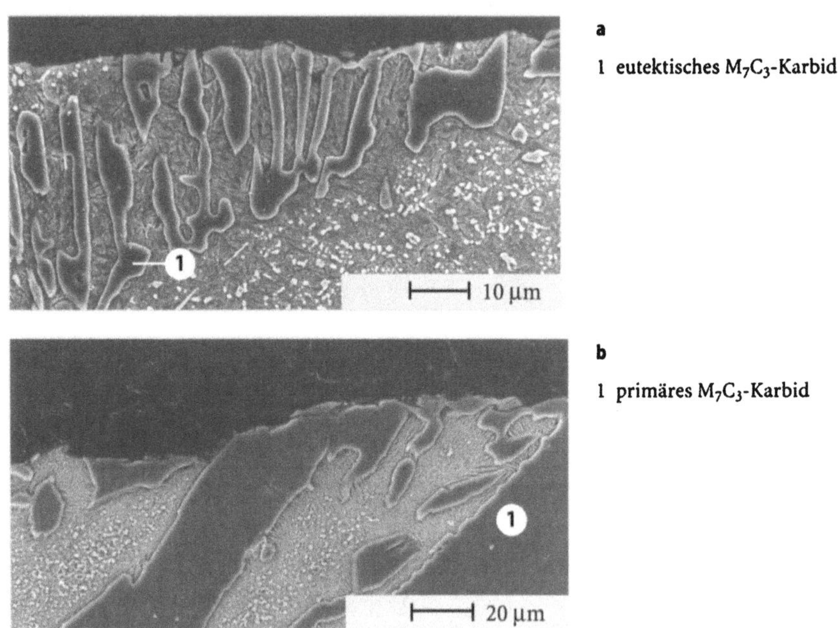

Bild C.3.12 Schnittflächenrandzone von Fe-Basislegierungen nach Bearbeitung mit abrasivbeladenem Wasserstrahl

Der durch den überwiegend senkrechten Partikeleinschlag verursachte Materialabtrag kann anhand der eingangs erwähnten, auf der Probenoberfläche erzeugten Spuren betrachtet werden. Er tritt beim Schneiden auf, wenn der Anschnitt ins Volle erfolgt und wenn sich in der Phase 3 des Schnittvorgangs eine Stufe gebildet hat (Bild C.3.9). Die Wechselwirkungen zwischen den Feststoffpartikeln und den Gefügebestandteilen, vom Einzel- bis zum Mehrfacheinschlag, lassen sich anhand der Strahlspuren im Rand- und im Mittenbereich erkennen. Bild C.3.13 zeigt die Oberfläche der Legierung FeCr14Mo5WVC4.2 am Rand der Strahlspur. Es sind bis zu 150 µm große Einschlagkrater zu erkennen, die von den im Mischkopf kantig gebrochenen Abrasivpartikeln stammen. In dem stärker beaufschlagten Bereich (linke obere Bildecke) ragt ein primäres M₇C₃-Karbid hinein, das deutlich kleinere Einschlagkrater einschließlich kleiner Mikrorisse aufweist. Offensichtlich verzögern die Karbide zunächst den Abtrag, da ihre Härte deutlich höher ist als die der anderen Gefügebestandteile. Anhand der Aufwerfungen und Verformungen in und um einen Einschlagkrater wird deutlich, daß die Metallmatrix sowie die eutektischen Hartphasen durch Mikroermüden abgetragen werden. Mit Auftreffen des abrasiven Partikels auf die Oberfläche wird diese unter dem Partikel plastisch verformt, so daß es zu Aufwerfungen und Lippenbildung am Kraterrand kommt. Der Werkstoffabtrag erfolgt durch wiederholte Einschläge, indem die Aufwerfungen mehrfach plastisch verformt werden. Damit geht eine Kaltverfestigung und Versprödung dieser Bereiche einher, die schließlich aus-

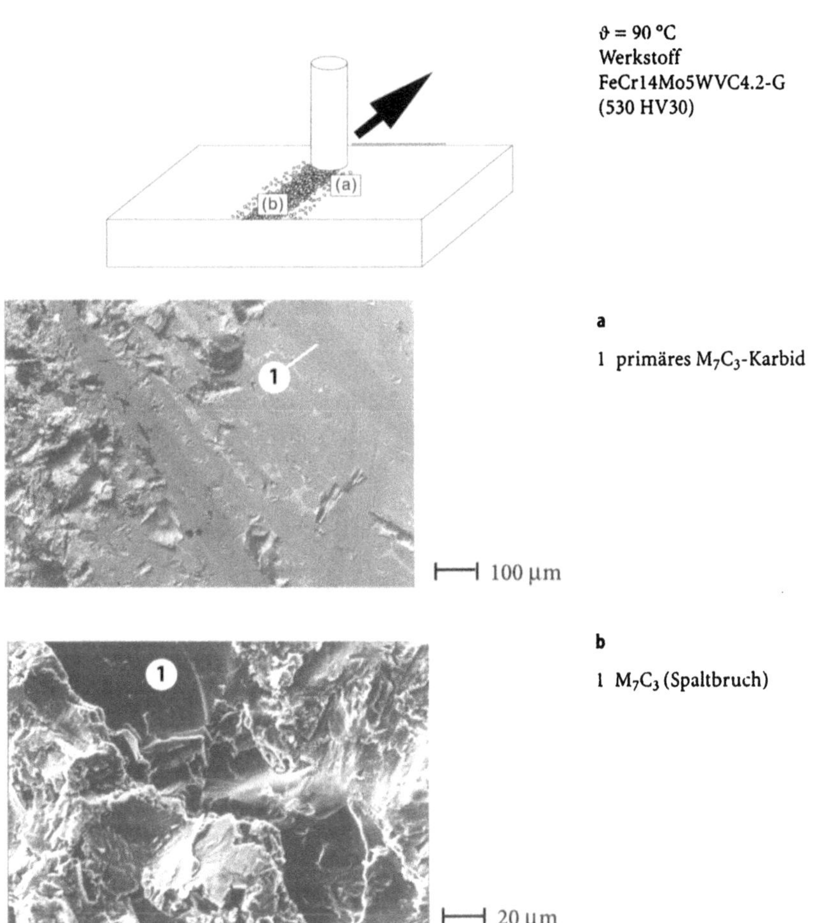

Bild C.3.13 Oberflächentopographie der Fe-Basislegierung FeCr14Mo5WVC4.2-G bei Strahlverschleiß-beanspruchung unter ϑ = 90°, Vorschub 12 m/min

brechen. Die primären Hartphasen dagegen weisen nach einigen Einschlägen zunächst nur kleine Eindrücke, überwiegend aber Ausbrüche auf (Bild C.3.13a). Wenn die Umgebung der zunächst erhaben stehenden primären Hartphasen abgetragen ist, brechen sie bei der Stoßbeanspruchung infolge ihrer geringen Bruchzähigkeit mindestens bis auf die Höhe der abgetragenen Metallmatrix aus, was anhand der Spaltbruchfläche eines M_7C_3-Karbides in Bild C.3.13b deutlich wird.

Der Abtragvorgang bei Prallstrahlbedingungen ist in Bild C.3.14 in einer Schemaskizze der Randzone dargestellt. Demnach werden die duktile und gehärtete Metallmatrix sowie die eutektischen Bereiche durch Mikroermüden, die primären Hartphasen durch Mikrobrechen abgetragen. Aufgrund dieser Wechselwirkungen haben die Hartphasen beim Prallstrahlverschleiß eine abtragbeschleunigende Wirkung, was von Strahlverschleißuntersuchungen

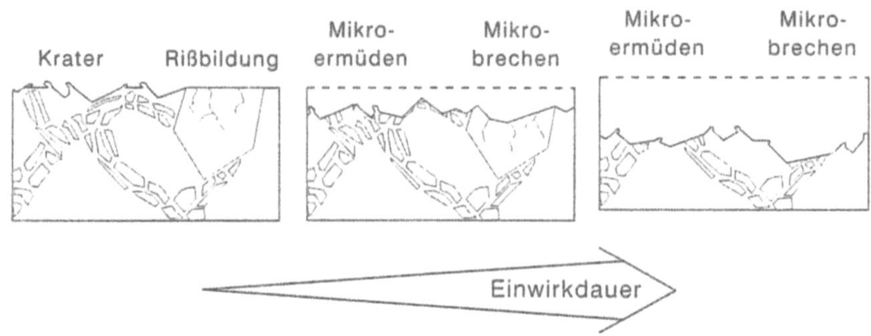

Bild C.3.14 Abtragmechanismen von Hartlegierungen unter Prallverschleißbedingungen (schematisch)

(Partikel im Gasstrahl) an vergleichbaren Legierungen (weiße Gußeisen) her
bekannt ist [C.3.12–C.3.14]. Aus dem in Bild C.3.10 sichtbaren Hartphaseneinfluß kann somit abgeleitet werden, daß die Abrasion mehr zum Abtrag beiträgt
als die Oberflächenzerrüttung unter Prallbedingungen.

Abtragen

IRINA HUCKLENBROICH

In diesem Kapitel wird mit den thermischen und elektrochemischen Abtragverfahren eine weitere Möglichkeit zur Bearbeitung von Hartlegierungen und -verbundwerkstoffen aufgezeigt. Diese Verfahren bieten sich besonders für die Bearbeitung dieser Werkstoffe an, da das Abtragprinzip und somit die Bearbeitbarkeit nicht wie bei den mechanischen Verfahren von den mechanischen, sondern den physikalischen und chemischen Eigenschaften abhängt.

Im folgenden werden Ergebnisse zum thermischen und elektrochemischen Abtragverhalten von Fe-, Ni- und Co-Basislegierungen mit unterschiedlichem Hartphasengehalt, -typ und -größe dargestellt. Die Gefügestruktur der für die Untersuchungen ausgewählten Hartlegierungen wurde bereits in Kap. A.2 ausführlich beschrieben. Metallographische Untersuchungen der bearbeiteten Legierungen geben Aufschluß über die bearbeitungs- und verfahrensbedingten Veränderungen der Oberflächenrandzone, die dann mit den jeweiligen Bearbeitungsparametern in Beziehung gebracht werden können. Das Hauptaugenmerk liegt hierbei auf dem jeweiligen Abtragmechanismus und speziell auf der Rolle der einzelnen Gefügebestandteile (Metallmatrix MM, Hartphase HP). Aus den Ergebnissen lassen sich Hinweise zur Bearbeitbarkeit dieser Werkstoffgruppe durch die abtragenden Verfahren ableiten.

Thermisches Abtragen

Beim thermischen Abtragen wird der Materialabtrag durch die gezielte Einwirkung von Wärme und die Überführung des Werkstoffs in den flüssigen und/oder gasförmigen Zustand erwirkt. Die für diesen Vorgang erforderliche Wärme wird je nach Fertigungsverfahren auf den Werkstoff transferiert oder durch Energieumsetzung am Werkstoff gewonnen [C.4.1, C.4.2]. Für die Bearbeitung verschleißbeständiger, hartstoffhaltiger Legierungen haben in den letzten Jahren insbesondere die Funkenerosion (engl. EDM = Electro-Discharge Machining), das Laserbearbeiten, speziell das Laserschneiden, und das Plasmaschneiden Bedeutung erlangt. Neben diesen schon gängigen Verfahren soll in diesem Kapitel auch die Bearbeitung von Hartlegierungen mit Hilfe des Laserspanens, einem noch relativ neuen Abtragverfahren, untersucht werden. Bei allen Verfahren erfolgt der Abtrag über die schmelzflüssige und teilweise gasförmige Phase, so daß die Oberfläche des bearbeiteten Werkstoffs immer durch aufgeschmolzene und wiedererstarrte Bereiche charakterisiert ist. Der Unterschied besteht lediglich in der Größe des aufgeschmolzenen Volumens (vgl. Bilder A.1.3 und A.2.12), das durch die eingebrachte thermische Energie erzeugt wird.

C.4.1.1

Abtragmechanismen

Im Gegensatz zu den mechanischen Bearbeitungsverfahren wie Drehen und Schleifen wird der Materialabtrag beim thermischen Abtragen nicht durch die mechanischen, sondern die wärmephysikalischen Eigenschaften des Werkstoffs beeinflußt. Zur Bestimmung der Abtragmechanismen bei mehrphasigen Hartlegierungen ist neben der Ermittlung der Abtragrate auch eine Betrachtung des Abtragverhaltens der einzelnen Gefügebestandteile notwendig, da aufgrund der zum Teil großen Unterschiede in den wärmephysikalischen Kennwerten mit einem Abtragverhalten zu rechnen ist, das im Zusammenhang mit dem Hartphasengehalt, der Größe und der Anordnung der Hartphasen steht.

Für die funkenerosive Bearbeitung kann das Abtragverhalten anhand der durch die Gewichtsverluste ermittelten Abtragrate v_A, die in Bild C.4.1a über der Impuls-

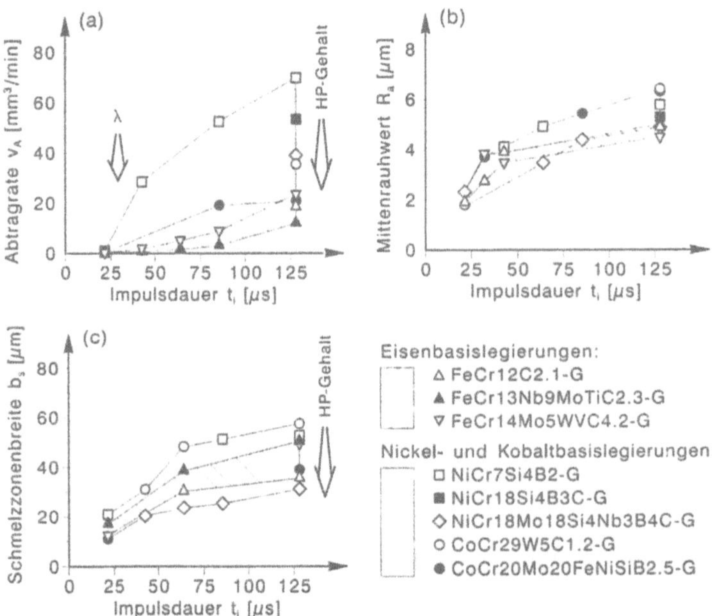

Bild C.4.1 Funkenerosive Bearbeitung: Einfluß der Impulsdauer t_i auf **(a)** Abtragrate v_A, **(b)** Mittenrauhwert R_a und **(c)** max. Schmelzzonenbreite b_s für verschiedene Hartlegierungen und variierenden Hartphasengehalt

dauer aufgetragen ist, betrachtet werden. Die Impulsdauer charakterisiert die je Funkenentladung in den Werkstoff eingebrachte Wärme. Für Fe-, Ni- und Co-Basislegierungen ergibt sich, wie bereits von einphasigen Werkstoffen bekannt [C.4.3, C.4.4], eine Zunahme der Abtragrate mit der Impulsdauer. Ebenfalls wird ein Einfluß der Wärmeleitfähigkeit und des Hartphasengehaltes ersichtlich. Anhand der in Kap. B.4 dargestellten Temperatur- und Wärmeleitfähigkeit kann nachgewiesen werden, daß mit Zunahme der Wärmeleitfähigkeit die Abtragrate sinkt, da die eingebrachte Wärme schneller in den Grundwerkstoff abgeführt wird und sich somit das aufgeschmolzene Volumen verringert. Insbesondere wird diese Tatsache bei Legierungen gleicher Gefügemorphologie, wie den untereutektischen Legierungen FeCr12C2.1-G, NiCr7Si4B2 und CoCr29W5C1.2, deutlich. Die Fe-Basislegierung zeigt bei hoher Wärmeleitfähigkeit die geringste Abtragrate, während die Ni-Basislegierung eine um das ca. dreifach höhere Abtragrate bei deutlich geringerer Wärmeleitfähigkeit aufweist. Bei diesen Überlegungen muß jedoch auch berücksichtigt werden, daß die Abtragrate mit fallender Schmelztemperatur ansteigt, da niedrigschmelzende Werkstoffe oder Gefügebestandteile schneller in die flüssige bzw. gasförmige Phase überführt werden können [C.4.5, C.4.6]. Hierdurch erklärt sich auch die deutlich höhere Abtragrate der Ni-Basislegierungen, die mit dem Ni_3B-Eutektikum (T_m = 950 °C) eine sehr viel niedrigerschmelzende Phase aufweisen als die Fe-und Co-Legierungen mit dem M_7C_3-Eutektikum (T_m = 1250 °C).

Der Einfluß der Schmelztemperatur und der Wärmeleitfähigkeit ist auch innerhalb der Streubänder bemerkbar. Mit zunehmendem Hartphasengehalt, d.h. Gehalt an höherschmelzenden Phasen, sinkt die Wärmeleitfähigkeit in den Streubändern für Fe-, Ni- und Co-Basis ab. Darüber hinaus führt die höhere Schmelztemperatur der Hartphasen gegenüber der Metallmatrix und dem Eutektikum zu einem geringeren aufgeschmolzenen Volumen und somit zu einer kleineren Abtragrate bei den hoch hartphasenhaltigen Legierungen. Eine Ausnahme bildet die Legierung FeCr14Mo5WVC4.2-G, die trotz hohen Hartphasengehaltes (50 Vol%) eine hohe Abtragrate besitzt. Dieses Phänomen deutet darauf hin, daß bei Hartlegierungen nicht nur die wärmephysikalischen Eigenschaften der Legierung den Abtragmechanismus bestimmen, sondern auch die Reaktion der einzelnen Gefügebestandteile auf die punktuelle Erwärmung und Aufschmelzung eine wichtige Rolle spielt. Bild C.4.2 zeigt die Randzone von verschiedenen Hartlegierungen nach mehrfacher Erwärmung und Aufschmelzung durch die untersuchten thermischen Abtragverfahren. Die Metallmatrix und das Eutektikum zeigen eine Abtragung, die ähnlich wie bei Metallen und einphasigen Werkstoffen auf Aufschmelz- und Ausschleudervorgänge zurückzuführen ist (Bild C.4.2a). Der vollständig aufgeschmolzene Bereich in Oberflächennähe ist durch ein dendritisches Erstarrungsgefüge gekennzeichnet (Zone I). Aufgrund der mit zunehmendem Abstand von der Oberfläche fallenden Temperatur wird in Zone II nur das Eutektikum aufgeschmolzen, während die Metallzellen in ihrer Struktur unverändert bleiben. Diese Bereiche verdeutlichen den zeitlichen Prozeßablauf des Aufschmelzvorganges. Zone III zeigt die Struktur des Ausgangsgefüges. Eine genauere Aussage zu den Aufschmelz- und Erstarrungsvorgängen des Eutektikums im

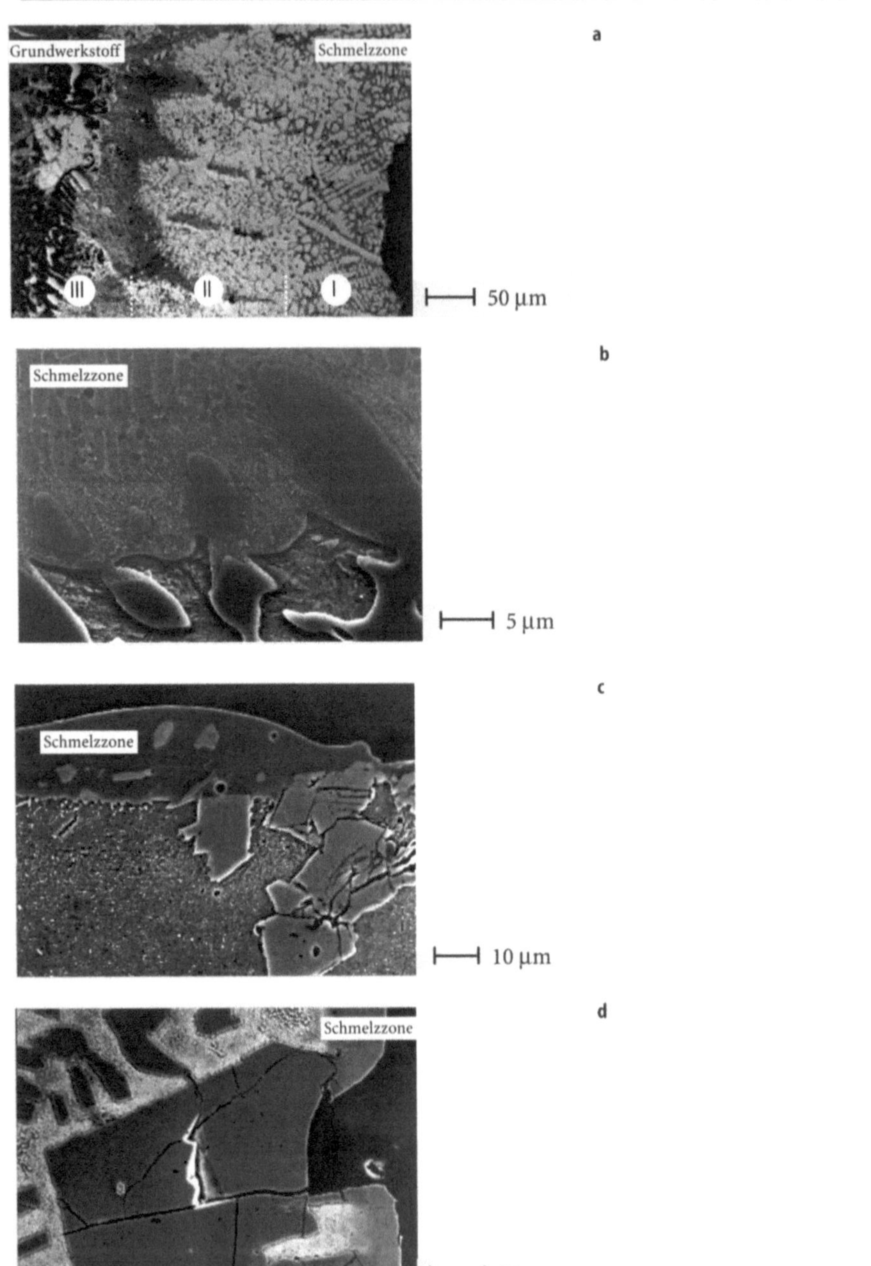

Bild C.4.2 Randzone von Hartlegierungen nach thermischem Abtragen: **(a)** Zone I: vollständig aufgeschmolzener Bereich, Zone II: aufgeschmolzenes Eutektikum/nicht aufgeschmolzene Metallzellen, Zone III: Ausgangsgefüge (FeCr12C2.1-G); **(b)** M_7C_3-Eutektikum im Bereich der Schmelzlinie (FeCr12C2.1-G); **(c)** nicht aufgeschmolzene primäre MC-Karbide (FeCr13Nb9MoTiC2.3-G); **(d)** Spaltung primärer nadeliger M_7C_3-Karbide (FeCr14MoWVC4.2-G)

Bereich der Schmelzlinie kann anhand des Bildes C.4.2b gemacht werden. In der Grenzfläche zwischen eutektischer Metallmatrix und eutektischen Hartphasen entsteht durch Diffusion ein Bereich eutektischer Zusammensetzung, der aufgrund der niedrigen Schmelztemperatur bevorzugt aufgeschmolzen wird. Die feine Struktur des wiedererstarrten Eutektikums bestätigt diese Überlegungen.

Das Abtragverhalten primärer Hartphasen hängt von Hartphasentyp und -größe ab. Die Bilder C.4.2c und C.4.2d verdeutlichen dies am Beispiel der Hartphasen vom Typ MC und M_7C_3. Die groben hochschmelzenden MC-Karbide (NbC: T_m = 3490 °C) können bei der schnellen punktuellen Erwärmung nicht auf, sondern allenfalls angeschmolzen werden, so daß diese Karbide bei der Erstarrung des flüssigen Werkstoffbereichs in die Schmelzzone eingebettet werden (Bild C.4.2c). Dieser Effekt führt zu einer Reduzierung des aufgeschmolzenen Volumens und einer geringeren Abtragrate der übereutektischen Legierung (Bild C.4.1a). Einen anderen Abtragmechanismus zeigt die Legierung FeCr14MoWVC4.2-G mit primären nadeligen M_7C_3-Karbiden und einer hohen Abtragrate. Zum einen besitzt diese Legierung gegenüber den vergleichbaren Fe-Basislegierungen einen wesentlich höheren Volumengehalt an Eutektikum (2 Eutektika), so daß ein größeres Volumen schneller in die schmelzflüssige Phase überführt und abgetragen werden kann. Zum anderen liefert die Abtragung der primären M_7C_3-Karbide einen erheblichen Anteil zur erhöhten Abtragrate. Aufgrund ihrer Größe, die 0.15 mm Durchmesser und 1 mm Länge erreichen kann, werden diese Hartphasen bei der Bearbeitung mehrfach durch eine punktuelle Erwärmung beaufschlagt, die einer Thermoschock- und Temperaturwechselbeanspruchung gleichkommt. Die primären Hartphasen vom Typ M_7C_3 können eine maximale Temperaturdifferenz von ca. 400 °C ertragen. Da sie bei der thermischen Bearbeitung jedoch mehr als 1000 °C beträgt, führt die hohe Thermoschockempfindlichkeit dieser Hartphasen zum Versagen durch Spaltbruch (Bild C.4.2d).

Das Laserspanen zeigt im Vergleich zu den übrigen Verfahren einen zusätzlichen Einfluß der Zeit auf das Abtragverhalten der primären M_7C_3-Karbide. Während der flüssige Werkstoff bei der Funkenerosion durch den Durchfluß des Dielektrikums und beim Laser- und Plasmaschneiden durch den Schneidgasstrahl schnell abgetragen wird, ist die Verweildauer der primären Karbide in der schmelzflüssigen Zone beim Laserspanen sehr viel größer. Durch diesen verfahrensbedingten Effekt können auch die primären Hartphasen nahezu vollständig aufgeschmolzen werden.

C.4.1.2

Surface Integrity

Oberfläche

Die Oberflächenbeschaffenheit nach dem thermischen Bearbeiten hängt von dem Abtragmechanismus der einzelnen Gefügebestandteile ab. Bei allen Verfahren bildet sich jedoch eine typische Oberfläche mit Schmelztropfen und -schichten, Poren und Rissen aus (Bild C.4.3). Während sich bei den untereutektischen Legie-

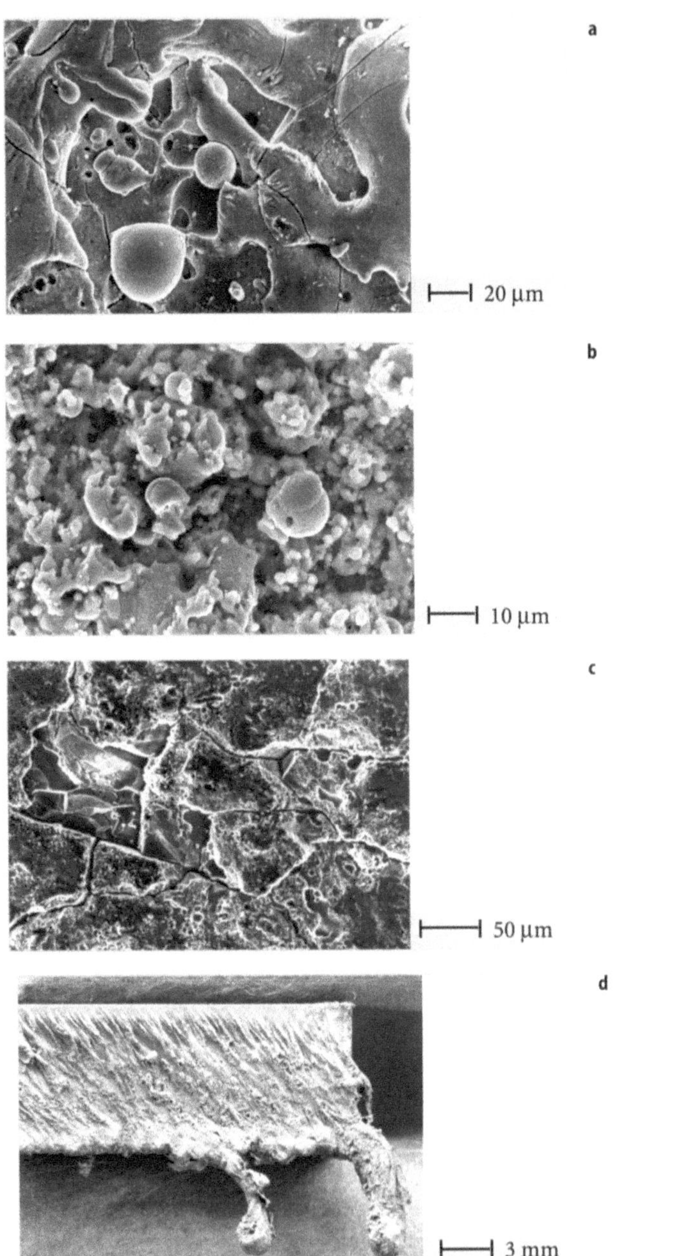

Bild C.4.3 Oberflächen nach thermischer Bearbeitung: **(a)** Funkenerodieren (FeCr12C2.1-G), **(b)** Laser-spanen (FeCr12C2.1-G), **(c)** Laserschneiden (FeCr14Mo5WVC4.2-G), **(d)** Plasmaschneiden (FeCr14Mo 5WVC4.2-G)

rungen eine annähernd gleichmäßige Oberfläche ausbildet (Bild C.4.3a,b), ist die Oberfläche der übereutektischen Legierungen, wie am Beispiel von FeCr14Mo5WVC4.2-G dargestellt, durch Ausbrüche im Bereich der primären Hartphasen gekennzeichnet (Bild C.4.3c).

Verfahrensbedingt ergeben sich auch Unterschiede in der Oberflächenausbildung. Aufgrund der statistisch gleichmäßigen Verteilung der Entladungen auf der Oberfläche fehlen bei der Funkenerosion gerichtete Bearbeitungsspuren, wie sie beim Drehen, Schleifen und thermischen Schneiden auftreten. Beim Laserschneiden (Bild C.4.4) und Plasmaschneiden (Bild C.4.3d) ist die Oberfläche durch gerichtete Bearbeitungsspuren geprägt, die durch den Vorschub des Lasers bzw. Plasmabrenners hervorgerufen werden. Die geringe Leistung des Schneidgasstrahls führt beim Plasmaschneiden von hartphasenhaltigen Werkstoffen zur Bartbildung am Schneidfugenaustritt. Beim Laserschneiden entsteht wie bei einphasigen Werkstoffen eine Rillenstruktur auf der Schnittfläche, die auf periodische Störungen des Brennschneidprozesses zurückzuführen ist und mit zunehmendem Hartphasengehalt in den Hintergrund tritt (Bild C.4.4, [C.4.7]). Darüber hinaus bildet sich auf den laser- und plasmageschnittenen Oberflächen verfahrensbedingt (Sauerstoff als Schneidgas) eine Oxidschicht aus.

Die mikroskopisch nachgewiesenen gefügebedingten Unterschiede in der Oberflächenbeschaffenheit lassen sich durch Rauheitsmessungen nicht belegen. Am Beispiel des in Bild C.4.1b über der Impulsdauer aufgetragenen Mitten-

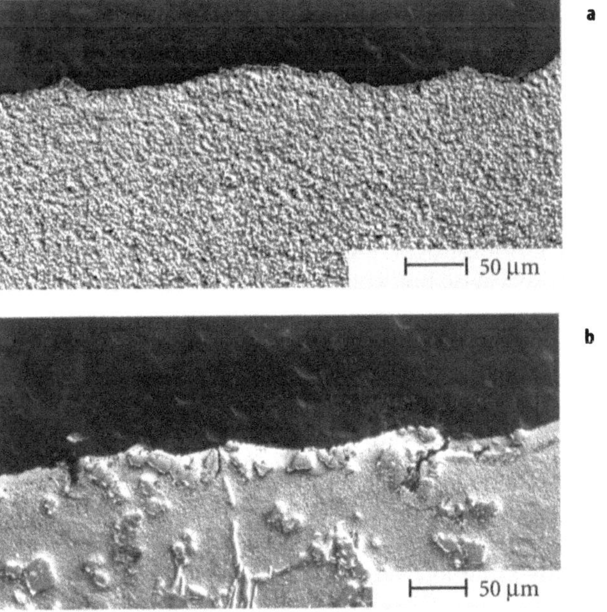

Bild C.4.4 Laserschneiden: Ausbildung eines Schnittprofils: **(a)** FeCr12V4MoC2.2-P; **(b)** FeCr13Nb9 MoTiC2.3-G

rauhwertes R_a für funkenerosiv gesenkte Hartlegierungen kann festgestellt werden, daß lediglich die eingebrachte Wärme einen Einfluß auf die Rauheit ausübt. Die Rauheitskennwerte aller untersuchten Hartlegierungen bewegen sich in einem engen Streuband, das mit der Impulsdauer kontinuierlich ansteigt.

Randzone

Die Randzone ist das Ergebnis des erläuterten Abtragverhaltens der einzelnen Gefügebestandteile und hängt somit in ihrer Beschaffenheit von der eingebrachten Wärmemenge, den wärmephysikalischen Eigenschaften des Werkstoffs und den verfahrenstypischen Umgebungsbedingungen (Dielektrikum, Sauerstoff) ab. Die Randzone besteht unabhängig vom Verfahren aus einer Schmelzzone und einer darunterliegenden Wärmeeinflußzone. Die Schmelzzone kennzeichnet den aufgeschmolzenen und rasch wiedererstarrten Werkstoffbereich und wird in ihrer Struktur durch die Bearbeitungsparameter und die Gefügemorphologie bestimmt. Unterhalb der Schmelzzone in der Wärmeeinflußzone (WEZ) laufen thermisch aktivierte Vorgänge wie Gefügeumwandlungen, Ausscheidungs- sowie Erholungs- und Rekristallisationsvorgänge ab (Bild C.4.5). Eine exakte Trennung zwischen Schmelzzone und WEZ, wie sie bei einphasigen Werkstoffen durch die Schmelzlinie erfolgt, ist bei Hartlegierungen zumeist nicht möglich. Die Unterschiede im Abtragmechanismus der einzelnen Gefügebestandteile führen zu einer teilweise stark zerklüfteten Schmelzfront.

Oxidschicht: Bei der Laser- und Plasmabearbeitung mit Sauerstoff als Umgebungsmedium bildet sich, wie bereits im vorherigen Abschnitt erwähnt, auf der Schmelzzone eine zum Teil festhaftende Oxidschicht aus (vgl. Bild C.4.5). Je nach Basiselement Fe, Ni oder Co handelt es sich um Monooxid und um chromreiche Mischoxide, die sich aufgrund der hohen Affinität des Chroms zu Sauerstoff bilden.

Schmelzzone: Die Morphologie der Schmelzzone wird wesentlich durch die Vorgänge des schnellen Aufschmelzens, Mischens und Erstarrens bestimmt. Das bevorzugte Auf- und Anschmelzen von Phasen wurde bereits in Abschn. C.4.1.1 näher erläutert und führt dazu, daß sich die chemische Zusammensetzung der Schmelzzone von der des Grundgefüges unterscheidet. Die Erstarrung der Schmelzzone beginnt durch Selbstabschreckung in das Grundgefüge, wobei die Abkühlgeschwindigkeit oberhalb 10^6 K/s liegen kann. Die Bilder A.1.3 und A.2.12 zeigen den Einfluß der Abkühlgeschwindigkeit auf die Gefügestruktur bzw. den Zelldurchmesser der Legierung FeCr12C2.1-G für die verschiedenen thermischen Bearbeitungsverfahren. Im Gußzustand beträgt der Durchmesser der Metallzellen ca. 110 µm. Im aufgeschmolzenen und wiedererstarrten Bereich können deutlich kleinere Zelldurchmesser nachgewiesen werden, die vom Plasmaschneiden über das Laserspanen hin zum Funkenerodieren (0.2 µm) abnehmen.

Das unterschiedliche Aufschmelzverhalten der Gefügebestandteile wirkt sich auch auf die Breite der Schmelzzone aus, die in engem Zusammenhang mit der Oberflächentopographie steht. Zur Charakterisierung wird die maximale Schmelzzonenbreite herangezogen, die ein wichtiges Maß für die Fertigung darstellt, da sie den Grad der Nachbearbeitung bestimmt. In Bild C.4.1c ist die maxi-

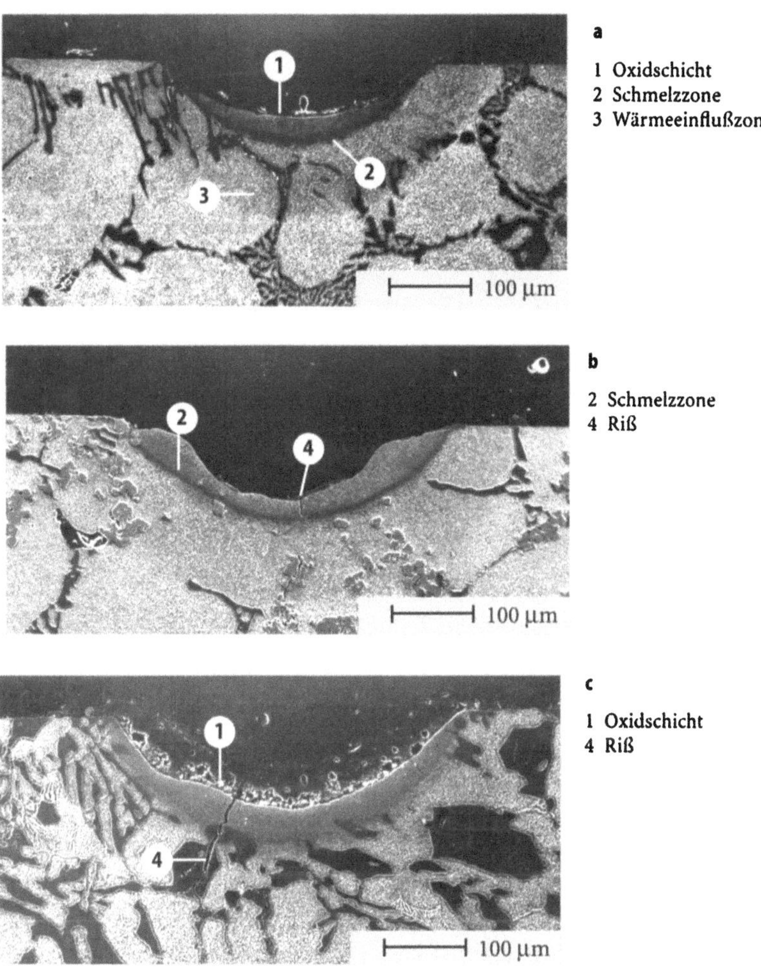

Bild C.4.5 Ausbildung von Laserspanspuren bei Fe-Basislegierungen: **(a)** FeCr12C2.1-G; **(b)** FeCr13Nb9MoTiC2.3-G; **(c)** FeCr14MoWVC4.2-G

male Schmelzzonenbreite über der Impulsdauer, die die eingebrachte Energie repräsentiert, aufgetragen. In Analogie zur Abtragrate ist ebenfalls ein Einfluß der Wärmeleitfähigkeit und der Schmelztemperatur auf diese Kenngröße sichtbar. Alle Legierungen zeigen eine Zunahme der Schmelzzonenbreite mit steigender Impulsdauer. Innerhalb der Streubänder ordnen sich die Legierungen entsprechend ihres Hartphasengehaltes.

Wärmeeinflußzone: Die Gefügeveränderungen in der WEZ können, wie bereits in Kap. C.2 und C.3 vorgestellt, anhand von Mikrohärtemessungen in der Metallmatrix erfaßt werden. Die Ausdehnung der WEZ sowie die auftretenden Veränderungen ergeben sich durch den Verlauf des Temperaturgradienten unterhalb der Schmelzzone (Bild C.4.5). Prinzipiell stellt sich die WEZ unabhängig vom

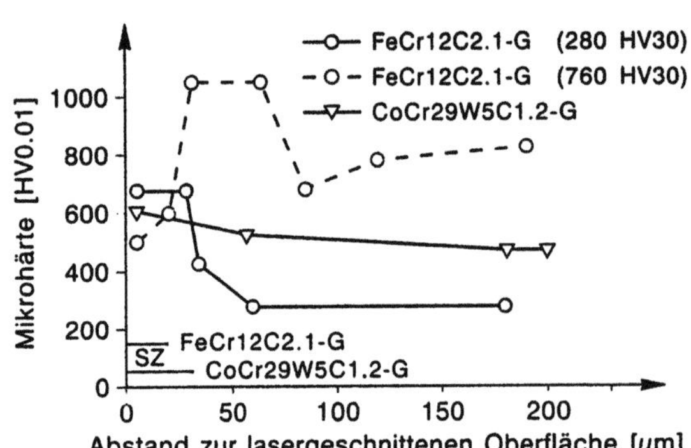

Bild C.4.6 Laserschneiden: Vergleich der Mikrohärteverläufe in der Matrix und der Schmelzzonen SZ der Legierungen FeCr12C2.1-G im gehärteten und weichgeglühten Zustand sowie der Legierung CoCr29W5C1.2-G

Bearbeitungsverfahren dar. Bild C.4.6 gibt den Verlauf der Mikrohärte über dem Abstand von der lasergeschnittenen Oberfläche der untereutektischen Legierungen CoCr29W5C1.2 und FeCr12C2.1-G im weichgeglühten und gehärteten Zustand wieder. Unmittelbar unterhalb der Schmelzzone wird die weichgeglühte Variante der Fe-Basislegierung durch die hohe Temperatur austenitisiert und infolge der schnellen Abschreckung martensitisch gehärtet. Die Härte liegt bei ca. 680 HV0.01. Mit zunehmendem Abstand von der Oberfläche fällt die Härte kontinuierlich auf die Ausgangshärte ab. Die Wärmeeinflußzone gehärteter Fe-Basislegierungen zeigt unterhalb der Schmelzzone dagegen einen Bereich geringer Härte, der auf Restaustenit hindeutet. Daran schließt sich ein Neuhärtebereich und ein Anlaßbereich an, bevor die Härte in die des Grundgefüges übergeht. Co- und Ni- Basislegierungen mit einer nicht umwandlungsfähigen Matrix weisen kaum Gefügeveränderungen in der WEZ auf.

Rißentstehung: Risse in der Randzone von Hartlegierungen, die aufgrund von Wärmespannungen entstehen, können kaum vermieden werden. Für den Einsatz und die Lebensdauer eines thermisch bearbeiteten Bauteils ist es jedoch wichtig, wo diese Risse zum Stehen kommen. Im Gegensatz zu einphasigen Werkstoffen, bei denen sich die Risse zumeist auf die Schmelzzone beschränken und bei einer anschließenden Nachbearbeitung entfernt werden können, breiten sich die Risse in Hartlegierungen über die Schmelzzone in die Wärmeeinflußzone und das Grundgefüge hinein aus (Bild C.4.7, [C.4.8, C.4.9]). Die Ausbreitungstiefe und -richtung hängt zum einen vom Abtragmechanismus der Hartphasen und zum anderen von der Gefügemorphologie ab. In untereutektischen Legierungen verlaufen die Risse entlang des eutektischen Netzwerks in das Grundgefüge, wobei sie sich sowohl durch die Hartphasen als auch entlang der Grenzfläche Metallmatrix/Hartphase ausbreiten (Bilder C.4.5c und C.4.7b). Teilweise kann es zu Ausbrüchen kommen. Die dispersive Verteilung feiner HP eines PM-Gefüges fördert den Rißstop in der Matrix (Bild C.4.7a).

Der Zusammenhang zwischen Wärmespannungen und Rißentstehung bei punktueller Erwärmung sollte anhand von Simulationsversuchen geklärt wer-

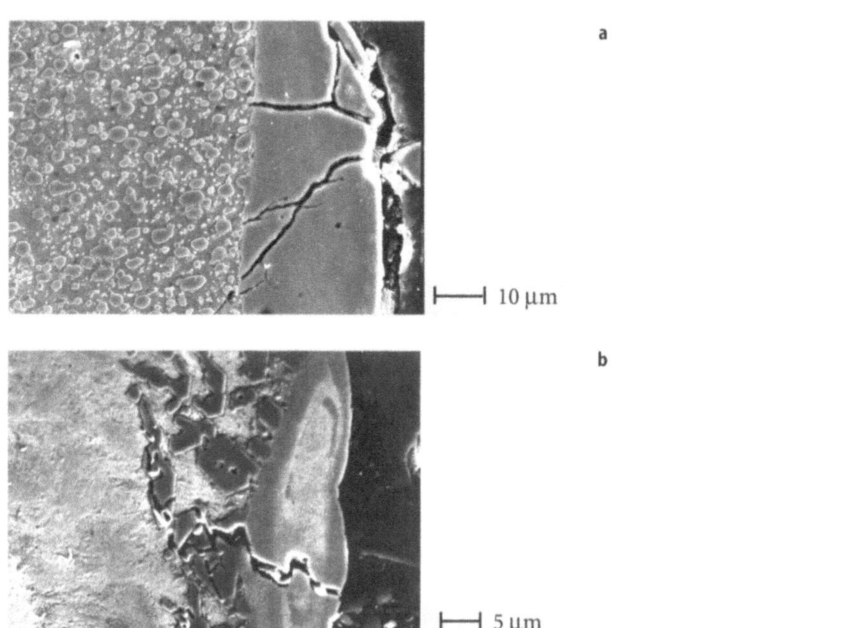

Bild C.4.7 Funkenerosive Bearbeitung: mögliche Rißverläufe in der Randzone: (a) FeCr12V4MoC2.2-P, (b) FeCr12C2.1-G

den. Hierzu wurden primäre M_7C_3-Karbide mittels eines Nd-YAG-Lasers mit einem und mehreren Impulsen gleicher Energie beaufschlagt. Es traten Risse im und konzentrisch um den aufgeschmolzenen Kraterbereich verlaufend auf, deren Ursache anhand von Bild C.4.8 erläutert werden soll. Die kurzzeitige intensive Wärmezufuhr bewirkt ein Aufschmelzen eines kraterförmigen Werkstoffbereiches. Der nicht aufgeschmolzene Bereich entlang der Schmelzlinie dehnt sich stärker aus als die kältere Umgebung, so daß sich Druckspannungen aufbauen. Zugspannungen im kalten Grundgefüge halten das Gleichgewicht, wobei sie aufgrund des größeren Volumens, in dem sie wirken, in ihrer Größe deutlich geringer sind als die Druckspannungen. Die weiter ansteigende Temperatur ermöglicht eine plastische Verformung, der Werkstoff beginnt senkrecht zur Schmelzlinie zu fließen. Nach Beendigung der Wärmezufuhr kühlt der erwärmte und aufgeschmolzene Bereich durch Selbstabschreckung ab und der plastisch verformte Bereich kann aufgrund der mit der Temperatur fallenden Fließgrenze nicht zurückfließen. Hierdurch entstehen parallel zur halbkugelförmigen Schmelzlinie Zugspannungen, die in der Hartphase zu Boden- und Umfangsrissen führen.

In Bild C.4.8 sind die bei der Abkühlung auftretenden Zugspannungen am Kraterrand und -boden entsprechend ihrer Richtung dargestellt. Wird der Verlauf der inneren Spannungen für den Kraterboden an der Stelle $z = r_m$ senkrecht zur Schmelzlinie (Koordinate z) aufgetragen, so nehmen die Spannungen σ_x und

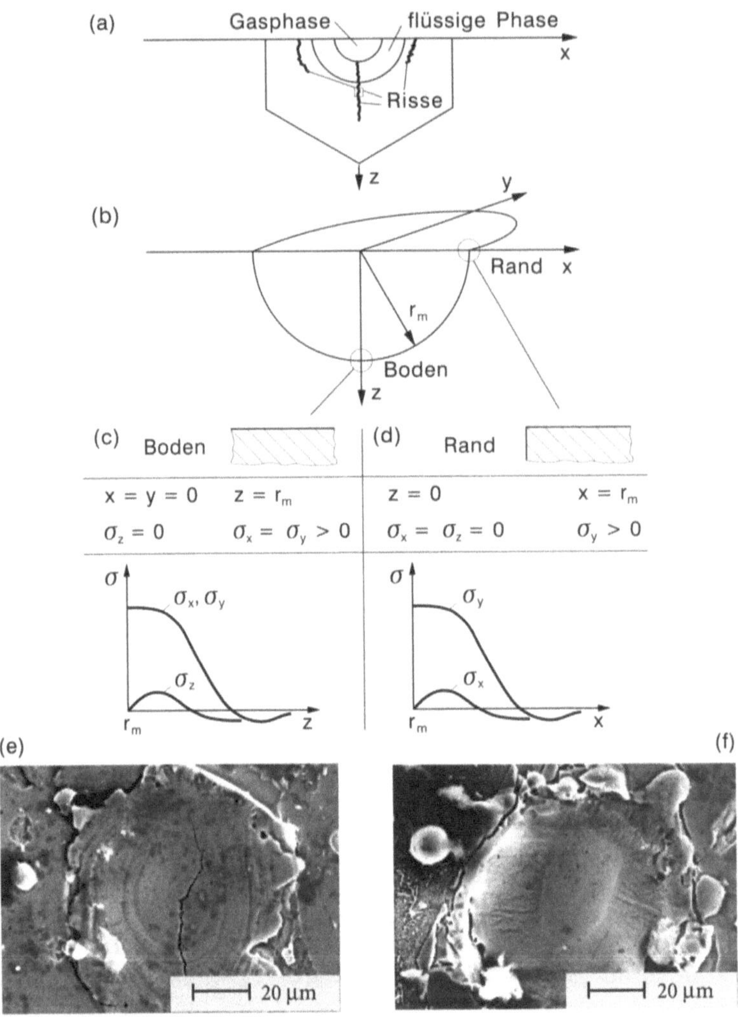

Bild C.4.8 Thermische Belastung durch Laserimpulse: **(a)** Rißbildung (schematisch); **(b)**, **(c)** und **(d)** Spannungsverteilung im Kraterboden und -rand; **(e)** Bodenrisse; **(f)** konzentrische Risse (FeCr14Mo 5WVC4.2-G)

σ_y mit zunehmendem Abstand von der Schmelzlinie ab. Bei der Überlagerung dieser beiden Komponenten mit σ_z, das ein Maximum durchläuft, entsteht ein 3-achsiger Spannungszustand, der Bodenrisse in z-Richtung hervorruft.

An der Oberfläche im Bereich des Kraterrandes ($x = r_m$) fällt die Spannungskomponente σ_z weg, während σ_y mit zunehmendem Abstand vom Rand abnimmt. Die Komponente σ_x durchläuft ein Maximum. Bei der Überlagerung der Spannungen σ_y und σ_z kann infolge der 2achsigen Zugbeanspruchung ein Riß auftreten, der sich in z-Richtung ausbreitet. In der Draufsicht stellt sich ein konzentrischer Riß ein, der im Abstand $\sigma_{x\,max}$ vom Kraterrand verläuft [18].

C.4.2
Elektrochemisches Abtragen

Beim elektrochemischen Abtragen (engl. ECM = Electro-Chemical Machining) erfolgt der Materialabtrag durch die Auflösung eines als Anode polarisierten metallischen Werkstoffs in einem Elektrolyten durch Anlegen einer äußeren Spannung [C.4.10]. Aus der Vielzahl der elektrochemischen Bearbeitungsverfahren wurde für die Untersuchung der Bearbeitbarkeit von Hartlegierungen das elektrochemische Senken ausgewählt. Die Senkbearbeitung wird bei schwer zerspanbaren Werkstoffen bislang zur Herstellung komplexer Innenkonturen und Gravuren eingesetzt [C.4.11]. Da es sich ebenso wie bei der Funkenerosion um ein abbildendes Formgebungsverfahren handelt, scheint es sich auch für die Bearbeitung von Hartlegierungen zu eignen. Daher wurden einige Stichversuche an ausgewählten unter- und übereutektischen Ni- und Co-Basislegierungen durchgeführt.

C.4.2.1
Abtragmechanismus

Beim elektrochemischen Senken wird der Abtrag durch anodische Auflösungsvorgänge hervorgerufen. Das Abtragverhalten des Werkstoffs wird sowohl von der chemischen Zusammensetzung und den damit verbundenen elektrochemischen Eigenschaften als auch von der Elektrolytlösung und der sich bildenden Passivschicht beeinflußt. Bei den Hartlegierungen spielt wiederum das Verhalten der einzelnen Gefügebestandteile eine besondere Rolle, da die Metallmatrix und die Hartphasen über sehr unterschiedliche Auflösungspotentiale verfügen. Daher ergibt sich das Abtragverhalten der Hartlegierungen aus den elektrochemischen Eigenschaften der Einzelphasen und der Gefügemorphologie. Der Abtrag unterteilt sich in Ladungsaustausch, Solvatation der Metallionen und Abbau des Kristallgitters, wobei die zur Überwindung der Bindungskräfte und zum Transport der Masseteile benötigte Energie bereitgestellt wird [C.4.12]. Die Auflösung kann durch eine nicht elektronendurchlässige Passivschicht behindert bzw. gestoppt werden. Aus diesem Grund konnten von den hier untersuchten Werkstoffen die Ni-Basislegierungen NiCr7Si4B2 und NiCr18Si4B3C nicht elektrochemisch bearbeitet werden.

Ausschlaggebend für den Abtrag ist beim elektrochemischen Senken der Arbeitsstrom bzw. die resultierende Stromdichte, mit deren Erhöhung ein Anstieg des aufgelösten Volumens einhergeht. Der Vergleich der Legierungen zeigt, daß bei übereutektischen Hartlegierungen ein deutlich höherer Abtrag erzielt werden kann als bei untereutektischen. In Analogie zum thermischen Abtragen weisen Metallmatrix, Eutektikum und Hartphasen ein unterschiedliches Abtragsverhalten auf (Bild C.4.9 und C.4.10). Wie beim Ätzen wird beim elektrochemischen Senken die unedlere Phase, in diesem Fall die Metallmatrix,

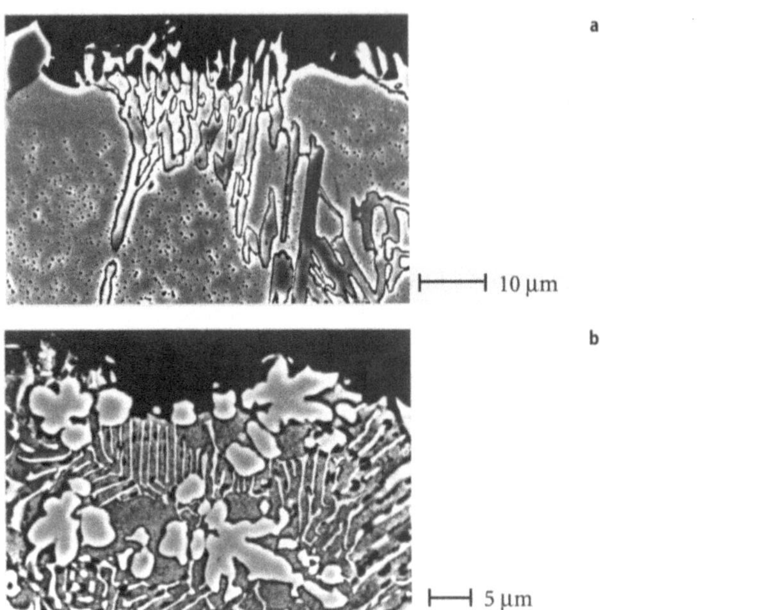

Bild C.4.9 Elektrochemisches Senken: bevorzugter Abtrag der unedleren Phase (Metallmatrix): **(a)** CoCr29W5C1.2-G; **(b)** CoCr20Mo20FeNiSiB2.5-G

Bild C.4.10 Elektrochemisches Senken: selektive Auflösung der Grenzflächen: **(a)** Bereich um ein herausgelöstes Borid; **(b)** abgetragenes Borid

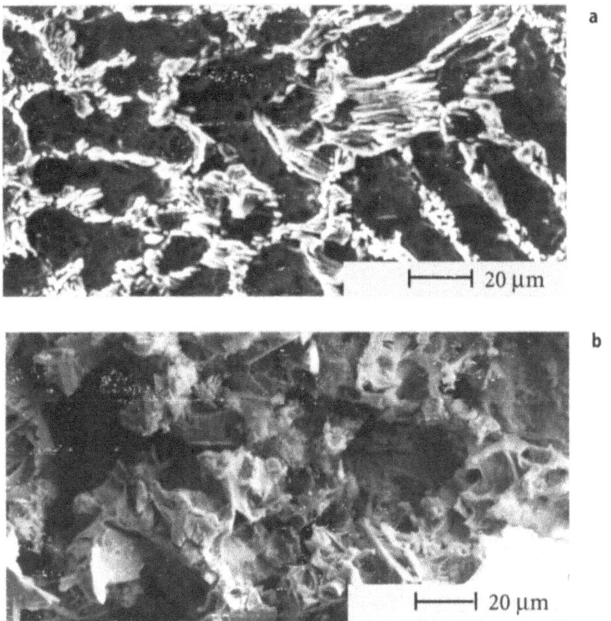

Bild C.4.11 Elektrochemisches Senken: Oberflächentopographie von (a) CoCr29W5C1.2 untereutektisch erstarrt und (b) NiCr18Mo18Si4Nb3B4C übereutektisch erstarrt

aufgelöst, so daß die Hartphasen aus der Oberfläche herausstehen. Die Hartphasen stellen aufgrund ihres höheren kovalenten Bindungsanteils die chemisch stabileren Gefügebestandteile dar (vgl. Kap. B.3). Darüber hinaus besitzen die Hartphasen eine geringere elektrische Leitfähigkeit als die Metallmatrix, so daß es an der Grenzfläche Metallmatrix/Hartphase zu einer Konzentration der Stromlinien und einem bevorzugten Auflösen der Grenzfläche kommt. Der Vorgang wird unterstützt durch Verarmung dieses Bereiches an auflösungshemmenden Elementen wie Cr und Mo, da beide Elemente Haupthartphasenbildner darstellen und sich so bei der Erstarrung um die Hartphase konzentrationsärmere Bereiche ausbilden. Die selektive Auflösung der Grenzfläche führt dazu, daß die Hartphasen herausgelöst werden (Bild C.4.10) und sich insbesondere bei übereutektischen Legierungen eine erhöhte Abtragrate einstellt.

C.4.2.2
Surface Integrity

Die Randzonenbeeinflussung ist beim elektrochemischen Bearbeiten deutlich geringer als bei den thermischen Verfahren. Aufgrund der fehlenden mechanischen und thermischen Beanspruchung der Oberfläche kommt es zu keiner Eigenschaftsveränderung der Randzone. Die Oberflächentopographie wird durch die unterschiedlichen Auflösungspotentiale der einzelnen Gefügebe-

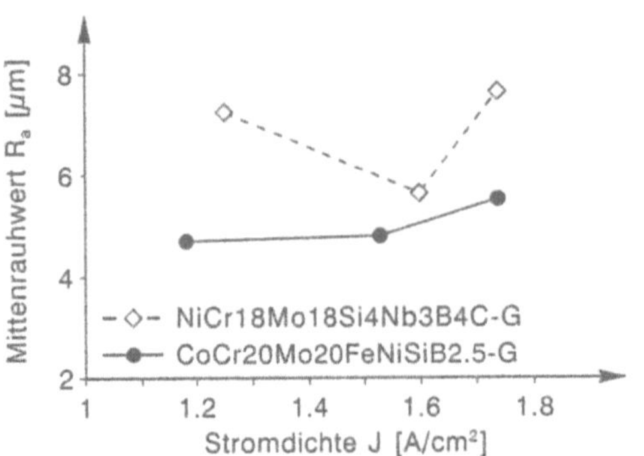

Bild C.4.12 Elektrochemisches Senken: Mittenrauhwert als Funktion der Stromdichte

standteile bestimmt (Bild C.4.11). Da die Metallauflösung mit der Stromdichte ansteigt, die Hartphasen aber nur bedingt aufgelöst werden und aus der Oberfläche herausragen bzw. herausfallen, ist der Anstieg der Stromdichte mit einer zunehmenden Rauheit verbunden (Bild C.4.12). Bei einphasigen Werkstoffen wird die Rauheit vornehmlich durch die Deckschichtbildung der Metallsalze bestimmt [C.4.13]. Da diese Deckschichten kristallographische Unregelmäßigkeiten ausgleichen, erfolgt ein gleichmäßigerer Abtrag, der in einer mit der Stromdichte abfallenden Rauheit resultiert. Im Gegensatz dazu wird die Rauheit bei Hartlegierungen von den dargestellten Abtragmechanismen beeinflußt.

C.4.3

Folgerungen

Für die abtragende Bearbeitung von mehrphasigen Hartlegierungen ist für eine wirtschaftliche Bearbeitung die genaue Kenntnis der wärmephysikalischen bzw. elektrochemischen Eigenschaften der einzelnen Gefügebestandteile von entscheidender Bedeutung. Die vorliegenden Ergebnisse liefern sowohl für die thermische als auch die elektrochemische Bearbeitung Hinweise, die bezüglich der Randzonenbeeinflussung zum besseren Verständnis des Bearbeitungsprozesses und des Bauteilverhaltens im Einsatz beitragen.

Hinsichtlich des Einflusses der Prozeßparameter beim thermischen Bearbeiten ist zu bemerken, daß sich sowohl mit zunehmender Energieeinbringung als auch steigender Schnittgeschwindigkeit (Laserschneiden) zum einen eine Vergrößerung der thermisch beeinflußten Zone (Schmelzzone und Wärmeeinflußzone) und zum anderen eine Verschlechterung der Oberflächengüte einstellen.

Das Problem des thermischen Bearbeitens stellen die Schmelzzone und die durch die hohen Zugeigenspannungen induzierten Risse dar. Bisher wird je nach Anwendungsfall die Schmelzzone durch eine Nachbearbeitung (Schleifen, Polieren) weitgehend abgetragen. Die Untersuchungen haben jedoch gezeigt, daß eine negative Beeinflussung der Oberfläche bis weit in den Werkstoff auftritt. Bei

Hartlegierungen entstehen Risse, die sich abhängig von Hartphasengehalt, -verteilung und -größe tief ins Grundgefüge ausbreiten und sich auch nach Abarbeiten der Schmelzzone lebensdauerreduzierend auswirken können.

Steht aus anwendungstechnischer Sicht dem Einsatz einer pulvermetallurgischen Legierung nichts im Wege, bietet dieses Gefüge im Hinblick auf obige Ausführungen Vorteile (Bild C.4.7a). Ebenso wie bei einphasigen Legierungen bleiben die Risse weitgehend auf die Schmelzzone beschränkt und können somit durch die Nachbearbeitung entfernt werden.

Eine thermische Bearbeitung sollte bei hoch hartphasenhaltigen Legierungen nicht in Betracht gezogen werden, da gerade die groben Hartphasen auf die Temperaturwechselbeanspruchung reagieren und brechen. Die Neigung der Hartphasen zum Karbidbruch bewirkt eine geringere Oberflächengüte. Die Untersuchungen zeigen, daß die Ausbrüche unabhängig von den Prozeßparametern auftreten und somit durch eine Optimierung des Prozesses nicht beseitigt werden können.

Die Untersuchungen zum Laserspanen ergeben, daß auch bei diesem Verfahren der Werkstückstoff durch Aufschmelzvorgänge abgetragen wird und nicht allein durch Oxidation. Die höhere Verweildauer der schmelzflüssigen Phase auf der Werkstückoberfläche bewirkt sogar ein Aufschmelzen der primären Hartphasen vom Typ M_7C_3. Damit ergibt sich ein Vorteil zum funkenerosiven Senken, wo häufig eine Schädigung der Hartphasen ohne Aufschmelzung infolge der thermischen Wechselbeanspruchung auftritt. Dennoch ist auch beim Laserspanen eine Nachbearbeitung zu empfehlen.

Die Reaktion der Randzone auf die thermische Beanspruchung ist unabhängig vom Verfahren. Je nach Beanspruchungsprofil werden an die bearbeitete Oberfläche unterschiedliche Anforderungen gestellt. Steht z.B. eine hohe Dauerfestigkeit im Vordergrund, so sollten möglichst Druckeigenspannungen in der Schmelzzone vorliegen, die den Spannungen aus dem Einsatz entgegenwirken. Sie können jedoch durch die thermische Bearbeitung nicht erzielt werden, weil aufgrund des hohen Lösungszustandes auch die Fe-Basislegierungen ohne martensitische Umwandlung bleiben. Hierzu ist eine nachträgliche Oberflächenbehandlung durch Randschichtverfestigung (z.B. Kugelstrahlen) notwendig.

Begleitende Untersuchungen funkenerosiv gesenkter Oberflächen hinsichtlich ihres Korrosionsverhaltens verdeutlichen, daß sich bei Hartlegierungen insbesonders die weitlaufenden Risse nachteilig auf den Korrosionswiderstand auswirken. Unabhängig von den Prozeßparametern bewirken die Risse eine beschleunigte Korrosion aufgrund des selektiven Angriffs und der Vergrößerung der wahren Oberfläche.

Im Vergleich zu den thermischen Verfahren ist beim elektrochemischen Bearbeiten die Beeinflussung der Randzone aufgrund der fehlenden thermischen und mechanischen Beanspruchung gering. Eine Nachbearbeitung der bearbeiteten Oberfläche ist daher nicht notwendig. Aufgrund der mit der Stromdichte steigenden Oberflächenrauheit der übereutektischen Hartlegierungen sollte die Bearbeitung mit niedriger Stromdichte erfolgen.

Das Arbeitsprinzip dieses Verfahrens beruht ebenso wie das des funkenerosiven Senkens auf der abbildenden Formgebung. Da es jedoch dabei den Vorteil einer verschleißfreien Werkzeugelektrode und deutlich kürzerer Bearbeitungszeiten bietet, sollte das elektrochemische Senken bei der Auswahl eines endkonturgebenden Verfahrens nicht vernachlässigt werden. Allerdings ist bei der ECM-Bearbeitung von Hartlegierungen das Verhältnis von Hartphasengröße zur Breite des Arbeitsspaltes wesentlich. Für einen ungestörten Arbeitsablauf muß gewährleistet sein, daß die herausgelösten Hartphasen problemlos und schnell aus dem Spalt entfernt werden können. Dies ist nur dann zu realisieren, wenn keine komplexen Geometrien und ein ausreichender Spüldruck des Elektrolyten vorliegen.

Teil D

Anwendung

Verschleißbeständige Gußeisen

HANS BERNS

Unter- und übereutektische Eisenlegierungen mit 1.5 bis 3.5 % C lassen sich kostengünstig durch Gießen zu gebrauchsfertigen oder endformnahen Werkstücken verarbeiten. Aufgrund ihres hohen Gehaltes an karbidischen Hartphasen (HP), eingebettet in eine verfestigte Metallmatrix (MM), zeigen sie in vielen Anwendungen einen hohen Verschleißwiderstand. Verschleißbeständige Gußeisen sind daher die Arbeitspferde im Schutz gegen Verschleiß durch körnige mineralische Güter, wie er z.B. in der Bergbau-, Hütten- und Aufbereitungstechnik sowie im Tief- und Wegebau auftritt.

Hartphasen

Aus Kap. B.1 geht hervor, daß die Art und Morphologie der Hartphasen den Verschleißwiderstand wesentlich beeinflussen.

Art

Eisen bildet mit Kohlenstoff das Gleichgewichtskarbid Fe_3C, das mit ≈ 840 HV0.05 kaum härter als eine vollharte Martensitmatrix ist. Durch Lösen anderer Legierungselemente wie Mn, Cr, Mo kann die Härte des M_3C auf über 1000 HV ansteigen (s. Bild A.2.1). Übersteigt der Cr-Gehalt im Karbid einen Schwellenwert, so kommt es zur Bildung des Chromkarbides M_7C_3, das große Anteile an Eisen enthält und Härtewerte zwischen 1200 und 1600 HV0.05 erreicht. In der Nähe des Cr-Schwellenwertes können sich M_7C_3 mit einem Mantel aus M_3C bilden und bei sehr hohem Cr-Gehalt solche mit einem Mantel an $M_{23}C_6$. Sehr harte Karbide scheiden sich durch Legieren mit V, Nb, Ti aus. Die Härte dieser MC-Teilchen bewegt sich zwischen 2200 und 3200 HV0.05. Das Löslichkeitsprodukt dieser Karbide im Eisen nimmt in der genannten Reihenfolge ab und ihr Anteil im Metallanteil M des MC zu. Dadurch steigt das Ausbringen und die Härte der HP. Wegen seiner hohen Affinität zum Luftsauerstoff bleibt Titan bei offener Erschmelzung auf höchstens 0.5 % begrenzt, um Schlieren oxidischer Einschlüsse zu vermeiden. Es dient daher mehr zur Ankeimung von VC und NbC und beeinflußt die MC-Verteilung.

In einigen Fällen wird dem Gußeisen bis 1 % Bor zugesetzt. Da dieses Element im Eisen fast unlöslich ist, wird es vollständig zur Bildung von HP verbraucht. Es löst sich im M_3C und erhöht dessen Härte, begünstigt aber seine gerüstartige Ausbildung. In hoch chromhaltigen Gußeisen kommt es zur Ausscheidung von M_2B, dessen Härte die des M_7C_3 übertrifft.

Morphologie

Die Größe der Hartphasen hängt ab von ihrer Ausscheidungstemperatur und -dauer. Die primären HP sind daher in der Regel um mindestens eine Größenordnung dicker als die eutektischen und wachsen mit der Abkühldauer bzw. mit dem Erstarrungsquerschnitt. Von den primären HP besitzen das orthorhombische M_3C und das hexagonale M_7C_3 eine bevorzugte Wachstumsrichtung und bilden Stengelkristalle, die eine Länge von über 1 mm erreichen können. Die kubischen MC-Karbide erstarren als Würfel, Oktaeder oder Oktaeder mit eingefallenen Flächen in kompakter Form und bleiben meist deutlich unter 0.1 mm. Ein Großteil der eutektischen Karbide besitzt nur eine Dicke in der Größenordnung von 0.01 mm, die bei tiefer furchendem Verschleiß zu klein und z.B. den gröberen HP in Hartverbundwerkstoffen unterlegen sind (Bild B.1.11).

Das Eutektikum aus HP und MM erfüllt bei übereutektischem Gußeisen den gesamten Raum zwischen den primären HP, bei untereutektischen aber nur den Platz um die primären Metallzellen (s. Bild A.1.2). Dadurch ergibt sich eine netzförmige Verteilung der HP. Eutektische M_3C-Karbide neigen zum Zusammenwachsen und bilden größere gerüstartige Strukturen mit eingeschlossenen MM-Bereichen. Eutektische M_7C_3-Karbide scheiden sich dagegen vorwiegend als lamellare Bündel mit durchgehender MM aus, was der Zähigkeit zugute kommt. Eutektische MC-Karbide stellen sich meist als räumliches Stabwerk dar (Bild D.1.1).

Durch Ausscheiden primärer MC in einem Gußeisen mit netzförmigem M_7C_3-Eutektikum kann eine gleichförmigere Karbidverteilung erreicht werden, da die zuerst gebildeten MC-Teilchen in die nachfolgenden Metallzellen einwachsen. Durch Entartung der Erstarrung wird das MC-Eutektikum weitgehend unterdrückt. Gegenüber einem vollständig aus M_7C_3-Eutektikum bestehenden Gefüge ergibt sich bei annähernd gleichem Verschleißwiderstand eine höhere Zähigkeit (s. Bild D.2.1c).

Metallmatrix

Am Ende der Erstarrung bei eutektischer Temperatur ist ein Großteil der Elemente C, Mn, Cr, Mo, V, Nb, Ti in den Karbiden abgebunden. Der im Austenit gelöst verbleibende Anteil wird bei weiterer Abkühlung in Form sekundärer, eutektoider (perlitischer) und tertiärer Karbide ausgeschieden, jedoch umso

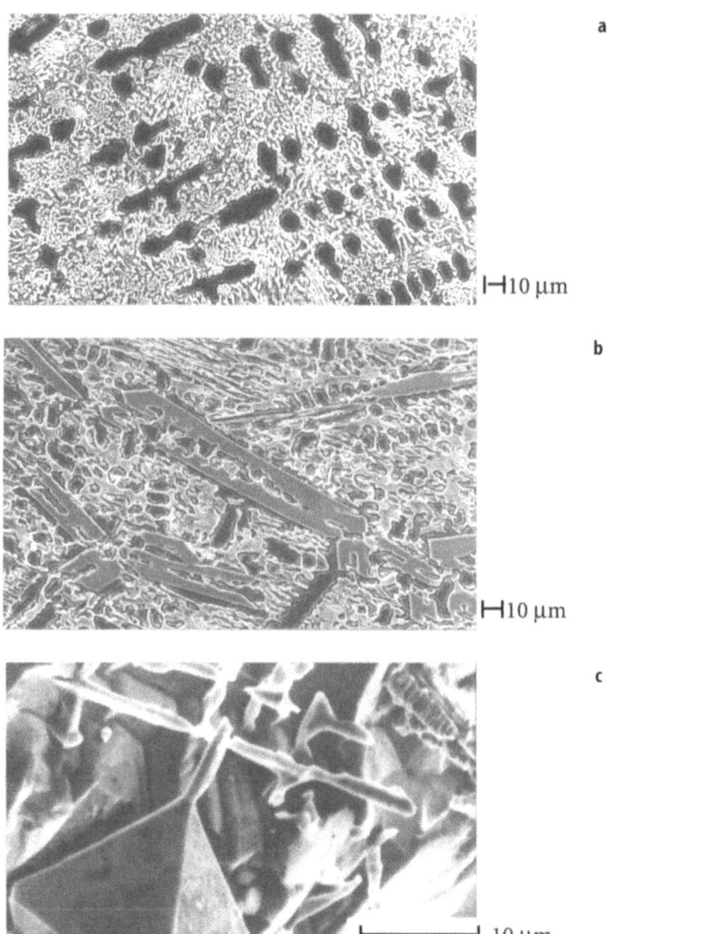

Bild D.1.1 Gußgefüge **(a)** untereutektisches weißes Gußeisen mit lamellaren M_7C_3-Eutektikum und dunklen Austenitzellen **(b)** übereutektisches weißes Gußeisen mit primären M_7C_3-Karbiden und lamellarem Eutektikum **(c)** primäres NbC-Karbid mit stabförmigem eutektischem NbC

unvollständiger je höher der Legierungsgehalt und die Abkühlgeschwindigkeit. Diese Teilchen sind zu fein, um unmittelbar dem furchenden Verschleiß Widerstand zu bieten. Sie werden daher der MM zugerechnet. Die Elemente Ni, Cu und Si beteiligen sich nicht an der Karbidbildung und reichern sich in der MM an.

D.1.2.1

Umwandlung in der Form

Mit steigendem Legierungsgehalt des Austenits wird die Perlitumwandlung verzögert und die Start- und Finishtemperatur (M_s, M_f) der Martensitumwandlung

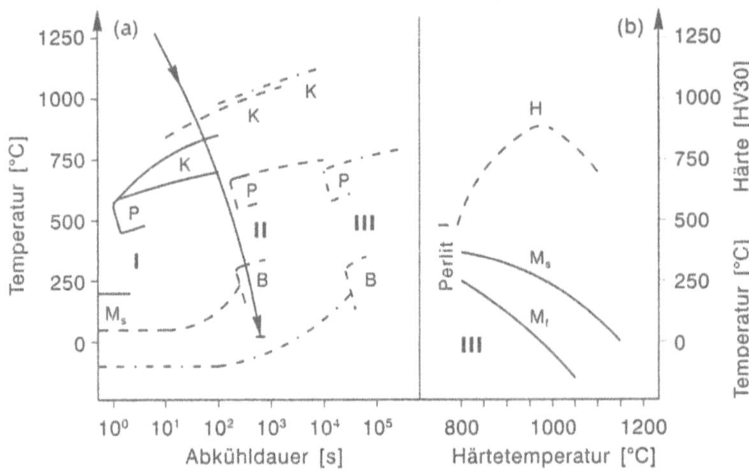

Bild D.1.2 Umwandlung von weißem Gußeisen, schematisch für I Hartguß, II Hartguß mit 12% Cr, III Hartguß mit 20% Cr und 3% Mo. **(a)** Nach der Erstarrung führt die weitere Abkühlung eines gegebenen Werkstückes (s. Pfeil) zu: I = K + P, II = K + B + RA, III = (K) + RA. **(b)** Eine steigende Härtetemperatur destabilisiert den Austenit des gegossenen Zustandes III und stabilisiert ihn dann wieder, woraus sich ein Härtemaximum ergibt [D.1.3]. *K* Sekundärkarbid, *P* Perlit, *B* Bainit, *M* Martensit, *RA* Restaustenit, M_s, M_f Beginn und Ende der Martensitumwandlung

gesenkt. Bei Abkühlung auf Raumtemperatur (RT) kann ein vollmartensitisches Gefüge (M_s > M_f > RT) entstehen, ein Gefüge aus Martensit und Restaustenit (RA) (M_s > RT > M_f) oder ein austenitisches Gefüge (RT > M_s > M_f). Die langsame Abkühlung in der Sandform bietet eine gute Gewähr für rißfreie Gußstücke (s. Kap. D.9). Je nach Querschnitt und Legierungsgehalt liegen beim Ausformen perlitische, martensitisch/bainitische, austenitische oder daraus gemischte MM vor (Bild D.1.2a). Zwischen Perlit und Austenit stellt sich im Martensit mit ≤ 30 Vol % Restaustenit die höchste Härte ein. Da die zur Verzögerung der Perlitbildung nötigen Legierungsanteile auch M_s und M_f senken, ist vielfach die Höchsthärte der MM nur durch eine Wärmebehandlung zu erzielen. Sie besteht aus Härten und Anlassen.

D.1.2.2

Härten

Mit steigender Härtetemperatur wächst die Konzentration an Kohlenstoff und Legierungselementen im Austenit und die Umwandlungslinien verschieben sich entsprechend Bild D.1.2. Der Vorteil gegenüber dem Abkühlen in der Form liegt darin, daß durch die Wahl der Härtetemperatur im Austenit eine optimale Konzentration eingestellt und eine raschere Abkühlung realisiert werden kann. Während ein perlitisch-bainitisches Ausgangsgefüge durch Auflösen von

Karbiden die gewünschte Konzentration im Austenit erreicht, findet im austenitischen Ausgangsgefüge durch Ausscheiden von Karbiden eine Senkung der Konzentration statt, was auch als Destabilisieren bezeichnet wird. Die Härte des Martensits steigt mit dem Gehalt an gelöstem Kohlenstoff, der mit der Härtetemperatur zunimmt. Da gleichzeitig auch der Legierungsgehalt wächst und M_s bzw. M_f fallen, geht die Härte nach Überschreiten eines Höchstwertes durch vermehrten Gehalt an weicherem RA wieder zurück (Bild D.1.2b, s.a. Bild D.9.3). Durch Tiefkühlen auf eine Temperatur TT < RT verschiebt sich das Härtemaximum zu höherer Härtetemperatur, da mehr RA zu Martensit umwandelt. Unterhalb von TT $\approx$ -130 °C stabilisiert sich der Restaustenit. Wegen der Gefahr von Spannungsrissen durch Volumenzuwachs bei der Phasenumwandlung (s. Abschn. D.9.2) kommt eine Tieftemperaturbehandlung selten zur Anwendung. Sie kann sich aber ungewollt bei winterlicher Temperatur einstellen.

D.1.2.3
Anlassen

Durch Anlassen wird die Übersättigung des martensitischen Mischkristalls und die Eigenspannung abgebaut. Im Hinblick auf eine hohe Härte wird um 200 °C angelassen, wobei es zur Ausscheidung von Fe_2C und zur Senkung der Mikroeigenspannungen kommt (s. Kap. A.4). Gleichzeitig findet eine Stabilisierung des Restaustenits statt und seine Umwandlung durch Tiefkühlen geht zurück. Bei ausreichend hohem Gehalt an gelöstem Mo, V, Nb im Martensit kommt es zwischen 500 und 600 °C durch Ausscheidung von MC und M_2C sowie durch Restaustenitumwandlung zu einer ausgeprägten Sekundärhärte. Eine Anlaßbehandlung in diesem Temperaturbereich ist besonders für die Verwendung von Gußstücken bei erhöhter Temperatur vorgesehen (s. Abschn. D.7.1).

D.1.2.4
Restaustenit

Je nach Legierung und Herstellart (Abkühlen in der Form, Härten, Tiefkühlen, Anlassen) stellt sich RA im Gefüge ein. Seine Härte bleibt mit z.B. 400 HV deutlich unter der des Martensit. Trotzdem kann er sich günstig auf den Widerstand gegen furchenden Verschleiß W_F^{-1} auswirken, wenn er in der Verschleißfläche verformungsinduziert zu Martensit umwandelt (s. Abschn. B.1.1.1 Integraler Verschleiß: g, h). Ob es dazu kommt, hängt von der Austenitstabilität und dem Verformungsgrad ab. Wie aus Tabelle B.1.1 hervorgeht, steigt W_F^{-1} mit dem Gehalt an umgewandeltem RA an, der sich durch Röntgenbeugungsanalyse vor und nach der Verschleißbeanspruchung bestimmen läßt. Eine stabile Austenitmatrix erhöht zwar die Zähigkeit, bietet aber zu wenig Stützwirkung für die HP. Ein Gefüge aus Martensit mit 30 bis 50 Vol % RA bietet in der Regel eine ausreichende Ausgangshärte und Stützwirkung sowie einen umwandlungsfähigen Restaustenitanteil.

D.1.3

Werkstoffgruppe

Die besprochenen Hartphasen und Metallmatrizes kommen in drei Grundkombinationen vor: Hartguß besteht aus M_3C und perlitischer Matrix, Nickel-Hartguß aus M_3C und martensitischer Matrix (+RA). Chrom-Nickel und Chrom-Hartguß setzt sich aus M_7C_3 und einer martensitischen Matrix (+RA) zusammen. Beispiele sind in Tabelle D.1.1 aufgeführt. Es handelt sich um weiß erstarrte Gußeisen, die aufgrund ihrer karbidischen Struktur einen hellen Bruch zeigen. Grau erstarrte Gußeisen, in denen der Kohlenstoff nicht als Karbid sondern als dunkler Graphit ausgeschieden ist, sind bei furchendem Verschleiß weniger geeignet. Sie bewähren sich aufgrund ihrer selbstschmierenden Graphitdepots in anderen tribologischen Systemen, wie z.B. Gleitpaarungen.

D.1.3.1

Hartguß

Abgesehen von erzeugungsbedingten Gehalten aus Erz und Schrott handelt es sich auf den ersten Blick um ein unlegiertes untereutektisches Gußeisen, dessen Gefüge überwiegend aus gerüstartigem Fe_3C-Eutektikum besteht und Metallzellen enthält. Die Härte der eutektischen Karbide liegt bei $\approx$ 1000 HV0.05, die der perlitischen Matrix bei $\approx$ 300 HV0.05. Mit der Zunahme von Mn und Abkühlgeschwindigkeit wird der Perlit feinstreifiger und seine Härte nimmt zu. Die Makrohärte des Hartgusses beträgt $\approx$ 500 HV30.

Da Graphit und nicht Fe_3C die stabile Gleichgewichtsphase im System Fe-C darstellt, muß die graphitische Erstarrung durch rasche Abkühlung und Zusatz von karbidbildenden Elementen unterdrückt werden. Mit zunehmendem

Tabelle D.1.1 Grobe Einteilung verschleißbeständiger weißer Gußeisen anhand einiger Legierungsbeispiele mit einem Gefüge aus Hartphase und Metallmatrix und einem Richtwert für die Härte, die von Behandlungsart und Querschnitt abhängt

Gruppe	Beispiel	HP	MM	Härte [HV30]
Hartguß	FeMnSiC 3.4	M_3C	Perlit	500
Ni-Hartguß	FeNi4Cr2C3.3	M_3C	M + RA	650
	FeNi4Cr2C2.6	M_3C	M + RA	650
	FeCr9Ni6Si2C3	M_7C_3	M + RA	700
Cr-Hartguß	FeCr12C2.1	M_7C_3	M + RA	800
	FeCr15Mo3C3	M_7C_3	M + RA	800
	FeCr20Mo2C3	M_7C_3	M + RA	800
	FeCr25Mo1C3	M_7C_3	M + RA	800
	FeCr13Nb9MoTiC2.3	MC M_7C_3	M + RA	800

HP Hartphase, *MM* Metallmatrix, *M* Martensit, *RA* Restaustenit

Erstarrungsquerschnitt finden wir daher etwas höhere Mn-Gehalte und kleine Zugaben von Cr, die die Kohlenstoffaktivität senken. Sie wird durch Si und Ni erhöht, so daß aus Kostengründen das Mn/Si-Verhältnis zur Steuerung der weißen Erstarrung herangezogen wird. Auf den zweiten Blick ist daher doch Legierung im Spiel, aber mehr für die Fertigung als für den Gebrauch. Da in der Regel nur ein gewisser Verschleißbetrag zugelassen werden kann, reicht häufig eine weiß erstarrte harte Schale über einem grau erstarrten Kern. Durch Einlegen eines Kühleisens in die Sandform wird lokal die Abkühlgeschwindigkeit erhöht und eine weiße Randzone erzeugt. Beispiele sind Schlagköpfe für Kohlemühlen und Nockenwellen. Das Verfahren bietet den Vorteil, daß die grau erstarrten Bereiche weich und damit gut bearbeitbar bleiben.

Hartguß und Schalenhartguß FeMnSiC 3.4 bewährt sich bei der Verarbeitung von Kohle und weicheren Gesteinen wie Gips und Kalk unter milder Beanspruchung, d.h. geringer Normalkraft und schmaler Furchung. Sobald Quarzanteile auftreten bieten die Eisenkarbide keinen ausreichenden Schutz.

D.1.3.2

Nickel-Hartguß

Nickel erweitert das Austenitgebiet, verzögert die Perlitumwandlung und senkt die Übergangstemperatur zum Spaltbruch. Dadurch sinkt die Härtetemperatur, die Metallmatrix wandelt martensitisch um und ihre Zähigkeit steigt. Da dieses Element sich nicht an der Karbidbildung beteiligt, steht es der Matrixbeeinflussung voll zur Verfügung. Um bereits nach der Abkühlung in der Form eine MM aus Martensit und RA zu erreichen, sind mit dem Querschnitt ansteigend 3.5 bis 5 % Ni erforderlich. Der dadurch wachsenden Neigung zu unerwünschter Graphitbildung wird mit 1.5 bis 2.5 % Cr entgegengesteuert. Die Gehalte an Si und Mn sind wegen Graphitisierung einerseits und Restaustenitstabilisierung andererseits niedriger als bei Hartguß. Die M_3C-Karbide dieser untereutektischen und martensitischen Gußeisen gewinnen durch Lösen von Cr an Härte (bis 1100 HV0.05) und ihre Menge steigt mit dem C-Gehalt an, der zwischen 2.5 und 3.5 % liegt. FeNi4Cr2C2.6 und FeNi4Cr2C3.3 sind unter den Handelsnamen Ni-Hard 2 bzw. 1 eingeführt [D.1.1].

Durch Anlassen bei 275 °C zerfällt der Restaustenit zu unterem Bainit und die Härte des Gußzustandes von z.B. 550 HV30 wächst um ≈ 100 HV30 an. Gegenüber unlegiertem Hartguß kommt es daher zu einer besseren Stützwirkung der Matrix für die Karbide und der Verschleißwiderstand steigt. Durch Übergang von Sand- zu Kokillenguß wird das Gefüge gefeint und die Härte um weitere ≈ 50 HV30 angehoben.

Durch Erhöhung des Cr-Gehaltes gelingt es, härtere M_7C_3-Karbide (1300 bis 1500 HV0.05) auszuscheiden. Bei ≈ 5.5 % Ni und ≈ 2 % Si reichen dazu bereits 8.5 % Cr, die eine Graphitbildung ausschließen. Die Absenkung der Ac_1-Temperatur und die Unterdrückung der Perlitbildung durch Nickel erlauben eine spannungsarme Lufthärtung von niedriger Härtetemperatur (800 °C), bei der eine

Makrohärte von > 700 HV30 erreicht werden kann. Der CrNi-Hartguß FeCr9Ni6Si2C3 ist unter dem Handelsnamen Ni-Hard 4 bekannt [D.1.1] und bildet den Übergang zum Chrom-Hartguß. Aufgrund seiner im Vergleich zu chromärmerem oder chromfreiem Hartguß höheren Karbid- und Gesamthärte kann diese Legierung auch in härterem Gestein eingesetzt werden.

Nickel-Hartguß überdeckt ein breites Anwendungsfeld: Fördern mineralischer Güter (Rutschen, Schurren, Schnecken, Rohrbögen), Zerkleinern (Mühlenauskleidungen, Brechbacken, Schläger, Brechwalzen), Klassieren (Zyklonabscheider, Siebanlagen), Kompaktieren (Preßwerkzeuge, Walzen).

D.1.3.3
Chrom-Hartguß

Chrom schnürt das Austenitgebiet ein und erhöht so die Härtetemperatur. Ein Großteil wird zur Bildung von M_7C_3-Karbiden verbraucht, so daß die Härtbarkeit für dickere Querschnitte durch Zusätze von 1 bis 3 % anderer Legierungselemente wie Cu, Mn, Mo, Ni angehoben werden muß. Mn und Mo lösen sich z.T. im Karbid, während Cu und Ni voll wirksam in der MM verbleiben. Cu ist preiswerter als Ni, aber in Schrott unerwünscht. In Bezug auf erwünschte Härtbarkeitssteigerung und unerwünschte Restaustenitstabilisierung schneidet Mo weit günstiger ab als Mn, wenn auch zu höheren Legierungskosten. Während in unlegiertem Hartguß der eutektische Punkt bei $\approx$ 4.2 % C liegt, fällt er auf $\approx$ 3 % zurück, wenn der Chromgehalt auf die übliche Obergrenze von 28 % steigt [D.1.2]. Ausgehend von einem stark untereutektischen Gefüge aus Metallzellen umgeben von netzförmigem Eutektikum der Legierung FeCr12C2.1 wird in der Legierung FeCr25Mo1C3 ein naheutektisches Gefüge erreicht. Eine Erhöhung ihres C-Gehaltes auf z.B. 3.3 % führt zur Ausscheidung grobstengeliger M_7C_3-Primärkarbide, die einen höheren Widerstand gegen grobe Furchung bieten, aber auch die Zähigkeit beeinträchtigen. Ein steigendes Cr/C-Verhältnis erhöht den Cr-Gehalt im Karbid und in der Matrix, so daß die Karbidhärte und die Härtbarkeit zunehmen [D.1.3]. Daraus ergibt sich die Abstufung des Mo-Gehaltes in Tabelle D.1.1. Trotz des hohen Cr-Gehaltes sind diese Gußeisen in der Regel nicht rostbeständig, da zu wenig Cr in der MM gelöst bleibt (s. Abschn. B.3.1.2).

Nach der Abkühlung in der Form liegt ein Mischgefüge vor, dessen Restaustenitgehalt mit dem Legierungsgehalt auf 100 % ansteigt. Die hochchromlegierten weißen Gußeisen erhalten ihre Gebrauchshärte daher durch Härten und Anlassen. Die Härtetemperatur steigt mit dem Cr-Gehalt von 950 auf 1100 °C. Je nach Legierungsgehalt bringt sie Karbide in Lösung oder destabilisiert sie den Restaustenit durch Ausscheiden von Karbiden. Nach Anlassen um 200 °C werden Härtewerte zwischen 750 und 900 HV30 erzielt. Ein Anlassen im Sekundärhärtebereich ist mit geringerer Härte (650 bis 750 HV30), aber auch mit einem Abbau von Eigenspannungen verbunden und bietet Vorteile bei Warmverschleiß (s. Kap. D.7).

Die letzte Legierung der Tabelle D.1.1 gibt ein Beispiel für die primäre Ausscheidung von MC, das durch Ti angekeimt wird und durch Nb wächst. Neben einer Erhöhung der Karbidhärte kommt es zu einer homogeneren Verteilung der Karbide und damit zu einem besseren Verschleißwiderstand.

Die hochchromlegierten weißen martensitischen Gußeisen, kurz Chrom-Hartguß genannt, werden wie Nickel-Hartguß als Verschleißschutz beim Fördern, Zerkleinern, Klassieren, Kompaktieren und Transportieren mineralischer Güter eingesetzt, zeigen aber in der Regel einen vergleichsweise höheren Verschleißwiderstand insbesondere bei Hartgestein. Ein Beispiel für die Bruchfestigkeit solcher Gußstücke sind die Schlagleisten von Prallmühlen zur Zerkleinerung von Basalt und Diabas. Sie sind auf einem Rotor befestigt, der sich z.B. mit 600 Upm dreht, aus einem Vorbrecher kommende Brocken mit einer Maschenweite von z.B. 300 mm erfaßt, gegen Prallkörper schleudert und auf die Stückgröße von Schotter bricht. Er enthält nach diesem Verfahren einen hohen „kubischen" Anteil, wie er vor allem im Gleisbau verlangt wird. Die Schlagleisten mit einem Stückgewicht von über 100 kg werden aus naheutektischem Gußeisen mit z.B. 25 % Cr in Sandformen gegossen, an bewegter Luft gehärtet, bei $\approx$ 180 °C angelassen und mit einer Härte von 800 bis 900 HV30 eingebaut. In diesem Zustand übertrifft ihre Bruchfestigkeit im Kontakt die des Gesteins. Voraussetzung für einen sicheren Betrieb ist allerdings eine plane Auflage im Rotor, die Vermeidung von Formkerben und ein Aufgabegut ohne verirrte grobe Metallstücke.

D.1.4 Zusammenfassende Betrachtung

Die Bruchzähigkeit der weißen Gußeisen steigt mit dem Volumenanteil, dem Nickelgehalt sowie mit dem Zusammenhalt und der abnehmenden Härte der Metallmatrix. Der Verschleißwiderstand wächst dagegen mit dem Gehalt an wirksamen Karbiden, die härter und zäher als das Abrasiv und gröber als der Furchenquerschnitt sind (s. Abschn. B.1.1). Die Härte der Karbide nimmt in der Reihenfolge M_3C, M_7C_3, MC zu und ihre Größe beim Übergang von eutektischer zu primärer Erstarrung. Letztere ist bei M_3C und M_7C_3 wegen Versprödung durch grobstengelige Ausbildung nur begrenzt nutzbar. Hier bieten kubische MC-Karbide Vorteile. Die eutektischen Karbide sind häufig für die in Anwendungen auftretenden Furchenquerschnitte zu fein. Bei naheutektischer Zusammensetzung führen sie zwar mit engem Abstand zu einer gleichmäßigen Bedeckung der Verschleißfläche, der Widerstand gegen Furchungsverschleiß steigt aber erst deutlich an, wenn die Matrixhärte und damit die Werkstoffhärte H_W wächst. Oberhalb eines Härteverhältnisses $H_W/H_{AB} > 0.6$ beginnt der Übergang zur Hochlage des Verschleißwiderstandes (s. Bild B.1.9a). Aus diesem Grunde bewährt sich naheutektischer Chrom-Hartguß mit Höchsthärte in vielen Anwendungsfällen besser als Hartguß und Nickel-Hartguß. Kommt zur tribologischen noch eine mechanische Bauteilbelastung hinzu, so muß vielfach auf Verschleißwiderstand verzichtet und mit bruchzäheren, d.h. weicheren und karbidärmeren Legierungen gearbeitet werden.

Hitzebeständiger Stahlguß mit erhöhtem Verschleißwiderstand

STEFAN MISKIEWICZ

Hitzebeständigen Stahlgußlegierungen kommt als Konstruktionswerkstoff für eine Vielzahl unterschiedlicher Anwendungsfälle bei hoher Temperatur eine zentrale Bedeutung zu. Resultierend aus den Hauptanforderungen nach einem hohen Widerstand gegen Kriechen und einer möglichst guten Hochtemperatur-korrosionsbeständigkeit, standen bei der Entwicklung der derzeit marktüblichen Legierungssysteme insbesondere Maßnahmen zur Verbesserung bzw. gezielten Kombination dieser Größen im Vordergrund. So erstreckt sich das Feld der heute in der Praxis eingesetzten Werkstoffe von ferritischen über ferritisch-austenitische bis hin zu rein austenitischen Legierungen, welche aufgrund ihrer kfz-Gitterstruktur und der damit verbundenen sehr hohen Kriechfestigkeit zentrale Bedeutung erlangt haben.

Ein klassischer Vertreter dieser Gruppe ist der Werkstoff FeCr25Ni20SiC0.4. Während Nickel primär zur Stabilisierung der austenitischen Struktur und zur Mischkristallhärtung dient, geht der Chromgehalt der Legierung zum einen in die eutektische und sekundäre Karbidbildung ein, zum anderen wird Chrom in der Matrix gelöst und bildet so das Potential für eine Cr_2O_3-Schutzschichtbildung in oxidierenden Atmosphären. Tritt nun die Forderung nach einem hohen Warmverschleißwiderstand als Anforderung hinzu, erscheint es als sinnvoll, die Mechanismen der Karbidbildung und Deckschichtbildung unabhängig voneinander zu gestalten, d.h. Chrom als Karbidbildner durch Elemente mit höherer Affinität zu Kohlenstoff wie z.B. Niob und Titan zu ersetzen. Auf diese Weise ist es möglich, Hartphasenstruktur und -volumen zu modifizieren und gleichzeitig eine hochtemperaturkorrosionsbeständige Matrix zu erhalten [16].

Gefüge

Das Gußgefüge der Legierung FeCr25Ni20SiC0.4 setzt sich aus austenitischer Matrix und interdendritisch ausgeschiedenen M_7C_3-Karbiden zusammen. Durch Legieren des gleichen Werkstoffes mit 3 % Niob ergibt sich eine grundsätzlich geänderte Erstarrungsstruktur. Nach der austenitischen Matrix entsteht ein Eutektikum aus γ und MC-Karbiden auf Basis von Niob. Erst im letzten Schritt der Erstarrungssequenz werden eutektische Chromkarbide ausge-

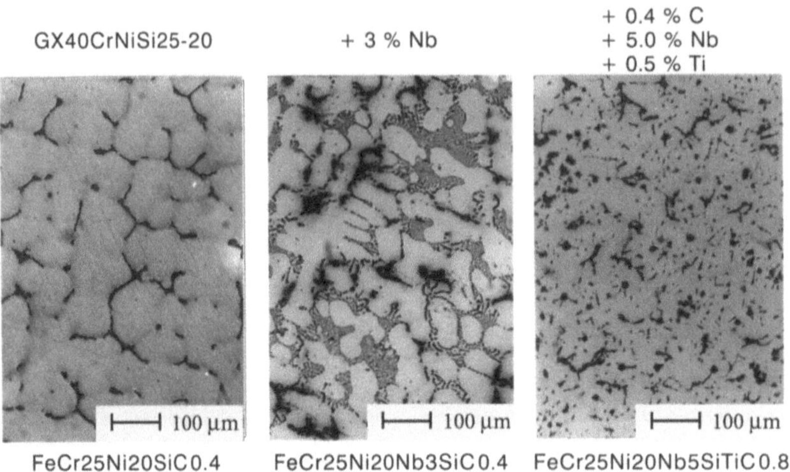

Bild D.2.1 Auswirkung erhöhter Gehalte an Niob (und Titan) auf die Karbidstruktur des Werkstoffes FeCr25Ni20SiC0,4

schieden, welche jedoch aufgrund des höheren verfügbaren Cr-Gehalts sowie des nur noch geringen freien Gehaltes an Kohlenstoff die Struktur $M_{23}C_6$ aufweisen (Bild D.2.1). Während eine weitere Erhöhung des Kohlenstoff- und Niobgehaltes nach Durchlaufen der eutektischen Rinne zur Ausscheidung grober, primärer MC-Karbide führt (Bild A.2.4e), läßt sich die Hartphasenverteilung sowie deren Größe durch die Zugabe geringer Mengen an Titan signifikant beeinflussen. Es entsteht eine entartete Struktur, welche durch fein verteilte primäre MC-Karbide gekennzeichnet ist (Bild D.2.1). Die Ursache für die geänderte Erstarrungskinetik ist darin zu sehen, daß sich bereits bei Gießtemperatur aufgrund der sehr negativen freien Ausscheidungsenthalpie Nitride des Typs TiN auf Basis von Stickstoff als Begleit- und Titan als Legierungselement ausscheiden, welche im weiteren Verlauf der Erstarrung eine heterogene Keimbildung der NbC-Karbide ermöglichen. Abschließend kann an dieser Stelle festgehalten werden, daß das Ziel eine Modifikation der Hartphasen und des Hartphasenvolumens über das Legieren mit Niob und Titan erreicht werden kann.

D.2.2

Eigenschaftsprofile der Legierungen

Im folgenden werden die Auswirkungen der grundsätzlichen Strukturveränderungen auf die Eigenschaftsprofile vergleichend beschrieben.

Warmfestigkeit

Das Kriechverhalten der Legierungen wird maßgeblich durch die Menge, Größe, Verteilung und Geometrie der eutektischen bzw. primären Karbide, sowie das

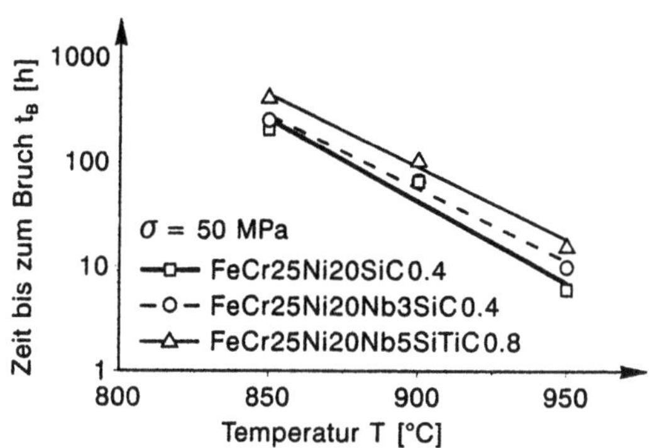

Bild D.2.2 Zeitstandfestigkeit der hitzebeständigen Stahlgußlegierungen in Abhängigkeit von der Temperatur (Spannung $\sigma = 50$ MPa)

Potential der Matrix zur Bildung feiner, langsam wachsender Sekundärkarbidausscheidungen beeinflußt. Ein Vergleich der Zeit bis zum Bruch macht deutlich, daß die Zeitstandfestigkeit der neuen Werkstoffe die der Standardlegierung erheblich übertrifft (Bild D.2.2). Die besten Werte erreicht die Variante FeCr25Ni20Nb5SiTiC0.8. Eine nähere Betrachtung der Ursachen führt zu dem Ergebnis, daß zwei Faktoren von ausschlaggebender Bedeutung sind. Zum einen ändert sich durch das Legieren mit Niob und Titan die Art der sich ausscheidenden Sekundärkarbide. Während die relativ schnell wachsenden $M_{23}C_6$-Karbide im Werkstoff FeCr25Ni20SiC0.4 bereits nach kurzer Zeit die ideale Teilchengröße zur Behinderung von Versetzungsbewegungen überschreiten, scheiden sich in den modifizierten Varianten M_6C- bzw. MC-Karbide aus. Diese wachsen wesentlich langsamer, ermöglichen also eine effizientere Ausscheidungshärtung. Die zweite Einflußgröße ergibt sich aus der Wirkung der eutektischen bzw. primären Karbide. Nach Aufgabe einer Last im Zeitstandversuch wird ein Teil der resultierenden Spannung über Versetzungsbewegungen auf die groben Hartphasen übertragen. Wird nun, wie in den modifizierten Legierungsvarianten, das Karbidvolumen erhöht, sinkt die Last für die einzelne Phase und die Gefahr einer Rißbildung im Karbid wird reduziert. Dieser positive Effekt wird beim Werkstoff FeCr25Ni20Nb5SiTiC0.8 noch dadurch unterstützt, daß durch die regellos verteilten primären MC-Karbide eine homogenere Lastverteilung erreicht wird. Gleichzeitig erschwert die kompakte Form der MC-Karbide eine Anrißbildung in den Hartphasen.

Oxidationsbeständigkeit

Obgleich durch die geänderte Hartphasenstruktur in den modifzierten Legierungen der in der Matrix gelöste und damit zur Deckschichtbildung verfügbare Chromgehalt angehoben wird, muß im Vergleich zum Standardwerkstoff eine Verschlechterung des Oxidationswiderstandes festgestellt werden (Bild D.2.3). Die Ursache für dieses Verhalten ist nicht in einem grundsätzlich geänderten Schichtaufbau zu sehen, sondern in einer selektiven Oxidation der niobreichen

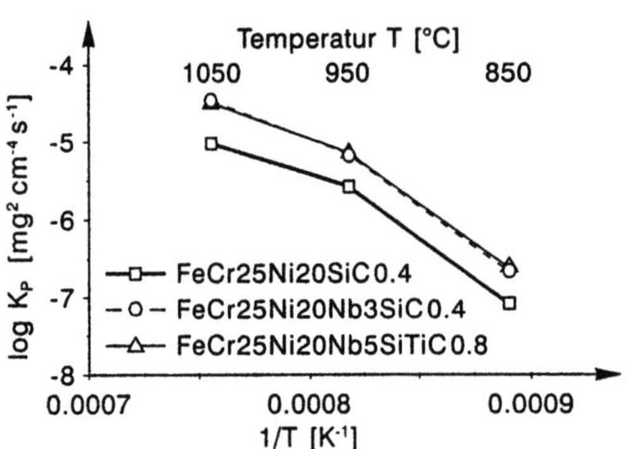

Bild D.2.3 Parabolische Zunderkonstante K_P der hitzebeständigen Stahlgußlegierungen in Abhängigkeit von der Temperatur (trockene synthetische Luft)

MC-Karbide. Im Gegensatz zu der primär durch die Auswärtsdiffusion von Chromkationen wachsenden Cr_2O_3-Schicht, erfolgt das Wachstum des Nioboxids Nb_2O_5 durch eine Einwärtsdiffusion von Sauerstoffanionen zur Grenzfläche Oxid/Karbid. Dies führt in Verbindung mit der höheren Wachstumsgeschwindigkeit des Nb_2O_5 sowie der aus der Umsetzung von NbC in Nb_2O_5 verbundenen Volumenzunahme zum wiederholten Aufreißen der Deckschicht, die Oxidationsgeschwindigkeit wird partiell erhöht. Wenngleich durch den zuvor beschriebenen Mechanismus das Niveau der Oxidationsbeständigkeit der modifizierten Varianten unterhalb dem des Standardwerkstoffes anzusiedeln ist, bewegen sich die Absolutmassenzunahmen jedoch in einem für viele technische Anwendungen akzeptablen Rahmen.

Warmverschleiß

Untersucht wurde das Korngleitverschleißverhalten der Werkstoffe gegen Flint (s.a. Bild B.1.4). Bei hoher Temperatur erfolgt der Materialabtrag primär durch Indentation. Durch die sich mit der Temperatur ändernden Härteverhältnisse zwischen den abrasiven Teilchen und der metallischen Matrix, kommt es auf der Oberfläche der Verschleißproben zur Ausbildung einer durchgehenden Si-haltigen Schicht, d.h. auch der Volumengehalt an eutektischen bzw. primären Karbiden in den neuen Werkstoffen reicht nicht aus, um eine komplette Deckschichtbildung zu vermeiden. Dennoch liegt der Verschleißwiderstand der modifizierten Legierungsvarianten im technisch interessanten Temperaturbereich signifikant über dem der Standardlegierung (Bild D.2.4). Die besten Ergebnisse werden mit der Legierung FeCr25Ni20Nb5SiTiC0.8 erzielt. Nachdem sich die Si-haltige Schicht auf der Probenoberfläche gebildet hat, wird der weitere Ablauf der Verschleißschädigung durch Vorgänge in der direkten Werkstoffrandschicht bestimmt. Hier erweist sich die bereits angesprochene geänderte Ausscheidungskinetik der sekundären Karbide in den niob- bzw. niob- und titanlegierten Varianten als vorteilhaft (s. Abschn. Warmfestigkeit). Die Warmfestigkeit der Matrix und somit deren Widerstand gegen plastische Verformung wird deutlich

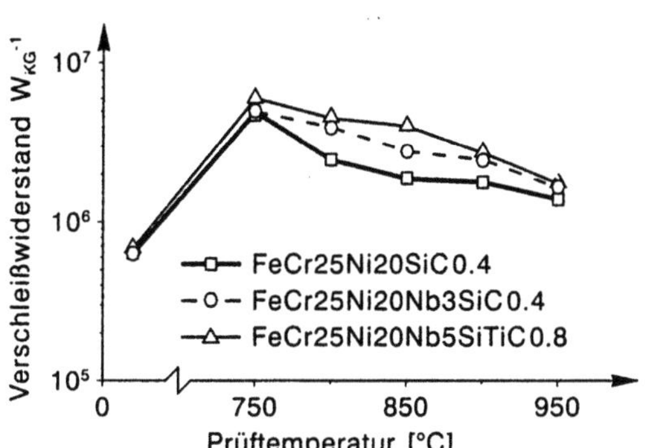

Bild D.2.4 Widerstand gegen Korngleitverschleiß nach Bild B.1.4 der hitzebeständigen Stahlgußlegierungen

erhöht. Durch die massiven, primären MC-Karbide wird ein Bruch der Hartphasen mit einsetzender plastischer Verformung vermieden, so daß im Gegensatz zu den Legierungen mit gestreckten eutektischen Karbiden, eine zusätzliche Lasterhöhung für die Matrix ausgeschlossen werden kann.

Folgerung für die Praxis

Mit dem Werkstoff FeCr25Ni20Nb5SiTiC0.8 steht für die Praxis eine hitzebeständige Gußlegierung zur Verfügung, welche entsprechenden konventionellen Werkstoffen aus Sicht der Warmfestigkeit und des Warmverschleißwiderstands bei weitem überlegen ist. Aufgrund des aus der geänderten Karbidstruktur resultierenden geringen Verlustes an Oxidationsbeständigkeit, ist als obere Grenze für den Werkstoffeinsatz eine Temperatur von etwa 900 °C anzusehen.

Heißisostatisch gepreßte Hartverbundwerkstoffe

HANS BERNS

In Hartverbundwerkstoffen soll durch die Dispersion von Hartphasen (HP) in einer verfestigten Metallmatrix (MM) eine höhere Zähigkeit erreicht werden als in kostengünstigeren Gußlegierungen mit eutektischer Grundmasse. Von den in Abschn. A.1.3 beschriebenen Fertigungswegen führt das gemeinsame Vermahlen von HP- und MM-Pulver mit anschließendem Drucksintern zu einer feinen Dispersion. Diese Fertigung ist jedoch HP-Gehalten oberhalb der der Hartlegierungen (Hartmetallen, Cermets) oder HP-Größen < 1 µm vorbehalten, da sich mit den PM-Hartlegierungen (s. Abschn. A.1.2) ohne Mahlen und damit preiswerter eine Dispersion feiner HP (≥ 1 µm) einstellen läßt.

Bei Furchungsverschleiß ist mit steigendem Furchenquerschnitt eine Dispersion gröberer HP gefragt (s. Bilder A.1.7 und B.1.7). Beim Vermischen grober HP mit einer Schmelze gehen häufig so große Anteile in Lösung, daß eine eutektische Erstarrung nachfolgt und der Zähigkeitsgewinn marginal bleibt. Die Mischung von groben HP- und verdüstem MM-Pulver besitzt dagegen eine so geringe Sinteraktivität, daß ein porenfreier Hartverbundwerkstoff nur durch Sintern mit flüssigen Phasenanteilen oder durch äußeren Druck zu erzielen ist. Da sich beim Flüssigphasensintern leicht ein Netzgefüge ergibt, bietet das heißisostatische Pressen (HIP) einer gekapselten Pulvermischung die besten Voraussetzungen für die Herstellung eines groben Dispersionsgefüges mit hoher Bruchzähigkeit (s. Bild A.1.8).

Im folgenden werden einige Gesichtspunkte zur Konzeption von HIP-Verbundwerkstoffen für den Verschleißschutz erörtert.

Pulveranordnung

Um nach HIP eine Dispersion von HP in MM zu erhalten, müssen die HP-Pulverkörner im Pulvergemisch durch MM-Pulverkörner voneinander ferngehalten und HP/HP-Kontakte unterbunden werden. Qualitativ ist leicht einzusehen, daß diese Forderung bei angenommener Kugelform der Pulverkörner durch grobe HP-Körner umgeben von feinen MM-Körnern erfüllt wird. Bei umgekehrtem Größenverhältnis würde sich ein sprödes HP-Netz ergeben (s. Bild B.2.13, B.2.20), wenn die HP-Menge ausreicht. Quantitativ scheint dieses topologische

Problem einer Kugelschüttung aus zwei Kugelarten mathematisch nicht gelöst. Daher wurde aus Experimenten die halbquantitative Abschätzung in Bild A.1.5 gewonnen, das einen Zusammenhang zwischen der Pulvermenge f, der mittleren Pulverkorngröße d und dem Gefüge herstellt.

Mengen- und Größenverhältnisse sind so zu wählen, daß die Pulvermischung auf der zähen Seite der HP-Dispersion liegt (Feld III und IV) und ein HP-Netz (Feld I und II) oder ein Duplexgefüge vermieden werden. Bis zu $\approx$ 30 Vol % HP (entsprechend log (f_{HP}/f_{MM} = -0.37)) steht ein weiter Bereich für das Durchmesserverhältnis zur Verfügung. Bei höherem HP-Anteil muß d_{HP}/d_{MM} deutlich über 1 angehoben werden. Das stößt auf Schwierigkeiten, da einerseits eine Erhöhung von d_{HP} die Bruchfestigkeit senkt (s. Bild A.1.8) und andererseits nur legierte gasverdüste MM-Pulver infrage kommen, deren Feinung noch nicht handelsüblich ist, so daß nur ein Absieben bleibt. Das wäre aber zu teuer ohne anderweitige Verwendung für die gröbere Fraktion. Daher bietet sich in der Regel ein HP-Gehalt von 30 Vol % an, mit dem die meisten Gußlegierungen im Verschleißwiderstand (s. Bild B.1.11) und in der Zähigkeit übertroffen werden. Eine mittlere HP-Größe zwischen 40 μm < d_{HP} < 70 μm schränkt die Furchung wirksam ein.

Während gasverdüste Matrixpulver eine kugelige Form besitzen, sind gemahlene HP-Pulver kompakt und kantig. Spratzige oder stengelige Anteile beeinträchtigen die Zähigkeit. Agglomerierte HP-Pulverkörner sind vielfach rundlich, doch halten sie einer Verschleißbeanspruchung meist nicht stand.

Pulverart

Die Art der HP- und MM-Pulver richtet sich nach dem Verwendungszweck des HIP Verbundwerkstoffes. Bei dem im Vordergrund stehenden Furchungsverschleiß sind HP dann wirksam, wenn sie gröber als der Furchenquerschnitt und härter als das angreifende Abrasiv (AB) sind (s. Abschn. B.1.1.1). Monokarbide und Diboride nehmen bezüglich ihrer Härte eine Spitzenstellung ein (s. Bild A.2.1). Feineutektische Karbidstrukturen wie z.B. bei Wolframschmelzkarbid WC/W$_2$C (s. Bild A.2.17c,d) weisen darüber hinaus noch eine außergewöhnlich hohe Bruchzähigkeit auf (s. Bild A.3.8). Die gewünschte Pulverkorngröße wird handelsüblich durch Sieben eingestellt. Bei zusätzlichem Angriff durch Naß- oder Hochtemperaturkorrosion und Warmverschleiß ist die chemische Beständigkeit (s. Kap. D.8) und die Temperaturabhängigkeit des Härteverhältnisses H_{HP}/H_{AB} (s. Kap. D.7) zu bedenken.

Die umschließende Metallmatrix stützt die dispergierten HP und verleiht dem Verbund Zähigkeit. Mit ihrer Härte H_{MM} steigt auch die Werkstoffhärte H_W und der Übergang von der Tief- zur Hochlage des Verschleißwiderstandes wird möglich (s. Bild B.1.8). Für die Matrix kommen daher überwiegend härtbare Stahlpulver zur Anwendung, die so legiert sind, daß sie bei milder Abkühlung rißfrei volle Härte erreichen (s. Kap. D.9). Dazu gehören Gesenk-, Warm-

und Schnellarbeitsstähle, die durch Anlassen auf eine gewünschte Härte/Zähigkeits-Kombination eingestellt werden können und durch Sekundärhärtung eine erhöhte Warmbeständigkeit bis $\leq 600\,°C$ besitzen. Bei zusätzlicher Naßkorrosion kommen nichtrostende martensitische Stahlpulver infrage. Gegen stärkere chemische Beanspruchung oder Betriebstemperaturen $> 600\,°C$ wird auf austenitische Stahlpulver und Pulver mit Nickel- oder Kobaltbasis zurückgegriffen, die durch einen hohen Legierungsgehalt mischkristallverfestigt sind. Nickellegierungen mit Al, Ti-Zusatz erlauben eine Ausscheidungshärtung durch γ'-Ni_3 (Al,Ti). Kobaltlegierungen zeichnen sich aufgrund ihrer niedrigen Stapelfehlerenergie durch eine ausgeprägte Kaltverfestigung aus (s. Bild B.1.14b), die auch bei erhöhter Temperatur noch wirksam bleibt (s. Abschn. A.2.2.3). Dadurch wird in der gefurchten Verschleißfläche eine höhere Matrixhärte (H_{MMF}) erreicht, die für den Verschleißwiderstand maßgeblich ist (s. Bild B.1.14a).

D.3.3

Pulverreaktionen

Beim heißisostatischen Pressen sintert die zuvor beschriebene Mischung aus HP- und MM-Pulver in einer evakuierten Blechkapsel bei 900 bis 1200 °C unter einem Druck von < 200 MPa in einigen Stunden zu einem porenfreien Verbundwerkstoff. Im Gegensatz zu einer langsam erstarrenden Gußlegierung befinden sich HP und MM bei Beginn des HIP-Prozesses nicht im thermodynamischen Gleichgewicht. Es wird jedoch vom System durch Diffusion zwischen beiden Pulverarten angestrebt, woraus sich um die HP Diffusionssäume mit neuen Phasen ergeben. Ihre Dicke s wächst mit der Temperatur und Zeit und kann auch vom Druck beeinflußt werden. Ein schmaler Saum gilt als Zeichen guter Bindung, ein breiter bedeutet den Verzehr der ursprünglichen HP. Die im vorigen Abschnitt erörterte eigenschaftsorientierte Pulverauswahl führt zu einer Vielzahl von Elementen, die mit großen Konzentrationsunterschieden im System vorliegen. Deshalb ist eine Vorhersage der zu erwartenden Übergangs- und Gleichgewichtsphasen und die Geschwindigkeit der Pulverreaktionen kaum möglich. Um s klein zu halten, gilt daher die Regel, volle Dichte mit niedriger Temperatur und hohem Druck zu erzielen. Eine andere Möglichkeit bestünde in der Nachstellung einer Gußlegierung durch Verwendung von Mischhartphasen und gleichgewichtsnah legiertem MM-Pulver. Dieser Weg scheitert jedoch meist an der Verfügbarkeit geeigneter Pulverkombinationen, die den geforderten Eigenschaften gerecht werden.

Eine hohe HP-Härte ist Ausdruck einer stabilen chemischen Bindung, die auf einer stabilen Elektronenkonfiguration mit einem geringen Anteil unlokalisierter Elektronen beruht. Die kubischen Monokarbide NbC, TaC und TiC weisen davon weniger auf als das hexagonale WC [D.3.1], was sich auch in einer rund fünfmal höheren Bildungsenthalpie widerspiegelt [D.3.2]. Die Diboride TiB_2 und CrB_2 sind durch feste Bor/Bor-Bindungen gekennzeichnet. Nach HIP

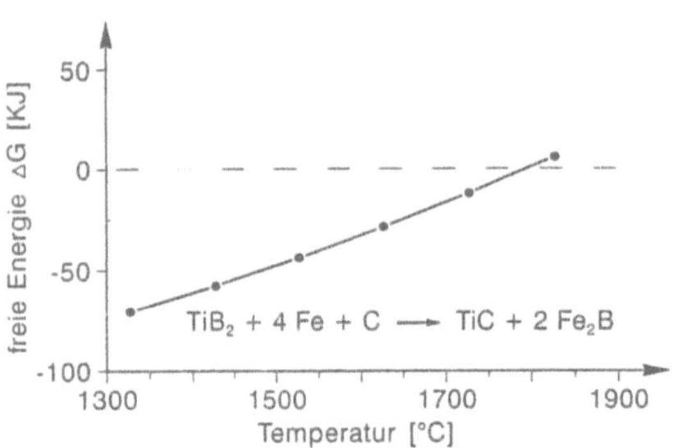

Bild D.3.1 Im Bereich üblicher HIP-Temperaturen wird TiB$_2$ in kohlenstoffhaltigem Stahl zu TiC umgewandelt [D.3.3]

wurde im Hartverbund FeNi2Cr1MoVC0.6 + 15TiB$_2$ u. a. TiC im Saum gefunden, was auf eine Reaktion des TiB$_2$ mit dem Kohlenstoff des Matrixpulvers deutet. Diese Reaktion entspricht der höheren thermodynamischen Stabilität von TiC in Eisen unterhalb 1800 °C (Bild D.3.1). Der Fall zeigt, daß eine stabile Bindung und hohe Härte nicht vor Reaktionen mit der Matrix schützen. Im folgenden werden die Pulverreaktionen anhand von zwei Beispielen genauer vorgestellt.

D.3.3.1
FeNi2Cr1MoVC0.6 + 15CrB$_2$

Der Verbundwerkstoff aus härtbarer Gesenkstahlmatrix mit eingelagerten Chromdiboriden beinhaltet sieben chemische Elemente und zeigt nach HIP bei 1090 °C, 140 MPa, 4 h einen so breiten Diffusionssaum aus borärmeren Hartphasen, daß sich eine Verdoppelung des HP-Volumens von 15 auf 31 % ergibt [6]. In Bild D.3.2 ist ein Viertel eines Schnittes durch eine kugelförmige HP mit Anfangs- und Endradius r$_A$ und r$_E$ wiedergegeben. Durch rasche Bor- und schwache Chromdiffusion nach außen und schwache Eisendiffusion nach innen haben sich aus CrB$_2$ die Phasen CrB und eisenreiches M$_3$B gebildet, aus dessen Bereich der Kohlenstoff verdrängt und zur Bildung eines äußeren Saumes aus M$_{23}$(B,C)$_6$ verbraucht wird. In der Matrix sind darüber hinaus kleine M$_{23}$(B,C)$_6$-Ausscheidungen zu erkennen, die aber wenig Kohlenstoff aufnehmen, so daß die Härtbarkeit nicht beeinträchtigt wird. Die Gehalte an B und C wurden durch wellenlängendispersive Röntgenpunktanalyse (WDX) gemessen und sind zusammen mit der Mikrohärte aufgetragen. Es wird deutlich, daß die Härte mit dem Borgehalt der Hartphasen ungefähr auf die Hälfte zurückgeht. Die Diffusion der metallischen Atome wurde durch energiedispersive Röntgenanalyse (EDX) überprüft und stützt die Phasenfolge.

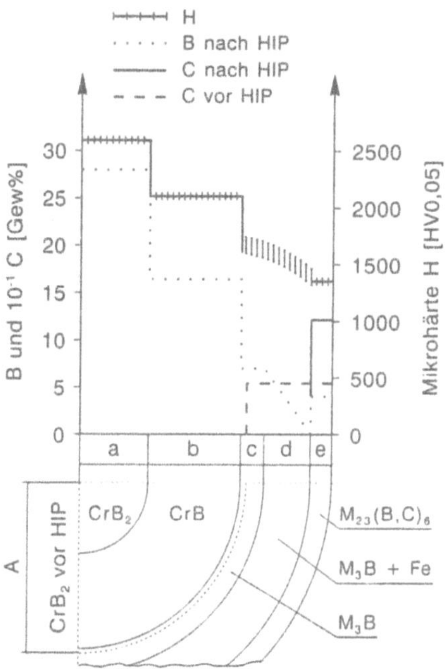

Bild D.3.2 Reaktion eines CrB$_2$-Teilchens mit der umgebenden FeNi2Cr1MoVC0.6-Matrix beim heißi-sostatischen Pressen. Das Teilchen verkleinert sich von Radius A auf a. Dafür entstehen borärmere Schalen aus CrB der Dicke b und M$_3$B der Dicke c. Der Kohlenstoffgehalt der Matrix wird vom Borid verdrängt und in einer äußeren M$_{23}$(C,B)$_6$-Schale angereichert [6]

D.3.3.2

Ni + WC

An diesem System sind nur drei Elemente beteiligt. Nach dem Drucksintern bei 1000 °C, 4 min., 35 MPa bleiben noch Poren zurück, doch entsteht ein schmaler innerer Diffusionssaum, in dem die Konzentration von W und C zur Matrix hin ab und die an Ni zunimmt (Bild D.3.3). Er besteht aus den Ni-W-Mischkarbiden M$_6$C und M$_{12}$C, die beide einen breiten Homogenitäts-bereich hinsichtlich des Ni/W- wie auch des M/C-Verhältnisses aufweisen [12]. Sie entstehen aus der Neigung des hexagonalen WC, höher symmetrische kubische Karbide zu bilden, in denen die Oktaederlücken in idealer Weise durch C-Atome besetzt sind. Auffällig ist, daß Wolfram einen breiten äußeren Mischkristallsaum mit Nickel bildet, der im Rasterelektronenmikroskop mit Rückstreuelektronen heller erscheint. Wegen der geringen Löslichkeit des Nickels für Kohlenstoff ist er im Mischkristallsaum nicht vertreten, obwohl er in Ni einen rund sechsfach höheren Diffusionskoeffizienten aufweist als Wolfram.

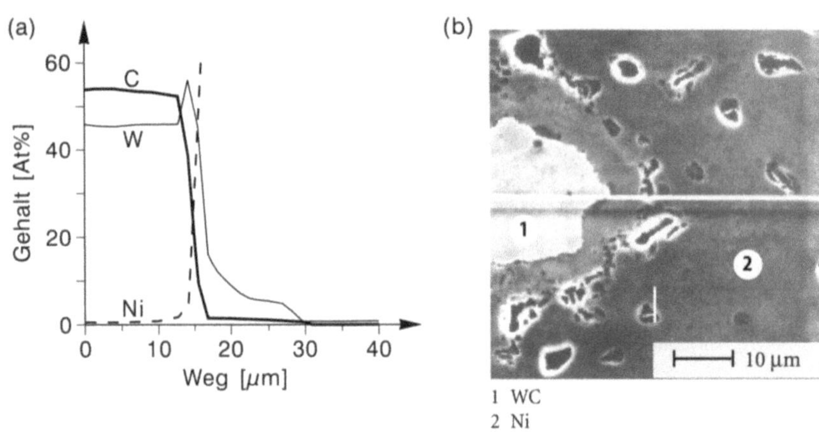

Bild D.3.3 Diffusionssaum um ein WC-Teilchen in einer Ni-Matrix nach dem Heißpressen des Verbundwerkstoffes, **(a)** WDX-Mikroanalyse entlang der Linie in **(b)** Gefügebild

D.3.3.3

Weitere Beispiele

Versuche mit Monokarbiden in unterschiedlichen Stahlmatrizes und mit Diboriden in Nickel- und Kobaltbasislegierungen ergaben eine Vielfalt von Pulverreaktionen bei HIP, für deren Vorhersagen die erforderlichen Zustandsdaten meist nicht vorhanden sind. Je höher die Zahl der Komponenten und der Phasen, um so höher wird auch der Untersuchungsaufwand zur Klärung des Saumaufbaus und der Matrixveränderungen. Neben der Röntgenbeugungs- bedarf es vor allem der EDX- und WDX-Analyse. Einige Ergebnisse sind in Tabelle D.3.1 zusammengefaßt.

Tabelle D.3.1 Mögliche Pulverreaktionen beim heißisostatischen Pressen

Hartverbundwerkstoff	H I P	Saum	Veränderungen in MM
FeCr17Ni13Mo2 + TiC	1100 °C / 6 h	MC (1µm), Cr_2Ti 100 MPa	mehr gelöste C-Atome, $M_{23}C_6$ auf Korngrenzen
NiCr20 + TiB_2 + CrB_2	920 °C / 4 h 140 MPa	MB, $M_{23}B_6$, Ni_3B MB, M_2B, Ni_3B	Boridausscheidung
CoCr10 + TiB_2 + CrB_2	1020 °C / 4 h 140 MPa	MB, Co_3B MB, Co_3B	Boridausscheidung

Werkstoffe

Aus der Vielzahl von HP/MM-Kombinationen werden im folgenden drei für bestimmte Anwendungen vorgestellt.

TiC in härtbarer Stahlmatrix. Diese Kombination ist als feine Dispersion seit langem unter dem Handelsnamen Ferrotitanit bekannt. Als grobe Dispersion gegen furchenden Verschleiß durch mineralische Körner bietet TiC eine hohe Härte und eine gute Anbindung mit schmalem Diffusionssaum. Als Matrixpulver kommt z.B. FeNi2Cr1MoVC0.6 in Frage oder für erhöhte Betriebstemperatur (< 600 °C) der Warmarbeitsstahl FeCr5Mo1V1C0.4 bzw. ein Schnellarbeitsstahl. Für nichtrostende Teile bietet sich auch eine austenitische Matrix aus FeCr17Ni13Mo2 an.

WSC in Nickelbasis. Wolframschmelzkarbid WSC besteht aus einem eutektisch erstarrtem WC/W_2C-Gemisch mit hoher Härte und Bruchzähigkeit. Die Einbettung in eine aushärtbare Nickellegierung führt zu einem guten Verbund mit schmalem Saum [15]. Der Werkstoff NiCr20Al4Si3 + 30WSC besitzt einen hohen Widerstand gegen Kalt- und Warmverschleiß (s. Bilder B.1.11 und B.1.29) und kann bis 750 °C eingesetzt werden. Bei noch höherer Temperatur macht sich die mangelnde Oxidationsbeständigkeit des WSC bemerkbar.

CrN in nichtrostender Stahlmatrix. Wird ein nichtrostendes ferritisches Matrixpulver FeCr15Mo1 mit CrN-Pulver gehipt, so erfolgt durch die Reaktion $2CrN \rightarrow Cr_2N + N$ eine Aufstickung der Matrix, die dadurch härtbar und äußerst korrosionsbeständig wird (Bilder A.2.5 und B.3.7) [7].

Hartverbundwerkstoff mit zweistufigem Dispersionsgefüge

HANS BERNS UND NGUYEN VAN CHUONG

Bei tribologischer wie mechanischer Beanspruchung erweist sich eine Dispersion von Hartphasen (HP) als vorteilhaft gegenüber einer netzförmigen Anordnung. Bei furchendem Verschleiß erzielen die Hartphasen dann ihre beste Schutzwirkung, wenn ihre Größe ungefähr die Furchenbreite erreicht (Bild B.1.7). Bei gegebenem HP-Volumen nimmt der HP-Abstand mit ihrer Größe zu, was sich in der Regel günstig auf die Bruchzähigkeit auswirkt (Bild A.1.8). Für die Bruchfestigkeit sind grobe Hartphasen jedoch von Nachteil.

Das führte zu der Überlegung, die für Verschleißwiderstand und Bruchzähigkeit günstige Größe dispergierter Hartphasen in eine dichte Ansammlung kleiner Hartphasen zu zerlegen, um so die Bruchfestigkeit anzuheben. Anders ausgedrückt wird die homogene Dispersion feiner Hartphasen zu einer inhomogenen entmischt (Bild D.4.1a). Die hartstoffreichen Bereiche A bestehen aus einem Dispersionsgefüge und sind selbst in einer hartstoffarmen Metallmatrix B dispergiert. Diese HP-Verteilung wird als zweistufiges Dispersionsgefüge bezeichnet [D.4.1, D.4.2].

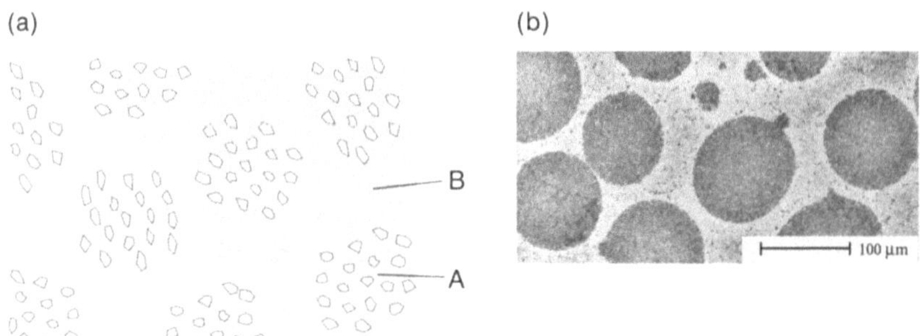

Bild D.4.1 Zweistufiges Dispersionsgefüge, **(a)** schematische Darstellung, **(b)** Matrizeneinsatz AB1 nach Tabelle D.4.1 und D.4.2

D.4.1

Herstellung und Prüfung

Zur pulvermetallurgischen Realisierung dieses Gefüges werden gasverdüste kugelige Stahlpulver verwendet. Für die Bereiche A kommt ein hochkohlenstoffhaltiges Pulver aus Schnellarbeitsstahl mit ≈ 30 Vol % an Karbiden zum Einsatz. Der Bereich B wird durch Pulver aus einem Warmarbeitsstahl (B1) bzw. kohlenstoffarmen Schnellarbeitsstahl (B2) aufgebaut (Tabelle D.4.1). Um ungefähr den gleichen HP-Gehalt wie im marktgängigen, pulvermetallurgischen Schnellarbeitsstahl (PMS) zu erreichen, muß das Pulver A mit einem Volumenanteil von 60 % vertreten sein. Seine Dispersion in 40 Vol % Pulver B ist entsprechend Bild A.1.5 (Feld IV) nur bei ausreichend hohem Durchmesserverhältnis d_A/d_B erzielbar. Es wird durch Absieben auf ≈ 5 eingestellt. Nach dem heißisostatischen Pressen (HIP) der Pulvermischung bei 1090 °C und 140 MPa werden die Kapseln zu Proben zerlegt, die nach dem Härten und Anlassen die in Tabelle D.4.2 und D.4.3 wiedergegebenen Karbidgehalte und mechanischen Eigenschaften aufweisen. Das Gefüge ist in Bild D.4.1b dargestellt. Wegen ähnlicher Aktivität des Kohlenstoffs in den Bereichen A und B bleibt seine Interdif-

Tabelle D.4.1 Chemische Zusammensetzung der verwendeten Pulver sowie der PM-Vergleichsstähle PMS, PMSA und des herkömmlich erzeugten S 6-5-2

Bezeichnung	Legierungsgehalt [Gew%]						
	C	Cr	W	Mo	V	Co	andere
Pulver B 1	0.4	5	–	1.4	1	–	1 Si, 0.4Mn
Pulver B 2	0.7	4	3	3	1	–	1 Nb
Pulver A	2.3	4.2	6.5	7	6.5	10.5	–
PMS	1.3	4.2	6.4	5	3.1	8.5	–
PMS A				wie Pulver A			
S 6–5–2	0.9	4	6	5	2	–	–

Tabelle D.4.2 Karbidgehalt und Härte der PM-Werkstoffe nach HIP- und Wärmebehandlung

Werkstoff	Karbidgehalt [Vol%]			Härte HV0.05			HV50
	Bereich A (≈1µm)	Bereich B (<<1µm)	gesamt	Bereich A	Bereich B		
AB 1[a]	15.0	2.0	17.0	997	817		878
AB 2[a]	14.2	2.4	16.6	955	840		889
PMS			16.4			930	900
PMS A			30.0			1030	997

[a] Zweistufige Dispersion aus 60 Vol% Pulver A und 40 Vol% Pulver B1 bzw. B2.

Werkstoff	E [MPa]	A_{bp} [%]	R_{bB} [MPa]	K_{Ic} [MPa · m$^{1/2}$]
AB 1	246823	0.042	2659	16.0
AB 2	235018	0.051	3000	15.0
PMS	228220	0.052	3247	10.9
PMS A	250000	0.023	2775	10.3

Tabelle D.4.3 Mechanische Eigenschaften der PM-Werkstoffe

E Elastizitätsmodul, A_{bp} plastische Biegebruchdehnung, R_{bB} Biegebruchfestigkeit, K_{Ic} Bruchzähigkeit

fusion gering (s. Abschn. D.3.3). Der Widerstand der zweistufigen Dispersionsgefüge AB1 und AB2 gegen furchenden Verschleiß (Bild B.1.3) entspricht dem Vergleichsstahl PMS, ihre Bruchzähigkeit liegt jedoch $\approx$ 40 % darüber.

D.4.2 Praxiserprobung

Die höhere mit DMS auf der Zugseite ermittelte plastische Biegebruchdehnung und die verbesserte Bruchzähigkeit lösten Praxisversuche aus, deren Ergebnis in Tabelle D.4.4 festgehalten ist. Um Ausbrüche zu vermeiden, mußte die Härte des bisher verwendeten Schmiedestahles S 6-5-2 auf 56 bis 58 HRC gesenkt werden, so daß nach dem Kaltfließpressen von $\approx 10^4$ Schrauben aus geglühtem Draht eine konische Aufweitung der Bohrung des eingeschrumpften Matrizeneinsatzes sowie Rißbildung einen Werkzeugwechsel erforderlich machte. Der neue Werkstoff mit zweistufigem Dispersionsgefüge war nach der achtfachen Standmenge noch weiterverwendbar. Bei der Verarbeitung von härterem gezogenem Draht ergab sich die sechsfache Standmenge.

Das Ergebnis der Praxiserprobung ist ermutigend, doch sind weitere Versuche erforderlich. Auch wäre ein Vergleich mit PM-Werkzeugstahl wie PMS sinnvoll, der eine homogene Dispersion von Karbiden gleicher Größe enthält. Eine

Drahthärte HV30	Matrizeneinsatz	Härte HRC	Standmenge je Matrizeneinsatz
157[a]	S 6-5-2	57	9080
157[a]	S 6-5-2	57	10200
157[a]	AB 1	66	78000
187[b]	S 6-5-2	57	2800
187[b]	AB 1	66	17500

Tabelle D.4.4 Standmenge beim Kaltfließpressen von Stahlschrauben aus Draht 19MnB4

[a] Geglüht.
[b] Gezogen in Werkzeugen mit eingeschrumpftem Matrizeneinsatz Ø33 x Ø12 x 10 mm.

großtechnische Erzeugung erscheint nur dann kostengünstig, wenn die abgesiebten Pulverfraktionen anderweitig verwendet werden können. Die labormäßige Probenfertigung fand nicht unter optimalen und sauberen Bedingungen statt, so daß Verbesserungen möglich erscheinen. Das zweistufige Gefüge ist schmiedbar, doch setzt die entstehende Anisotropie durch Streckung der kugeligen A-Bereiche der Warmumformung Grenzen.

D.4.3 Zusammenfassung

Ein zweistufiges Dispersionsgefüge verbessert gegenüber einer homogenen Dispersion von Hartphasen die Bruchdehnung glatter und die Zähigkeit angerissener Proben. Durch Verwendung eines Matrizeneinsatzes mit dem neuen Gefüge konnte beim Kaltfließpressen von Schrauben gegenüber herkömmlichem Werkzeugstahl eine mehrfache Standmenge erzielt werden.

Verschleißbeständige Schichten mit gradierter Struktur

HANS BERNS UND NGUYEN VAN CHUONG

Das Aufbringen einer harten verschleißbeständigen Schicht auf ein zähes Substrat ist eine im Verschleißschutz häufig angewendete Methode. Sie gewährt oft nicht nur Kostenvorteile durch die Verwendung eines preiswerten Substratwerkstoffes, sondern erhöht gerade bei großen Bauteilen die Fertigungssicherheit und die Bruchsicherheit im Betrieb. Je höher jedoch der Hartstoffanteil in der Schicht, umso geringer fällt ihr thermischer Ausdehnungskoeffizient α aus und umso größer der Elastizitätsmodul E (s. Abschn. B.4.2 und B.2.1). Der Unterschied in der Wärmeausdehnung von Schicht und Substrat $\Delta\alpha$ führt zu inneren Spannungen bei der Abkühlung von Beschichtungstemperatur und bei Temperaturänderungen im Betrieb. Der Steifigkeitssprung ΔE erhöht bei mechanischer Beanspruchung des Bauteils die Anstrengung in der Schicht.

Um die Eigenschaftssprünge zwischen Schicht und Substrat zu mildern, kann der Hartstoffanteil in der Schicht von der Grenz- zur Oberfläche gesteigert, d.h. gradiert werden. Beim dreilagigen Auftragschweißen einer karbidreichen Hartlegierung auf einem Baustahl ergeben sich z.B. durch Aufmischung drei Stufen mit steigendem Karbidgehalt (Bild A.2.14). Eine feinere Abstufung bzw. ein kontinuierlicher Anstieg des Hartphasengehaltes läßt sich durch Beschichten mit Pulvergemischen erzielen. Für „dünne" Schichten kommen das thermische Spritzen und für „dicke" Schichten das heißisostatische Pressen als Herstellverfahren in Frage.

Schichtherstellung und -eigenschaften

Spritzschicht

Für das atmosphärische Plasmaspritzen einer ≈ 0.5 mm dicken Schicht auf Baustahl werden Mischungen aus NiCrSiB-Pulver und Cr_3C_2-Pulver mit einer mittleren Korngröße von $\approx 40\ \mu m$ verwendet. Die ungradierte Schicht enthält 20 Vol % Karbid, die gradierte einen von 8 auf 30 Vol % ansteigenden Karbidgehalt (Bild A.2.18). Die Cr_3C_2-Teilchen erreichen in der Schicht eine Härte von ≈ 2100 HV0.05. Die Härte der Matrix fällt mit der Einschmelztemperatur

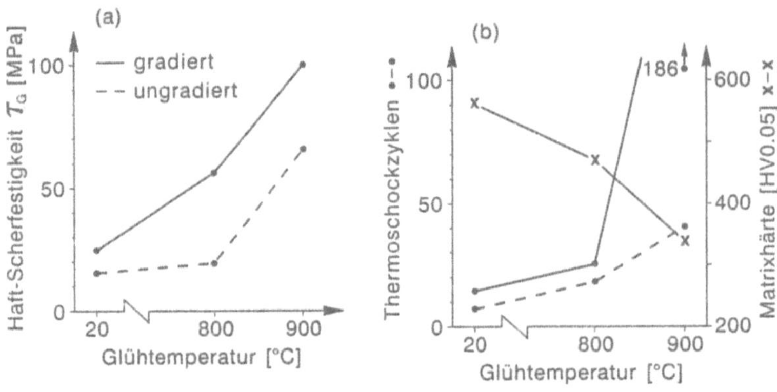

Bild D.5.1 Einfluß einer Gradierung des Cr_3C_2-Gehaltes in einer $\approx$ 0,5 mm dicken NiCrSiB - Schicht in Abhängigkeit von der Glüh- (Einschmelz-) Temperatur, **(a)** Scherfestigkeit τ_G der Grenzfläche (Schichthaftung), **(b)** Härte der Matrix, Anzahl der Thermoschockzyklen bis zum Abplatzen der Schicht

(Bild D.5.1b). Gleichzeitig sinkt die Porosität und das lamellare Ni_3B-Eutektikum wird zu einer Dispersion eingeformt.

Zur Prüfung der Schichthaftung eignen sich ein Scher- und ein Thermoschockversuch. Im ersten Experiment wird die Schubfestigkeit τ_G der Grenzfläche zwischen einem zylindrischen Substrat und der Schicht gemessen, die axial gegen eine Ringmatrize abgeschert wird. Im Thermoschockversuch folgt auf die induktive Erwärmung der zylindrischen Probe bis 500 °C eine Wasserabschreckung. Die Anzahl der Zyklen bis zum beginnenden Abplatzen der Schicht gilt als Thermoschockbeständigkeit [D.5.1].

Die Ergebnisse beider Versuche weisen in Bild D.5.1a,b für die gradierte Schicht einen deutlichen Vorteil aus. Eine weitere Verbesserung tritt durch nachträgliches Glühen (Einschmelzen) auf, da die Schichthaftung und -güte durch Diffusion wächst. Der Verschleißwiderstand der gradierten Schicht liegt aufgrund des höheren Karbidgehaltes an der Oberfläche zunächst über dem der ungradierten Schicht, läßt aber mit fortschreitendem Verschleiß nach.

D.5.1.2

Heißisostatisch gepreßte Schicht

Beim Hipen einer dicken Schicht entsteht eine sehr gute Bindung zum Substrat, so daß hier die Änderung der Schichteigenschaften über der Schichtdicke von Interesse ist. Prismatische Proben werden in dünnen Lagen mit steigendem Gehalt von CrB_2-Pulver geschüttet. Als Substrat- und Matrixpulver kommt der härtbare Stahl FeNi2Cr1MoVC0.6 zum Einsatz. Die mittlere Pulverkorngröße liegt für beide bei $\approx$ 50 μm. Der Gehalt an CrB_2 steigt von 5 auf 20 Vol % zur Oberfläche hin an. Durch Reaktion mit der Matrix verdoppelt sich der Hartphasengehalt (Bild D.5.2a), wobei borärmere Phasen wie MB, M_2B und $M_{23}(C,B)_6$ entste-

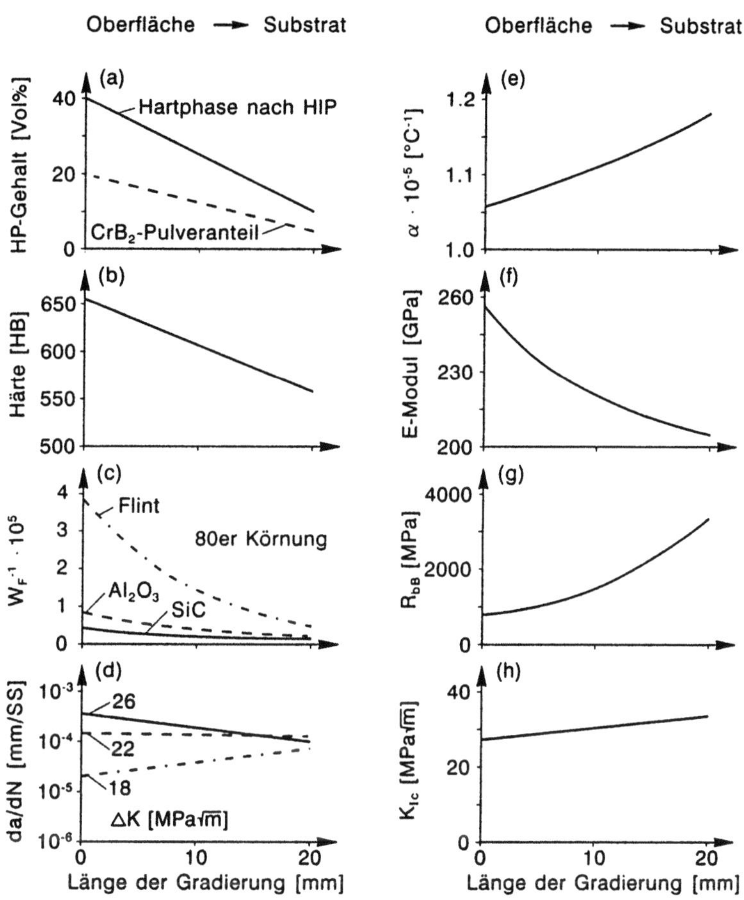

Bild D.5.2 Einfluß einer Gradierung des CrB_2-Gehaltes in einer $\approx$ 20 mm dicken Schicht aus FeNi2Cr1MoVC0.6 nach HIP und Härten, **(a)** Erhöhung des Hartphasengehaltes durch Reaktion mit der Matrix, **(b)** Schichthärte, **(c)** Verschleißwiderstand W_F^{-1} (vergl. Bild B1.3), **(d)** Rißgeschwindigkeit (Rißverlängerung je Schwingspiel) in Abhängigkeit von der zyklischen Spannungsintensität ΔK, **(e)** Wärmeausdehnungskoeffizient α, **(f)** Elastizitätsmodul E, **(g)** Biegebruchfestigkeit R_{bB}, **(h)** Bruchzähigkeit K_{Ic}

hen (s. Bild D.3.2). Die Eigenschaften in der gradierten Schicht sind nach HIP bei 1090 °C und 140 MPa sowie anschließendem Härten und Anlassen in Bild D.5.2b–h dargestellt. Härte H, Elastizitätsmodul E und Verschleißwiderstand W_F^{-1} nehmen mit dem Boridgehalt zur Oberfläche hin zu. Biegebruchfestigkeit R_{bB}, Bruchzähigkeit K_{Ic} und der thermische Ausdehnungskoeffizient α fallen dagegen ab. Die stabile Rißausbreitungsgeschwindigkeit da/dN hängt von der zyklischen Spannungsintensität ΔK vor der Rißspitze ab. Mit abnehmendem ΔK überwiegt die Rißverzweigung an Hartphasen und die Rißausbreitung wird gebremst [6]. Werden quadratische Probestäbe aus 5 mm dickem Substrat und 5 mm dicker gradierter bzw. ungradierter Schicht einseitig eingespannt und im Ofen gleichmäßig erwärmt, so erfährt das freie Ende der 75 mm langen Probe bei gradiertem Schichtaufbau eine um $\approx 25\,\%$ stärkere Auslenkung, was gut mit einer Berechnung übereinstimmt. In diesem Ergebnis spiegelt sich die größere Nachgiebigkeit der gradierten Schicht bzw. die höhere Steifigkeit der ungradierten.

D.5.2
Zusammenfassung

Durch eine Gradierung des Hartphasengehaltes läßt sich die Haftung einer „dünnen" thermisch gespritzten Schicht verbessern. In einer „dicken" aufgehipten Schicht kann durch Gradieren ein allmählicher Übergang der Schichteigenschaften von der Oberfläche zum Substrat erzielt werden. Eine Gradierung bietet Vorteile bei mechanischer oder thermischer Wechselbelastung verschleißbeanspruchter Bauteile.

Entwicklung einer rißfreien Hartauftragschweißung

WERNER THEISEN

Das Auftragschweißen zum Verschleißschutz kommt heute überall dort zum Einsatz, wo für Maschinenteile im Umgang mit mineralischen Gütern (z.B. Baggerzähne, Rutschen, Schurren etc.) höchster Widerstand gegen Furchungsverschleiß gefordert ist. Hier haben sich kostengünstige Legierungen auf Fe-Cr-C-Basis (z.B. FeCr25Nb7C5) bewährt, die über einen Hartphasengehalt > 50 Vol % verfügen. Der hohe Hartphasengehalt des Schweißzusatzwerkstoffes führt dazu, daß die aufgeschweißte Schicht senkrecht zur Schmelzlinie reißt. Diese Segmentierungsrisse beeinflussen die Funktionsfähigkeit des Bauteils in den genannten Anwendungen nicht, da keine nennenswerten mechanischen Beanspruchungen (Zug, Biegung) auftreten.

Es gibt jedoch eine Vielzahl von Anwendungsfällen, in denen verschleißbeständige Oberflächen gefordert sind, die zudem mechanisch oder thermisch in starkem Maße beansprucht werden. Dazu gehören Zerkleinerungs- oder Kompaktierwalzen für mineralische Güter sowie Walzen für die Blechumformung ebenso wie Schmiedegesenke. Neben der Verschleißbeanspruchung werden solche Bauteile in der Regel auf Druck und Biegung, ggf. auch durch hohe Temperatur beansprucht, wobei sowohl die mechanische als auch die thermische Belastung zyklisch auftritt. Da rißbehaftete Auftragungen für diese Einsatzfälle ausscheiden, werden heute hartphasenfreie martensitische Legierungen (z.B. FeCr5Mo1VC0.5-S) eingesetzt. Vor diesem Hintergrund besteht die Forderung nach einer rißfreien Auftragschweißlegierung mit harten Phasen und einem möglichst hohen Verschleißwiderstand.

Legierungstechnische Maßnahmen

Die Anforderungen können kostengünstig mit Legierungen auf Fe-Basis realisiert werden, wenn die Anwendungstemperaturen unter 600 °C bleiben. Hierzu ist es nötig, harte Phasen im eine härtbare Metallmatrix einzubetten. Der rißauslösende hohe Hartphasengehalt in übereutektischen Fe-Cr-C-Legierungen kann durch die Absenkung der C- und Cr-Gehalte zu einer stark untereutektischen Zusammensetzung verändert werden, doch bleibt stets das Netzwerk aus Eutektikum M_7C_3/FeCrC-Mischkristall, das wegen geringer Duktilität zum Reißen neigt. Angestrebt werden sollte vielmehr eine Dispersion von Hartphasen möglichst hoher Härte, die in eine harte martensitische, unter Umständen warmfeste Metallmatrix eingebettet sind. Zu diesem Zweck wird dem Eisen Kohlenstoff zulegiert, wobei sich gezeigt hat, daß insbesondere C-Gehalte oberhalb 0.5 % den Verschleißwiderstand stark anwachsen lassen. Weiterhin werden ca. 5 % Chrom benötigt, um zu gewährleisten, daß die Legierung auch in größeren Schichtdicken beim Abkühlen aus der Schweißhitze an Luft martensitisch härtet. In diese Richtung wirken auch 1 % Molybdän und 0.7 % Vanadin, die der Legierung beim Anlassen ein Sekundärmaximum verleihen und damit Anwendungstemperaturen bis 500 °C ermöglichen. Um in einer solchen Matrix Hartphasen zu dispergieren, werden zusätzlich Niob und Kohlenstoff im Verhältnis von ca. 8:1 zugegeben. Durch diese Maßnahme scheiden sich aus der Schmelze primäre Niobkarbide des Typs MC aus, die mit ihrer Härte von 2200–2400 HV0.05 oberhalb der von Quarz und Korund liegen. Niob kann z.T. durch Titan oder Vanadin ersetzt werden, da beide Elemente Primärkarbide vom Typ MC bilden und so die Entstehung netzförmiger Chromkarbid-Eutektika vermieden wird. Aufgrund des geringeren Atomgewichtes von Titan und Vanadin gegenüber Niob ändern sich die stöchiometrischen Verhältnisse, so daß der Kohlenstoffgehalt nach folgender Beziehung

$$C = \frac{Nb + 2(Ti + V)}{a} + b \qquad (D.6.1)$$

mit $7 < a < 9$ und $0.5 < b < 1$ zu wählen ist. Bei Einhaltung dieses Metall-/Metalloidverhältnisses ist einerseits die Bildung von primären MC-Karbiden, und anderseits ein C-Gehalt > 0.5 % in der Metallmatrix gewährleistet [D.6.1].

Bild D.6.1 zeigt beispielhaft das Gefüge einer Legierung mit 1.3 % Kohlenstoff, 5 % Chrom, 1 % Molybdän, 0.7 % Vanadin, 2.5 % Nickel und 6 % Niob. Es besteht aus primären Niobkarbiden (12 Vol %) mit einer maximalen Größe

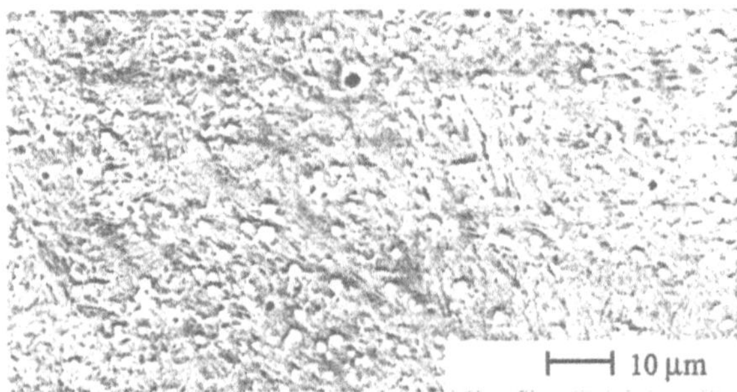

Bild D.6.1 Gefüge der neuentwickelten Legierung FeCr5Nb6NiMoVC1.3-S in der 3. Lage einer durch MSG-Schweißen aufgetragenen Schutzschicht

von 5 µm, die in eine martensitisch/austenitische Metallmatrix eingebettet sind. Die Mikrohärte der Metallmatrix beträgt 725 HV0.05 so daß zusammen mit den Niobkarbiden eine Makrohärte von 680 HV30 erreicht wird. Im Stift/Scheibe-Versuch gegenüber Flint der Körnung 80 und 220 ergibt sich ein um Faktor 3 (Flint 80) bzw. Faktor 8 (Flint 220) höherer Verschleißwiderstand verglichen mit der handelsüblichen Schweißlegierung FeCr5Mo1VC0.5-S. Die neuentwickelte Legierung bleibt dabei selbst bei 5-lagiger Auftragung rißfrei. Eine weitere Steigerung des Niobgehaltes ist möglich, jedoch sollte ein Gehalt von 10 % Niob mit Blick auf die Rißgefahr nicht überschritten werden. Neben der Begrenzung des Hartphasengehaltes spielt der Nickelgehalt von 2.5 % in der o.g. Beispiellegierung eine wesentliche Rolle in Bezug auf Rißsicherheit. Nickel erweitert das γ-Gebiet, so daß die kritische Abkühldauer für Martensitbildung erhöht und die Martensittemperatur zu tieferer Temperatur verschoben wird. Auf diese Weise ergibt sich bei Abkühlung an Luft ein Restaustenitgehalt von etwa 30 Vol % , der sich auf die Härte und den Verschleißwiderstand noch nicht negativ auswirkt. Als zäher Gefügebestandteil bewirkt der Restaustenit einen Gewinn an Duktilität und Bruchzähigkeit, zumal er meist als Saum um die MC-Karbide herum angeordnet ist.

D.6.2
Verfahrenstechnische Maßnahmen

Die neuentwickelte Legierung ist besonders geeignet für Verarbeitungsverfahren wie Auftragschweißen, Sprühkompaktieren oder thermisches Spritzen, da bei den genannten Verfahren die natürliche Abkühlzeit aus dem schmelzflüssigen Zustand von 1300 auf 700 °C kurz ist ($t_{13/7} < 6$ s). Auf diese Weise wird das NbC-Eutektikum unterdrückt und der sekundären Ausscheidung von Eisenchromkarbiden auf den Korngrenzen entgegengetreten, so daß ein Kohlenstoffgehalt > 0.5 % in der Metallmatrix gelöst bleibt.

Beim großflächigen und mehrlagigen Auftragschweißen empfiehlt sich das Metallschutzgasschweißen an offener Atmosphäre (Open Arc) oder das UP-Schweißen mit Fülldrähten im Ein- oder Mehrdrahtverfahren. Speziell beim Mehrlagenschweißen ist das zu beschichtende Bauteil während der gesamten Schweißoperation oberhalb der Martensit-Start-Temperatur des Schweißzusatzwerkstoffes zu halten. Auf diese Weise wird gewährleistet, daß die Martensitbildung in allen Lagen der Schicht gleichzeitig mit Unterschreiten der Martensit-Start-Temperatur von statten geht. Vom Schweißen auf einer bereits erkalteten martensitisch umgewandelten Schweißschicht ist mit Blick auf die Rißgefahr abzuraten.

Die Zusammensetzung erlaubt ein nachfolgendes Anlassen bei 520 °C im Bereich des Sekundärhärtemaximums, wodurch gleichzeitig Schweißspannungen merklich abgebaut werden können. Der Sekundärhärteeffekt wird durch das Legieren mit Niob erhöht und ist bei mehrlagiger Auftragung umso ausgeprägter je geringer die Aufmischung (Bild D.6.2).

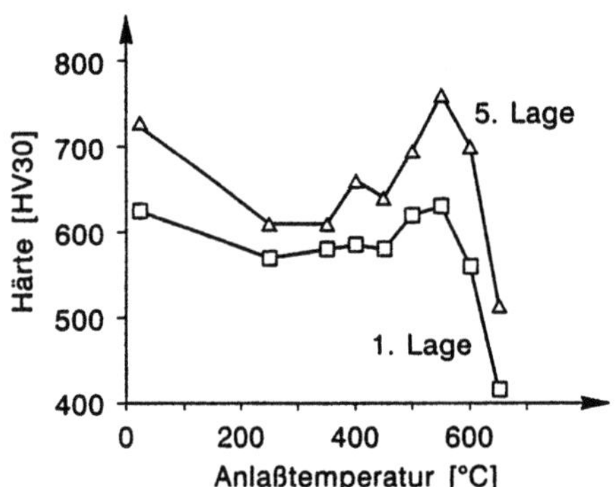

Bild D.6.2 Verlauf der Makrohärte über der Anlaßtemperatur in der 1. und 5. Lage einer durch MSG-Schweißen aufgetragenen Schutzschicht nach 2stündigem summierenden Anlassen

Warmverschleißbeständige Werkstoffe

HANS BERNS

Wie aus Abschn. B.1.2 hervorgeht, hängt der Widerstand gegen Verschleiß durch heiße mineralische Stoffe von der thermischen Stabilität der Hartphasen (HP) und der Warmfestigkeit der Metallmatrix (MM) ab. Daneben ist die chemische Beständigkeit gegen Hochtemperaturkorrosion (s. Abschn. B.3.2) zu bedenken. Daraus ergeben sich einige Anforderungen an das Gefüge warmverschleißbeständiger Werkstoffe und einige Möglichkeiten der technischen Realisierung.

D.7.1
Metallmatrix

Von den unterschiedlichen Verfestigungsmechanismen bleibt die Mischkristallbildung bis zur Schmelztemperatur wirksam. Wichtige Legierungselemente sind Cr, Si, Al, da sie gleichzeitig durch eine stabile Oxiddeckschicht die Zunderbeständigkeit erhöhen. Da Cr in Hartlegierungen auch als HP-Bildner verbraucht wird, zählt nur der in der Matrix gelöste Anteil. Si und Al beteiligen sich in der Regel nicht an den HP. Eine Ausnahme bildet die Anreicherung von Si im M_6C. Al dient darüber hinaus zur Ausscheidungshärtung von Nickellegierungen durch γ'-Ni_3Al. Weitere Mischkristallhärter wie Mo, Nb, V, W stehen wie Cr der Matrix erst nach Bildung der HP zur Verfügung.

Die Verfestigung der MM durch Ausscheidungshärtung bleibt bis zur Temperatur der Überalterung oder Wiederauflösung wirksam. In martensitisch gehärteter Stahlmatrix mit gelösten Anteilen an Cr, Mo, Nb, V, W kommt es beim Anlassen zwischen 500 und 600 °C zur Ausscheidungshärtung durch feine Sonderkarbide, die als Sekundärhärtung bekannt ist. In lösungsgeglühten nickelreichen Stählen und Nickellegierungen mit Al wird die Ausscheidung von γ' zwischen 700 und 800 °C zur Verfestigung genutzt. Die niedrige Stapelfehlerenergie bewirkt eine ausgeprägte Verformungsverfestigung in der Verschleißzone von Kobaltlegierungen.

Aus diesen Überlegungen und den Ergebnissen der Warmverschleißversuche (s. Bild B.1.29) ergeben sich die folgenden groben Richttemperaturen für die Anwendung unterschiedlicher Metallmatrizes:

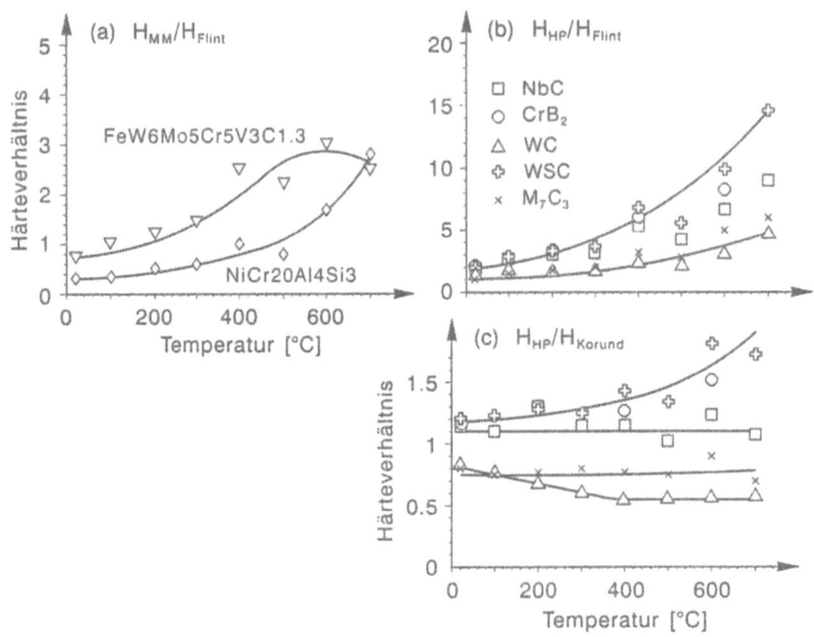

Bild D.7.1 Verhältnis der Mikrohärte H [HV0.05] von Metallmatrix MM oder Hartphase HP zu den Abrasiven Flint oder Korund in Abhängigkeit von der Prüftemperatur

♦ ≤ 550 °C   sekundärgehärtete martensitische Eisenbasis
♦ ≤ 650 °C   austenitische Eisenbasis
♦ ≤ 750 °C   ausscheidungsgehärtete Nickelbasis
♦ ≤ 850 °C   mischkristallverfestigte Kobaltbasis

Die Bedeutung des Schutzes gegen Hochtemperaturkorrosion nimmt in dieser Reihenfolge zu. Die Warmfestigkeit der MM ist dabei in Relation zur Warmfestigkeit des angreifenden Abrasives (AB) zu sehen. Gegenüber Flint als Repräsentant der häufig vorkommenden quarzartigen Minerale verschiebt sich das Härteverhältnis H_{MM}/H_{AB} mit steigender Temperatur von < 1 auf > 1, so daß die Furchung der MM durch die AB-Teilchen nachläßt (Bild D.7.1a).

D.7.2

Hartphasen

Für die Hartphasen ist es wichtig, daß das Härteverhältnis H_{HP}/H_{AB} bei steigender Temperatur größer als 1 bleibt (Bild D.7.1b,c). Aufgrund ihrer festen kovalenten Bindungsanteile besitzen die meisten HP eine hohe chemische Beständigkeit. Im oberen Temperaturbereich sind jedoch Cr- und Ti-haltige HP von Vorteil. Mit zunehmender Menge und Größe der Hartphasen wird die Nutzungstemperatur des Verbundes in der Regel über die der oben genannten Richttemperatur für die Matrix angehoben.

D.7.3
Hartlegierungen

Diese Werkstoffgruppe kommt in Form von Gußstücken und mit steigenden Legierungskosten sowie bei bruchgefährdeten Bauteilen auch als Auftragschweißung zum Einsatz.

D.7.3.1
Eisenlegierungen

Untereutektische Chromgußeisen mit < 15 Vol% an M_7C_3-Karbiden erreichen eine erhöhte Sekundärhärte durch Legieren mit Mo, V und eine hohe Härtetemperatur (Bild D.7.2) gefolgt von einem Anlassen bei ≈ 550 °C. Als Beispiel dient die Legierung FeCr12V1Mo1C1.6, die auch in geschmiedeter Form erhältlich ist. Durch Zusatz von Nb und C in stöchiometrischem Verhältnis werden gleichmäßig verteilte primäre MC-Karbide ausgeschieden, so daß auch die Metallzellen und nicht nur das netzförmige Eutektikum durch Karbide gegen Verschleiß geschützt sind. Vorteilhaft ist auch die höhere Härte von MC gegenüber M_7C_3 (s. Bild A.2.1), z.B. in einer Legierung FeCr12Nb6Mo1V1C2.1, deren Sekundärhärte ebenfalls ansteigt. Bei höherer Anforderung an den Verschleißwiderstand kommen naheutektische Chromgußeisen mit hohem Mo-Gehalt wie z.B. FeCr15Mo3C3 oder FeCr20Mo4Si3C3.2 mit > 30 Vol% Karbid in Frage [15].

Außer chromlegierten Werkstoffen bieten sich auch W,Mo-legierte untereutektische Schnellarbeitsstähle wie z.B. FeW6Mo5Cr5V3C1.3 an, die auch in geschmiedeter Form verfügbar sind und eine überragende Sekundärhärte errei-

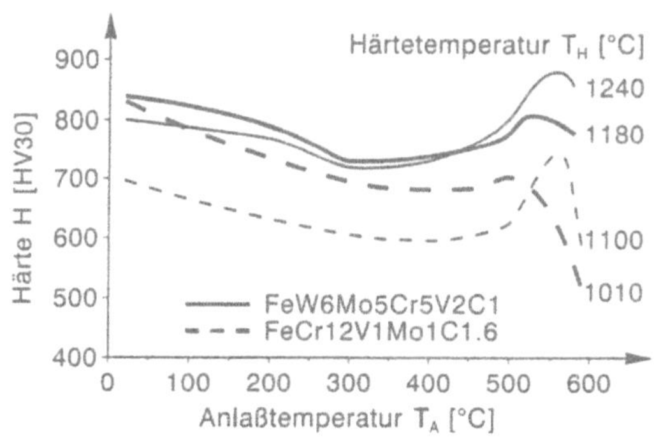

Bild D.7.2 Einfluß der Härtetemperatur auf die Sekundärhärte beim Anlassen zweier untereutektischer Eisenbasislegierungen

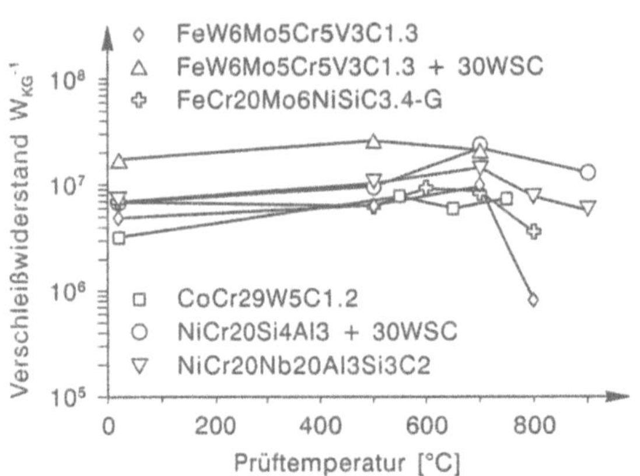

Bild D.7.3 Widerstand gegen Korngleitverschleiß W_{KG}^{-1} nach Bild B.1.4 einiger Hartlegierungen und -verbundwerkstoffe in Abhängigkeit von der Prüftemperatur

chen (Bild D.7.2). Der Widerstand gegen Warmverschleiß ist für einige Werkstoffe in Bild D.7.3 wiedergegeben.

D.7.3.2

Nickel- und Kobaltlegierungen

Die bei Raumtemperatur verwendeten NiCrSiB-Legierungen sind wegen ihres niedrigen Schmelzpunktes von 1000 bis 1050 °C als verschleißbeständige Werkstoffe für hohe Temperatur weniger geeignet. Hinzu kommt, daß wegen einer Reaktion zwischen B und Al keine Aushärtung durch Ni_3Al möglich wäre. Daher wird einer NiCrAlSi-Basis Kohlenstoff und das karbidbildende Element Nb zugegeben, so daß die Bildung von Chromkarbiden unterbleibt und dieses Element neben Si als Zunderschutz in der Matrix gelöst vorliegt. NbC besitzt gegenüber VC ein geringeres Löslichkeitsprodukt und damit ein besseres Ausbringen. Im Vergleich zu TiC entfallen der Abbrand und die Oxidverunreinigung des Gußstückes bei offener Erschmelzung. Die Legierungen NiCr20Nb10Al3Si3C1 und NiCr20Nb20Al3Si3C2 enthalten gut 10 bzw. 20 Vol% an primären NbC mit hoher Warmhärte (Bild D.7.1b,c) und erreichen nach Lösungsglühen bei 1100 °C und Warmauslagern bei 750 °C eine Härte von rund 500 bzw. 600 HV30 [15].

Mischkristallverfestigte CoCrWMo-Legierungen mit 1 bis 2.5% C und z.T. mit Borzusätzen scheiden bei der Erstarrung M_7C_3- und M_6C-Karbide aus. Aufgrund der niedrigen Stapelfehlerenergie und guten Zunderbeständigkeit sind diese unter dem Handelsnamen Stellit bekannten Werkstoffe besonders für hohe Betriebstemperaturen geeignet.

Die NiCrAl- oder CoCrWMo-Matrizes der Hartlegierungen lassen sich pulvermetallurgisch z.B. mit Cr_2C_3 zu entsprechenden Hartverbundwerkstoffen zusammenbauen.

Werkstoffauswahl bei überlagerter chemischer Beanspruchung

WERNER THEISEN

In der Praxis wird neben Verschleißwiderstand auch Beständigkeit gegen Naß- und Hochtemperaturkorrosion gefordert. Typische Anwendungsbeispiele sind Pumpen, Rührwerksanlagen und kunststoffverarbeitende Maschinen (mit Naß-korrosion) sowie Sintersiebe, Ofenroste und Förderschnecken (mit Hochtempe-raturkorrosion). Je nach Beanspruchungsprofil werden Hartlegierungen und -verbunde auf Fe-, Ni- und Co-Basis eingesetzt. Der Verschleißwiderstand wird im wesentlichen über die zumeist chemisch beständigen Hartphasen eingestellt, die bezüglich Typ und Gehalt variiert werden können (Tabelle B.4.1). Die che-mische Beständigkeit des Werkstoffes hängt in erster Linie von der Beständig-keit der Metallmatrix ab. Eine wichtige Rolle spielt dabei das Element Chrom, da es sowohl bei Naß- als auch bei Hochtemperaturkorrosion zur Bildung schüt-zender Deckschichten beiträgt (vergl. Kap. B.3).

D.3.1

Hartverbundwerkstoffe

Hartverbundwerkstoffe lassen sich flexibel an die jeweilige Aufgabe anpassen, indem korrosionsbeständige Metallpulver mit den gewünschten Hartstoffpul-vern kombiniert werden. Hier sind die unter dem Handelsnamen Ferro-Titanit und Ferro-TiC bekannt gewordenen Hartverbundwerkstoffe mit Titankarbid in einer Stahlmatrix zu nennen. Das hochharte TiC wird mit einem korrosionsbe-ständigen Stahlpulver (z.B. FeCr20Mo2C0.5) mechanisch vermahlen und an-schließend durch Sintern bzw. HIP zu Halbzeugen oder Bauteilen kompaktiert. Diese können im weichgeglühten Zustand mechanisch bearbeitet werden und erhalten mit einer abschließenden Wärmebehandlung (Härten im Warmbad mit anschließendem Anlassen) die gewünschten Eigenschaften. Darüber hinaus ist Titankarbid in einer weichmartensitischen Matrix (FeCr14Co 9Mo5Ni4Ti1Al1) bekannt. In diesem Fall besteht das Matrixgefüge aus einem aushärtbaren Nickelmartensit hoher Zähigkeit, der aufgrund des Chromgehaltes von 14 % auch eine gute Korrosionsbeständigkeit aufweist. Die relativ niedrige Auslage-rungstemperatur von 480 °C führt zu einer Gebrauchshärte zwischen 61 und 63 HRC und hat den Vorteil, daß das Werkstück maßbeständig und verzugsarm bleibt. Ein solcher Werkstoff findet Anwendung in der Verarbeitung von abrasiven Polymeren als Granuliermesser sowie als Spritzdüse oder Preßwerkzeug.

In chloridhaltigen Medien hat sich Titankarbid in einer Stahlmatrix FeCr18Ni12Mo2Nb1C0.1 (entspricht dem austenitischen Stahl 1.4580) bewährt. Solche Werkstoffe werden in der chemischen Industrie eingesetzt, wo neben Verschleiß- und Korrosionswiderstand auch Nichtmagnetisierbarkeit gefordert ist.

Die Fortschritte im Aufbringen von Schichten mittels HIP-Technologie haben dazu geführt, daß zunehmend mehr Hartverbundwerkstoffe als Werkstoffverbunde insbesondere in der Polymerverarbeitung eingesetzt werden. Hier sind in erster Linie Extruder- und Spritzgießschnecken sowie die dazugehörigen Zylinder zu nennen, die durch die dem Polymer zugegebenen Füllstoffe wie Glasfasern, Gesteinsmehl oder Oxide (TiO_2, Al_2O_3) abrasiv beansprucht werden. Hinzu kommt Naßkorrosion unter Anwesenheit von Cl-Ionen bei Temperaturen bis 400 °C. Neben den genannten TiC-Werkstoffen bewähren sich auch Pulvergemische mit VC und WC, die durch heißisostatisches Pressen als Außen- und Innenbeschichtung verarbeitet werden. Für diese Anwendung eignen sich auch die in Abschn. A.2.2.1 und B.3.1.2 angesprochenen Hartverbunde aus CrN-Hartstoffpulver und einem Stahlpulver der Zusammensetzung FeCr15Mo1. Der durch Umlösung der Hartphase (2 CrN → Cr_2N + N) entstehende Stickstoffmartensit hat gegenüber Kohlenstoffmartensit den Vorteil höherer Korrosionsbeständigkeit, insbesondere in Cl-haltigen Medien (vergl. Bild B.3.7).

Hartverbundwerkstoffe auf Ni- und Co-Basis finden vorwiegend bei hoher Temperatur Anwendung, wo Hochtemperaturkorrosion, vor allem Oxidation, auftritt. Verbreitet sind Wolframkarbide (WC, W_2C) und Chromkarbide (Cr_3C_2) in NiCr- bzw. CoCr-Metallmatrizes, deren Chromgehalt in der Regel bei 20 % liegt. Derartige Werkstoffe werden überwiegend durch thermisches Spritzen verarbeitet. Aus der Vielzahl der Spritzverfahren eignet sich das Hochgeschwindigkeitsflammspritzen besonders zur Beschichtung mit Hartstoff- und Metallpulvern. Einerseits sorgt die hohe kinetische Energie der auftreffenden Pulverpartikel für eine Porosität deutlich unter 2 Vol % , andererseits bewirkt die geringe Flammentemperatur, daß die Hartphasen allenfalls angeschmolzen werden. Mit dieser

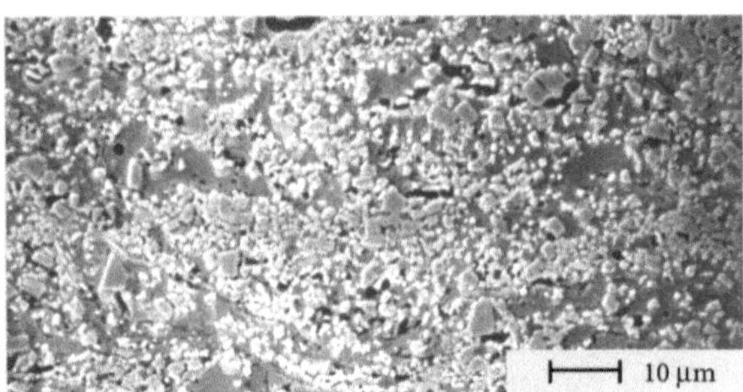

Bild D.8.1 Gefüge einer WC-haltigen Spritzschicht (Hochgeschwindigkeitsflammspritzen)

Technik werden bis ≈ 0.3 mm dicke Schichten aufgebracht, die mit Hartphasengehalten bis zu 60 Vol % Anwendungstemperaturen bis 1000 °C zulassen (Bild D.8.1).

Bei Temperaturen unter 750 °C bieten Wolframschmelzkarbide (WSC) Vorteile, wohingegen bei höheren Temperaturen das oxidationsbeständigere Cr_3C_2 besser geeignet ist. In vielen Anwendungsfällen reichen jedoch Schichten von nur 0.3 mm Dicke nicht aus. Einen Ausweg bietet das konventionelle Flammspritzen mit anschließender Einschmelzbehandlung. Als Metallpulver kommen silizium- und borlegierte Ni- und Co-Basislegierungen in Frage. Nickel, Silizium und Bor bilden niedrigschmelzende Eutektika (Ni_3B, Ni_3Si, Bor-Silikate) die das Einschmelzen ermöglichen. Es geschieht mittels Brennerflamme, induktiv oder im Ofen und bringt neben einer porenfreien Schicht vor allen Dingen eine verbesserte Haftfestigkeit der Schicht auf dem Substrat (Bild D.5.1). Auf diese Weise können Schichten bis zu 4 mm Dicke hergestellt werden. Sie finden Anwendung auf Förderschnecken und Schneckenrohren für die Heißbrikettierung von Fe-Schwamm, wo direkt reduziertes Fe-Erz mit einer Temperatur von 700 °C durch Schneckenzuteilung auf eine Brikettiermaschine geführt wird. Schnecke und Rohr sind aus einem hitzebeständigen Stahl gefertigt und werden mit einer eingeschmolzenen Schicht aus 50 Vol % WC in einer Ni-Cr-Si-B-Matrix versehen. Beide Bauteile erreichen bei einer Schichtdicke von 2 mm eine Standmenge von 200 000 t.

D.8.2
Hartlegierungen

Nicht zuletzt aus Kostengründen kommen für eine Vielzahl von Anwendungen Hartlegierungen zum Zuge. Da alle Phasen aus der Schmelze entstehen, ist die Verteilung der Legierungselemente (in erster Linie Chrom), die Löslichkeit der Phasen für bestimmte Elemente sowie die Erstarrungsreihenfolge von besonderer Bedeutung. Die Legierungszusammensetzung einer chemisch beständigen Hartlegierung muß so gewählt sein, daß nach Erstarrung chromreicher Hartphasen ein ausreichender Chromgehalt für die Metallmatrix zurückbleibt.

Auf Fe-Basis finden bei korrosiver Beanspruchung häufig PM-Hartlegierungen Anwendung. Hauptanwendungsfeld ist ebenfalls die Kunststoffverarbeitung, wo Legierungen mit Kohlenstoff (1.5–5 %), Chrom (5–26 %), Vanadin (bis 23 %) und Molybdän (bis 2 %) eingesetzt werden. Die Zusammensetzungen sind so konzipiert, daß etwa 0.4 % C zur Härtbarkeit der martensitischen Matrix zur Verfügung stehen. Um einen Cr-Gehalt > 12 % in der Metallmatrix zu gewährleisten, werden die Legierungen mit entsprechend hohem Chromgehalt ausgestattet. So besteht das Gefüge einer FeCr20V4C2.2-Legierung aus 18 Vol % M_7C_3 und 5 Vol % VC-Karbiden, die in eine Metallmatrix mit noch 18 % Chrom eingelagert sind. Eine weitere Möglichkeit zur Gewährleistung eines ausreichenden Cr-Gehaltes bietet das Ersetzen von Chrom als Hartphasenbildner. Durch Legieren mit Elementen von hoher Affinität zum Kohlenstoff (z.B. Ti, Nb, V) entstehen Monokarbide deren Löslichkeit für Chrom gering ist. In der Legierung

FeCr14V17C4.1 finden sich aufgrund des hohen Vanadingehaltes ca. 30 Vol % VC zusammen mit 5 Vol % M_7C_3 in einer martensitisch härtbaren Metallmatrix mit 15 % Cr. Derartige Werkstoffe können mittels HIP-Technologie auf kostengünstige Grundwerkstoffe aufgebracht werden. Sie finden Anwendung als Extruderschnecken und Schneckenbuchsen in der Polymerverarbeitung, wo sie konventionelle Werkstoffe zunehmend ablösen.

Neben den PM-Legierungen werden besonders Hartlegierungen auf Fe-Basis durch Gießen und Auftragschweißen verarbeitet. Zur Gruppe der chemisch beständigen Gußwerkstoffe können die austenitischen Ni-Resist-Werkstoffe, und hier speziell der Werkstoff GGG-Ni30Si5Cr5 gezählt werden. Aufgrund seiner austenitischen Metallmatrix ist der Werkstoff gegen Naßkorrosionsangriff wesentlich beständiger als unlegierte oder niedriglegierte Graugußsorten. Durch den hohen Siliziumgehalt und die warmfeste Matrix ist der Werkstoff ähnlich oxidationsbeständig wie hitzebeständige Stähle und Gußlegierungen. Letztere kommen bei Anwendungstemperaturen oberhalb 700 °C in Frage. Wenn der Verschleißwiderstand im Vordergrund steht, sind höhere Hartphasengehalte als die herkömmlicher Gußlegierungen (z.B. FeCr25Ni20C0.4) erforderlich. Neueste Entwicklungen (vgl. Kap. D.2) haben gezeigt, daß durch Zulegieren von Niob/Titan und Kohlenstoff MC-Karbide primär aus der Schmelze ausgeschieden werden können, so daß ein Werkstoff entsteht, der über einen hohen Warmverschleißwiderstand, hohe Zeitstandfestigkeit und gute chemische Beständigkeit verfügt.

In vielen Anwendungen erfordert der starke Verschleiß bzw. die auf eine Verschleißfläche einwirkende hohe Durchsatzmenge die Regenerierbarkeit von Verschleißteilen. Aus diesem Grund sind hochlegierte Auftragschweißlegierungen im Markt, die mit Cr-Gehalten bis zu 30 % hohe Karbidvolumina in einer austenitischen Metallmatrix realisieren. Als typisches Anwendungsbeispiel können Sintersiebe und Schurren im Hochofeneinlauf genannt werden, bei denen mit einer Legierung FeCr22Nb7Mo6W2V1C5.5 als dreilagige Aufschweißung auf hitzebeständigen Stahlblechen bessere Standzeiten erzielt werden konnten als mit herkömmlichen hitzebeständigen Gußlegierungen. Eine Steigerung der Warmfestigkeit und Oxidationsbeständigkeit kann erzielt werden, indem bei ähnlicher Zusammensetzung Eisen z.T. gegen Kobalt ausgetauscht wird. Derartige Werkstoffe werden z.Z. erfolgreich als Schutzschichten auf Leit- und Führungsplatten in Heißbrikettiermaschinen bei Temperaturen bis 700 °C eingesetzt.

Unter überwiegend furchender Beanspruchung sind die hitzebeständigen Stähle und Gußlegierungen ungeeignet, so daß bei Temperaturen oberhalb 700 °C Ni- und Co-Basislegierungen gefragt sind. Herkömmliche Legierungen enthalten zwar häufig Chrom, jedoch kann auch hier die chemische Beständigkeit der Metallmatrix durch das Bilden von Hartphasen mit anderen Elementen deutlich verbessert werden. Auf Nickelbasis bietet sich das Legieren mit z.B. Vanadin, Niob und Kohlenstoff an. Eigene Untersuchungen brachten einen Werkstoff hervor, der 10 Vol % primäre Niobkarbide in einer den Ni-Superle-

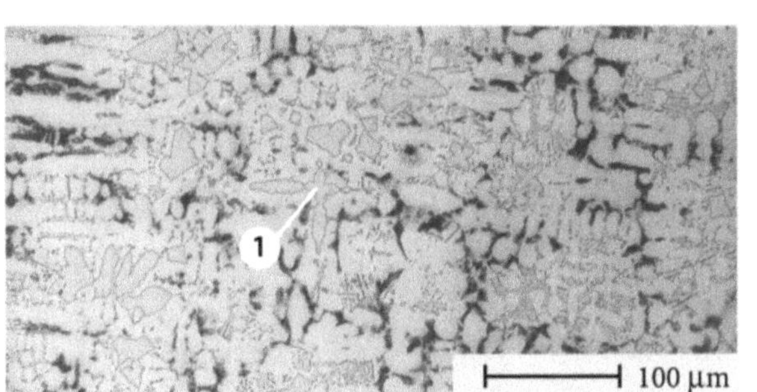

Bild D.8.2 Gefüge einer neuentwickelten Ni-Basislegierung (NiCr20Nb10Al3Si3C1)

gierungen vergleichbaren Metallmatrix enthält (Bild D.8.2). Bei Anwendungstemperaturen oberhalb 850 °C zeigt sich allerdings, daß die bei Raumtemperatur günstigen Monokarbide der Elemente Titan, Niob, Vanadin und Wolfram speziell in oxidierender Atmosphäre eher ungünstig sind, weil sie wegen der hohen Affinität der genannten Elemente zum Sauerstoff bevorzugt oxidieren, während Cr-Karbide und -boride beständiger sind.

Eine weitere Möglichkeit bietet unter Erhöhung des Borgehaltes die Zugabe von Molybdän im System Ni-Cr-Si-B. Durch Legieren von 15 % Molybdän in einer herkömmlichen Ni-Cr-Si-B-Legierung scheiden sich primär aus der Schmelze M_3B_2-Hartphasen mit einer Mikrohärte bis zu 2500 HV0.05 aus. Da Chrom nur zum geringen Teil in diesen Hartphasen abgebunden wird, bleibt ein ausreichender Chromgehalt in der Metallmatrix. Solche Legierungen weisen sowohl in wässrigen Medien als auch in oxidierender Atmosphäre geringste Korrosionsraten auf (vergl. Bild B.3.1 und Bild 3.13a). Sie können beispielsweise als Fülldraht zu einer dreilagigen Schweißschicht verarbeitet werden (Bild A.2.14).

Von den Co-Basislegierungen haben die aus dem System Co-Cr-W-C, bekannt unter dem Handelsnamen Stellit, den größten Verbreitungsgrad erreicht. Sie zeichnen sich durch hervorragende Beständigkeit gegen Naß- und Hochtemperaturkorrosion aus (s.a. Bild B.3.1 und Bild 3.13a). Die bekannteste Legierung dieser Werkstoffgruppe CoCr29W5C1.2 (Stellit 6) wird als Gußteil vor allem aber als Schweißzusatzwerkstoff verarbeitet. Die Anwendungen reichen von der Beschichtung von Pumpenlaufrädern und Absperrventilen in der chemischen Industrie über das Aufschweißen von Schmiedegesenken bis hin zu beschichteten Ventilsitzen für PKW und Schiffsmotoren. In der Regel handelt es sich dabei um Gleitverschleißbeanspruchung, bei der der Werkstoff wegen der teilweise hexagonalen Co-Matrix selbst bei hoher Temperatur nur geringe Adhäsionsneigung zeigt. Der Widerstand gegen Furchungsverschleiß bei Raumtemperatur ist auch bei den höher C-haltigen Legierungen mäßig. Eigene Untersuchungen haben auch hier Varianten hervorgebracht, in denen das zusätzlich Ausscheiden von MC-Karbiden den Verschleißwiderstand erhöht, ohne daß der Korrosionswiderstand leidet. Auch das Legieren mit Bor kann Vorteile bringen. Zum einen können auch in Co-Basislegierungen harte Boride vom Typ M_3B_2 ausgeschieden werden, zum anderen werden niedrigschmelzende Phasen (M_3B) gebildet, die eine Verarbeitung durch thermisches Spritzen erleichtern.

Vermeidung von Wärmebehandlungsrissen

HANS BERNS

Durch Temperaturänderung und begleitende Phasenumwandlung treten bei der Wärmebehandlung innere Spannungen auf, die duktil durch bleibende Formänderung (Verzug) oder spröde durch Rißbildung abgebaut werden bzw. als Eigenspannung im abgekühlten Werkstück zurückbleiben. Mit steigendem Gehalt an Hartphasen (HP) geht die Duktilität des Werkstoffs zurück, so daß Hartlegierungen und -verbundwerkstoffe besonders anfällig für Wärmebehandlungsrisse sind. Die inneren Spannungen wachsen mit der Temperaturdifferenz ΔT zwischen Rand und Kern, d.h. mit der Aufheiz- bzw. Abkühlgeschwindigkeit $\dot{T}$ im Rand und mit dem Querschnitt des Werkstückes. Diesen thermischen Spannungen überlagern sich Umwandlungsspannungen durch Phasenänderung. Thermische wie auch umwandlungsbedingte innere Spannungen beruhen auf Unterschieden im spezifischen Volumen zwischen Rand und Kern während der Wärmebehandlung (s. Abschn. B.4.1 und B.4.2). Verfahren mit langsamer Erwärmung und Abkühlung, wie z.B. das Spannungsarmglühen oder Weichglühen sind daher weniger kritisch als solche mit schroffer Temperaturänderung, wie z.B. Lösungsglühen und Abschrecken oder Härten. Die allotrope Umwandlung von Kobalt ist meist unvollständig und mit einer geringen Änderung des spezifischen Volumens verbunden. Nickel macht keine Phasenumwandlung durch. Vor allem Hartlegierungen und -verbundwerkstoffe auf Eisenbasis erfahren beim Härten durch die Umwandlung der Metallmatrix (MM) von Austenit zu Martensit die größte Volumenänderung und sind daher besonders rißgefährdet. Im Vergleich ist die Volumenänderung durch Bildung und Lösung von Ausscheidungen in der MM von Fe-, Ni- und Co-Werkstoffen gering. Die gebräuchlichen HP machen keine Phasenumwandlung durch und dämpfen aufgrund ihres gegenüber der Matrix geringen Wärmeausdehnungskoeffizienten α die makroskopischen inneren Spannungen zwischen Rand und Kern. Auf mikrokospischer Ebene bilden sich jedoch ohne ΔT aufgrund von $\Delta\alpha$ innere Spannungen zwischen einzelnen HP und der umgebenden MM aus, die in Kap. A.4 behandelt werden.

Betrachten wir als Beispiel ein zylindrisches Werkstück mit dem Volumen V. Eine langsame Temperaturänderung ($\dot{T}\downarrow$, $\Delta T\downarrow$) bewirkt eine über den Querschnitt gleichmäßige Volumenänderung $\Delta V/V \approx 3 \cdot \varepsilon$, wobei ε der einachsigen

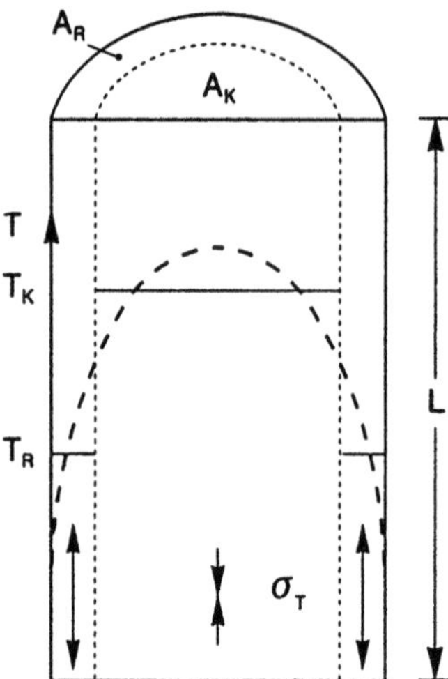

Bild D.9.1 Entstehung thermischer Spannungen σ_T beim Abschrecken eines zylindrischen Werkstücks. Der fett gestrichelte Temperaturverlauf wird vereinfacht durch die mittleren Temperaturen T_R, T_K im Rand- und Kernbereich ersetzt, deren Querschnittsflächen mit A_R, A_K bezeichnet sind

Dehnung bei isotropem Werkstoff entspricht. Sie beruht auf der thermischen Ausdehnung $\varepsilon_T = \alpha \cdot \Delta T$ und der Phasenumwandlung ε_U. Durch äußere Begrenzung der Zylinderlänge (L=const) entstehen eine elastische und eine plastische Längsdehnung ε_e ε_p, so daß $\varepsilon_T + \varepsilon_U + \varepsilon_e + \varepsilon_p = 0$. Eine rasche Temperaturänderung im Rand ($\dot{T}\uparrow$, $\Delta T\uparrow$) führt dagegen zu einem Temperaturgradienten und einer über den Querschnitt ungleichmäßigen Volumenänderung (Bild D.9.1). Wird der Gradient vereinfacht durch die Temperaturen in Rand und Kern ersetzt und die äußere durch deren gegenseitige Begrenzung (L = const), so gilt z.B. für die Längsrichtung im Rand

$$\varepsilon_{TR} + \varepsilon_{UR} + c(\varepsilon_{eR} + \varepsilon_{pR}) = 0 \qquad (D.9.1)$$

Der Faktor c ergibt sich aus den Querschnittsflächen von Rand und Kern $A_R + A_K = A$ und dem Kräftegleichgewicht zwischen beiden zu $c = 1 - (A_R/A)$. In diesem vereinfachten Modell bewirkt $\dot{T}\uparrow \rightarrow A_R\downarrow$ und $c \rightarrow 1$. Aus der elastischen Dehnung und dem Elastizitätsmodul E folgt die innere Spannung $\sigma = E \cdot \sigma_e$. Für die Umfangsrichtung stellt sich eine vergleichbare Spannung ein, während die Spannungen im Kern das entgegengesetzte Vorzeichen tragen. Aus der plastischen Dehnung entstehen Verzug und Eigenspannungen.

In hartbeschichteten Werkstücken kann sich durch Unterschiede in der Wärmeausdehnung und Phasenumwandlung von Schicht und Substrat eine Ver- oder Entschärfung der Rißgefahr und des Verzuges einstellen. Zu den bisher angesprochenen thermisch bedingten Problemen der Wärmebehandlung gesellen sich thermochemisch bedingte Veränderungen der Oberfläche und Randzone durch Verzundern, Aufrauhen und Entkohlen.

Thermische Spannungen

In den umwandlungsfreien oder -armen Ni-, Co- und nichthärtbaren Fe-Werkstoffen steht der Einfluß thermischer Spannungen im Vordergrund. Sie wachsen mit dem Querschnitt der Werkstücke, weil der Kern aufgrund der endlichen Wärmeleitfähigkeit λ einer Temperaturänderung im Rand hinterher hinkt. Dem steht in Hartlegierungen eine sinkende Duktilität durch Gefügevergröberung und Makroseigerung bei steigendem Erstarrungsquerschnitt gegenüber (s. Abschn. A.1.2). Hier bieten pulvermetallurgische (PM) Hartlegierungen und -verbundwerkstoffe Vorteile. Je höher der Legierungs- und HP-Gehalt umso niedriger fällt λ aus (s. Abschn. B.4.4), so daß ein größeres ΔT auf einen spröderen Werkstoff trifft und die Rißgefahr näherrückt. Mit steigender Temperatur fällt die Fließgrenze des Werkstoffs und damit auch das Verhältnis $\varepsilon_e/\varepsilon_p$, so daß die inneren thermischen Spannungen σ_T zunehmend relaxieren. Sie entstehen daher nur unterhalb einer Grenztemperatur T_c, die von der Warmfließgrenze R_p der MM sowie dem Faktor c abhängt und zwischen 400 und 750 °C liegt. Für $T{\uparrow}, c{\uparrow}, \varepsilon_p{\downarrow}$ und $\varepsilon_u = 0$ ergibt sich der Höchstwert zu $\sigma_T = E \cdot \varepsilon_e = E \cdot \alpha \cdot T_c \leq R_p$.

Erwärmen

Wird ein großes Werkstück in einen heißen Ofen gelegt, so dehnt sich der Rand aus und kommt unter ebene Druckspannung. Im noch kalten und damit spröden Kern bildet sich ein räumlicher Zugspannungszustand aus, der die plastische Verformungsfähigkeit weiter einschränkt. Es ist mit Kernrissen zu rechnen, die z.B. bei einem stabförmigen Körper in regelmäßigen Abständen quer zur Achse auftreten und zunächst unerkannt bleiben können. Es empfiehlt sich daher, die Teile langsam mit dem Ofen aufzuheizen und im unteren Temperaturbereich eine Haltestufe für vollständigen Temperaturausgleich einzulegen oder sie durch Umsetzen in jeweils heißere Öfen stufenweise zu erwärmen, um ΔT klein zu halten. Nach Vorwärmen in Gas können HP-arme Hartlegierungen auch in Salzbädern stufenweise erwärmt werden. PM-Legierungen vertragen diese Behandlung noch bei höherem HP-Gehalt. Grobe HP in einem Hartverbundwerkstoff werden jedoch durch $\Delta\alpha$ von der Matrix unter Zug gesetzt, so daß sich eine langsamere Erwärmung mit Spannungsrelaxation empfiehlt. Eine Erwärmung der Randschicht durch Flamme, elektrische Induktion oder Laser ist bei geringer Schichtdicke ohne Kernrisse möglich, doch zeigen sich mit steigendem HP-Gehalt Abkühlrisse im Rand.

Abkühlen

Nach vollständiger Durchwärmung bei $T > T_c$ sind die inneren Spannungen weitgehend relaxiert, so daß die Abkühlung mit einem nahezu spannungsfreien

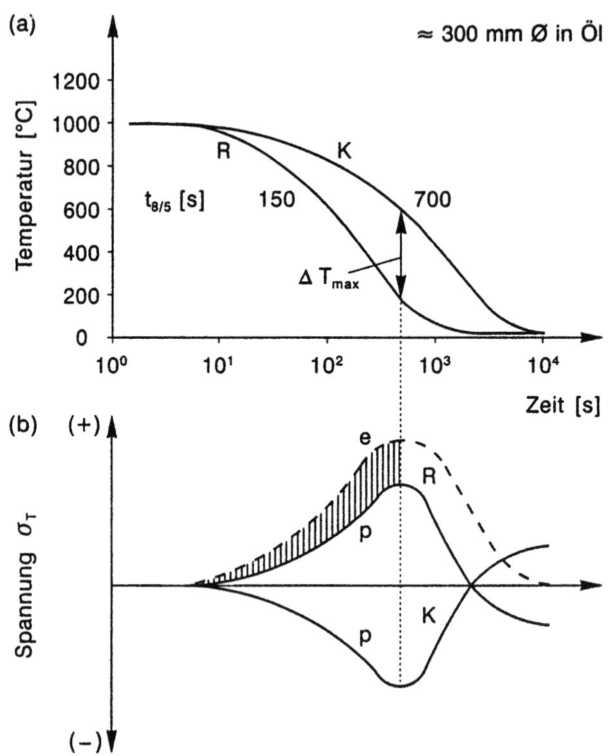

Bild D.9.2 Entstehung von Abkühlspannungen, **(a)** Temperaturverlauf im Rand R und Kern K einer Eisenbasislegierung bei Ölabkühlung, **(b)** thermische Spannungen σ_T in Rand und Kern bei elastischem e und teilplastischem p Werkstoffverhalten sowie nach der Abkühlung verbleibende Druckeigenspannungen im Rand und Zugeigenspannungen im Kern (schematisch)

Ausgangszustand beginnt. Dabei schrumpft der kältere Rand, gerät unter ebene Zugspannung und bringt den Kern unter allseitigen Druck. In Bild D.9.2a ist der zeitliche Verlauf der Abkühlung in Rand und Kern schematisch dargestellt. Bei elastischem Werkstoffverhalten würde sich bei ΔT_{max} die größte Zugspannung σ_T im Rand aufbauen und mit vollständiger Abkühlung wieder verschwinden. Durch Überschreiten der Warmfließgrenze wird σ_T um den schraffierten Betrag verringert, und es bleibt nach der Erkaltung eine Druckeigenspannung im Rand zurück (Bild D.9.2b [D.9.1]). Im Kern entwickeln sich entsprechend dem Kräftegleichgewicht Spannungen mit entgegengesetzten Vorzeichen.

Mit der Zunahme von HP-Gehalt, Querschnitt und Abkühlgeschwindigkeit steigt die Gefahr von Randrissen vor oder bei ΔT_{max}. So werden beim Härten von 120 mm dicken Schlagleisten aus naheutektischem martensitischem Chrom-Gußeisen in Öl (80 °C) Randrisse vor der Martensitbildung beobachtet, also bei zäher austenitischer Matrix. In diesem Falle kommt nur ein Gasabkühlen an ruhender oder bewegter Luft infrage. Die geregelte Druckgasabschreckung in Vakuumöfen bleibt aus Kostengründen meist nur bearbeiteten Werkstücken vorbehalten. Für untereutektische Legierungen aus dem Bereich der Werkzeugstähle wird dagegen eine Flüssigabschreckung bei kleinen Querschnitten angewendet. Wie schon beim Erwärmen zeigen sich PM-Werkstoffe in der Regel weniger rißanfällig. Selbst größere HP neigen nicht zum Brechen, da sie aufgrund ihres geringeren Wärmeausdehnungskoeffizienten durch die Matrix unter Druck gesetzt werden. In dünneren Metallbrücken zwischen benachbarten HP bildet sich aber lokalisiert eine hohe Zugspannung bzw. Dehnung aus (s. Abschn. A.4.3 und B.2.2). Viele Gußstücke aus HP-reichen Hartlegierungen kühlen langsam in der Sandform ab und erfahren keine weitere Wärmebehandlung. Das damit verbundene geringe ΔT bedeutet weniger Rißgefahr aber auch weniger plastisches Fließen und damit geringste Makroeigenspannungen. Trotzdem bauen sich aufgrund von $\Delta\alpha$ Mikroeigenspannungen auf (s. Kap. A.4)

Was den Verzug angeht, so wirken die positiven Randspannungen im Sinne einer Annäherung an die Kugelgestalt. Für ein Quader mit den Kantenlängen a > b > c stellt sich die Maßänderung $\varepsilon_a < \varepsilon_b < \varepsilon_c$ ein. Wegen des zur Rißvermeidung anzustrebenden kleinen ΔT bleibt diese abmessungsabhängige Maßänderung jedoch gering.

D.9.2
Umwandlungsspannungen

Die größte Umwandlungsspannung σ_U ist bei den härtbaren Werkstoffen auf Eisenbasis zu erwarten. Während sie sich bei Flüssigabschreckung den thermischen Spannungen überlagern, gewinnen sie bei Gasabkühlung die Oberhand ($\sigma_U > \sigma_T$). Für eine binäre Fe-C-Matrix beträgt der relative Volumensprung von Austenit zu restaustenitfreiem Martensit nach Bild B.4.1 $\Delta V/V \approx 5\ \%$. Bei z.B. 30 Vol % HP und 30 Vol % Restaustenit RA geht der umwandlungsbedingte Volumensprung auf $\Delta V/V \approx 2\ \%$ zurück. Im Vergleich dazu würde ein gleichgroßer Volumensprung durch Wärmeausdehnung $\Delta V/V = 3 \cdot \alpha{\cdot}\Delta T$ erst bei einer Temperaturdifferenz von $\Delta T \approx 600\ °C$ eintreten, die aber durch Gasabkühlung zur Vermeidung von Randrissen weit unterschritten wird. Hinzu kommt, daß die Austenit/Martensit-Umwandlung erst bei $M_s < 250\ °C$ beginnt, daher kaum mit Spannungsrelaxation gerechnet werden kann und $\varepsilon_e/\varepsilon_p$ hoch ausfällt. Unter Berücksichtigung von Gleichung (D.9.1) ergibt sich für $\varepsilon_T = 0, \varepsilon_u = 2/3\ \%, \varepsilon_p{\downarrow}$ die Spannung $\sigma_u = E \cdot \varepsilon_e \approx 1330\ MPa$, womit häufig die Zug- oder Biegefestigkeit überschritten ist, so daß Härtespannungsrisse drohen. Aus diesem Grunde sollte ΔT während der Umwandlung möglichst klein sein, um eine gewisse Gleichzeitigkeit der Volumenänderung in Rand und Kern zu erreichen.

Der Verzug ergibt sich für quasiisotrope Werkstoffe als abmessungsunabhängige Maßänderung $\varepsilon_a = \varepsilon_b = \varepsilon_c$ z.B. aus der Volumenzunahme zwischen der weichgeglühten Ausgangsmatrix aus Ferrit und Karbid und der gehärteten Matrix aus Martensit und Restaustenit. Sie beträgt nach Bild B.4.1 $\Delta V/V \leq 1\ \%$.

Für einen isotropen Werkstoff mit HP = 30 Vol % ist $\Delta V/V \leq 0.7$ % zu erwarten und für $\varepsilon_a = \varepsilon_b = \varepsilon_c \leq 0.23$ % .

D.9.3
Regeln

Die vordringliche Aufgabe besteht darin, das Ziel der Wärmebehandlung rißfrei zu erreichen. Die Rißgefahr steigt mit dem HP-Gehalt, der Abmessung und der Temperaturänderungsgeschwindigkeit $\dot{T}$ im Rand. Zur Vermeidung von Rissen bieten sich folgende Regeln an.

(a) Soweit möglich sollten konstruktiv Materialansammlungen und scharfe Kerben vermieden werden. Dazu gehört auch das Eingießen von Signierzahlen und -buchstaben mit kantiger Kontur oder die Verwendung von Schlagstempeln.

(b) Fertigungsrisse durch thermisches Schneiden, Trennschleifen und Schleifen sind schädlich. Bei Gußstücken bietet sich das Abschlagen von Speisern mit Keramikscheibe an oder das Trennschleifen in der Restwärme vom Gießen.

(c) Beim Erwärmen ist vor allem zu Beginn ein kleines $\dot{T}$ zweckmäßig, um Duktilität auch im Kern zu gewinnen und Kernrisse zu verhindern.

(d) Für die Abkühlung (z.B. von 1000 °C) besteht bei Hartlegierungen und Hartverbundwerkstoffen die Gefahr von Randrissen im Bereich ΔT_{max}. Die Absenkung von $\dot{T}$ durch Übergang von der Flüssig- zur Gas- oder Ofenabkühlung bietet sich an.

(e) Die Absenkung von $\dot{T}$ verlangt für härtbare Fe-Werkstoffe eine Erhöhung des Legierungsgehaltes in der Matrix, um die Perlit- und Bainitumwandlung zu verzögern. Dazu eignen sich die Elemente Cr, Mo, W, V im Zusammenhang mit einer Anhebung der Austenitisierungstemperatur (Bild D.9.3a). Ni und Si beteiligen sich nicht an der Bildung von Karbiden und stehen der Matrix voll zur Verfügung. Im Gegensatz zu Ni fördert Si den Spaltbruch.

(f) Die Austenitisierung der Matrix beginnt in härtbaren Fe-Werkstoffen je nach Legierungssystem bei einer Ac_{1e}-Temperatur von 650 bis 850 °C und endet bei der eutektischen bzw. der Sinter- oder HIP-Temperatur von rund 1150 bis 1250 °C. In diesem mehrere hundert °C weiten Phasenraum für Austenit und HP gehen mit steigender Härtetemperatur zunehmend sekundäre Karbide (oder Nitride) in Lösung, wodurch die austenitische Matrix mit C und Cr, Mo, W, V angereichert wird, da diese Legierungselemente zu den Karbidbildnern gehören. Durch die Wahl der Härtetemperatur kann so die Zusammensetzung des Austenits und damit die Härtbarkeit in weiten Grenzen variiert werden. Ni reichert sich nicht in den HP sondern in der Matrix an, so daß seine Wirkung nicht durch die Härtetemperatur geregelt werden kann. Die Erhöhung der Härtetemperatur ergibt zunächst einen Zuwachs an Härte durch Lösen von Kohlenstoff, aber dann eine Abnahme durch Restaustenit aufgrund sinkender M_s- und M_f-Temperaturen (Bild D.9.3b). Das Härtema-

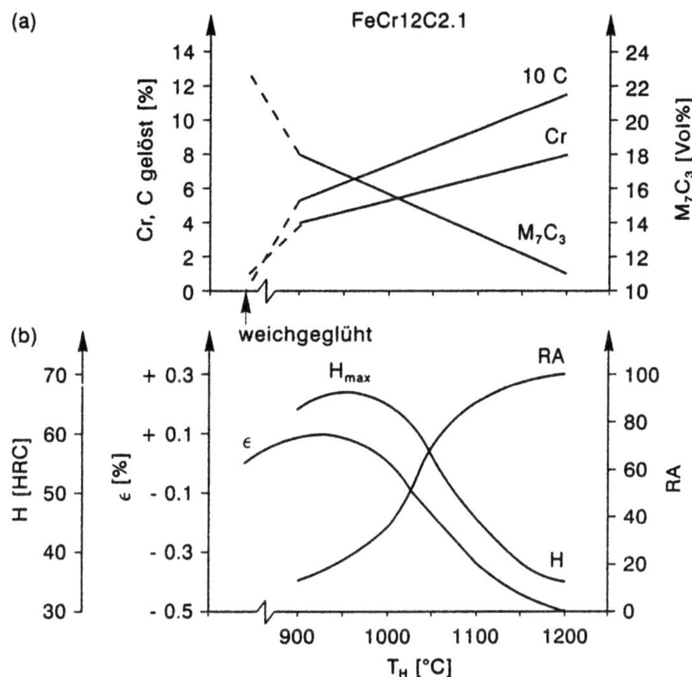

Bild D.9.3 Einfluß der Härtetemperatur T_H am Beispiel FeCr12C2.1, **(a)** Auflösung der M_7C_3 Karbide und Anreicherung der Matrix mit Cr und C durch steigende Härtetemperatur, **(b)** dadurch Anwachsen der Maßänderung ε und Härte H, aber oberhalb T_{Hmax} ein Abfallen durch steigenden Restaustenitgehalt RA

ximum nach Härten von T_{Hmax} bringt den größten Volumensprung mit sich und erhöht die Gefahr von Randrissen unterhalb von $\approx 250\,°C$.

(g) Das Härten von $T_H > T_{Hmax}$ mildert den Volumensprung durch einen höheren Restaustenitgehalt. Die nötige Härtesteigerung stellt sich beim Anlassen im Bereich der Sekundärhärte ein. Sie beruht vor allem auf der Ausscheidung von Mo,W,V-Karbiden, so daß diese Elemente in ausreichender Höhe zulegiert und gelöst werden müssen.

(h) Ein entgegengesetzter Weg besteht in der Verringerung der Einhärtung durch Abmagerung des im Austenit gelösten Legierungsgehaltes. Dadurch wandelt der Kern mit geringerem Volumensprung perlitisch um, bevor der Rand härtet und Druckeigenspannungen entwickelt (Bild D.9.4). Diese Methode eignet sich für Werkstücke mit geringerer zulässiger Verschleißtiefe, für die keine Durchhärtung erforderlich ist [D.9.2].

(i) Zwischen Härten und Anlassen sollen rißgefährdete Teile nicht bis auf Raumtemperatur abkühlen. Es empfiehlt sich, an einer entkohlungsfrei geschliffenen Stelle den Beginn der Austenit/Martensit-Umwandlung mit einem Dauermagneten zu prüfen und danach den Anlaßvorgang einzuleiten. Im Falle (g) ist ein zweimaliges Anlassen ohne vollständige Zwischenabkühlung sinnvoll.

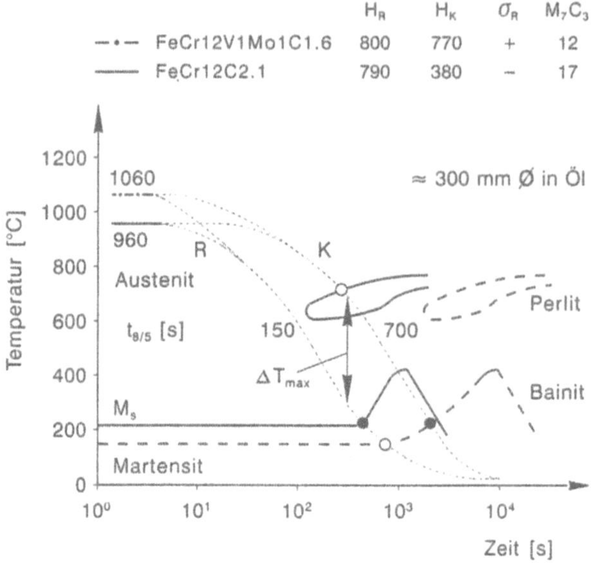

Bild D.9.4 Entstehung von Umwandlungsspannungen, --- Martensitumwandlung im Rand R vorm Kern K → Zugeigenspannungen im Rand, —— Perlitumwandlung im Kern vor Martensitumwandlung im Rand → Druckeigenspannungen im Rand

D.9.4

Besonderheiten von Verbundwerkstücken

Zur Steigerung der Fertigungs- und Betriebssicherheit wie zur Senkung der Kosten werden Schichtverbunde aus verschleißbeständiger Schicht auf preiswertem und duktilem Stahlsubstrat hergestellt. Betrachten wir einen dickwandigen Stahlring, der auf der Außenwand durch mehrlagiges Auftragschweißen mit einer Hartlegierungsschicht versehen ist oder eine aufgehipte Schicht aus einem Hartverbundwerkstoff trägt und von Fertigungstemperatur abgekühlt oder gehärtet wird.

Sind Schicht und Substrat umwandlungsfrei, so gerät die Schicht bei gleicher Ausgangstemperatur (Abkühlen von HIP, austenitisches Substrat) meist aufgrund ihrer geringeren Wärmeausdehnung unter Druck. Ist der Ring kalt (Auftragschweißen), bilden sich in der Schicht Zugspannungen aus, die zu Rissen führen können. Eine Vorwärmung des ferritischen Ringes auf z.B. 600 °C bewirkt eine weitgehende Spannungsrelaxation in der Schicht und je nach dem Verhältnis der Wärmeausdehnungskoeffizienten Zug- oder Druckspannungen.

Kostengünstige Stahlsubstrate durchlaufen bei der Abkühlung eine Austenit/Perlit, Bainit, Martensit-Umwandlung, wobei die Umwandlungstemperatur in dieser Reihenfolge ab- und der Volumensprung zunimmt. Nach HIP beginnt das Wachsen des Substrates bei einer Perlitumwandlung um 650 °C, wo die daraus folgenden Zugspannungen in der Schicht noch abgebaut werden können. Die Martensitbildung beginnt dagegen erst unter 300 °C und zehrt an den bis dahin in der Schicht gebildeten Druckspannungen. Die Festigkeit des Substrates steigt mit dem Gehalt und der Feinstreifigkeit des Perlits. Naheutektoide Stähle mit etwas Mangan für die Feinstreifigkeit und < 0.5 % Cr oder 0.1 % V zur Verringerung der Überhitzungsempfindlichkeit (Kornwachstum bei HIP) erreichen die höchste Streckgrenze. Für eine weitere Steigerung kommen Vergütungsstähle infrage, die so legiert sein sollten, daß sie die erforderliche Einhärtung mitbringen. Um den Volumensprung klein zu halten und auch der ggf. schichtbedingten Begrenzung der Anlaßtemperatur gerecht zu werden, sind kohlenstoffärmere Vergütungsstähle vorzuziehen.

Erfahren Schicht *und* Substrat beim Härten eine Umwandlung, so gilt für die Perlitbildung im Substrat das oben gesagte. Die erst später einsetzende Martensitbildung in der Schicht beschert ihr Druckspannungen. Wandelt dagegen das Substrat aus Vergütungsstahl martensitisch um, so gewinnt die zeitliche Folge an Bedeutung. Gerade dann ist es auch wichtig, ob der Ring allseits gleichmäßig abgekühlt wird. Erfolgt z.B. ein Anblasen von außen, so wandelt die Schicht vor dem Substrat um und kann bei dessen Volumensprung reißen.

Der Verzug entspricht bei einem konzentrischen Schichtverbund der Maßänderung und hält sich in Grenzen. Ebene Schichtverbunde unterliegen jedoch durch Unterschiede in der Wärmeausdehnung und Umwandlung einem Verzug durch Formänderung. Er kann zum Ausschuß führen, wenn nicht durch Vorbiegen oder Einspannen des Substrates, Härtequetten und Warmrichten Abhilfe geschaffen wird.

D.9.5
Thermochemische Nebenwirkungen

Die überwiegende Menge von verschleißbeständigen Gußstücken aus Hartlegierungen wird aus Kostengründen an Luft wärmebehandelt. Dadurch kommt es zu Verzunderung und Entkohlung, die jedoch mit steigendem Chromgehalt zurückgehen. Da häufig eine Nutzungstiefe von Millimeter bis Dezimeter vorliegt, fällt die thermochemische Veränderung einer dünnen Randzone und die Aufrauhung der Oberfläche durch Zundern nicht ins Gewicht.

Durch die Fortschritte in der Bearbeitung von Hartlegierungen und -verbunden (s. Kap. C.1 bis C.4) werden zunehmend eng tolerierte Werkzeuge und Maschinenteile aus diesen Werkstoffen gefertigt. Hier bietet sich entweder eine Bearbeitung im wärmebehandelten Zustand an oder die Schlußbehandlung im Vakuumofen. Die Druckgasabschreckung ist variabel und läßt sich besonders gut an die besonderen Erfordernisse anpassen und reproduzieren. Bei endformnahen PM-HIP-Teilen und Verbundwerkstücken kann die Kapsel bei der Wärmebehandlung als Schutzmantel genutzt und eine kostengünstigere Behandlung an Luft vorgenommen werden.

Literatur

Literatur zur Einleitung

1 FISCHER, A.: Hartlegierungen auf Fe-Cr-C-B-Basis für die Auftragschweißung. Diss. Ruhr-Universität Bochum, s. a. Fortschr.-Ber. VDI, Reihe 5, Nr. 83, VDI-Verlag, Düsseldorf 1984

2 TROJAHN, W.: Gefüge und Eigenschaften ledeburitischer Chromstähle mit Niob und Titan. wie [1] Reihe 5, Nr. 90, 1985

3 FRANKE, H.-G.: Beitrag zur Verbesserung des abrasiven Verschleißwiderstandes und der Streckgrenze von Manganhartstählen. wie [1] Reihe 5, Nr. 134, 1987

4 THEISEN, W.: Neue Hartlegierungen auf Ni- und Co-Basis für die Auftragschweißung. wie [1] Reihe 5, Nr. 153, 1988

5 HÄNSCH, W.: Gefüge und Bruchzähigkeit ledeburitischer Chromstähle – Messung und Finite Elemente Nachbildung. wie [1] Reihe 18, Nr. 81, 1990

6 NGUYEN, VAN CHUONG: Härtbare PM-Hartlegierungen mit gradierter Struktur. wie [1] Reihe 5, Nr. 192, 1990

7 WANG, G.: Härtbare nichtrostende PM-Stähle und Stahlverbunde mit hohem Stickstoffgehalt. wie [1] Reihe 5, Nr. 277, 1992

8 LÜHRIG, M.: Temperaturabhängigkeit der Mikrohärte von Mischkristallen in Phasengemischen. wie [1] Reihe 5, Nr. 297, 1992

9 KLEFF, J.: Warmritzen metallischer Werkstoffe. wie [1] Reihe 5, Nr. 340, 1994

10 BROECKMANN, C.: Bruch karbidreicher Stähle – Experiment und FEM-Simulation unter Berücksichtigung des Gefüges. wie [1] Reihe 18, Nr. 169, 1994

11 SEGTROP, K.: Einfluß einer Drehbearbeitung auf die Randzone von Hartlegierungen. wie [1] Reihe 5, Nr. 402, 1995

12 PYZALLA-SCHIECK, A.: Thermische Mikroeigenspannungen in Stückverbunden. wie [1] Reihe 5, Nr. 420, 1995

13 LIU, J.: Modellversuche zur Drehbearbeitung metallischer Werkstoffe. wie [1] Reihe 2, Nr. 376, 1996

14 HUCKLENBROICH, I.: Abtragendes Bearbeiten von Hartlegierungen. wie [1] Reihe 2, Nr. 409, 1997

15 FRANCO, S.: Wechselwirkung zwischen Matrix und Hartphasen beim Warmverschleiß. wie [1] Reihe 5, Nr. 435, 1996

16 MISKIEWICZ, St.: Einfluß von Niob und Titan auf das Gefüge und die Hochtemperatureigenschaften hitzebeständiger Stahlgußlegierungen. wie [1] Reihe 5, Nr. 477, 1997

17 FISCHER, A.: Einfluß der Temperatur auf das tribologische Verhalten metallischer Werkstoffe. Habil.-Schrift Ruhr-Universität Bochum, s. a. Fortschr.-Ber. VDI, Reihe 5, Nr. 378, VDI-Verlag, Düsseldorf 1994

18 THEISEN, W.: Bearbeiten verschleißbeständiger Legierungen aus werkstofftechnischer Sicht. wie [17] Reihe 2, Nr. 428, 1997

Literatur zu Teil A

A.2.1 HOLLEK, H.; Leiste, H.: Zur Rolle der Phasengrenzflächen in verschleißfesten Sinterwerkstoffen. Hauptversammlung der Deutschen Gesellschaft für Materialkunde, Göttingen 1986

A.2.2 KIEFFER, R.; Benesovsky, F.: Hartstoffe. Springer, Wien 1963

A.2.3 GOLDSCHMIDT, H. J.: Interstitiell Alloys. Butterworth and Co. Ltd. 1967

A.2.4 UETZ, H.: Abrasion und Erosion. Hanser, Wien 1986

A.2.5 BERGHEZAN, A.; BEUKENHOUT, L.: A critical review of the ductility of polycrystaline cobalt and its experimental approach via powder metallurgy. Proc. Int. Conf. on Cobalt Metallurgy and User, November 1981, Brüssel, Belgien, S. 157–165

A.2.6 GIAMEI, A. F. ET AL.: Die Bedeutung der allotropen Umwandlung für Kobaltlegierungen. Sintervorgänge. VDI-Verlag, Düsseldorf 1993

A.2.7 SCHATT, W..: Sintervorgänge. VDI-Verlag, Düsseldorf 1993

A.2.8 LUGSCHEIDER, E.; AIT-MEKIDECHE, A.: Standzeiterhöhung von Bauteilen durch Plasmaauftragsschweißen mit Hartstoff-Hartlegierung-Verbundpulvern. Schweißen u. Schneiden 42 (1990) 2, S. 76–82

A.3.1 BERNS, H.; LÜHRIG, M.: Mikrohärte bei erhöhter Temperatur prüfen. Materialprüfung 36 (1994) 6, S. 223–226

A.3.2 BERNS, H.; KLEFF, J.: Ritzprüfung simuliert Furchungsverschleiß bei erhöhter Temperatur. Materialprüfung 36 (1994) 10, S. 412–416

A.4.1 BOCK, H.; HOFFMANN, H.; BLUMENAUER, H.: Mechanische Eigenschaften von Wolframkarbid-Kobalt-Legierungen. Die Technik 31 (1976) S. 47–51

A.4.2 ZAHL, D. B.; SCHMAUDER, S.; McMEEKING, R. M.: Mechanical behaviour of residually stresses composites with ductile and brittle constituents. Model. Simul. Mat. Sci. Eng. 2 (1994) S. 267–276

A.4.3 MACHERAUCH, E.: Origin, measurement and evaluation of residual stresses. In: Macherauch, E.; Hauk, V.: Residual stresses in science and technology. DGM Informationsgesellschaft 1987, S. 3, HTM 31 (1976) S. 2–3

A.4.4 BEHNKEN, H.; HAUK, V.: Die Bestimmung der Mikro-Eigenspannungen und ihre Berücksichtigung bei der röntgenographischen Ermittlung der Makro-Eigenspannungen in mehrphasigen Materialien. In: Mayr, P.; Vöhringer, O.: Werkstoffkunde. Beiträge zu den Grundlagen und zur interdisziplinären Anwendung. DGM Informationsgesellschaft, Oberursel (1991) S. 141–150

A.4.5 FISCHMEISTER, H. F. ET AL.: Modelling fracture processes in metals and composite materials. Z. Metallkunde 80 (1989) S. 839–846

A.4.6 HAUK, V.: Zur Bestimmung von Spannungen mit Beugungsverfahren. HTM 50 (1995) S. 138–144

A.4.7 GRANATO, A. V.; LÜCKE, K.: Temperature dependence of amplitude dependent dislocation damping. J. Appl. Phys. 52 (1981) S. 7136–7142

A.4.8 KÜHNERT, R.; MICHEL, B.: Moiré-techniques by means of scanning electron microscopy. Phys. stat. sol. (a) 89 (1985) S. 163–166

A.4.9 PAUL, M.; HABERER, B.; ARNOLD, W.: Materials characterization at high temperatures using laser ultrasound. Mat. Sci. Eng. A168 (1993) S.87–92

A.4.10 BROOKSBANKS, D.; ANDREWS, K. W.: Stress fields around inclusions and their relation to mechanical properties. JISI 210 (1972) S. 246–255

A.4.11 RUPPERSBERG, H.: X-Ray diffraction investigation of complicated stresses in the surface region of polycrystalline materials. Bulletin du Cercle d'Etudes des Métaux, 9ième Colloque Intern., Saint Etienne 1993

Literatur zu Teil B

B.1.1 ZUM GAHR, K. H.: Microstructure and wear of materials. Elsevier, Amsterdam 1987, S. 137
B.1.2 UETZ, H. (Hrsg.): Abrasion and Erosion. Hanser, München 1986, S. 118
B.1.3 AL-RUBAIE, K. S. F.: Verschleißverhalten von Eisenbasis-Legierungen bei abrasiver und erosiver Beanspruchung. Diss. Ruhr-Universität Bochum 1995
B.1.4 SCHMIDT, W.; KÜPPERS, W.: Austenitstabilität, mechanische Eigenschaften und Umformverhalten von CrNi-Stählen. Thyssen Edelst. Techn. Ber. 12 (1996) 1, S. 80–100
B.1.5 HEIDRICH, R.: Gestaltänderung von Bauteilen unter Verschleißbeanspruchung bei hohen Temperaturen. Shaker, Aachen 1994
B.2.1 FISCHMEISTER, H. F.; KARLSSON, B.: Plastizitätseigenschaften grob-zweiphasiger Werkstoffe. Z. Metallkde. 68 (1977) 5, S. 311–327
B.2.2 OWEN, D. R. J.; FAWKES, A. J. F.: Engineering fracture mechanics: Numerical methods and applications. Pineridge Press Ltd., Swansea, U.K., 1983
B.2.3 DREY, K. D.; MÜLLER, E.; PABJANEK, A.: Methoden der Viskoplastizität. VEB Fachbuchverlag, Leipzig 1972
B.2.4 ESHELBY, J. D.: The continuum theory of lattice defects. In: Seitz, F.; Turnball, D. (Hrsg.): Solid states physics 3. Academic Press (1956) S. 79–144
B.2.5 MORI, T.; TANAKA, K.: Average stress in matrix and average energy of materials with misfitting inclusions. Acta Met. 21 (1973) S. 571–574
B.2.6 SAMSONOV, G. V.: High Temperature Materials. Plenum Press, New York 1964
B.2.7 ARGON, A. S.; IM, J.; SAFOGLU, R.: Cavitiy formation from inclusions in ductile fracture. Met. Trans. A (1975) 6A, S. 825–837
B.2.8 FISCHMEISTER, H. F.; OLSSON, L. R.: Fracture toughness and rupture strength of High Speed Steels. Int. Conf. Cutting Tool Material, ASM-CIRP, Cincinnaty, Ohio, 1980, ASM, Metals-Park, Ohio, 1981, S. 111–131
B.2.9 TADA, P.; PARIS, P.; IRWIN, G.: The stress analysis of cracks handbook. St. Louis, Missouri, 1985
B.2.10 RICE, J. R.: A path independent integral and the approximate analysis of strain concentration by notches and cracks. Journal of Applied Mechanics 35 (1968) S. 379–386
B.2.11 BERNS, H.; FISCHER, A.; THEISEN, W.: Bruchzähigkeit hartphasenreicher Fe-Basis-Auftragslegierungen. Z. Metallkde. 78 (1987) 5, S. 381–386
B.2.12 GROSS-WEEGE, A.; WEICHERT, D.: FE-Simulation of the damage evolution of particle-reinforced MMCs. Proc. IMF 11, Galway (IRE), Sept, 1995, S. 193–204
B.2.13 ASTM E 399-74: Standard test method E 399-74 for plane-strain fracture toughness of metallic materials. 1976 Annual Book of ASTM Standards, ASTM, Philadelphia
B.2.14 SCHWALBE, K. H.: Bruchmechanik metallischer Werkstoffe. Hanser, München 1980
B.2.15 SURESH, S.: Fatigue of materials. Cambridge University Press, New York, Port Chester, Melbourne, Sydney 1991
B.2.16 BERNS, H.: Gefüge und Bruch von Hartlegierungen. Tagungsband „Gefüge und Bruch", Montanuniversität Leoben
B.2.17 BERNS, H. ET AL.: The fatigue behaviour of conventional and powder metallurgical High Speed Steels. Powder Metallurgy Intern. 19 (1987) 4, S. 22–26
B.3.1 WEGRELIUS, L.: Passivation of austenitic stainless steel. Diss. Chalmers University of Technology Göteburg, Schweden, 1995
B.3.2 UHLIG, H.: Korrosion und Korrosionsschutz. Akademie-Verlag, Berlin 1975
B.3.3 GRABKE, H.-J.: The role of nitrogen in the corrosion of iron and steels. ISIJ International 36 (1996) S. 777–786
B.3.4 BETTERIDGE, W.: Nickel and its alloys. Ellis Horwood Limited, Chichester, England, 1984
B.3.5 BETTERIDGE, W.: Cobalt and its alloys. Halsted Press, New York 1982
B.3.6 BERNS, H.; WANG, G.: Stainless martensitic PM-HNS. Proc. '3rd International Conference on High Nitrogen Steels HNS 93, Kiev, Ukraine, 1993, S. 415–419
B.3.7 RAHMEL, A.: Aufbau von Oxidschichten auf Hochtemperaturwerkstoffen und ihre technische Bedeutung. DGM Informationsgesellschaft, Oberursel 1983
B.3.8 PFEIFFER, H.; THOMAS, H.: Zunderfeste Legierungen. Springer, Berlin 1963
B.3.9 MORIN, F.: Point defect diffusion and oxidation kinetics, Part II. Oxid. Metals 6 (1973) S. 79
B.3.10 IRVING, G. N.; STRINGER, J.; WHITTLE, D. P.: The oxidation behavior of CoCr-alloys at 1000 °C. Corrosion 33 (1977) S. 56

B.3.11 EL-DAHSHAN, M. E.; WHITTLE, D. P.; STRINGER, J.: The oxidation of cobalt-tungsten alloys. Corrosion science 16 (1976) S. 77

B.3.12 WOOD, G. C.; STOTT, F. H.; FORREST, J. E.: A comparison of the effects of small additions of various second elements on the oxidation of nickel at 1200 °C. Werkstoffe und Korrosion 27 (1977) S. 395

B.3.13 HAUFFE, K.: Oxidation von Metallen. Springer, Berlin 1956

B.3.14 LOWELL, C. E.: Cyclic and isothermal oxidation behavior on some NiCr-alloys. Oxid. Metals 7 (1993) S. 95

B.4.1 ESSER, H.; MÜLLER, G.: Die Gitterkonstanten von reinem Eisen und Eisen-Kohlenstoff-Legierungen bei Temperaturen bis 1100 °C. Arch. Eisenhüttenw. 7 (1933) 4, S. 265–268

B.4.2 SMITH, A. H.; THOMPSON, F. C.: Volume change at the Ar3 transformation. J. Iron and Steel Inst. (1952) 5, S. 38–40

B.4.3 NISHIYAMA, Z.: Martensitic transformation. Academic Press, New York, San Francisco, London 1978

B.4.4 Martensitic transformations Pt.1. Proc. of the 6th International Conference on Martensitic Transformations, Sydney, 3–7 July 1989

B.4.5 STUART, H.; RIDLEY, N.: Thermal expansion of some carbides and tessellated stresses in steels. J. Iron and Steel Inst. (1970) 12, S. 1087–1092

B.4.6 GAN, C.: Reibung, Verschleiß und thermische Ausdehnung von Al-Si-Legierungen. Diss. Ruhr-Universität Bochum 1988, s. a. Fortschr.-Ber. VDI, Reihe 5, Nr. 150, VDI-Verlag, Düsseldorf 1988

B.4.7 LIVSCHITZ, B.: Physikalische Eigenschaften der Metalle und Legierungen. VEB Deutscher Verlag für Grundstoffindustrie, Leipzig 1989

Literatur zu Teil C

C.2.1 KÖNIG, W.: Fertigungsverfahren. Bd. 1: Drehen, Fräsen, Bohren. 4. Aufl. VDI-Verlag, Düsseldorf 1990

C.2.2 WEBER, H.; LOLADZE, T. N.: Grundlagen des Spanens. 1. Aufl. VEB Verlag Technik, Berlin 1986

C.2.3 NOTTER, T. A.; HEATH, P. J.; STEINMETZ, K.: Polykristalline CBN-Wendeschneidplatten für die Bearbeitung harter Eisenwerkstoffe. Trenn-Kompendium, Bd. 2. Edition Technischer Fachinformation Bergisch Gladbach, S. 122–142

C.2.4 TÖNSHOFF, H. K.; BRANDT, D.; SPINTIG, W.: Hartbearbeitung in der Praxis. wt Produktion und Management 82 (1992) 6, S. 40–44

C.2.5 MOMPER, F.; KILIAN M.: Drehen von Hartstoffen mit Mischkeramik- und Bornitrid-Werkzeugen. wt Werkstatttechnik 77 (1987) S. 471–474

C.2.6 OBELOER, M.: Drehen und Fräsen mit kubischem Bornitrid. Werkstatt und Betrieb 115 (1982) 9, S. 613–617

C.2.7 KÖNIG, W.; WAND, W.: Hartdrehen von Wälzlagerstahl mit PKB und Schneidkeramik. Industrie Diamanten Rundschau 2 (1986)

C.2.8 NICOLAI, M.; HELGER, R. P.: Werkstücktemperatureinflüsse beim Drehen. VDI-Z 122 (1980) 6-März (II), S. 225–228

C.2.9 LOWIN, R.; MEIS, U.: Oberflächenzustand und Leistung im Schleifprozeß. Zerspanung der Metalle: Berichte e. Symposiums d. dt. Gesellschaft für Materialkunde und des Laboratoriums für Werkzeugmaschinen RWTH Aachen, Oberursel 1981, S. 293–306

C.2.10 SPINTIG, W.: Fertigbearbeitung gehärteter Bauteile durch Drehen und Bohren. DGM-Seminar „Werkstoffgefüge und Zerspanung", S. 353–365

C.2.11 WARNECKE, G.: Spanbildung bei metallischen Werkstoffen, Bd. 2. Fertigungstechnische Berichte, Technischer Verlag Resch, Gräfelfing 1974

C.2.12 ACKERSCHOTT, G.: Grundlagen der Zerspanung einsatzgehärteter Stähle mit geometrisch bestimmter Schneide. Diss. RWTH Aachen 1989

C.2.13 STANSKE, CH.: Spanende Bearbeitung gehärteter Getriebebauteile. In: Tagungsband „Werkstoffgefüge und Zerspanung", Universität Hannover und Deutsche Gesellschaft für Materialkunde, Hannover 1991

C.2.14 KÖNIG, W.; LOWIN, R.: Ermittlung des Eigenspannungszustandes in der Randzone geschliffener Werkstücke und Bestimmung seiner Auswirkung auf das Funktionsverhalten. Westdeutscher Verlag, Opladen 1979

C.2.15 SCHREIBER, E.: Die Werkstoffbeeinflussung weicher und gehärteter Oberflächenschichten durch spanende Bearbeitung. VDI-Berichte Nr. 256, 1976, S. 67–79

C.3.1 STEFFENS, K.: Thermomechanik des Schleifens. Fortschr.-Ber. VDI, Reihe 2, Nr. 65, Düsseldorf 1983

C.3.2 WERNER, G.: Kinematik und Mechanik des Schleifprozesses. Diss. RWTH Aachen 1971

C.3.3 LORTZ, W.: Untersuchung des Schnittprozesses beim Schleifen. Ind.-Anz. 97 (1975) 5, S. 89–90

C.3.4 LORTZ, W.: Schleifscheibentopographie und Spanbildungsmechanismus beim Schleifen. Diss. RWTH Aachen 1975

C.3.5 KÖNIG, W.; LAUER-SCHMALTZ, H.; LOWIN, R.: Vermeiden von Schleifschäden durch gezielte Prozeßführung. Ind.-Anz. 99 (1977) 15, S. 252–255

C.3.6 KÖNIG, W.; BÖTTLER, E.: Oberflächenbeeinflussung durch spanende Fertigungsverfahren. De Beers-Technische Mitteilungen 73 (1980) 11/12

C.3.7 BRINKSMEIER, E.: Prozeß- und Werkstückqualität in der Feinbearbeitung. Fortschr.-Ber. VDI, Reihe 2, Nr. 234, 1991

C.3.8 BRINKSMEIER, E.; BROCKHOFF, T.: Randschicht – Wärmebehandlung durch Schleifen. HTM 49 (1994) 5, S. 327–330

C.3.9 KÖNIG, W.: Trennverfahren. VDI-Verlag, Düsseldorf 1990

C.3.10 BLICKWEDEL, H.: Erzeugung und Wirkung von Hochdruck-Abrasivstrahlen. Fortschr.-Ber. VDI, Reihe 2, Nr. 206, 1990

C.3.11 DIN 50320: Verschleiß. Beuth-Verlag, Berlin 1980

C.3.12 ZUM GAHR, K. H.: Microstructure and wear of materials. Tribology Series 10, Elsevier Science Publishers, Amsterdam, Netherlands, 1987

C.3.13 GUO, D. Z.; WANG, L. J.; LI, J. Z.: Erosive wear of chromium White Cast Iron. Wear 161 (1993) S. 173–178

C.3.14 Aptekar, S. S.; Kosel, T. H.: Erosion of White Cast Irons and Stellite. Proc. of Intern. Conference „Wear of Materials '85", April 1985, Canada, S. 677–686
C.4.1 König, W.: Fertigungsverfahren. Bd. 3: Abtragen. VDI-Verlag, Düsseldorf 1979
C.4.2 Berger, A.: Elektrisch abtragende Fertigungsverfahren. VDI-Verlag, Düsseldorf 1977
C.4.3 Jutzler, W.-I.: Funkenerosives Senken – Verfahrenseinflüsse auf die Oberflächenbeschaffenheit und die Festigkeit des Werkstücks. Diss. RWTH Aachen 1982
C.4.4 Freitag, J.: Einfluß der funkenerosiven Bearbeitung auf Gefüge und Eigenschaften verschiedener Stähle. Diss. TU Berlin 1987
C.4.5 Panten, U.: Funkenerosive Bearbeitung von elektrisch leitfähigen Keramiken. Diss. RWTH Aachen 1990
C.4.6 Van Dijck, F.: Physico-Mathematical analysis of electro discharge machining process. Diss. KU Leuven 1973
C.4.7 Bimberg, D.: Materialbearbeitung mit Lasern. Expert, Ehringen 1991
C.4.8 Crookhall, J. R.; Khor, B. C.: Residual stresses and surface effects in electro-discharge machining. Proc. 13th Int. Mach. Tool Design and Research Conf., Paper 77, The McMillan Press 1973
C.4.9 Schumacher, B.: Ermittlung funkenerosiver Bearbeitungsspannungen in Werkzeugstählen. Diss. RWTH Aachen 1973
C.4.10 König, W.: Fertigungsverfahren. Bd. 3: Abtragen. VDI-Verlag, Düsseldorf 1990
C.4.11 Degenhardt, H.: Elektrochemische Senkbarkeit metallischer Werkstoffe. Diss. RWTH Aachen 1972
C.4.12 Lindenlauf, H.-P.: Werkstoff- und elektrolytspezifische Einflüsse auf die elektrochemische Senkbarkeit ausgewählter Stähle und Nickellegierungen. Diss. RWTH Aachen 1977
C.4.13 Hümbs, H.-J.: Elektrochemisches Senken – Experimentelle und analytische Untersuchung und Prozeßzusammenhänge. Diss. RWTH Aachen 1975

Literatur zu Teil D

D.1.1 Die verschleißfesten Ni-Hard-Werkstoffe. International Nickel, Düsseldorf, Nr. 48, 1. Aufl. 1967

D.1.2 TABRETT, C. R.; SARE, I.R.; GOMASHCHI, M. R.: Microstructure – property relationships in high chromium white iron alloys. Int. Mat. Reviews 41 (1996) 2, 59–82

D.1.3 MARATRAY, F.; USSEGLIO-NANOT, R.: Einflußfaktoren auf die Gefügestruktur des Cr- und CrMo-legierten weißen Gußeisens. Climax Molybdenum S. A., Paris 1970

D.3.1 KOSOLAPOVA, T. YA.: Carbides. Plenum Press, New York 1971

D.3.2 KIEFER, R.; BENESOVSKY, F.: Hartstoffe. Springer, Wien 1963

D.3.3 SIGL, L. S.; SCHWETZ, K. A.: Powder. Met. Int. 34 (1991) 4, S. 221–224

D.4.1 BERNS, H.; NGUYEN, VAN CHUONG: A new microstructure for PM tooling material. Met. Phys. Adv. Tech. (1996) 6, S. 61–71

D.4.2 Verfahren zur Herstellung eines verschleißbeständigen zähen Werkstoffes. DE 19505628 A1

D.5.1 BERNS, H. et al.: Herstellung und Eigenschaften thermischer Spritzschichten mit gradierter Struktur. HTM 48 (1993) 1, S. 20–24

D.6.1 Patentschrift DE 4202828 C2

D.9.1 ROSE, A.: Eigenspannungen als Ergebnis von Wärmebehandlung und Umwandlungsverhalten. Härterei-Techn. Mitt. 21 (1966) 1, S. 1–6

D.9.2 BERNS, H.: Verzug und Rißbildung infolge Wärmebehandlung von Werkzeugen. Radex Rundschau 1 (1989), S. 40–57

Sachwortverzeichnis

Springer und Umwelt

Als internationaler wissenschaftlicher Verlag sind wir uns unserer besonderen Verpflichtung der Umwelt gegenüber bewußt und beziehen umweltorientierte Grundsätze in Unternehmensentscheidungen mit ein. Von unseren Geschäftspartnern (Druckereien, Papierfabriken, Verpackungsherstellern usw.) verlangen wir, daß sie sowohl beim Herstellungsprozess selbst als auch beim Einsatz der zur Verwendung kommenden Materialien ökologische Gesichtspunkte berücksichtigen.
Das für dieses Buch verwendete Papier ist aus chlorfrei bzw. chlorarm hergestelltem Zellstoff gefertigt und im pH-Wert neutral.

Springer